KB067790

비려비마

非 驢 非 馬

비려비마

중국의 근대성과 의학

레이샹린 지음 | 박승만·김찬현·오윤근 옮김

읻다

나의 어머니 니메이안에게,

그리고 나의 아버지 레이빈성을 기억하며

1장 서론

중화민국의 국부이자 '서의西醫'였던 쑨원孫文, 1866~1925은 생의 끝자락에서 중국의학에 대한 자신의 견해를 밝혀야 했다. 간암으로 인한 죽음의 위협을 목전에 두고 고민에 고민을 거듭한 뒤, 그는 마침내 중국의학의 치료를 받아들였다. 1925년 초입부터 그가 죽음을 맞이한 같은 해 3월 12일까지 수많은 눈이 그를 향하고 있었다. 희망이 보이지 않는 가장 약한 순간에마저 중국의학을 거부한다면, 그것은 근대성에 대한 굳건한 믿음을 다시 한번 보여주는 사건이 될 것이었다. 근대성은 그의 삶이기도 했다. 근대 중국문학의 아버지이자 마찬가지로 서양의학을 공부하기도 했던 루쉰魯迅, 1881~1936에 따르면, 쑨원의 생각은 다음과 같이 정리될 수 있었다. "중국의학의 약재 몇 가지가 효과를 보일 수는 있다. 그러나 [중국의학에는 서양의학의] 진단학이 결여되어 있다. 믿을 만한 진단도 없이 어찌 약을 먹을 수 있겠는가? 그럴 이유는 없다."[1] 쑨원이 계속해서 중국의학을 거부했다는 소식에(쑨원의 마지막 결정이 뒤늦게 알려지기는 했지만)[2] 들끓는 마음을 감출 수 없었던 루쉰은 이렇게 썼다. "일생에 걸친 혁명에의 헌신보다 더 중요한 것은 없다는 [그의 결정에] 벅찬 감동을 받았다."[3] 여기에서 보이듯, 쑨원의 동지들과 당대의 진보적 지식인에게 중국의학의 수용은 곧 근대성에 대한 공공연한 배신이었다.

반세기가 지난 1971년 베이징협화의원北京協和醫院에서는 온전히 다른 의미에서, 그러나 마찬가지로 상징적인 일이 일어났다. 닉슨Richard M. Nixon, 1913~1994의 역사적 방문에 앞서 중국을 찾았던 〈뉴욕 타임스〉의 기자 제임스 레스턴James Reston, 1909~1995이 바로 그곳에서 충수절제술을 받았던 것이다. 주석 저우언라이周恩來, 1898~1976의 지시에 따라 치료를 위해 중국 최고 전문가들로 구성된 팀이 꾸려졌다. 수술은 잘 진행되었다. 문제는 수술 후 통증이었다. 레스턴은 극심한 통증을 호소했고 이에 따라 침술 치료가 진행되었다. 증세가 가시자, 그는 〈뉴욕 타임스〉에 자신과 다른 환자들이 경험한 침술의 효과를 기사로 써서 보냈다. 서구인들에게 처음으로 침술을 소개한 글이었다. 이 글은 후에 "미국을 향한 대체의학의 물꼬를 튼" 것으로 평가받았다.[4] 레스턴은 자신이 일조한 사건에 담긴 역사적인 아이러니를 날카롭게 알아차렸다. 그가 치료를 받은 베이징협화의원은 1916년 록펠러 재단에 의해 세워졌다. 이를 본으로 삼아 중국인의 마음속에 '과학 정신'을 스며들게 하기 위해서였다.[5] 그러나 레스턴에 따르면 "중국의 의학은 요즈음 중국에서 일어나는 다른 모든 일과 마찬가지로, 아주 오래된 것과 매우 새로운 것의 신선한 조합으로 나아가고 있었다"[6]. 쑨원이 죽음을 맞이할 무렵 중국의학은 근대성의 안티테제로 여겨졌다. 50년 후 같은 공간에서, 그것은 이제 중국이 새로운 형태의 의학과 근대성을 만들어냈음을 온 세계에 드러내는 전언傳言이 되었다.

20세기 초의 진보적 지식인이 보았다면 경악하고도 남을 만한 일들이 벌어지고 있다. 지난 50년 동안 중국의학은 짐스러운 전통에서 벗어나 대체의학을 둘러싼 세계적인 흐름에 기여해왔다. 동시에 중국은 근대적인 보건의료 서비스에 대한 접근성을 극적으로 끌어올렸다. 세계보건기구 사무총장 마거릿 챈Margaret Chan에 따르면 레스턴이 기사를 쓰고 있을 때쯤 중국은 "전체 인구의 90퍼센트를 포괄"하는 1차 의료 체계를 구축함으로써 "세계의 부러움을 사고" 있었다.[7] 중국의학이 역사적 변모를 거치는 동안 현대 의학, 즉 서양의학의 확장 또한 진행 중이었던 것이다. 이 놀랍고도 이해하기 힘든 역사를 두고, 이 책에서 나는 다음과 같은 간단한 질문에 답하고자 한다. 중국의학은 어떻게 근대성에 대한 안티테제에서 중국 고유의 근대성에 대한 유력한 상징으로 거듭나게 되었는가?

1. 1. 중국의학과 근대국가의 조우

근대 중국의학의 거대한 역사적 전환은 역설적이게도 그것을 폐지하려는 순간에 일어났다. 내전과 사회 불안, 그리고 외세의 지배가 한창이던 1928년, 국민당國民黨은 군벌로 인한 정치적 혼란을 끝내고 새로운 정부를 설립했다. 비록 일부 지역만을 지배했지만, 국민당은 새로운 수도 난징에 위생부衛生部를 설치하는 등 국가의 기틀을 마련하는 데 힘을 쏟았다. 송宋나라960~1279 때 태의국太醫局을 제외하면[8] 의료 전반을 책임지는 국가 기관이 설치된 것은 이번이 처음이었다. 다음 해에는 중앙위생위원회의中央衛生委員會議가 개최되었는데, 서의가 주도하던 이 회의는 중국의학을 폐지하자는 안건을 만장일치로 통과시켰다. 그러나 이는 오히려 흩어져 있던 중의中醫를 대규모의 국의운동國醫運動으로 결집하는 결과를 낳았다. 오래도록 지속할 중의와 서의 집단 간의 갈등이 시작되는 순간이었다.

반세기가 지나고, C. C. 첸으로도 알려진 중국 공중보건의 개척자 천즈첸陳志潛, 1903~2000은 이들 간의 대립을 다음과 같이 술회했다.

> 1920년대에 중국인을 포함한 의사들은 전통 의학의 폐지를 요구했고, 이로써 의도치 않게 과학적 의학의 확산을 몇십 년이나 지연하고 말았다. 이러한 움직임에 두려움을 느낀 전통 지식인 의사들이 조직을 구성하여 단체 행동을 시작하고, 자신들의 편에 서줄 고위 관료를 찾았기 때문이다. 더 나아가 그들은 관료와 대중의 존경을 바탕으로, 방어적인 태세에서 벗어나 영향력을 확대하려 나섰다. 50년이 넘는 세월이 지나고, 두 체계의 의학은 이제 학교, 병원, 정치적 인맥 등의 면에서 동등한 지위에 있다.[9]

다시 말해 그가 서 있던 서양의학의 입장에서, 중국의학의 폐지를 주장한 1929년의 제언은 용서할 수 없는 계산 실수였다. 서양의학의 '확산'을 지연했을 뿐 아니라, 오늘날 우리가 알고 있는 이원화된 의료 체계의 태동이 된 탓이었다.

천즈첸은 과학적 의학이 전 세계로 확산할 것이라 믿었고, 따라서 스스로 목도한 1920년대의 사건을 단순한 '지연'이라 여겼다. 중국의 근대화에 힘썼던 다른 이들과 마찬가지로 그의 믿음은 여전했다. 이와 같은 말을 남긴 시점이 1980년대 말이었음에도 말이다. 그는 서양의학의 승리와 중국의학의 퇴출이라는 필연적 과정이 단지 잠깐 유예되었을 뿐이라고 생각했다. 그러나 중국의학은 중국과 대만 두 나라 모두에서 합법이며, 세계 곳곳으로 퍼져나가는 중이다.[10] 중국의학은 세계보건기구에 의해 보완대체의학의 중요한 흐름으로 인정받고 있을 뿐 아니라, 각국의 의료 서비스에도 편입되고 있다.[11] 나는 이러한 역사를 유감스러운 지연, 혹은 과학적 의학으로 가는 이행 단계로 보지 않는다. 대신 중국의학의 근대사가 중국이 근대성을 탐색해나가는 과정의 핵심에 있다고 생각한다. 이를 밝히기 위해 나는 중국의학이 정치와 제도, 그리고 인식론의 측면에서 근대성의 문턱을 넘었던 순간들을 살펴볼 것이다. 이 절의 제목에서 암시하듯 이는 중국의학이 근대국가와 조우했던 시기이기도 하다.

먼저 이 책에서 다루는 주제는 지금껏 과학적인 서양의학과 전근대적인 중국의학이라는 두 가지 상이한 지식 체계의 문화적 대립으로 여겨져왔다. 근대 과학기술이 세계적으로 확산하는 과정에서 필연적으로 나타난 국지적인 대립이라는 관점이다. 그러나 1920년대에 이르는 몇십 년의 세월 동안 두 의학은 직접적인 경쟁 없이 공존해왔다. 따라서 나는 1920년대 말에 국가가 나서서 중국의학을 폐지하려고 하지 않았다면 두 의학의 갈등 역시 없었을 것이라 주장한다. 같은 이유에서 역사적 대립 역시 두 의학 사이의 일이라기보다는 중국의학과 근대화를 진행하던 국가 사이에서 발생한 것이라고 보아야 한다.

두 번째로, 1929년에 일어난 두 가지 역사적 사건, 즉 중국의학을 폐지할 것이라는 정부의 발표와 국의운동의 발흥은 중국의학과 서양의학 사이의 경쟁 논리를 근본적으로 바꾸어놓았다. 이전에는 개별 환자를 놓고 다투었던 두 의학은 이제 국가와의 동맹을 두고 경쟁했다. 무엇보다도 일련의 사태를 겪으며 중의 집단은 전문직으로서의 혜택, 제도적 기반, 그리고 정부의 인정 등을 추구하게 되었는데, 이는 국가의 승인 아래 서양의학이 갖추어나가던 특징들이었다. 이처럼 국가가 만들고 제공하는 여러 이익이 있었고, 중의와 중국의학을 옹호하던 이들은 이를 얻기 위해 국가의 근대화에 발맞춰나가야 했다. 그들은 새로운 전망을 분명하게 드러내기 위해 중국의학에 '국의國醫'라는 이름을 붙였다. 자신의 미래를 국가의 미래와 밀접하게 연결하기 위해서였다. 이 이름은 중의 집단이 국가로부터의 위협에 대응하는 방식을 분명하게 보여주었다.

세 번째로, 나는 1929년의 대립이 중국의학을 인식론적으로 새롭게 했음을 입증한다. 근대성 담론을 수용하고 그를 바탕으로 개혁을 추진하려 했던 당시의 중국의학은 서양의학의 부상에 따른 정치적 도전 외에도 인식론적 폭력이라는 또 다른 문제에 부딪혔다. 근대와 전근대를 구분하는 새로운 담론 앞에서 중대한 도전과 마주하게 된 것이다. 이러한 상황 속에서 개혁적인 성향의 중의 집단은 이론과 실제, 교육, 그리고 사회적 연결망을 근본적으로 바꾸어냄으로써 철저한 변화의 길을 닦을 수 있었다. 그리고 이는 1950년대 중반 중화인민공화국 시기에 등장했던, 교과서 기반의 표준화된 중의학中醫學, Traditional Chinese Medicine, TCM으로 이어졌다.[12] 이러한 맥락에서 현대 중의학은 1920년대에 있었던 중국의학과 근대국가의 조우에서 비롯한다고 할 수 있다.

1. 2. 전통과 근대의 이분법을 넘어

몇 가지 눈에 띄는 예외를 제외한다면, 민국기民國期, 1911~1949 의학사에 대한 연구는 대개 두 가지 독립된 범주로 뚜렷하게 구분된다.[13] 중국에서의 서양의학사와 중국의학사이다.[14] 그 누구도 분명하게 이야기한 바 없고 또 대부분은 충분히 인지하지 못하고 있지만, 이러한 구분은 은연중에 중국의학이 근대적 의료 체계의 발전 과정에서 어떠한 역할도 맡지 못했다고 가정한다. 여러 역사학자는 근대적 제도와 가치, 그리고 지식이 중국의학의 궤적에 미친 영향을 다각도로 분석했다. 그러나 중의 집단이 서양의학의 도입, 그리고 공중보건과 의료 행정의 구성 과정에 미친 영향에 대해서는 별다른 연구를 진행하지 않았다. 지금까지의 의학사 서술은 전통적인 것과 근대적인 것을 대립시킴으로써 중국의학을 중국의 의학적 근대성으로부터 배제해왔다.

이는 안타까운 일이다. 중국의학의 독특함은 바로 중국의 근대성과 얽힌 치열하고도 모호한 관계에서 비롯하기 때문이다. 벤저민 엘먼Benjamin Elman이 중국의 과학에 관한 기념비적 연구에서 보여주었듯, 중국의 모든 과학 분야를 통틀어 "1850년에서 1920년까지 가해진 근대 과학의 충격에서 살아남은" 전통 학문은 중국의학이 유일하다.[15] '살아남다'라는 말은 의미심장하다. 여느 비서구권 국가에서와 마찬가지로 소멸에까지 이르지는 않았다고 하더라도, 근대 과학과 의학의 도입으로 인해 중국 전통의 지식이 주변화되었음을 상기시키기 때문이다. 역사학자들은 계몽주의의 선형적이고 목적론적인 구도에서 벗어나기 위해 온갖 애를 쓰지만, 대개는 결국 근대 과학이 전통적인 행위를 하찮게 만들어버렸다는 익숙한 서사로 되돌아가고 만다. 그러나 세계의 전통 의료 대부분이 소멸이나 주변화와 같은 불행한 운명으로 귀결된 것과 달리, 중국의학은 독특하게도 과학과 근대성의 공격을 견뎌내고 국가의 공인을 받은 지식이 되었다.[16]

불행하게도 많은 이들에게 중국의학은 여전히 '살아남은 것' 혹은 전근대 중국의 유물이다. 엘먼과 같은 연구자들이 과학의 공격으로부터 생존한 것은 어디까지나 "근대화된 중국의학"이라고 힘주어 주장했지만,[17] 사람들은 별다른 고민 없이 시대에 뒤떨어진 중국의학이 근대화된 중국 사회 속에 이질적으로 존재한다고 생각한다. 만약 중국의학의 근대사를 단순히 중국의학이 자신을 보존하거나 혹은 '근대화'하는 역사로 바라본다면, 이는 중국의 근대 의료 체계의 발전과 무관한 무엇이 된다. 반대로 중국의학의 치열한 역사를 의학사에서 몰아낸다면, '중국 근대 의학의 역사'는 워릭 앤더슨Warwick Anderson이 비판한 "'근대 의학의 발전'이라는 거대 서사의 국지적 변주"[18]에 가까운 것이 된다. 앤더슨이 지적했듯이, 그와 같은 역사 서술은 중국의 근대사가 여타의 비서구 국가와 마찬가지로 "'유럽사'라는 거대 서사의 변주"[19]에 지나지 않는다는 생각을 반복할 뿐이다. 즉, 근대성의 주된 특징이 유럽에서 먼저 발현된 다음 다른 곳에서 나타난다는 것이다.

중국의학의 근대사는 중국 근대 의학의 역사에서 핵심적인 역할을 수행했다. 이를 염두에 둔다면 우리는 앞에서 언급했던, 그리고 디페시 차크라바르티Dipesh Chakrabarty가 《유럽을 지방화하기*Provincializing Europe: Postcolonial Thought and Historical Difference*》에서 비판해 마지않았던, 유럽중심주의와 역사주의를 논박할 힘을 갖추게 될 것이다. 물론 중국의학의 역사에 담긴 커다란 잠재력을 강조한다고 해서 '살아남은 전통'으로서의 중국의학을 서양의학에 대한 유력한 대안으로 이상화하려는 것은 아니다. 중국의학에 대한 이상화는 살아남은 전통으로서의 중국의학과 근대 유럽에서 이식된 것으로서의 서양의학이라는 날카로운 구분을 가정하고 재생산하기 때문이다. 나는 이 두 가지 모두 역사적으로 옳지 않다고 주장한다. 우리는 연구자로서 복잡하게 얽힌 역사를 중국의학의 생존과 서양의학의 발전이라는 별개의 흐름으로 간주하는 기존의 시각을 극복해야 한다.

1. 3. 공진화적 역사를 향하여

과학화와 근대화의 과정에서 살아남은 중국의학의 독특성을 부정할 수는 없다. 그러나 중국의학의 근대사는 종분화種分化의 개념으로 접근하는 편이 적절하다. 중국의학을 옹호하던 이들은 중국의학의 보존이나 근대화를 위해 싸우지 않았기 때문이다.[20] 국의운동을 선도하던 이들이 적확하게 지적했듯이, 그들은 "명백히 새로운 종류의 중국의학, 즉 신중의新中醫"를 창조하기 위해 분투했다. 중국의학의 생존이라는 관점과 국의로의 종분화라는 관점을 이해하기 위해 진화의 은유를 생각해보자. 중국의학의 근대화를 생명체 집단의 변화에 비유해보면, 국의라는 전망은 생명체 집단의 변화뿐만 아니라 새로운 서식지, 즉 부상하던 국민국가의 변화까지 포괄한다. 반면 '생존자'라는 용어로는 새롭게 등장한 서식지인 근대국가와 함께 공진화한 새로운 중국의학의 종분화 과정을 포착할 수 없다.

'중국의학의 생존'과 '근대 의학의 발전'이라는 이원화된 역사관을 넘어서기 위해, 나는 중국의학과 서양의학, 그리고 국가 간의 상호작용에 주목했다. 그리고 제대로 조명받지 못했던 상호작용을 드러내기 위해 서로 무관하다고 여겨졌던 세 갈래의 역사, 즉 중국 서양의학의 역사, 중국의학의 역사, 그리고 국가의 정치사를 하나로 통합했다. 나는 새로운 접근법을 통해 세 갈래의 역사를 공정하게 다룰 수 있었을 뿐 아니라 지리적으로 분리되어 있고, 상이한 범주에 속하며, 따라서 실질적으로 동떨어졌으리라 간주되던 여러 역사적 실체 간의 놀라운 동맹 관계를 밝혀낼 수 있었다.

구체적이지만 단순한 예는 2장에서 살펴볼 1911년의 만주 페스트이다. 지금까지는 중국 서양의학의 역사라는 맥락에서만 중요성을 인정받았던 사건이다. 페스트 방역이 서양의학이 국가 건설 과정에서 수행하는 정치적이고 필수 불가결한 역할을 드러내 보였다는 이유에서이다. 실제로 서의는 페스트의 확산을 막는 과정에서 일본과 러시아의 침략에 대항하여 중국의 영토 자주권을 수호하는 데 일조했다. 그러나 이와 같은 서양의학의 놀라운 성공은 주권 위기에서 기인한 새로운 지정학적 권력과 페스트에 대한 세균학적 이해라는 새로운 지식이 결합한 결과이다. 이를 기점으로 중국의학은 서양의학보다 열등하다고 간주되었는데, 바로 여기에서 우리는 주권과 현미경의 새로운 동맹을 고려할 필요가 있다(2장을 참고하라).

이 연구가 세 갈래의 역사를 모두 다루는 이유는 이들 간의 상호작용과 예상 밖의 동맹 관계를 추적하기 위해서이기도 하지만, 사실 무엇보다도 현실이 그렇게 한데 얽혀 있었기 때문이다. 국민당 시기에 일어난 국민국가와 서양의학의 부상이라는 사건은 우리가 다루려는 주제에 근본적이고 중대하며 직접적인 영향을 미쳤고, 따라서 근대 중국의학사를 서술할 때 이를 그저 배경쯤으로 치부할 수는 없다. 만주 페스트를 퇴치한 이후, 서양의학을 옹호하던 이들은 하나의 아이러니한 결론에 도달했다. 서양의학이 담지하는 과학적 진리는 그 자체로 중국에 확산될 수 없으며 근대국가와 제도라는 매개를 거쳐야 한다는 것이었다. '국가를 매개로 한 서양의학 확산'이라는 새로운 전략을 실현하기 위해, 그들은 서양의학이 국가 건설의 도구로 자리 잡을 수 있도록 전력을 다했다(3장을 참고하라). 서의 집단과 투쟁하던 중의 집단 역시 이에 대항하여 유사한 목표를 설정했다. 중국의학과 근대 국민국가를 연결하기 위해 중국의학의 정치화라는 역사적인 과업에 뛰어든 것이다. 중국의 서양의학이 발전시키던 고유한 특징, 즉 국가와 의학의 연결에 대응하여 중국의학은 국의라는 집단적 전망을 내놓았다.

서양의학과 중국의학이 정치화된 결과 국가는 근대 중국의학사를 나아가게 하는 강력한 원동력이 되었고, 국가와 의학의 관계 역시 이 시기를 거치며 크게 변화했다. 청나라 말엽의 조정만 하더라도 만주에서 페스트가 유행하기 시작한 1910년까지는 의학이나 공중보건에 별다른 관심을 보이지 않았지만, 국민당 정부는 기틀을 잡은 1928년부터 위생부를 하나의 독립된 부처로 신설하려고 했다. 1919년 영국이 세계 최초의 보건부를 설치한 뒤 불과 10년 만에 일어난 일이었다. 1947년에는 헌법으로 국가의료, 즉 국가가 인력과 자금, 운영을 전담하는 독특한 형태의 보건의료 정책을 못 박기도 했다. "과학적 의학을 받아들여야 하는 최후의 공동체"[21]였던 중국은 불과 40년이 채 지나기도 전에 만인에게 보건의료를 약속하는 국가가 되었다. 이는 공산당 정권의 1차 의료 체계를 예견하는 것이기도 했다. 이와 같은 국가의 극적인 변화는 중국의학과 서양의학의 사회적 공간을 근본적으로 바꾸어놓았다. 그러나 동시에 정부와 두 의학 간의 상호작용 또한 국가에 영향을 미치기도 했다. 이러한 관점에서 이 책은 의학의 정치사이자 국가의 의학사로 기획되었다.

요컨대 중국의학의 역사는 중국 근대 의학의 역사 일반의 맥락에서 이해할 필요가 있다. 근대성의 결정적 특징은 단절되고 구획화된 세 갈래의 역사가 아닌, 한데 얽힌 역사의 결합 속에서 산출된 것이기 때문이다. 이 책은 세 역사를 서로 빠르게 영향을 주고받는 동적인 대상으로 상정함으로써 이들 간의 상호 관계와 공진화의 역사를 포착하려 한다. 중국의학을 독특한 '생존자'로 간주하는 시각은 유럽과 일본에서 유래한 지식과 담론, 제도에서 비롯한 것이다. 실상은 반대였다. 중국은 새로운 모습으로 거듭난 고유의 의료를 제도화했고, 이로써 세계 보건의료에 독특한 자취를 남길 수 있었다. 공진화적 역사는 전통과 근대의 이분법을 재생산하지 않는다. 대신 구체적인 역사적 과정 간의 강력한 상호작용을 드러내며, 이로써 중국에서 나타난 근대성의 특징을 정교하게 보여준다.

1. 4. 중국의 근대성

지금까지 나는 중국의학과 서양의학의 투쟁이 보여주었던 정책의 측면에 초점을 맞추었다. 그러나 랠프 크로이지어Ralph Croizier가 40년 전의 선구적인 연구에서 설득력 있게 지적한 바와 같이, 중국의학을 둘러싼 논쟁은 정책에만 국한되지 않았다.[22] 크로이지어는 두 의학의 투쟁을 5·4운동이라는 문화적 배경 속에 위치시켰고, 이로써 의료계 바깥의 저명한 정치인이나 지식인 등이 의료 정책의 문제에 열과 성을 다했던 이유를 설명해냈다. 그에 따르면 중국의학을 둘러싼 갈등은 문화민족주의와 과학주의라는 두 가지 근대적 이데올로기

간의 갈등과 모순이 발현된 결과였다. 나는 크로이지어의 이데올로기 분석을 바탕으로 독립적이지만 서로 연관된 두 가지 투쟁, 즉 국가 보건의료 체계에서 중국의학의 역할을 둘러싼 정책 투쟁과 중국의 근대성을 둘러싼 이데올로기 투쟁이 존재했다고 주장한다.

1918년의 5·4운동을 지나면서 '과학 씨賽先生'로 인격화된 과학주의는 근대 중국의 지배적인 사조가 되었다. 과학주의의 영향력은 1923년 과학과 형이상학 사이에 벌어진 논쟁에서 극대화되었다. '삶의 철학'은 과연 과학적으로 규정될 수 있는가.[23] 논쟁에서 드러난바 당대의 진보적인 지식인은 과학을 근대성의 대표로 추어올리려 했고, 이로써 중국에서 벌어지는 복잡다단한 변화가 이른바 과학적 방법을 따르게끔 방향을 다잡으려 했다. 이러한 역사적 맥락에서 과학은 그저 자연 세계를 이해하거나 통제하는 한 가지 방법이 아니라, 유교를 비난하고 사회와 문화의 변화를 진두지휘하는 이념적 권위였다. 역설적으로 들릴지도 모르지만, 사상사가 왕후이汪暉가 지적하듯 5·4운동을 주도하던 이들에게 과학이란 유교의 안티테제가 아니었다. 오히려 그들은 과학을 향한 '신앙'을 고취하고 "종교의 자리에 과학을 가져다 놓으려" 했다.[24]

다시 말해 그들은 정치 이데올로기, 역사 발전, 남녀 관계, 의사와 환자 관계 등 나날의 삶과 문화를 포괄하는 유일신 신앙 체계를 중국에 도입하려 했다.[25] 신앙에 대한 종교적인 이해를 공격하는 대신에 과학을 유일신 신앙의 대상으로 삼은 셈이다.

과학의 이념화는 중국만의 현상이 아니었다. 정치사가 데이비드 아널드David Arnold는 인도를 지배한 영국 식민주의에 대한 연구를 바탕으로, 과학이 근대성을 조형하고 여기에 권위를 부여하는 과정에서 핵심적인 역할을 수행했다고 강조했다.[26] 중국의 여러 지식인은 왜 중국의학을 둘러싼 논쟁을 중국의 근대성에 관한 사활을 건 투쟁으로 받아들였을까. 내가 보기에 이에 대한 답은 과학주의가 아니라 아널드가 제시한 '근대성으로서의 과학'이라는 개념에 있다. 다시 중국의학으로 돌아가자. 과학주의를 둘러싼 근대주의 논쟁의 핵심은 과학적 방법이 '삶의 철학'과 같은 과학의 바깥에도 적용될 수 있는지가 아니었다. 그것은 의학처럼 자연과학에 속한다고 생각되는 영역에서 근대 과학이 문화적 권위를 독점할 수 있느냐 하는 또 다른 문제였다.

여러 진보적 지식인은 중국의학과의 투쟁 속에서 과학의 권위를 방어해야만 했고, 이러한 상황에 분노와 불안을 느꼈다. 왜였을까. 그들이 다양한 문화 영역에서 과학의 권위를 극대화하기 위해 맹렬히 투쟁했음을 염두에 둔다면 충분히 이해할 수 있는 일이다. 5·4운동을 이끌었던 푸쓰녠傅斯年, 1896~1950은 1934년 다음과 같은 성명을 작성했다. "오늘날 중국에서 가장 부끄럽고, 가장 분하며, 가장 슬픈 일은 중국의학과 서양의학의 싸움이다."[27] 그렇게 느낄 만했다. 그에게는 이것이 '삶의 철학'을 둘러싼 논쟁보다 더 중대한 문제였기 때문이다. 중국의학을 두고 벌어진 투쟁은 근대성의 기반으로서의 과학에 의문을 제기하는 한편, 또한 앞으로 다가올 보편주의의 근대성 개념을 향해 도전장을 던졌다.

투쟁에 참여했던 그들의 시선에서, 문제의 핵심은 중국의 근대성을 정의하는 일련의 기획에 '전근대적'이고 '비과학적'인 중국의학이 놓일 여지가 있는지였다. 이에 대한 답은 중국의 근대성이 보편주의의 근대성 개념에 대한 충실한 복제여야 하는지를 결정짓는 것이기도 했다. 근대 중국을 연구하는 요즈음의 연구자는 근대성이라는 용어를 다소 느슨하게 쓰는 경향이 있다. 19세기에서 20세기에 걸쳐 일어난 역사적 과정의 모든 국면을 근대성으로 인정하는 것이다. 그러나 이러한 역사 기술에는 결정적인 한계가 있다. 당대의 역사적 행위자들이 보편주의의 근대성 개념에 대처하는 과정에서 겪어야 했던 인식론적 폭력과 고통스러운 속박을 놓친다는 점이다. 아널드가 인도의 사례에서 솜씨 있게 추려냈듯 "식민지 관료, 선교사, 교육자, 과학자에 의해 편파적으로 수용된 근대성은 인도인을 교육과 복종의 대상으로 속박하고, 서구에 한 발짝 뒤떨어진 아류 또는 불완전한 복제로 만들어냈다".[28] 이러한 복잡다단한 지점을 이해하기 위해 연구자들은 과학의 이름으로 수용된 근대성이 규범적인 역할을 했을 뿐 아니라 속박으로 작용하기도 했다는 점을 고려해야 한다.

과학은 그것이 발흥하던 순간부터 인류가 소유할 수 있는 가장 객관적이고 보편적인 지식으로 간주되었다. 근대성의 다른 측면에는 협상과 국지적 변형의 가능성이 있었지만, 과학은 아니었다. 역사와 문화의 바깥에서 '자연'에 의해 보편성이 담보되니 말이다. 과학은 자연과 합치됨으로써 문화의 영향으로부터 자유로운 보편주의 근대성 개념의 견고한 기반이 될 수 있었다.[29] 여기에 저항하려면, 아니 여기에 조금이라도 변형을 가하려면 부조리와 미신, 또는 반계몽주의라는 오명을 뒤집어써야 하는 상황이었다.[30]

중국의학을 둘러싼 이데올로기 투쟁은 이와 같은 '근대성으로서의 과학'이라는 사고틀에 뿌리를 두고 있었다. 서두에서 인용한 루쉰의 말처럼 20세기 초 중국의학은 비과학의 상징과 같았다. 이러한 이념적 분위기 속에서 쑨원이 임종을 앞두고 중의를 불렀다는 사실은 큰 논란을 불러일으킬 수 있었다.[31] 중국 근대성의 대표로서 널리 존경받던 쑨원이 과학의 반대 극에 놓인 중국의학을 공개적으로 옹호했다면 이는 곧 '과학 씨'의 '인격이 분열되었음'을, 더 나아가 근대성으로서의 과학이 파산을 맞이했음을 의미하기 때문이었다.

중국의학을 둘러싼 투쟁은 이데올로기의 충돌이라는 넓은 맥락 속에서 벌어졌으며, 정책의 차원과 이데올로기의 차원은 한데 얽혀 있었다. 그러나 그렇다고 해서 전자를 후자와 동일시하거나 전자를 후자로 환원해서는 안 된다. 나는 두 갈래의 투쟁을 함께 다루면서도 구분해서 이해하는 것이 중요하다고 생각한다. 근대성에 대한 이데올로기 투쟁은 순수한 담론이나 개념의 영역에서 일어난 일이 아니었기 때문이다. 중국의 보건의료 문제를 해결하는 실천의 맥락과 중국의학을 변형하고 '과학화'하는 사회기술적 과정 역시 마찬가지로 중요했다. 중국의학을 두고 벌어진 투쟁을 근대성에 대한 이데올로기 투쟁으로 축소한다면 중국의학을 바꾸어내기 위한 제도, 인식론, 기술의 다층적인 시도는 시야에서 사라지고 말 것이다. 크로이지어가 중국의학을 둘러싼 투쟁을 더 넓은 이데올로기의 맥락에 위치시켰다면, 이 책은 근대성에 대한 이데올로기의 투쟁을 이해하기 위해 의학과 사회기술의 맥락을 재구성하는 반대 방향의 맥락화를 시도한다.

근대성을 둘러싼 이데올로기의 투쟁은 의학적인 맥락과 실천적인 맥락에서 고려되어야 한다. 간략히 말해 근대성이란 특정한 지역의 현실적 문제나 사회기술적 변화와 무관하게 "그 자체로"[32] 존재할 수 있는 고정된 실체가 아니다. 중국의학의 문제와 관련된 중국 근대성의 본성을 이해하기 위해서는 온전히 탈바꿈된 중국의학이 중국의 역사 속에서 실현된 근대성에 기여했을 가능성, 더 나아가 그것을 조형해냈을 가능성을 염두에 두어야 한다. 이러한 가능성을 탐구하기 위해 나는 중국의학을 옹호하던 이들이 근대성 담론을 포용하고 절충하며 중국의학을 재구축한 구체적인 과정을 살펴보았다. 이러한 의미에서 이 책은 근대 중국의학과 중국 근대성의 합작에 대한 추적이다.[33]

1. 5. 근대성 담론

중국의학은 20세기 전반기를 거치며 불과 수십 년 전만 해도 중국에 존재하지 않았던 여러 가지 새로운 생각과 인공물, 사람, 제도를 마주했다. 앞으로 다룰 몇 가지를 예로 들면 현미경, 증기기관, 《그레이 해부학*Gray's Anatomy*》, 세균 이론, 근대적 병원, 사회 조사, 위생부, 록펠러 재단, 전문가주의 등이다. 중의들은 이와 같은 근대 세계의 여러 측면 앞에서 충격을 받거나 위협을 느꼈고, 때로는 매혹되기도 했다. 그러나 이들 가운데 '근대성 담론'보다 근대 중국의학의 역사에 큰 영향을 미친 것은 없었다. 유일한 예외가 있다면 근대국가뿐이었다. 근대성 담론은 중국의학과 과학을 화해 불가능한 대립물로 만드는 데 크게 일조했고, 이로써 중국의학을 옹호하거나 개혁하려던 이들에게 힘겨운 과제를 안겨주었다.

근대성 담론의 핵심은 과학철학자 이언 해킹Ian Hacking이 규정한 표상주의적 실재 개념이다.[34] 이에 따르면 과학의 목적은 유일하고 영원하며 초문화적이라 전제되는, 즉 자연적이기에 보편적인 자연 세계의 표상을 만들어내는 데 있다. 이때 표상을 만드는 행위는 매개되지 않은 관찰이라 상정된다. 마치 거울에 자연을 비춘 것처럼 과학자는 왜곡 없이 실재를 표상한다는 가정이다. 이론적 개념 또한 실재하고 영원한 세계에 존재하는 물질적 실체를 그대로 표상한다고 간주된다. 이러한 실재 개념은 과학과 자연의 융합을 가능케 했고, 이로써 과학이 근대성의 수호자로 기능할 수 있는 확고한 토대가 되었다. 물론 요즈음의 과학기술학 연구자는 이러한 관점을 믿지 않는다. 그러나 대중과 과학자 대부분에게는 이것이 실재에 대한 상식에 가깝다. 더 중요한 사실은 역사학자들이 이와 같은 관점의 대안은 물론이거니와, 이것이 중국의 근대사에 미친 영향조차 제대로 이해하지 못하고 있다는 점이다.

표상주의적 실재 개념의 수용은 두 의학의 관계를 근본적으로 변화시켰다. 물론 중국의학을 둘러싸고 투쟁했던 여러 역사적 행위자 가운데 이러한 '상식적인' 관점을 명시적으로 언급한 이는 없었다. 그러나 그들의 논변에는 당대의 중국인에게는 무척이나 낯설었을, 과학적 지식에 대한 새로운 이론이 그대로 담겨 있었다. 뒤에서 살피겠지만 중국의학을 비판하던 이들이 보기에 중국의학이 비과학적인 이유는 알려진 자연 세계를 오류 없이 표상하는 서양의학과 달리 세계를 표상하는 데 실패했기 때문이었다. 이는 중국의학의 원죄이자, 중국의학을 폐기해야 할 궁극적 이유였다. 이러한 비난의 결과, 존재론은 중국의학과 중국의 보건의료 정책을 결정하는 핵심으로 부상했다. 더 나아가 표상주의적 실재 개념은 과학을 자연 및 실재와 융합함으로써 '과학적 의학'과 중국의학의 경쟁을 제로섬 게임으로 바꾸어놓았다. 이렇게 중국의학은 근대성의 기묘한 존재론적 공간에 공식적으로 발을 들이고 말았다. 중국의학이 감히 서양의학과 공존할 수 없었던, 좁디좁은 공간이었다.

중국인은 어떠한 역사적 과정을 거쳐 지식과 실재에 대한 이와 같은 사고틀을 수용하게 되었을까. 우리의 무지는 놀라울 정도이다. 지적 지형을 탐색하던 여러 근대사 연구자는 눈에 띄는 변화를 좇는 데 급급한 나머지 지식 이면의 조건이 재구조화되는 과정을 놓치고 말았다. 이러한 상황에서 중국의학의 근대사는 중국인이 새로운 지식의 조건을 수용하고 협상했던 과정을 살펴볼 수 있는 귀중한 열쇠이다. '중국의학의 과학화' 기획을 둘러싼 공적 논쟁을 탐구함으로써, 과학의 본성은 물론이거니와 타자를 '과학화'한다는 논쟁적인 관념에 대해 어떤 의견이 오갔는지 살필 수 있기 때문이다.

1. 6. 비려비마

서문을 열며 제기했던 문제의 열쇠는 '비려비마非驢非馬'라는 제목에 있다. 요컨대 역사적 전환의 핵심은 '나귀도 아니고 말도 아닌' 새로운 '종種'의 중국의학이 등장했다는 데 있다. 중국의학과 근대성이 상반되지 않는다는 사실을 구체적으로 증명하면서 말이다. 사실 비려비마는 경멸조로 쓰이는 관용구이며,

그래서 근대 중국의학의 역사를 다룬 책에 그런 말을 제목으로 붙이자니 약간은 우려가 되는 것도 사실이다. 그러나 중국의학을 개혁하려던 이들이 끌어안았던 역사적 도전, 그러니까 앞날이 보이지도 않고 외려 실패가 불 보듯 뻔했던 시도를 이것만큼 적절하게 담아내는 말도 없다.

영어에는 이런 표현이 없으므로 비려비마라는 말의 기원과 의미를 먼저 설명하는 편이 유용할 것이다.[35] 이는 2,000년 전의 역사서인《한서漢書》에서 처음 쓰인 문구이다. 오늘날의 신장 지역에는 구자국龜玆國이라는 나라가 있었는데 이곳의 왕은 한나라의 문화를 너무나 동경한 나머지 신하들에게 한나라풍으로 궁궐을 짓고, 한나라풍으로 옷을 지어 입으며, 한나라풍의 의례와 제도를 도입하라고 명했다. 그러자 구자국의 사람들은 "나귀처럼 보여도 나귀가 아니고, 말처럼 보여도 말이 아니니, 구자국의 왕은 그저 노새일 뿐"[36]이라며 비웃음을 숨기지 않았다. 이처럼 여기에는 왕이 한나라와 구자국 모두의 문화적 전통을 배반했다는 뜻이 담겨 있고, 그런 의미에서 비려비마는 경계를 가로지르는 문화적 통합에 대한 강한 반감을 담아내는 표현으로 자리 잡았다.

비려비마라는 말은 근대 중국의학의 역사를 이해하는 데 여러모로 유용하다. 먼저 이는 특정한 역사적 시점에 등장한 새로운 종류의 의학 혼합주의를 나타낸다. 비려비마는 탈식민주의의 개념인 혼종성hybridity과 다르다.[37] 분석을 위해 만들어진 개념이 아니라, 형성 중이던 새로운 의학을 지시하기 위해 당대의 여러 행위자가 직접 사용한 말이기 때문이다(이 책에서도 마찬가지의 뜻으로 사용하려 한다). 2,000년도 전에 만들어진 비려비마라는 표현은 1920년대 말이 되면서 중국의학과 서양의학을 통합하려는 움직임을 비판하는 데 사용되었다. 사실 중서회통파中西匯通派의 창시자인 당종해唐宗海, 1851~1908가 자신만의 의학 혼합주의를 내놓았던 1890년대만 하더라도 비판의 목소리는 찾아보기 힘들었다. 오히려 문화적 통합을 향한 당종해의 긍정적이고 낙관적인 태도에는 청나라 말기 개혁파의 정신이 담겨 있었다. 개혁파를 선도하던 저명한 학자이자 언론인이었던 량치차오梁啓超, 1873~1929는 자신이 "부중부서不中不西" 하나 "즉중즉서卽中卽西"한 학교, 다시 말해 "중국식이지도 서양식이지도 않지만, 중국식이면서 서양식"[38]인 학교를 세우는 데 힘을 보탰음을 자랑스러워했다. 통합의 노력이 잘못되었다거나 실패하리라 생각하지 않던 시대였다.

6장에서 자세하게 논하겠지만 투쟁의 양 진영은 1929년의 대립 이후, 특히 국민당 정부가 중국의학을 '과학화'하기 위해 국의관國醫館을 설립한 이후에야 '나귀도 아니고 말도 아닌 잡종의학雜種醫學'의 부상을 인식했다. 다시 말해 중국의학을 개혁하려던 이들 사이에서 새로운 종류의 의학 혼합주의가 유행하고, 이것이 '잡종의학'이라는 경멸적인 이름을 얻은 일은 모두 과학이라는 개념과 이에 연관된 근대성 담론과 결부되어 있었다. 개혁을 원하던 많은 중의는 중국의학을 국가가 공인한 전문 영역이자 세계 의학계의 당당한 일원으로 탈바꿈하기 위해, 중국의학의 과학화 기획을 받아들이고 중국의학과 서양의학의 통합을 위해 전력을 다했다. 국의운동을 이끌던 많은 이들은 새로운 중국의학의 창조를 위해 비려비마라는 오명을 뒤집어써가며 몸과 마음을 모두 바쳤다.

비려비마라는 말은 더 나아가 의학 혼합주의가 자연에 반하는 인위적 창조물이며, 따라서 어쩔 수 없이 실패하리라는 점을 강조하기도 한다. 구자국 왕의 일화가 보여주듯 비려비마는 문화 현상을 생물학적 비유로 개념화한다. 여기에서 경계를 가로지르는 문화적 통합은 이종 간의 재생산에 해당한다. 왕을 가리켜 노새라고 말했던 사람들은 필경 암컷 말과 수컷 나귀 사이에서 생식 능력이 없는 노새가 태어난다는 생물학적 사실을 염두에 두었을 것이다. 비려비마 의학 역시 마찬가지였다. 사람들의 눈에 그것은 당장은 뭐라도 될 것 같아도 결국에는 미래가 없는 괴물 같은 창조물일 뿐이었다.

중국의학을 개혁하려는 이들은 어떤 종류의 중국의학을 만들어내려고 했을까. 1930년대에는 그들 자신도 여기에 답할 수 없었다. 어떤 이들은 송나라 시대의 유교와 불교의 통합을 예로 들며, 중국 문화와 외래문화의 대담하고 창조적인 통합을 목표로 삼았다.[39] 그러나 문제는 통합의 대상이 '과학'이라는 데 있었다. 과학은 자연 세계에 대한 진리를 독점하는 듯했고, 그렇다면 과학의 '진리 내용'을 훼손하지 않으면서 중국의학과 과학의 통합을 그려내는 일은 불가능에 가까웠다. 여러 개혁가는 혼종의학의 전망을 명료하게 표현하지도 또 가치를 변호하지도 못했고, 따라서 말없이 오명을 감내하거나 '잡종의학'의 개념을 부정할 수밖에 없었다.[40] 유교와 불교 간의 간문화적 통합과 같은 무엇을 꿈꾸던 이들은 엄정한 현실을 마주해야만 했다. 통합의 기획이 그들의 입이 아닌 비판자의 입으로, 조롱조로 규정되어버렸다는 사실 말이다. 새로운 의학이라는 전망은 그저 허무맹랑하게 보일 뿐이었고, 중국의학을 옹호하던 이들 역시 문화민족주의의 수사에 손쉽게 기대곤 했다. 비려비마라 불린 새로운 의학의 등장이 중국 근대 의학사에 한 획을 긋는 사건임에도 불구하고 지금껏 제대로 이해되지 못했던 이유이다.

이러한 혁신의 노력도 어언 80년이 넘었지만, 어떤 이들은 여전히 비려비마 의학의 미래를 쉽게 상상하지 못한다. 심지어 중국에서도 최근 2006년까지 "중국의학과 중약中藥이여, 잘 있거라"와 같은 운동이 널리 지지받기도 했다.[41] 여느 근대 과학의 역사와 달리 근대 중국의학의 역사는 너무나도 논쟁적이고, 그러하기에 아직 끝나지 않았다. 비려비마 의학의 미래를 둘러싼 논쟁은 지금도 진행되고 있으며, 그런 의미에서 여러 개혁가가 1930년대에 '중국의학의 과학화 기획'에 투신하며 중국의학의 미래를 조형해나갔던 과정을 다시 살펴볼 필요가 있다.

마지막으로 비려비마라는 관용구가 하나의 정서적 전략으로 사용되었음을 짚고 넘어가고자 한다. 중국의학을 비판하던 이들은 의학 혼합주의의 문제를 구체적으로 논하지 않았다. 대신 비려비마와 같은 말을 들먹이며, 이런 자기모순적인 기획은 그저 농담 따먹기의 대상일 뿐이라 빈정거릴 뿐이었다. 오늘날에는 다르다. 강의 도중 비려비마라는 말을 언급해도 사람들은 별다른 악감정 없이 그저 웃곤 한다. 이는 1930년대에 활동했던 여러 행위자와 현대인 사이의 크나큰 정서적 격차를 드러낸다. 독자에게 중국의학의 개혁가가 감내해야 했던 정서적·인식론적 폭력을 가감 없이 전하고자, 나는 비려비마라는 말을 당대의 행위자가 사용했던 용례 그대로 쓰고, 이를 '잡종의학'이라는 말로 옮기려 한다. 이 말에 얽힌 경멸의 심상을 인지해야만 1930년대 중국에서, 그리고 지금도 세계 어디에선가 진행 중인 역사적 도전을 이해할 수 있다. 잡종의학이라는 기획, 즉 비려비마 의학을 비판하던 이들이 불가능하고 병리적이며 자기모순적이라 규정했던 기획을 실현하는 일은 하나의 역사적 도전이었다. 이 책에 '비려비마'라는 제목을 붙인 까닭이다.

1. 7. 용어들

'서의'와 '중의'의 의미를 먼저 분명히 할 필요가 있다. 논의의 편의를 위해, 이 책에서 서의란 중국이건 해외건 간에 대략 1880년대 이후 서양식 의학교에서 교육받은 중국인을 지칭하는 말로 쓰인다. 따라서 여기에 외국인 의사나 외국인 의료선교사는 포함되지 않는다. 중요한 점은 이들 대다수가 일본에서 혹은 일본의 영향을 받은 의학교를 다녔다는 점이다. 1929년의 역사적 사건 이전까지 서의의 수는 2,000명 정도였다.[42]

중의를 정의하는 일은 좀 더 까다롭다. '중국의학'이라는 말은 청대 엘리트 지식인의 의학은 물론, 여기에서 비롯한 근대 시기의 발전 모두를 의미한다. 청대의 지식인은 중요하다. 국의운동을 조직화하는 데 앞장섰을 뿐 아니라, 차후 중국의학을 근대적 전문직으로 변모시키는 데에도 크게 기여했기 때문이다. 그러나 네이선 시빈Nathan Sivin이 지적하듯 청대의 유의儒醫, 즉 유학자로서 의술을 펼쳤던 이들은 "조직화되지 않았으며, 집단의식도 없었고, 교육이나 술기, 보상의 표준을 설정하고 강제할 수 없었다".[43] 정부가 의료인을 규제하기 시작한 1920년대 전까지, 의료 전문가가 되기 위해 넘어야 할 진입 장벽은 없는 것이나 마찬가지였다. 따라서 중의라는 말은 전통적 의미의 중국의학을 실천했던 이와 서양의학의 교육을 받지 못한 이 모두를 폭넓게 지칭한다. 사실 이 책에서 논의하는 핵심 주제 가운데 하나가 바로 정체성 규정이기 때문에 여기에서 더 세밀한 정의를 제시하는 일은 오히려 비생산적이다. 이후 6장에서 (중국의학을 강하게 비판하던 이가 1933년에 그렸던) '상하이의 의료 환경'을 다룬 유용한 도해를 참고하여, 1930년대 상하이에서 볼 수 있었던 중국의학과 서양의학의 복잡성과 이질성을 분석할 예정이다. 오늘날 중국에서 중국의학과 서양의학이라 불리는 것은 이 책에 기술된 역사적 과정에 따라 근대국가라는 장에서 서로 투쟁하며 서서히 형태를 갖추게 되었다.

2장 주권과 현미경: 1910~1911년 만주 페스트 방역

2. 1. "페스트는 전염될 수 있습니다", "아니오, 믿지 못하겠소"

중국의 근대 의학 수용에 대한 서사 속에서 청 말기의 만주 페스트 유행보다 많이 이야기되는 사건은 없다. 의학사가醫學史家들의 평가는 다음과 같다. 중국 "근대 의학사의 분수령", "유행병 관리와 예방의학의 중요성에 대한 교훈", 중국의학에 대비되는 "근대 의학의 우월성에 대한 인정", 그리고 "국가의 책무로서의 공중보건이 갖는 중요성"을 확인한 사건.[1] 그러나 쏟아지는 찬사 속에서 우리는 하나의 난관에 마주친다. 서양의학과의 접촉, 유행병 관리, 공중보건에 대한 국가의 책임, 중국의학의 열등함에 대한 시인이라는 네 가지 독립적인 사건이 만주 페스트의 유행과 함께 한꺼번에 일어난 이유는 무엇인가?

언뜻 보기에 답은 간단해 보인다. 근대 서양의학은 무서운 유행병을 이겨냈지만 중국의학은 그러지 못했기 때문이다. 그러나 이러한 설명 역시 부족하기는 매한가지다. 그렇다면 그전에는 어찌하여 비슷한 일조차 일어나지 않았단 말인가? 중국은 세계 유행병의 '수원水源'이라 불릴 정도로 많은 유행병이 자주 발생하지 않았던가? 좀 더 분명하게 말해보자.[2] 만주 페스트는 어떤 점에서 그렇게 특별했기에 앞서 말한 네 가지 일을 동시에 일어나게 했을까?

만주 페스트를 담당했던 관리들이 보기에 이 유행병은 매우 독특했다. 동삼성東三省 총독 시량錫良, 1853~1917은 청 조정에 제출한 두 권의 보고서에서 페스트를 방역하며 마주한 여러 어려움을 토로했다. 무엇보다 큰 장애물은 "관리와 의사들의 지식 부족"이었다.

> 처음에 우리는 이 병이 '추안란'될 수 있으리라 믿지 못했다. 그리하여 그저 '온역瘟疫'에 대처하던 옛 방법으로 예방과 치료에 임할 뿐이었다. 게다가 중의

는 현미경의 사용법을 알지 못하여 환자가 정말 이 병에 걸린 것인지, 아니면 증상이 비슷한 다른 병에 걸린 것인지 구분하지 못했다. 그런 탓에 감기나 고열을 낫게 했다는 소식이 들릴 때마다, 많은 이들은 유행병에 대한 치료가 성공했다고 생각했다.[3]

첫 문장은 잠시 내버려두자. 이 아리송한 문장에 담긴 중요한 의미에 대해서는 뒤에서 밝히도록 하겠다. 어찌 되었건 이 글은 만주 페스트가 열병에 대한 기존의 이해를 근본적으로 흔들어놓았음을 분명하게 보여준다. '추안란傳染'이라는 개념과 함께 페스트를 진단하고 예방하는 여러 조치가 등장했던 것이다. 이러한 점을 고려한다면, 만주 페스트 방역은 '추안란빙傳染病'이라는 새로운 범주의 질병을 구성하고 제도화함으로써 유행병에 대처하려 한 최초의 시도로서 연구되어야 한다.

방역에 참여한 많은 이들이 보기에, 근대적 개념인 '추안란'은 '온역'이라는 패러다임을 완전히 대체했다. 페스트 방역이라는 '공개 실험'을 통해 '추안란빙'이라는 새로운 개념이 입증되었기 때문이었다. 다시 말해 공개 실험의 성공은 새로운 개념 덕분이었다. 의학사가 찰스 로젠버그Charles Rosenberg가 《질병의 틀을 짜다*Framing Disease*》의 서문에서 언급한 바와 같이 질병은 "행위자와 매개자로서 사회를 구성하는 요소"로 작동하며 "고유한 특징을 바탕으로 저마다의 사회적 반응을 이끌어낸다".[4] 따라서 연구자들은 만주 페스트가 어떠한 방식으로 중국의학에 패배를 가져다주었는지에 주목해야 한다. 파비안 허스트Fabian Hirst가 "가장 치명적인 질병"이라고 말한 만주 페스트와[5] 그에 대한 사회적 반응의 특징을 밝히기 위해, 이번 장에서 나는 1894년의 홍콩 페스트와 1910년의 만주 페스트를 비교·분석할 것이다.

마지막으로, 시량의 글에서 나타난 가장 중요한 지점으로 눈을 돌려보자. 현미경에 대한 강조 말이다. 세균 이론의 역할에 대한 연구자들의 무관심은 안타까울 지경이다. 바로 이 지점을 통해 만주 페스트의 역사가 중국을 넘어 앤드루 커닝엄Andrew Cunningham과 페리 윌리엄스Perry Williams가 말한 "의학에서의 실험실 혁명"[6]으로 이어지는 탓이다. 홍콩 페스트에서 만주 페스트 사이, 여러 과학자는 세균학적 연구를 바탕으로 예르시니아 페스티스*Yersinia pestis*가 "페스트의 원인이 되는 미생물"[7]이라는 사실을 밝혀냈으며, 이로써 페스트의 정체를 완전히 뒤바꾸어놓았다. 그리고 이러한 지식이 만들어지는 역사의 한가운데에 케임브리지 대학교를 졸업했으며 만주 페스트의 영웅이기도 했던 말레이시아계 중국인 우롄더伍連德, 1879~1960가 있었다. 이와 같은 국지적 역사가 갖는 세계적 중요성을 드러내기 위해, 이번 장에서 나는 만주의 사회정치적 맥락과 새로운 의학 지식에 대한 과학적 논쟁, 실험실에 기반한 페스트 방역 대책의 시행 모두를 포괄하여 분석할 것이다. 그리고 이를 통해 상술한 네 가지 특징이 만주 페스트의 유행 이후에야 동시에 나타나게 된 이유를 밝힐 것이다.

2. 2. 폐페스트 대 선페스트

1910년 10월 만주에서 정체를 알 수 없는 유행병이 발생했다. 유행병의 엄청난 전염성은 사람들을 공포의 도가니로 몰아넣었다. 이주민 잡역부들이 춘절을 맞아 기차로 고향에 돌아오면서 페스트는 전근대 중국에서는 전례가 없었던 속도로 퍼져나갔다. 페스트는 중국과 러시아 국경지대에 있는 만저우리에서 창궐하여 두 달 사이에 3,000킬로미터 이상을 퍼져나가 펑톈 지역까지 확산했으며, 곧 수도 베이징과 중국 중심부를 위협했다. 산업 기술 발전의 의도치 않은 결과로 철도 중심지인 하얼빈, 창춘, 선양이 만주 전역을 강타한 유행병의 진원지가 되었다. 어떻게 보건 이는 재앙이었다.

만주 페스트의 창궐은 이미 흔들리고 있던 청 왕조의 주권을 위협했다.[8] 유행병은 베이징을 향하고 있었지만, 두려움에 사로잡힌 사절단이 압력을 가하기 전까지 청 조정은 페스트를 그리 심각하게 생각하지 않았다. 칼 네이선Carl Nathan에 따르면[9] 청 왕조가 지금까지와 달리 페스트를 방역하겠다고 나선 것은 일본과 러시아가 페스트 방역을 구실로 만주에 대한 영향력을 확대하는 사태를 우려했기 때문이었다. 5년 전 만주에서 종결된 러일전쟁1904~1905의 결과 러시아는 북만주를 통과하는 중국동부철도를 가져갔고, 일본은 남만주철도를 가져갔다.[10] 이처럼 만주의 철도 체계는 상충하는 지정학적 이해를 가진 세 국가에 의해 통제되고 있었고, 따라서 윌리엄 서머스William Summers의 말처럼 "철도 관리가 복잡하다는 점과 철도가 정치적으로 매우 중요하다는 점, 그리고 유행병 환자의 운송 과정에서 철도가 핵심적인 역할을 수행했다는 점 탓에 만주의 철도는 유행병 방역의 중추이자 논쟁의 중심이 되었다".[11]

주권의 위기를 해소하는 유일한 방법은 네이선이 정리했듯 "중국의 통제력을 최대한 지켜"낼 수 있는 페스트 관리 체계를 조직하고, 동시에 "의료를 가능한 한 '서구화'하는 것이었다".[12] 과거에도 청 조정은 주권 사수를 위해 반강제로 서구식 공중보건을 도입한 바 있었다. 1902년 청 조정은 의화단운동 이후 열강이 세운 조직과 유사한 형태로 중국 최초의 지방 위생국을 설치했는데, 이는 다름 아닌 톈진의 주권을 되찾기 위함이었다.[13] 청의 외무부 우승佑承 스자오지施肇基, 1877~1958는 그의 오랜 친구인 우롄더에게 서둘러서 만주로 가달라고 긴급하게 요청했다. 골치 아픈 과거의 전례가 반복될까 두려웠던 탓이었다.

우롄더는 자서전《페스트와 싸우는 자*The Plague Fighter*》의 첫 문단에서 페스트의 중심지 하얼빈에 도착했던 12월 24일의 서늘한 오후를 돌아보았다. 그는 독자들에게 자신을 소개하기에 앞서 "세균학 연구에 필요한 모든 것이 갖추어진 중간 크기의 영국산 휴대용 벡 현미경"[14]을 들고 있는 자신의 손에 이목을 집중시켰다. 우롄더는 이런 방식으로 "검은 죽음"에 관한 장을 열었고, 이로써 만주 페스트 방역에서 다른 무엇보다 현미경이 중요했다는 사실을 솜씨 좋게 드러냈다. 우롄더의 현미경은 사흘 동안 사용되지 못하다가, 일본 여성의 시체를 부검할 기회가 생기면서 삼엄한 경비 아래 비로소 사용될 수 있었다. 우롄더는 시체에서 1894년 홍콩 페스트 당시 일본의 기타사토 시바사부로北里 柴三郎, 1853~1931와 프랑스의 알렉상드르 예르생Alexandre E. J. Yersin, 1863~1943이 발견했던 바실루스 페스티스*Bacillus pestis*와 유사한 유기체를 확인했다. 더 나아가 그는 현미경을 이용하여 페스트균이 희생자의 폐에서만 발견된다는 새로운 사실을 알아냈다. 이는 만주 페스트가 홍콩 페스트와 성질이 매우 다르다는 것을 시사했다.

만주 페스트는 우롄더가 추론했듯이 공기를 통해 전파되는 질병이었다. 만주에서 페스트균은 홍콩 선페스트의 경우처럼 쥐벼룩을 통해서 퍼지는 것이 아니라 사람 사이의 접촉을 통해 직접 확산되었다.[15] 따라서 폐페스트는 곤충을 통해 전염되는 선페스트보다 치명률과 전염성이 높을 수밖에 없었다. 또한 선페스트와 폐페스트의 통제에는 서로 다른 전략이 필요했다. 선페스트 방역은 페스트균의 1차 매개체인 쥐벼룩을 옮기는 쥐를 구제驅除하는 것으로 충분했다. 반면 인간 사이의 접촉을 통해 퍼져나가는 폐페스트의 전염을 막기 위해서는 보건 관료가 인간의 움직임을 철저하게 통제해야 했다.

우렌더는 즉시 지방과 베이징에 있는 여러 관료에게 자신이 발견한 바를 알리고 지방관과 치안 담당자를 불러 현미경을 들여다보게 했다. 페스트의 진짜 원인을 납득시키기 위함이었다. 그러나 그들은 여전히 의심을 거두지 않았고 우렌더는 "근대적인 지식과 과학의 기초를 갖추지 못한 이를 설득하기란 결코 쉬운 일이 아니었다"[16]라는 말을 남겼다. 현미경은 페스트의 원인인 유기체와 전파 경로를 시각화할 수 있었지만, 사람들의 믿음과 지식까지 바꾸어내지는 못했다. 뿌리 깊게 자리 잡은 유행병 대처법 역시 마찬가지였다.

새로운 지식을 학습하는 일은 무척이나 힘들었다. 그러나 이는 중국인에게만 국한된 문제가 아니었다. 근대 의학을 훈련받은 외국인 의사들도 뼈아픈 경험을 한 이후에야 폐렴형의 페스트에 대해 학습할 수 있었다. 사실 그들 대부분은 자신이 홍콩 페스트 이후에 발표된 최신의 지식으로 무장하고 있다고 자신했다. 기타사토와 예르생이 페스트균을 발견한 1894년으로부터 4년이 지난 후, 프랑스 과학자 폴-루이 시몽Paul-Louis Simond, 1858~1947은 페스트가 쥐벼룩을 통해서 옮겨진다는 사실을 알아냈다. 우렌더 이전에도 폐페스트를 선페스트와 구별하고 고유의 임상적 특징을 서술했던 이가 있었지만, 당시 폐페스트는 그저 2차적 현상일 뿐이라고 간주되었다. 당대의 이해 수준에서 폐페스트란 벌레에 물렸을 때 세균이 림프절 증상을 일으키는 대신, 혈류를 타고 폐로 들어가서 폐렴을 일으키는 병이었다. 지난 세기 동안 폐페스트는 거의 발생하지 않았고 몇 가지 증례만 알려졌을 따름이었다. 그러나 허스트의 말을 빌리자면 "1910년부터 1911년에 걸쳐 북만주에서 발생한 대규모의 폐렴성 유행병으로 인해 처음으로 세계는 새로운 종류의 페스트에 관심을 기울이게 되었다".[17]

거즈 마스크를 둘러싼 갈등은 외국인 의사들이 폐페스트와 선페스트가 구별된다는 생각에 얼마나 거부감을 보였는지를 드러내는 단적인 예이다. 호흡기를 통한 직접 감염으로부터 사람들을 보호하기 위해, 우렌더는 위생국 직원들과 일반 대중 모두에게 자신이 고안한 거즈 마스크를 권했다. 그러나 선페스트에 대한 최신의 지식을 굳건히 신뢰하던 일본, 러시아, 프랑스 출신의 의사들은 우렌더의 분석을 믿지 않았고, 중증의 페스트 환자를 지근거리에서 대할 때에도 마스크를 쓰지 않았다. 우렌더가 회고하길 그가 소속된 페스트 방역반의 선임이자 베이양의학당北洋醫學堂의 주임교수였던 프랑스 의사 제랄드 메니Gérald Mesny, 1869~1911 역시 우렌더의 발견에 강한 거부감을 표출했고, 우렌더는 분을 참지 못하여 청 조정에 사임 의사를 밝혔다. 그러나 며칠 후 메니가 마스크를 쓰지 않고 러시아의 피병원避病院을 방문했다가 페스트에 감염되었다는 소식이 전해졌다. 그리고 6일이 지난 후, 페스트 방역반의 상징과도 같았던 메니는 사망하고 말았다. 만주는 곧 공황 상태에 빠졌다. 사람들은 이제야 만주 페스트의 위험성을 인지했다. "길거리에 나와 있던 모든 이들은 이제 종류를 불문하고 마스크를 쓰고 있었다."[18] 우렌더에 반대하던 이들은 이렇게 목숨을 잃고 말았다. 의도치 않은 기회였다.

지방 관료들과 달리 베이징의 관료들, 특히 처음에 우렌더에게 도움을 청했던 외무부의 오랜 지기知己들은 현미경을 들여다보지 않고도 만주 페스트가 폐페스트라는 사실을 순순히 받아들였다. 메니의 죽음이 우렌더를 향한 신뢰를 검증해주었기에, 이들은 우렌더의 발견에 따라 방역을 효과적으로 시행함으로써 주권의 위기를 해소하고자 했다. 외무부 우승 스자오지에게 보낸 전신에서 우렌더는 자신의 페스트 방역 계획을 이렇게 요약했다. "이번 페스트는 대개 사람 대 사람의 접촉으로 옮겨집니다. 적어도 이 사안에 대해서는 쥐를 통한 감염은 머릿속에서 지우고, 사람의 움직임과 습관을 통제하는 데 모든 노력을 집중해야 합니다."[19] 젊고 경험도 많지 않았던 우렌더는 대담하게도 이미 정립된 방역 대책이었던 쥐잡이의 중단을 요구했다.[20] 우렌더의 전신이 전송되고 몇 주 후, 일본인이 경영하는 만주의 신문에는 "페스트 방역 본부는 이유 불문 쥐잡이에 진력을 다해야 한다"는 제목의 사설이 실렸다. 고질적으로 페스트에 시달리곤 했던 대만이 일본 식민정부의 엄격한 쥐잡이 덕분에 페스트로부터 해방되었음을 강조하는 글이었다.[21] 일본이 통치하던 만주의 다롄大連에서는 대만의 성공을 재현하기 위해 페스트 방역 자원 대부분을 쥐잡이에 할애했고, 2월 말쯤에는 이미 2만 마리 이상의 쥐를 잡았을 정도였다.[22]

페스트 환자 대부분이 폐렴형의 페스트에 감염되었다는 사실이 명백해지고 쥐 사체에서도 페스트균이 발견되지 않았지만, 2월 말 펑톈을 방문한 페스트의 권위자인 기타사토는 설치류 박멸이 무엇보다 시급하다는 주장을 굽히지 않았다. 날씨가 따뜻해지면 쥐들이 동면에서 깨어나 페스트 환자와 접촉하여 감염될 것이고, 그러면 새로운 선페스트의 물결이 폐페스트와 합류하여 나라를 아수라장으로 만들 것이라는 추론이었다.[23] 그는 다롄의 많은 일본인이 따르고 있던 마스크 착용 지침을 향해 "불필요하고 과장된 것"이라는 비난을 퍼부었다.[24] 백미는 일본 영사관 직원을 대상으로 진행된 강연의 내용이었다. 기타사토는 폐페스트는 그나마 대륙 간 전파를 막기가 쉽지만 이것이 선페스트로 변하게 되면 배에 서식하는 쥐에 의해 전 세계로 퍼져나갈지 모른다고 강변했다.[25] 요컨대 당시 치열하게 논의되던 페스트의 본성과 변화 가능성은 만주에 대한 주권을 사수하려던 청 조정의 움직임에 영향을 미쳤다.

2. 3. "4,000년 동안 가장 잔혹했던 경찰"

당시에는 치료법이 없었기 때문에 우롄더는 먼저 여러 사례를 식별하는 데 초점을 맞췄다. 동시에 그는 기침 증상을 보이지 않는 의사환자擬似患者와 진성환자를 분리하고, 전염병 환자와 접촉한 사람들을 격리하기 위한 계획을 수립했으며, 사람들에게 제대로 된 거즈 마스크 착용법을 교육했다.[26] 우롄더는 병을 "단속"[27]하기 위해 방역 활동을 훈련받을 경찰관 600명을 모집했다. 이들은 훈련받지 않은 기존의 경찰 인력을 대체할 예정이었다.[28] 유행병이 기찻길을 따라 남쪽으로 퍼져나갔기 때문에, 우롄더는 "시베리아 국경 근방의 만저우리부터 하얼빈까지 모든 선로를 통제해야 한다"고 제안하기도 했다.[29] 그에 따라 중국 정부는 군대를 동원하여 기차 운행을 제한하고 만리장성을 넘어서 들어오는 보행객을 차단했다.

방역 활동이 보균 환자의 이동을 통제하는 데 초점을 맞추면서, 전염병 진단의 최종 기준이었던 현미경은 필수적인 도구로 자리 잡았다. 집집마다 방문하며 페스트 환자를 수색하던 조사관은 의사가 작성한 현미경 검사 기록 없이는 보고서의 진단명 부분을 공란으로 둘 수밖에 없었다.[30] 보고서에는 검사 결과와 검사 일자를 기록하는 칸이 있었고, 이러한 의미에서 전염병의 식별은 현미경 사용 및 세균 이론의 실천과 불가분의 관계였다. 그럼에도 불구하고 진단 과정 대부분에 현미경이 사용되었으리라고 믿을 수는 없다. 훈련된 인원과 기구가 충분하지 않았기 때문이다. 무엇보다 현미경 검사는 전염병 환자를 식별하기에 비용 대비 효율적인 방법이 아니었다.[31]

1910년의 페스트가 창궐한 기간 동안 확진된 환자들은 피병원에 수용되었다. 그들과 접촉한 사람들 역시 러시아 철도로부터 빌린 120대의 화차로 만든 긴급 수용 캠프로 이송되었다. 접촉자의 맥박과 체온은 매일 아침저녁으로 측정되었고, 기침 증상을 보이는 사람은 즉시 따로 떨어진 화차에 격리되었다. 세균 검사를 통해 실제로 페스트에 감염되었다고 밝혀진 사람은 즉시 피병원으로 이송되었는데, 이곳에 들어간 사람은 남자건 여자건 보통 며칠 뒤에 사망했다.[32] 피병원의 사망률은 100퍼센트였기 때문에 질병을 확정하는 현미경의 기능은 곧 생과 사를 결정하는 힘이나 다름없었다.

청 왕조는 현미경을 방역 기반 시설의 토대로 삼았고, 이로써 현미경에 막강한 권한을 부여했다. 그 결과 현미경은 시량의 눈에조차 "지난 4,000년 동안 가장 극단적이고 잔혹한 경찰력 행사"[33]로 비쳤던 방역 조치에 정당성을 부여했다. 사람들의 눈에 청조의 위생 경찰이 잔혹하게 보였던 이유는 분명했다. 역사학자 캐럴 베네딕트Carol Benedict가 지적했듯이, 열병에 대한 중국인의 반응은 전염병에 대한 유럽인의 반응과 대체로 유사했다. 둘 다 영적인 존재의 도움을 구했고, 환경 속에서 잘못을 찾았으며, 나쁜 기운을 피하려 했다. 그러나 "정부가 검역을 시행하여 사람들의 삶에 직접적인 영향을 끼친" 유럽과 달리 "중국은 강력한 공공보건 정책을 실시하지 않았다".[34] 다시 말해 우롄더는 서양과 달리 중국에서는 사용되지 않았던 새로운 방역 대책, 즉 사람들의 이동과 행동에 대한 엄격한 통제를 제안하고 있었다.

중국인들은 홍콩 페스트와 만주 페스트의 창궐에 맞선 여러 조치에 강하게 저항했다. 영국 공중보건 당국이 홍콩에서 호별 검사를 실시하고 환자들을 히게이아호로 옮겨 격리했을 때 겁에 질리고 격노한 중국 현지인은 여러 차례 폭동을 일으켰다. 동화의원東華醫院 인근의 서양인 의사들이 리볼버 권총을 휴대해야 할 정도로 사태는 심각했다.[35] 그뿐만 아니라 홍콩에 있던 중국 인구의 3분의 1 내지 2분의 1 정도는 끔찍한 방역 조치를 피하고자 광저우로 도망쳤다.[36] 광저우 역시 전염병이 돌던 곳이었지만 홍콩의 중국인들은 페스트보다 방역 조치를 더 두려워했다.

우롄더는 만주에서 이전의 홍콩 페스트 때보다 훨씬 더 엄격하고 강압적인 방역 조치를 시행했다. 하얼빈 외곽에는 거의 1,200명 가까이 되는 군인이 배치되었고, 내부에는 600명의 당번 경찰이 배치되었다. 이들은 시 경계는 물론 지정된 지역의 출입을 철저하게 통제했다. 또한 우롄더는 주민을 통제하는 일뿐만 아니라 매장되지 않은 채 공터에 쌓여 있던 2,000구의 시체 문제와 씨름해야 했다. 시체가 몇백 미터나 널브러져 있었지만 영하 30도의 추위에 땅이 얼어버려 매장이 불가능했다. 조상에 대한 숭배 문화를 고려할 때, 제국의 칙령 없이 모두 화장할 수도 없는 일이었다. 방역 과정 내내 우롄더는 황제에게 대규모 화장을 승인받으려 했다. 훗날 그는 화장을 승인했던 황제의 칙령이 서양의학 도입에 중대한 기점이 되었다고 회고했다.[37]

예르시니아 페스티스에 대한 지식도 없고, 주권에 대해서도 별로 생각하지 않았던 중국인 대다수는 감금된 사람들이 아무도 살아서 돌아오지 못한다는 사실에 몸서리를 쳤다. 그들의 눈에 우롄더의 지시를 받는 경찰의 행동과 조치는 독단적이고 전제적이며 파괴적이었다. 페스트를 몰아내기 위해 우롄더는 경찰에게 주민의 움직임을 제한하고 일상에 개입할 수 있도록 허가했으며, 거주지와 소유물의 소각과 감염자의 격리를 승인했다. 오늘날까지 전해지는 가슴 아픈 이야기들은 방역의 잔혹성을 증언한다. 많은 페스트 환자들이 밤을 틈타 가족 몰래 집을 빠져나왔다. 가족들이 폭압적인 경찰의 규제에 휘말리는 것보다는 차라리 홀로 죽는 것이 낫다고 생각했기 때문이다.[38] 어떤 이들은 일본인이 우물을 오염시켜 페스트가 발생했다고 믿었다.[39] 또 다른 이들은 페스트 환자가 당국에 의해 산 채로 매장당하고 있다고 주장했다. 중국의학이 치료에 성공했다는 주장도 심심치 않게 있었다.[40] 방역 당국의 권위와 정당성은 여러 방면에서 공격받았다.

서양의학이 페스트의 치료법을 내놓지 못했기 때문에 우롄더와 그의 동료들은 중국 민중의 믿음을 바로 얻어낼 방법이 없었다. 그들은 대신 절대적인 필요성에 근거하여 폭압적 조치를 정당화해야 했다. 그들의 관점에서 볼 때 확진받은 페스트 환자가 죽을 수밖에 없다면, 유일한 선택지는 환자를 건강한 사람으로부터 떼어놓고 피병원에 가두어 마지막 운명을 기다리도록 하는 것뿐이었다. 물론 그들은 단 한 명의 환자도 치료하지 못했다. 그러나 그것이 의도된 바는 아니었다. 우롄더를 비롯한 여러 방역 담당자는 폐페스트로 진단된 보균자를 일반 대중으로부터 격리함으로써 질병의 확산을 막고 많은 생명을 구할 수 있었다. 그 누구도 무엇이 페스트를 막았는지 자신 있게 말하지 못하는 상황 속에서, 방역 조치가 시행된 지 30일 만에 하얼빈의 페스트 사망자 수는 3,413명에서 0명으로 줄었다.[41] 페스트에 걸린 사람을 치료하지는 못했지만, 가혹한 조치는 결국 가장 훌륭한 해결책이었다.

2. 4. 중국의학의 도전: 홍콩과 만주

홍콩과 만주의 여러 중의는 페스트의 치료가 불가능하다는 생각을 공격했다. 그러나 그들이 마주한 페스트는 같은 종류의 것이 아니었고, 따라서 그들의 경험 역시 통일되지 않았다. 어떤 중의는 두 가지 종류의 페스트를 모두 성공적으로 치료해본 경험을 내세워 악랄하고 잔혹한 페스트 방역 조치가 필요하지 않다고 주장했다. 홍콩에서 페스트가 유행하던 당시 중국인이 운영하던 동화의원은 중국의학을 앞세워 식민정부와 경쟁을 벌였다. 동화의원의 견제는 홍콩 총독이 포함砲艦 트위드호를 동화의원 건너편에 정박시킬 정도였다.[42] 만주 페스트를 마주한 청 조정의 상황은 더 난감했다. 처음에는 지방 관료들조차 민간요법이 더 낫다는 대중의 믿음에 동조했다.[43] 만약 그것이 사실이라면 페스트 환자를 피병원에 수용하는 일은 치료의 유일한 기회를 앗아 가는 것이나 다름없었다. 이런 의미에서 중국의학은 페스트 방역 조치의 정당성을 위협하는 심각한 도전이었다.

중국의학의 도전 앞에서 현미경은 결정적인 역할을 수행했다. 두 가지 홍미로운 사례가 있다. 첫 번째 이야기는 한 명의 서의가 전한 것이다. 홍콩에서 페스트가 유행할 당시 페스트를 치료할 수 있다고 주장했던 유명한 중의 하나가 동화의원에 채용되었다. 그러나 그는 한 달 동안 단 한 명의 환자도 치료하지 못했고 결국 "홍콩의 유행병은 중국의 다른 지역에서 발생한 유행병과 매우 다르다"고 말하며 자신의 보직에서 물러났다. 옳은 말이었다. 그가 마주했던 두 가지 유행병은 서로 다른 종류였다. 이야기를 전한 서의는 "영국의 보건 당국은 동화의원에 환자들을 보내기 전에 현미경 검사를 실시하여 페스트 감염 여부를 분명히 했다. 따라서 전통 의사는 진짜 페스트와 씨름해야 했고 물론 아무도 치료하지 못했다"[44]고 썼다. 만약 그가 과거에 정말로 '페스트' 환자를 치료하는 데 성공했다면, 이는 환자들이 사실은 페스트가 아닌 다른 병에 걸렸기 때문이었을 것이다. 이야기를 전한 서의가 강조했듯이, 핵심은 보건 당국의 담당자들이 현미경 검사에 기반하여 페스트의 진단 기준을 규정한 데 있었다. 그러지 못했다면 그들은 중의의 심각한 도전과 자기 편향적인 잘못된 치험례에 휘둘리고 말았을 것이다.

두 번째 사례는 청 조정이 작성한 페스트 공식 보고서에 실린 것이다. 페스트가 하얼빈에 만연했으나 아직 펑톈에는 이르지 못했을 때, 방역 당국은 서둘러 펑톈에 있는 모든 현미경을 하얼빈 북쪽으로 보냈다. 그러나 페스트가 남쪽으로 확산함에 따라 이번에는 남쪽 지역에 현미경이 부족해졌다. 그곳의 공의公醫들은 '더 살펴봐야 하는 경우'에도 드러난 증상만 가지고 진단해야 했고 불가피하게 오진을 내릴 수밖에 없었다. 이 때문에 페스트 환자가 아닌 이들까지 페스트 환자로 분류되었고, 대중은 민간요법이 페스트 환자를 치료할 수 있다는 잘못된 생각을 갖게 되었다. 얼마 지나지 않아 지방 관료들은 치료에 성공한 사례를 내세우며, 비효율적이라는 이유로 소독과 격리라는 근대적인 조치를 거부했다.[45] 상황은 통제할 수 없을 정도로 악화되었고, 결국 총독이 직접 나서 근거 없는 치험례에 대해 떠들고 다니지 말라고 지방 관료들에게 명령하는 형국에 이르렀다. 요컨대 공의들은 진성 페스트 환자를 구분할 수 있는 현미경이 있을 때만 지방 관료들과 대중에게 폐페스트의 치명성을 이해시킬 수 있었다.

두 종류의 페스트가 전염성이나 발병력, 전파 경로의 측면에서 차이를 보였다는 사실은 매우 중요하다. 홍콩 페스트로는 2,500명 이상이 죽었지만 만주에서는 6만여 명이 동일한 운명을 맞았다. 만주 페스트는 공기를 통해 옮는 질병이었기 때문에 사람에게서 사람으로 전파되었으나, 홍콩의 선페스트는 쥐벼룩을 매개로 전파되었다. 홍콩 페스트에 대한 세균학적 이해가 시작될 즈음, 페스트가 곤충을 매개로 전파된다는 사실은 아직 알려지지 않았었다. 그러나 페스트의 전염성이 생각보다 높지 않다는 점, 그리고 신체 접촉으로 확산할 가능성이 작다는 점 정도는 모두가 알고 있었다.[46] 두 종류의 페스트는 이렇듯 같지 않았고, 그런 탓에 서양의학과 중국의학 사이의 투쟁에 각기 다른 과제를 안겨주었다.

만주의 중의는 자신들의 의술이 효과적이지 않다는 사실을 마주해야 했다. 홍콩의 중의가 직면하지 않았던 뼈아픈 교훈이었다. 이런 차이는 아마도 선페스트와 폐페스트의 차이에서 비롯했을 것이다. 홍콩에서 페스트가 창궐하는 동안 동화의원은 영국 정부에 중국인 환자를 보내달라고 요구했다. 중의가 힘을 모아 유리 공장에 마련한 임시 피병원으로 말이다. 페스트 유행이 끝나갈 무렵에도 어떤 이들은 중의의 치료를 선호했다.[47] 당대인 중에도, 또 홍콩 페스트를 연구하는 현대 역사가 중에도 중국의학의 관여가 더 높은 사망률로 이어졌다고 주장하는 사람은 없다. 페스트가 유행한 10년간 중국의학의 효과를 두고 반복하여 논쟁이 벌어졌기 때문에, 1898년에서 1904년까지 홍콩의 총독이었던 헨리 블레이크Henry Blake, 1840~1918는 1903년 서양의학과 중국의학으로 치료받은 여러 환자를 비교하는 통제 시험을 진행하기로 했다. 놀랍게도 두 환자군의 사망률 차이는 1.83퍼센트에 불과했다. 총독은 중국의학의 치료를 받고 페스트를 이겨낸 환자의 사례를 이야기하기도 했다. 무려 수석의무관에 의해 공인된 증례였다.[48] 총독은 "중의의 처방이 지금까지는 괜찮은 것 같다"[49]고 결론 내렸다. 이와 달리 만주 페스트 시기에 활동했던 의사 두갈드 크리스티Dugald Christie, 1855~1936는 방역 조치를 향한 대중의 반감이 누그러지는 데에는 "상인들의 치명적인 모험이 결정적인 전환점"이었다고 썼다.[50]

스코틀랜드 장로교 의료선교사이자 이후 1912년에 펑톈의과전문학교奉

天醫科專門學校를 설립한 크리스티는 '치명적인 모험'을 직접 목격한 인물이었다. 그에 따르면 근대적인 방역에 가장 크게 반발한 이들은 지역의 상인들이었다. 방역 조치가 상업 활동을 방해했기 때문이었다. 방역 조치의 영향을 줄이기 위해 지역의 상공회의소는 그들 나름의 피병원을 설립하기로 결정하고 크리스티에게 운영을 부탁했다. 크리스티가 제안을 거절하자 상인들은 유명한 중의 둘을 섭외했다. 중국의학을 선호했기 때문은 아니었다. 그들의 주된 관심사는 사업이었다. 그들은 두 명의 중의에게 침술과 약재 치료를 맡기는 한편, 격리라는 근대적인 원칙에 따라 병원을 두 구역으로 나누어 페스트 환자와 접촉자를 분리하기도 했다. 그러나 중의들은 마스크를 쓰지 않았고 결과적으로 페스트를 접촉자 병동으로 옮기는 데 일조했다. 12일 만에 중의 둘과 환자 및 접촉자 250명 모두가 페스트로 사망했다. 종합적으로 봤을 때 중의는 50퍼센트의 사망률을, 서의는 2퍼센트의 사망률을 기록했다.[51] 크리스티는 "실험의 대가는 혹독했으나 (펑톈에) 교훈을 남겼다"고 결론지었다.[52]

많은 사람의 비극적인 희생은 단순히 공개 실험의 '대가'가 아니었다. 오히려 그것은 값진 교훈을 위한 필수 조건이었다.[53] 홍콩 페스트와 만주 페스트를 비교해보면 이는 분명해진다. 최근까지도 여러 역사가와 중의는 "중국의학이 홍콩 페스트 유행의 구세주였다"고 말하며 자국민을 위해 용기 있게 헌신한 세 명의 중의를 기리곤 했다.[54] 반면 폐렴성이었고 치명적이었던 만주 페스트의 경우에는 누구도 그러지 못했다. 허스트가 말했듯 "가장 치명적인 질병"이었던 폐페스트는 중국의학이 패배하는 데 결정적인 역할을 했다. 두 의학 모두 개별 환자에게 효과적인 치료를 제공할 수 없었기 때문에 서양의학은 페스트의 진단, 예방, 방역이라는 상대적인 강점을 내세웠고, 결국 이로써 중국의 주권을 지켜냈다.[55]

2. 5. 추안란: 감염자 간의 연결망과 그 확장

지금까지의 논의를 보면 중국의학을 구제불능이라 여기는 것도 무리는 아니다. 시량의 글은 오늘날 우리가 당연시하는 바를 깡그리 무시하고 있지 않은가. "처음에 우리는 이 병이 '추안란'될 수 있으리라 믿지 못했다." 과연 훙미로운 말이다. 앤절라 렁Angela Leung의 최근 연구에 의하면 중국인들은 12세기부터 이미 "환자와의 접촉을 통해 같은 병을 갖게 되는 일"을 '추안란'이라 불러왔기 때문이다. 17세기의 오유성吳有性, 1582~1652은《온역론溫疫論》에서 열성 유행병을 설명하는 데 같은 말을 사용했다. 유행병은 "입과 코를 통해" '추안란' 된다는 것이다.[56] 마타 핸슨Marta Hanson의 연구를 들여다보면, 오유성은 더 나아가 광범한 유행병이 기후 요인이 아닌 특정한 환경에서 비롯한다고 주장하기도 했다.[57] 그렇다면 시량의 저 말은 무엇을 의미하는가? 다행히도 수수께끼에 대한 답이 없는 것은 아니다. 단서는 만주 페스트의 유행 이후 열린 국제 페스트 학술대회International Plague Conference에서 시량이 한 역사적인 연설이다.

시량의 이 유명한 연설은 만주 페스트를 겪으며 중국이 결국 "근대 의학의 우월성을 인정"할 수밖에 없었음을 입증하는 자료로 자주 인용된다.[58] 자주 인거되는 단락의 바로 이전에서 시량은 만주 페스트가 보통의 "열성 유행병"이 아니었다고 말한다.[59] 병이 돌기 불과 3, 4개월 전까지만 하더라도 중국인에게 이 병은 완전히 낯선 것이었다. 혹시 시량이 선페스트를 이야기했던 것은 아닐까? 아니다. 홍콩 페스트는 중국과 인도, 일본, 미국, 대만 등의 나라로 퍼져나갔고, 그런 탓에 중국인들 역시 선페스트 혹은 서역鼠疫에 대한 의서를 이미 여럿 가지고 있었다.[60] 이러한 점을 고려한다면 시량의 연설은 분명 서양인들에게도 낯설었던 그 병, 바로 폐페스트를 가리키고 있었다.[61]

폐페스트는 그 존재의 생경함 외에 다른 지점에서도 청말의 인식론적 지평을 넘어서고 있었다. 기존의 개념으로는 새로운 유행병의 확산을 설명할 수 없었던 것이다. 상기한 논문에서 렁은 '추안란'이라는 용어가 가진 결을 섬세하게 살피고 있다. 내가 읽은 바에 따르면 여기에는 두 가지 뜻이 있었다. 먼저 추안란은 사람들 사이의 직접적인 접촉을 통한 유행병의 갑작스럽고 광범한 확산을 의미했다. 유행병은 주변 환경의 기氣,《온역론》에 의하면 특히 그 지역의 기가 사람들의 코나 입으로 들어감으로써 전파되었다. 대조적으로 두 번째 종류의 추안란은 유행병이 아닌 결핵이나 한센병, 성병과 같은 만성병을 설명하는 개념이었다. 다시 말해 '추안란'이라는 이름은 전염성과 전파 경로에 차이를 보이는 두 가지 질병의 유형 모두에 붙여졌다. 추안란은 단일한 범주가 아니었다.

요약하자면, 만주 페스트는 두 가지 의미에서 새로웠다. 먼저 폐페스트는 익숙지 않은 종류의 병이었고, 그것의 확산 방식 또한 마찬가지였다. 폐페스트는 추안란의 두 의미를 전에 없던 방식으로 결합하며, 직접 접촉을 통해 전파되는 급성의 광범위 유행병이라는 새로운 유형의 질병을 보여주었다.[62]

이러한 새로운 의미는 '전염계통도傳染系統圖'에서 분명하게 드러났다. 계통도는 만주의 다양한 지점으로부터 유행병이 퍼져나가는 모습을 체계적으로 나타내기 위해 만들어진 것으로, 유행병에 대한 공식 보고서에 들어가기도 했다.[63] 일례로 랴오양의 성 씨네 가게에서 시작된 비극을 살펴보자. 성 씨는 가게 마당에서 두 구의 시체를 발견했다. 행여 장사에 방해가 될까 봐 성 씨와 그의 며느리는 시체를 눈 밑으로 치워버렸고, 이로써 병에 걸리게 되었다. 유행병이 이웃의 양 씨네로 퍼지는 데는 2주가 채 걸리지 않았다. 계통도는 이름 모를 두 구의 시체와 가족, 친족, 이웃, 가게 사람들, 그리고 지역의 다른 주민을 포함한 환자 50명의 연결망을 보여준다. 확인된 모든 희생자는 또 다른 이들과 이어졌고, 이로써 그들 모두가 다른 이와의 접촉을 통해 병에 걸렸다는 사실이 명백하게 드러났다. 감염자 간의 연결망과 그 확장을 통해 퍼지는 유행병이라는 개념은 당대 중국인들의 이해를 넘어서고 있었다. "처음에 우리는 이 병이 '추안란' 될 수 있으리라 믿지 못했다." 당연한 일이었다.

이번 장을 열었던 시량의 글에서 나는 '추안란'을 의도적으로 번역하지 않고 남겨두었다. '감염'과 '전염'의 개념은 서로 얽혀 있다. 그러나 역사가 마거릿 펠링Margaret Pelling이 제시한 명료한 구분을 따르자면 "일반적으로 전염은 접촉에 의한 직접적인 것으로, 그리고 감염은 물이나 공기, 오염된 입자를 매개로 하는 간접적인 것으로 이해된다".[64] 따라서 시량의 글은 중국인 대부분이 "이 병이 '전염'될 수 있으리라 믿지 못했다" 정도로 번역될 수 있다. 해석의 가능성과는 별개로, 역사가라면 그의 말이 동시대인들에게 가져다주었을 당황스러움 역시 염두에 두어야 한다. '추안란'은 감염과 전염 모두로 번역될 수 있기 때문이다. 그러나 새로운 현상 앞에서 시량은 감염과 전염에 해당하는 적확한 단어를 찾지 못했고, 결국 '추안란'이라는 말을 사용할 수밖에 없었다. 그의 언어는 새로운 현상의 존재와 그 양태를 서술하는 데 적합하지 못했다. 이러한 점을 포착하기 위해, 그리고 언어와 번역이라는 문제를 드러내기 위해, 나는 '추안란'을 일부러 번역하지 않은 채로 남겨두었다.

환자와 직접 마주하는 이들은 그 누구보다 빠르게 새로운 지식을 받아들이기 마련이다. 동료의 무력한 모습을 보며 이들은 만주 페스트의 전염성에 대해 깊은 확신을 갖게 되었다. 시랑은 이러한 변화로 인해 유행병에 대처하는 일이 오히려 더 어렵게 되었다고 증언했다.[65] 정부가 내건 당근과 채찍에도 불구하고 의료인과 경비 인력, 그리고 시체를 매장하는 이들은 자리를 비우기 일쑤였다. 이들을 제자리에 돌려놓기 위해서 군인과 경찰이 필요할 정도였다. 그러나 이와 같은 믿음과 행동의 변화는 역설적으로 최소한 방역에 참여하는 이들은 유행병의 전염성에 대해 체계적으로 이해하기 시작했음을 보여준다.

2. 6. 유행병을 피해서

서양의학과 중국의학의 처방은 근본적으로 달랐기 때문에 여기에는 절충의 여지가 없었다. 전자는 격리와 고립을, 후자는 이동을 권고했다. 물론 유행병 감염에 대한 체계적인 관점에 따르면 옳은 선택은 의심의 여지 없이 우롄더의 조치였다. 만약 의사들이 개별 환자를 다른 사람들과 접촉하기 전에 격리할 수 있었다면, 이어지는 감염을 막고 환자가 될 뻔했던 이들을 구할 수 있었을 것이다. 이렇게 사람의 이동을 제한하는 방식과는 달리, 유행병에 맞서는 중국의 전통적인 관습은 개인의 개별적인 이동에 의존하고 있었다. 청 말기에는 대개 유행병이 특정 지역의 '지기地氣'에 의해 발생한다고 믿었기 때문에, 의사들은 환자에게 '피역避疫'이라는 미명하에 질병을 일으키는 지역에서 피하거나 이사를 가라고 권고했다.[66]

유명한 의사이자 주요 중의 단체의 창설자이기도 했던 위보타오余伯陶, 1868~1922는 1910년의 연구에서 유행병을 피하기 위한 두 가지 방법을 언급했다. 첫 번째 방법은 거주하는 지역에서 덥고 습한 장소를 피하는 것이었다. 중국의학에서는 유행병이 "굴뚝에서 뿜어져 나오는 연기처럼 땅으로부터 올라오는 뜨거운 공기"[67]에서 비롯한다고 보았기 때문이다. 환자가 유행병에 걸린 것으로 밝혀졌을 때도 위보타오는 "그를 집에서 내보내 나무 아래 바람이 부는 곳에 있게 하라"[68]고 했다. 그리고 더 중요한 것은 집 밖으로 이동한 환자가 지기로부터 거리를 둘 수 있도록 높은 의자나 침대에 앉아야 한다는 점이었다.[69] 그러나 밖으로의 이동은 오히려 상황을 악화시킬 뿐이었다. 위보타오는 환자의 전염성에 대해 고려하기보다는 지기가 치명적인 감염의 원인이라는 생각에만 사로잡혀 있었다.[70] 유행병을 피하기 위한 두 번째 방법은 청 말기의 저명한 지식인 위웨兪樾, 1821~1907가 쓴 저작에서 발견된다. 1860년대에 유행병이 창궐했을 때 이를 피하기 위한 관행을 목도했던 위웨는 다음과 같이 썼다. "어떤 집에서 환자가 발견되었고, 즉시 가까운 곳에 살던 여러 사람이 모두 대피했다. 그러나 멀리 도망갔음에도 아무도 감염을 피할 수는 없었다."[71] 많은 사람은 환자들을 격리하는 대신에 죽어가는 환자가 징후를 드러낸 위험한 장소로부터 도망치는 길을 택했다.

유행병을 피하는 두 가지 방식은 이동 규모의 측면에서 상당한 차이가 있지만, 질병을 일으키는 땅의 뜨거운 기氣로부터 피해야 한다는 관점을 공유했다. 유행병으로부터의 도망이란 질병이 일어난 장소를 피하는 전략을 의미했을 뿐 유행병 환자를 피하려는 시도는 없었다. 사람들이 사는 곳을 버리고 죽음의 대탈출에 합류함에 따라 유행병으로부터의 도피는 더 많은 사람을 심각한 위기로 몰아넣었다.

유행병 감염에 대한 체계적인 관점에 비추어 볼 때, 근대적인 격리인 검역과 유행병으로부터 도망치는 중국의 관습인 피역은 직접적으로 대립하는 방식이었다. 결과적으로 강제적인 격리는 단순히 새로운 방역 조치를 취하는 것 이상을 의미했다. 홍콩 페스트 당시 국가는 사람들의 마지막 수단마저 빼앗는 존재로 여겨졌다. 앞에서 언급했듯이, 식민 당국이 식민지를 떠나게 해달라는 중국인들의 요구에 굴복함에 따라 인구의 3분의 1 내지 절반 가까이 되는 8만여 명이 홍콩에서 광저우로 피난했다. 이와 달리 만주 페스트가 절정이었던 시기에는 수만 명의 인부가 산하이관의 만리장성을 넘을 수 없었다. 장벽을 따라 경비를 선 군인들이 있었기 때문이다.[72] 정면충돌이 불가피해 보이자 검역관이었던 샤오라는 이름의 의사는 중앙정부에 다음과 같이 요청했다. "만약 인부들이 규칙에 불복종하고 산하이관을 넘어 밀고 나가려고 한다면 그들을 범죄자로 취급하고 고소 없이 사형에 처할 수 있도록 승인해주길 바란다."[73] 결과적으로 외무부의 승인을 받지는 못했지만, 이 끔찍한 방책은 페스트 유행 지역에서 빠져나오려는 사람들의 이동을 통제하고자 한 샤오의 결심을 선명히 드러냈다.

유행병으로부터 도망치겠다는 개인주의적인 전략과는 달리, 감염이 확산하는 연결망의 차단은 공공의 이익을 위한 일인 동시에 국가의 개입이 필요한 일이기도 했다. 성 씨네 가게의 사례에서 보듯이, 단 한 사람의 감염 환자가 방역 당국에 협조하지 않는 것만으로도 질병이 확산할 수 있기 때문이다. 비극의 교훈을 강조하기 위해서 저자는 "이는 정부에게 시체를 숨기고 친족의 수용소 이송을 거부하는 이들을 향한 가장 중대한 경고"[74]라고 결론 내렸다. 유행병 감염에 대한 체계적인 관점에 따르면 전염병 방역은 사리사욕을 넘어서는 모든 이의 전면적인 협조가 필수적이었다. 정부는 감염된 개개인의 연결망이 확장되는 방식으로부터 "유행병이 추안란될 수 있음"을 인식했고, 바로 그 순간부터 사람들을 조사하고, 분류하고, 통제하는 과업에 임할 수밖에 없었다. 이는 온역에 맞서는 전통적인 대처 방식에서는 필요하지 않았던 일이었다.

2. 7. 국제감시체계의 일원이 되다

공식 보고서를 들여다보면, 페스트는 역疫이나 대역大疫, 온역瘟疫, 서역鼠疫이 아닌 '바이시투오百期脫'라고 기록되어 있다. 프랑스어 페스트peste에서 유래한 일본어 표현 페스토ペスト를 다시 중국어로 음차한 표기였다. 사실 기타사토와 예르생이 페스트균을 동정同定하기 전까지만 해도 일본 역시 페스트를 가리켜 역疫이라 쓰고 에키えき라고 불렀다. 굳이 한자로는 아무런 뜻도 없는 말을 만들어낸 이유는 무엇이었을까? 바로 만주 페스트의 생경함을 강조하기 위함이었다.[75] 그것이 아니라면 구태여 새로운 말을 찾아야 할 이유는 없었다. '바이시투오'는 또한 '추안란빙'이라는 새로운 종류의 질병이기도 했다.

만주에서 페스트가 유행하기 시작할 때만 하더라도 청나라에는 감염병 신고에 대한 법률이 존재하지 않았다. 청 정부에 기댈 수 없었던 영국 정부는 중국 항구의 검역소로부터 직접 정보를 수집했다. 홍콩 페스트를 겪은 그들에게 중국의 유행병은 즉각 보고될 필요가 있는 문제였다.[76] 홍콩 페스트는 광저우에서 전해진 것이 아니었던가. 시량은 뒤늦게 감염병 보고에 대한 임시 위생 규칙을 발표했지만 만주 페스트는 이미 사그라들고 있었다. 게다가 새로운 규칙은 오로지 페스트에 대한 것이었을 뿐 다른 감염병에 대한 조처는 일절 포함하고 있지 않았다.[77] 그러나 이 모든 사정에도 불구하고 감염병에 대한 신고 자체는 두말할 나위 없이 중요한 일이었다. 국제 페스트 학술대회가 청 조정에 제출한 임시 보고서 역시 이를 중요한 문제로 다루고 있었다.

윌리엄 서머스의 연구에 따르면 청의 멸망이 그리 머지않았을 무렵 청 조정은 중국 최초의 국제 과학 학술대회를 조직하는 데 전력을 다하고 있었다. 일본과 러시아와 같은 열강의 간섭을 "행정이 아닌 과학"의 문제로 돌리기 위함이었다.[78] 청의 관료들, 특히 스자오지는 특유의 기민한 외교적 감각을 바탕으로 세계 각국의 권력 투쟁 속에서 과학 연구가 갖는 중요성을 읽어냈다. 청 조정은 학술대회 한 달 전, 미국의 과학자들을 초청했다. 중국과 미국 과학자들에게 페스트 희생자에 대한 검시 기회를 제공함으로써 학술대회에서 일본이 보일 우세에 균형을 맞추려는 심산이었다.[79]

4월 3일, 펑톈에서 열린 국제 페스트 학술대회에는 11개국에서 온 대표들이 자리를 함께했다. 여기에는 기타사토 시바사부로도 포함되어 있었다. 그는 대회 직전에야 참석 의사를 표명했고 "중국은 학술대회에 자리를 차지할 능력이나 자격이 없다며 끝없이 험담을 늘어놓았다".[80] 긴장이 고조되었음에도 불구하고 학술대회는 유행병 방지에 대한 45가지 해결책을 내놓는 데 성공했다.

공중보건을 전담하는 기관의 설치를 제안서에 포함할 것인가를 둘러싸고 긴 토론이 벌어졌다. 공식 기관이 없다면 그들의 조언은 그저 공염불에 그칠 것이었다. 그러나 문제는 실현 가능성이었다. 어떤 이가 말했듯, 그들의 제안은 "영국에 있는 것보다 더 나은 무엇을 요구"[81]하는 것이었다. 또한 많은 이들은 이러한 제안이 의과학자의 권한을 벗어나는 일이라 생각했다. 그럼에도 그들은 하나의 문제에서만큼은 의견을 모았다. 그것은 바로 중국을 감염병, 특히 페스트에 대한 국제감시체계의 일원으로 포섭하는 것이었다.

1851년의 제1차 국제위생회의International Sanitary Conference를 시작으로

"유럽을 질병으로부터 보호하고 검역의 부담을 줄이기 위한"[82] 국제회의가 이어졌다. '아시아형 콜레라'로부터 유럽을 보호하기 위해서였다. 인도를 중심으로 퍼져나갔던 유행병은 "1897년 체결된 국제위생협약International Sanitary Convention의 원동력"[83]이 되었고, 이로써 감염병에 대한 근대적 국제감시체계가 시작되었다. 영국 대표였던 레지널드 패러Reginald Farrar는 이런 말을 남겼다. "정부 기관이 없다면 신고는 불가능하다. 또한 신고가 없다면 유행병의 예방은 불가능하다."[84] 열띤 논의 끝에 대표자들은 다음과 같은 결론에 도달했다. "이 모든 해결책을 실행하기 위해서는 공중보건을 담당하는 중앙 부서를 설치해야 한다. 보다 구체적으로, 장래의 감염병 유행을 보고받고 그에 대처하는 부서가 필요하다."[85]

국제 페스트 학술대회가 청 조정에 제안한 것은 감염병을 보고받고 관리하는 기관의 설치였다. 우렌더 등이 주장한 공중보건 체계의 일신과 같은 거창한 계획과는 거리가 멀었다. 이를 부분적으로 수용한 국민당 정부는 이듬해 북만방역처北滿防疫處, North Manchurian Plague Prevention Service를 설치하고 우렌더를 처장으로 임명했다. 청조의 외무부가 감독하고 외국이 관리하던 해관총세무사海關總稅務司, Maritime Customs Service가 재정을 지원하는 기관이었다. 재정 지원은 1929년까지 이어졌다.

2. 8. 결론: 만주 페스트의 사회적 특성

세균학의 아버지 로베르트 코흐Robert Heinrich Hermann Koch, 1843~1910는 더 나은 위생을 달성하기 위한 투쟁 과정에서 콜레라보다 "든든한 아군"은 없었다고 썼다.[86] 그러나 중국의 경우에는 공중보건을 촉진하기 위해 콜레라보다 훨씬 더 치명적인 유행병이 필요했다. 기존의 여러 연구는 만주 페스트가 청의 주권 위기로 전환되는 과정에서 지정학의 역할이 지대했음을 밝힌 바 있다. 그러나 만주 페스트가 공중보건의 강력한 아군이 된 이유는 여전히 제대로 조명되지 않았다. 의학사가 찰스 로젠버그의 표현을 차용해서 말하자면, 나는 이 장을 마무리하면서 만주 페스트의 독특한 '사회적 특성'과 적어도 부분적으로는 그러한 사회적 특성에 대한 반응으로 조형된 사회정치적 결과들을 요약하고자 한다.

우선, 만주 페스트가 폐페스트였다는 사실이 무척이나 중요하다. 100퍼센트의 치사율을 비롯한 폐페스트의 여러 특성은 중국의학이 치료에 무력하다는 점을 효과적으로 드러냈고, 전염성 높은 유행병을 방역하는 데에도 무력하다는 점을 증명해냈다. 아이러니한 일이다. 서양의학 역시 단 한 명의 환자도 치료하지 못했지만, 이 사건을 통해 중국의학이 서양의학보다 열등하다는 사실이 증명되어버렸기 때문이다. 두 번째는 청말의 중국인들에게 폐페스트가 대단히 혼란스러운 여러 특징의 조합으로 비쳤다는 점이다. 폐페스트가 확산하는 특유한 방식은 만성질환이나 비유행성 질환과 크게 다를 바가 없었지만, 유행의 속도와 범위는 중국인들이 겪어본 그 어떤 치명적인 유행병과도 비교할 수 없었다. 세 번째는 순전히 폐로만 발현하는 페스트라는 존재가 국제 과학계에 처음 알려지다시피 했다는 점이다. 만주 페스트가 창궐한 이후에야 이를 둘러싼 여러 입장이 경합을 벌였고, 그를 통해 부분적인 수준일지언정 비로소 합의를 이룰 수 있었다.

폐페스트의 존재는 일부 페스트 전문가에게는 알려져 있었지만, 만주 페스트가 유행하기 전까지만 해도 과학계로부터 이렇다 할 관심을 받지 못했다. 앞에서 살펴보았듯 기타사토 시바사부로는 만주 페스트가 폐렴성이라는 사실이 알려진 이후에도 쥐들이 동면에서 깨어나면 선페스트가 폐페스트의 물결에 합류할지도 모른다고 경고했다. 일본 과학자들이 3,500마리 이상의 쥐를 해부하고도 페스트에 감염된 사례를 단 한 마리도 발견하지 못하자,[87] 기타사토는 국제 페스트 학술대회 자리에서 "만주 페스트는 우리 시대에 발생한 적이 없는 순수한 폐페스트였다"[88]고 마지못해 인정할 수밖에 없었다. 기타사토가 참석한 학술대회는 청조의 북양대신이 제기한 열두 가지 질문으로 시작되었다. 이는 다음의 질문과 직간접적으로 연관되어 있다. "현재까지 밝혀진 바에 따르면 선페스트와 폐페스트를 일으키는 페스트균은 현미경으로 봤을 때 동일하게 생겼고, 세균학적 검사에서도 같은 결과가 나왔습니다. 그렇다면 왜 같은 균이 여기서는 폐렴성, 패혈성 페스트를 일으키고 인도나 다른 곳에서는 선페스트를 일으키는 것입니까?"[89] 만주 페스트는 '모두' 폐렴성이었기 때문에 혹여 이것이 변종이 아닌가 하는 의문이 제기되던 상황이었다.[90] 만약 순전히 폐페스트만 유행하는 상황도 있다는 우렌더의 주장이 옳지 않았다면, 그리고 우렌더가 폐페스트에 대한 지식을 확장하는 데 선구적인 역할을 수행하지 않았다면 어땠을까. 청 외무부가 서른두 살의 젊은이에게 중국에서 처음 개최되는 국제학술대회, 그것도 페스트의 국제적 권위자들이 수없이 참가하는 학술대회의 좌장을 맡기는 일은 없었을 것이다. 물론 애초에 그런 학술대회를 개최하는 일도 없었겠다.

네 번째로 폐페스트는 청 조정에 과학에서의 승리를 가져다주었고, 그렇기 때문에 공공보건 증진을 돕는 아군이 될 수 있었다. 청말의 중요한 지식인이었던 량치차오는 우렌더가 작성한 페스트 보고서에 서문을 붙이며, "중국에 과학이 들어온 지 50년이 넘었지만, 세계를 학자의 눈으로 바라보는 중국인은 우렌더가 유일하다"[91]고 썼다. 폐페스트라는 희귀한 유행병에 대한 우렌더의 선도적인 연구는 중국이 최첨단의 과학 연구를 수행하는 국가로서 국제 사회에 참여하는 최초의 계기가 되었다. 이런 의미에서 이 장의 제목이 시사하듯, 현미경을 통해 발견된 새로운 지식은 만주에서의 주권 위기를 해결하는 데 결정적인 역할을 했다.

다섯 번째로 "지난 4,000년 동안 가장 극단적이고 잔혹한 경찰력 행사"가 등장한 것은 폐페스트가 "모든 질병 중에서 가장 치명적"이었기 때문이다.[92] 늘 그렇듯 극단은 다른 극단을 불러온다. 만주 페스트 방역은 다양한 이유로 기념비적인 사업이라 상찬되곤 하지만, 그 뒤에 드리워진 그림자는 제대로 알려지지 않았다. 시량이 청 조정에 제출한 보고서를 통해 만주 페스트 방역의 잔혹성을 중요하게 다루었음에도 말이다.

페스트 방역을 성공적으로 마친 후, 시량은 보고서의 서두에서 그가 허가한 방역 조치에 대한 의구심과 곤혹감, 더 나아가 상실감을 드러냈다. 가슴이 뭉클해지는 장면이다.[93] 시량은 유행병 관리의 시급성을 누구보다 잘 알고 있었다. 주권을 사수하기 위해 청 조정은 반드시 유행병 국제감시체제의 일원이 되어야 했다. 그러나 다른 한편으로, 시량은 중국 전통문화에서 비롯한 사람들의 도덕적 감성에 공감을 드러내기도 했다. 페스트 방역 과정을 목도하며 시량은 깊은 실망감에 빠졌다. 방역 조치 앞에서 여러 중국인은 지금껏 지켜온 소중한 도덕 규범을 저버려야 했다. 시량은 이와 같은 안타까운 모습을 세 쪽의 서문에 담아냈다. 방역 탓에 사람들은 격리 수용소에서 죽어가는 친구를 버려야 했고, 죽어가는 친족에게 작별 인사도 할 수 없었으며, 집과 소지품을 불태우고 사랑하는 가족의 시신을 화장해야 했다.[94] 시량은 이렇게 썼다. "이는 세상에서 가장 고통스러운 비극이다. 자애로운 아버지와 효심 가득한 아들은 이런 일을 보고 들을 수 없을 것이다."[95] 시량은 서의들에게 방역 조치의 이유를 물었고, 방역이란 일견 잔인해 보일지 몰라도 실상은 진정한 인류애의 발로라는 설명을 들었다.[96] 그는 "인간의 일에 영원한 방법은 없다"[97]고 결론지었다. 판단은 독자의 몫이었다.

"이런 일은 [중국] 역사는 물론, 서구에서도 찾아볼 수 없다"[98]는 시량의 지적은 옳다. 역사가 마크 감사Mark Gamsa가 지적했듯, 만주 페스트 유행 당시의 방역 조치는 "서구의 조치 가운데에서도 가장 강압적인 수준의 것과 유사했다. 그 정도의 대규모 화장이나 강제 격리는 서유럽은 둘째 치고, 제정 러시아 말에도 불가능한 것이었다".[99] 이에 더해 만주 페스트는 국가의 의료 엘리트와 일반 대중을 양극화했다. 페스트 방역 과정에서 국가 관료와 의무관은 중국인이 무지하고 비합리적이며 비도덕적이라고 생각해야만 했다. 그들은 눈에 보이지 않는 페스트균의 존재를 알고 사람들의 건강을 염려했으며, 그러하기에 자신도 잔혹하고 극단적이라 생각했던 정책을 실행해야 할 의무가 있었다. 전지적이고 자애로우면서도 잔인한 존재가 되어야 했던 것이다. 만주 페스트는 중국에 공중보건을 들여오는 결정적인 사건이었지만, 국가 엘리트와 일반 대중의 양극화와 위계화라는 불행한 유산을 남기기도 했다.

마지막은 만주 페스트가 역사적으로 중요하다는 소문만 무성할 뿐 그것이 가져온 진정한 변화는 제대로 알려지지 않았다는 점이다. 만주 페스트로 인해 중국의 서양의학이 전개되는 과정에서 국가기구가 중요한 주체로 부상했다는 사실 말이다. 지금은 국가기구가 너무나 당연한 것이 된 탓에 오늘날의 독자는 이러한 점을 간과하기 쉽다. 이와 같은 역사적 결과는 폐페스트의 본질적인 특성에서 비롯하지 않았다. 이는 폐페스트가 만주, 즉 일본과 러시아가 자신의 영향력을 확장하고 중국의 영토 주권을 잠식하기 위해 치열하게 다투던 경계 지역에서 발생했다는 역사적 우연의 결과였다. 이러한 지정학적 맥락 덕분에 청 조정은 공중보건의 중요성을 비로소 깨닫게 되었다. 의료를 정치적으로 사용하는 러시아와 일본의 움직임에 대응하면서, 청 조정은 공중보건의 정치적 기능과 중국의학에 대한 서양의학의 우월성을 인식하게 되었다. 이 장의 제목인 '주권과 현미경'이 시사하듯, 만주 페스트는 공중보건을 국가 건설의 도구로 번역해냄으로써 국가와 서양의학 사이의 동맹을 구축해냈다. 이것이 중국의학과 서양의학의 발전 모두에 미친 심대한 영향은 다음 장에서 살펴보려 한다.

3장 의료와 국가 연결하기
: 1860~1928년 선교의료에서 공중보건으로

과학의 보편성과 계몽의 개념을 믿는 이들에게는 1935년에 발표된 글, 〈중국에서 과학적 의학을 어떻게 대중화할 것인가〉가 수수께끼처럼 여겨질 수 있다. 전통 중국의학을 향한 비판으로 유명했던 서의 위옌余巖, 1879~1954(위윈슈余雲岫로도 알려져 있다)은 이 글에서 "정치의 힘을 빌리지 않고서 중국에 과학적 의학을 대중화하는 일은 불가능하다. 만약 대중들에게 [과학적 의학을] 홍보하는 일에만 초점을 맞춘다면 백 년이 걸릴지 천 년이 걸릴지 알 수 없다"[1]고 썼다. 뒤이어 그는 일본의 성공 사례를 들며 이렇게 말했다. "일본에서는 과학적 의학이 [메이지] 유신 이후의 정치 권력을 바탕으로 눈부시게 발전했다. 이러한 정치적인 힘 없이 중국에서 과학적 의학이 대중화되는 것은 불가능하다. 정치와 의학은 긴밀하게 연결되어 있다."[2]

1935년에 발표된 위옌의 직설적인 글은 세기가 바뀌는 시점부터 서의가 발전시키고 실행했던 전략을 압축적으로 드러낸다.[3] 위옌의 발언에서 알 수 있듯, 그를 포함한 서의 집단이 국가를 중심에 둔 전략을 실행하는 과정에서 가장 시급했던 과제는 정치와 의학 사이에 강력한 유대 관계를 형성하는 것이었다. 청 말기와 중화민국 초기까지만 해도 이러한 유대 관계는 대중의 인식 밖에 있었다. 개혁가 무리는 국가와 의학 사이에 유대 관계를 형성하기 위해 공중보건을 전략적 도구로 삼았다. 그들은 공중보건을 국가 건설의 핵심으로 만들기 위해 온갖 애를 썼고, 그 결과 이는 20세기 전반의 중국에서 서양의학을 대표하는 특징이 되었다. 국가를 중심에 두고 공중보건에 접근하는 전략은 근대 중국의 보건의료 체계가 발전하는 데 엄청난 영향을 끼쳤다.

3. 1. 선교의료

중국 서양의학의 역사에서 만주 페스트가 중요한 이유는 무엇인가. 여러 연구자가 저마다의 대답을 내놓았지만, 정작 페스트의 영웅이었던 우롄더가 강조하고자 했던 측면은 별다른 관심을 받지 못했다. 우롄더는 자신이 공저자로 참여한《중국의학사》의 한 장을 1911년부터 1920년까지 일어났던 일을 설명하는 데 할애했고, 여기에 '만주 통치자의 전복과 만주 페스트의 첫 유행: 중국 주도의 근대 공중보건 사업'[4]이라는 제목을 붙였다. 그는 직설적인 제목을 통해 주도권의 변화와 의료 활동의 변화가 함께 이루어졌음을 강조했다. 과거에는 외국 선교사들과 그들의 치료의학이 근대 의학을 대표했다. 그러나 만주 페스트는 새로운 중화민국에 공중보건이라는 새로운 의료 활동과 중국인 서의라는 새로운 행위자가 근대 의학을 대표하는 새로운 시대가 도래했음을 보여주었다.

의료선교사들은 서양의학이 중국에 처음 도입된 후 거의 한 세기 가까이 독점적인 지위를 누렸다. 수술에 대해서는 특히 더 그랬다. 1834년 피터 파커Peter Parker, 1804~1888가 광둥에 안과 병원을 열었을 때부터 의료선교사들은 수술과 안과학의 전문가라는 평판을 쌓아갔다. 중국인들은 예로부터 침습적인 치료를 꺼렸고, 그 결과 1822년에는 청조의 태의원太醫院이 "황제에게 쓰기에 부적합하다"는 이유로 침술을 금지하기에 이르렀다.[5] 서양인 의사들은 중국 의사가 수술에 무지한 탓에 애꿎은 중국 환자들만 값비싼 대가를 치른다고 생각했다. 1793년 베이징을 향하던 매카트니George Macartney, 1737~1806 경의 사절단에 동행했던 의사 길런Hugh Gillan, ?~1798은 중국인에 대한 조롱을 감추지 않았다. "중국에서는 팔이나 다리가 없는 사람을 볼 수가 없구먼."[6] 사지 절단이 필요한 사람은 많았지만 수술에서 살아남을 가능성이 없었기 때문이었다.

수십 년이 지나 중국을 향한 선교가 막 시작되었을 무렵, 청 조정이 서양인과 중국인의 접촉을 금지했던 중국 연안에 여러 선교사가 도착했다. 그들은 서양의학의 수술이 중국인 개개인에게 선행을 펼칠 수 있는 귀중한 방편이라는 점을 깨달았다. 상하이에서 기독교 입화 100주년 선교대회基督教入華一百周年宣教大會, China Centenary Missionary Conference가 열릴 때까지, 의료선교는 개신교 선교사들이 중국에서 직면한 중대한 장애였던 "의심과 불신, 혐오의 분위기"[7]를 극복하는 데 주요한 역할을 했다. 후에 우렌더는 "근대 의학은 외국인과 그들의 방법을 향한 중국인의 불신감으로부터 이익을 얻었다"[8]라고 말하기까지 했다. 하지만 여기에는 크나큰 한계가 있었다. "예방의학은 환자와 의사의 개별적인 접촉만큼 전도에 적합하지 않았기"[9] 때문에 의료선교사들은 환자 개인을 치료하는 데 초점을 맞출 수밖에 없었다. 중국의학회中國醫學會의 사무국장이었던 제임스 L. 맥스웰James L. Maxwell, 1836~1921은 지난날을 돌아본 1925년의 글 〈중국에서의 의료선교 100년A Century of Medical Mission in China〉에서 "예방의학과 관련된 활동은 정말 극히 적었다"[10]고 썼다.

물론 여러 의료선교사가 중국 땅에서 공중보건 사업을 적극적으로 추진하지 못했던 이면에는 여러 이유가 있었다. 선교사들은 예방의학을 제대로 공부하지도 않았고, 예방의학 활동에 필요한 정부의 권위를 얻지도 못했다. 사실 1907년의 100주년 선교대회에서 결론지었듯, 가장 필요한 돌파구는 "제국을 이끄는 사람들, 즉 지적으로 사회적으로 정치적으로 실세인 사람들과 만나는 것"[11]이었다. 덧붙여 말하자면 서양인과 중국인 모두 공중보건을 장려하는 일에 좋은 점보다 나쁜 점이 많다고 의심했는데, 중국의 정확한 인구는 알 수 없었지만 아무튼 인구 과잉을 악화시킬 수 있다고 보았기 때문이었다.[12] 1914년이 되어서도 마찬가지였다. 당시 《중국의 의학*Medicine in China*》이라는 책을 엮던 록펠러 재단의 중국의학고찰단中國醫學考察團은 "높은 사망률이 꼭 나쁜 것만은 아니"[13]라는 대중의 상식을 뒤집어야만 했다.

중국의 선교사들은 역사로 보나, 인력으로 보나, 시설로 보나 교육과 공중보건을 제공하던 주요한 집단이었다. 1916년 중국의학고찰단의 조사에 따르면 프로테스탄트 선교사들은 265개의 병원과 386개의 진료소를 짓고, 420명의 의사와 127명의 간호사 인력을 공급했다.[14] 프로테스탄트 의료선교의 규모는 중국에서 단연 압도적이었다. 1923년 당시 중국에는 전 세계 선교 병원의 53퍼센트와 선교 의사의 48퍼센트가 존재했다.[15] 1886년 설립된 박의회博醫會는 세계 최초의 의료선교 단체였으며, 그 후 수십 년간 중국의 유일한 의료 단체이기도 했다.[16] 물론 구성원에게는 의학교 졸업과 기독교 기관에서의 근무가 요구되었기 때문에 대다수는 외국인이었다.[17] 그러한 덕분에 외국인 의료선교사는 20세기 초반의 수십 년 동안 중국의 근대 의학 교육과 보건의료 부문에서 지배적인 힘을 발휘할 수 있었다.

3. 2. 서양의학의 지위: 청말과 메이지 일본

청 왕조가 끝나기 전까지 중국에서 서양의학을 대표하던 이들이 주로 외국의 선교사들이었다는 사실은 어쩌면 당연한 일이다. 청말의 개혁운동에서 의학은 그리 중요한 요소가 아니었기 때문이다. 역사가 리징웨이李經緯가 지적하듯 청말의 여러 개혁가가 꼽은 서구가 부강해진 비결 가운데 의학은 존재하지 않았다. 양무운동洋務運動, 1861~1895에 동참했던 사람들은 과학, 산업, 무기, 철도 그리고 통신기술을 배우는 데는 안간힘을 썼지만 의학에는 그만한 관심을 보이지 않았다. 이런 무관심으로 인해 서구식 교육을 받기 위해 유학을 가는 사람들 가운데 의학을 공부하겠다는 이는 극소수였다. 그러니 개혁주의자와 보수주의자가 중국이 나아갈 방향을 두고 다양한 전선에서 맞붙었음에도, 20세기 전까지 의료 문제는 거의 공론화될 수 없었다.[18] 청 조정이 1905년에 제국의 이데올로기와 사대부의 정통성의 근간인 과거제도를 폐지하고 서구식 교육을 도입할 때조차도 의학은 예외였다. 청말의 많은 지식인들은 여타의 분야와 달리 중국의학만큼은 서양의학과 최소한 동급이라 생각했다.[19]

이 시기 상당히 많은 사람이 선교사에게 수술을 받았지만 중국인들은 서양의학에 상대적으로 무관심했다. 이는 일본의 경우와 날카롭게 대비된다. "난학蘭學을 촉발하여 일본의 근대화에 결정적인 영향을 미친 서양의 언어와 학문 연구를 존재하게 했던 것"[20]은 의학, 정확히는 해부도였다. 한 세기 후 난학을 열성적으로 공부한 나가요 센사이長與專齋, 1838~1902는 이와쿠라 사절단 1871~1873의 일원으로 유럽과 미국의 의료 체계를 살펴보았다. 이때 그는 "독일이 의학과 의료 전문가의 적극적 개입을 통해 부강한 국가를 이루어낸 하나의 전범"[21]임을 알게 되었다. 이런 지속적인 관심의 결과, 의학은 메이지 시기에 진행된 근대국가 건설의 중추가 될 수 있었을 뿐 아니라 이후 일본 제국이 대만과 조선, 만주를 식민화할 때도 중요한 역할을 했다.[22]

일본에서 의학을 공부하던 중국 유학생들은 고국에서는 찾아볼 수 없던 근대 의학의 높은 지위를 뼈아프게 실감했다. 1907년, 한 유학생은 이를 다음과 같이 간단하게 요약했다. 독일 모델을 따른 일본의 서양의학은 과학을 기초로 삼아 국가를 중심에 둔 집단적 사업으로 발돋움했다. 중국의 서양의학은 선교의료가 중심이었기에 종교의 틀 속에서 개별 환자의 치료에 국한되었다. 그가 보기에 의학이 일본에서는 발전을 거듭해나가는 데 반해 중국에서는 정체된 원인은 여기에 있었다.[23] 그는 또한 일본이 대만을 식민화하는 데 성공한 이후, 남만주철도주식회사의 총재 고토 신페이後藤新平, 1857~1929가 만주에서도 같은 전략을 수립하여 병원 건설과 보건 기반 시설 확충을 위해 막대한 예산을 요청했다는 점을 짚었다.[24] 그는 "이것이 의학과 국가 사이의 관계가 어떠해야 하는지를 명확히 보여준다"고 결론지었다.[25]

청말 신정新政, 1901~1911 당시에도 위생 정책을 시행하기 위한 노력이 없지는 않았다.[26] 그러나 만주 페스트 사태가 벌어지고 나서야 총독 시량은 1911년 국제 학회에서 다음과 같이 선언했다. "우리는 의학이 학문의 발전과 발맞추어나가야 함을 절감하고 있습니다. 만약 철도, 전신, 전기 그리고 다른 근대적 발명들이 이 나라의 복리에 필수 불가결한 것이라면, 우리 국민을 위해 서양의학의 탁월한 성취 역시 이용해야 합니다."[27]

이는 나가요 센사이가 독일에서 깨달음을 얻은 시점으로부터 50년, 그리고 서양 기술과 병기의 도입을 상징하는 1865년의 강남조선창江南造船廠 건설로부터도 50년 뒤처진 시점이었다.[28] 일본에서는 서양의 의학과 과학기술이 함께 수용된 반면, 중국에서는 과학기술 다음에야 뒤늦게 의학이 수용되었다는 점에 주목하자. 심지어 동남아시아의 식민지 대부분에서 "엘리트가 과학을 접하는 최초의 또는 유일한 기회가 의학이었다는 사실"[29]에 비추어 보면 청나라는 대단히 이례적인 경우였다. 청의 엘리트들은 서양의 자연과학을 진지하게 받아들이며 기술을 도입하는 데 전력을 다했지만, 의학의 수용에는 소홀했다. 일본보다 중국이 서양의학의 우수성을 뒤늦게 깨달았기 때문일까. 그렇지 않다. 진짜 이유는 '부강함'이라는 시급한 과제와 의학의 긴밀한 연관성을 알지 못했다는 데 있다. 만주 페스트가 청 조정에 준 교훈은 국가의 주권을 지키는 데 근대 의학이 대단히 중요하다는 사실이었다. 이제서야 의학은 국가의 사업으로 여겨지기 시작했다.

3. 3. 1세대 서의의 등장

만주 페스트의 발생으로 우렌더와 서의 집단 전체의 위상은 급격히 높아졌다. 그리고 이에 발맞추어 서의들은 중국에서 근대 의학을 어떻게 발전시킬 것인지 본격적인 계획을 짜기 시작했다. 우렌더는 만주 페스트가 창궐하기 전, 톈진육군군의학당天津陸軍軍醫學堂에서 근무했다. 그러나 그의 회고에 따르면 이 시절은 "그리 유쾌하지 않았다".[30] 우렌더가 서양의학을 시행하는 시범 병원을 건설하자고 건의했을 때 청 조정은 실망스러운 답을 내놓았다. "우리 군인과 백성 대부분은 서양의학을 신뢰하지 않는다."[31] 그의 말마따나 만주 페스트는 "일생의 생각을 실현할"[32] 절호의 기회였다. 우렌더가 페스트 방역에 성공하자 새로 설립된 국민당 정부는 그에게 새로 설치된 북만방역처의 책임을 맡겼다. 이는 1929년까지 외무부의 직속 기관이었으며 외국인이 관리하는 해관총세무사의 금전적 지원을 받아 운영되었다. 이것이 시사하는 바는 간단했다. 국가의 지원을 바라는 사람은 주권 수호와 같이 당면한 국가적 과제에 도움이 되는 것으로 서양의학을 '번역'하라는 것이었다.

새로운 변화에 고무된 우렌더와 그의 동료들은 서의로 구성된 협회를 조직하기 시작했다. 의학과 국가적 문제의 연관성을 몰랐던 지난날에는 소수만이 의학을 공부했다. 유학을 가장 많이 떠났던 1905~1906년, 일본으로 향한 중국인 유학생은 대략 8,000명으로 추산되는데 그중 의학을 전공하는 이는 100명이 채 안 되었다.[33] 의학 교육에 관심이 없었던 것은 상호 연관된 두 가지 요소 때문이었다.

우선 중국에서는 전통적으로 의학의 지위가 낮았다. 사대부 집안에서는 자녀에게 의학을 권하지 않았다.[34] 명대와 청대에 '유의'가 등장하여 의사의 사회적 신분이 높아졌음에도 말이다.[35] 선교사들은 진즉에 의사의 지위가 높지 않음을 알아차렸다. 그들이 보기에 이는 중국의 근대 의학 도입을 가로막는 가장 큰 장애물이었다.[36] 사회적 지위의 문제 탓에 의료선교사들은 사대부의 인정을 얻기 위해 갖은 고생을 했고,[37] 초창기만 하더라도 선교 병원의 조수는 대개 가난한 집안 출신이었다.[38] 1912년에도 상황은 마찬가지였다. 중국의 여러 의학 학술지에는 의학의 길을 권하는 글이 수두룩했다.[39]

둘째, 청 조정 역시 의학도에게 연구비를 주거나 공적인 지위를 보장하지 않았다. 이는 앞에서 보았듯 의학을 서구가 '부강'해질 수 있었던 이유라 생각하지 않았기 때문이다. 1895년 청일전쟁에서 굴욕적인 패배를 맛본 이후, 청 조정은 두 번째로 유학생을 내보냈다. 하지만 목적은 "실학實學", 즉 "농업, 공업, 상업, 광업"이었다.[40] 1908년 미국이 돌려준 의화단운동(1900) 배상금으로 구성된 유학생 장학금 역시 '농업, 공업, 상업, 광업'에 80퍼센트가 배당되었다.[41] 결국 의학도의 부족은 의학이 국가적 위기의 타개와 무관하다는 대다수의 믿음에 따른 정책 탓이었다.[42]

세기가 바뀌어도 서의의 수는 그대로였지만, 그럼에도 서의들은 단체를 두 개나 설립했다. 일본에서 유학했던 의학도들, 특히 지바의학전문학교千葉醫學專門學校 출신들은 1906년에 중국의약학회中國醫藥學會를 만들었고, 영미권에서 훈련받은 이들은 1915년에 중화의학회中華醫學會를 구성했다. 중국의약학회보다 영향력이 셌던 중화의학회는 중국어와 영어로 동시에 간행되는《중화의학잡지中華醫學雜誌, *National Medical Journal of China*》를 출간하기도 했다.[43] 우롄더는 만주 페스트 이전부터 의료인 단체 구성에 힘을 보태려고 했지만 당시에는 별다른 지원을 받지 못했다.[44] 중화의학회가 설립되던 당시 첫 회합에 참석한 서의 역시 스무 명에 지나지 않았다. 그러나 우롄더가 페스트 방역에 성공하면서 이 작은 집단은 중국의학 발전에 대한 새로운 전망을 구상하는 동시에, 이를 실현하기 위해 자신들의 역할을 재규정하기 시작했다.[45]

3. 4. 공공사업으로서의 서양의학

《중화의학잡지》의 창간호는 의미심장한 그림으로 시작한다(**그림 3.1**). 거기에는 이런 설명이 부연되어 있다. "중국의 보건 사업은 질병이라는 거인과 싸우는 작은 아이와도 같다." 그림의 한가운데에는 열다섯 가지의 감염병을 무기로 삼은 무서운 마귀가 놓여 있고, 바로 옆에는 '의료기관'을 상징하는 작은 꼬마

그림 3.1 〈중국의 보건 사업〉, 《중화의학잡지》(1915) 표지.

가 서 있다. 아이의 무기는 '공익'이다. 그러나 그것은 장난감 막대기에 지나지 않는다. 아이의 머리는 '대중의 무관심'이라는 마수에 의해 짓눌린다.

의료 문제에 대한 새로운 전망, 이 그림에는 그것이 담겨 있다. 첫째, 관교창關喬昌, 1801~1860이 연작으로 그려냈던 험악한 종괴 등은 이제 큰 문제가 아니었다.[46] 중국은 다양한 종류의 감염병이라는 새로운 문제에 직면했고, 의료는 개인이 아닌 감염병을 다루어야 했다. 둘째, 살아 있는 것처럼 그려졌지만 감염병은 사실 순수한 생물학적 실체라 할 수 없었다. 그림에서 마귀는 '무지'와 '돌팔이', '불결', '미신', '가짜 약' 그리고 '빈곤' 등으로 무장했고, 아이는 '재정 부족'과 '제도의 미비'로부터 고통받는다. 마지막으로, 대중의 무관심이라는 문제와 공익이라는 해결책은 마치 동전의 양면과도 같았다. 그림에서 보이듯 의료는 사회적인 문제로 새로이 규정되었다. 이에 따라 개별 환자의 치료에 집중하던 선교사들의 역할은 거의 무의미해졌다. 중국의 의료 문제를 해결하기 위해서는 의료를 공적인 것으로 전환해야 했다. 서양의학을 교육받은 이들이 모여 만든 중화의학회의 창립 목표를 그대로 따오자면 "공중보건과 예방의학에 대한 관심의 환기"[47]가 요구되었다. 중화의학회의 탄생과 함께 공중보건은 가장 중요한 문제로 격상되었다.

역사가들에 따르면 만주 페스트와 1911년의 신해혁명을 겪으며 선교사들 역시 예방의학에 관심을 두게 되었다.[48] 1915년에 있었던 중국 최초의 공중보건 운동을 주도했던 인물들 또한 선교사들이었다.[49] '교육', 즉 위생에 대한 지식을 전파하는 데 몰두했을 뿐이었지만 말이다.[50] 1923년 박의회의 공공위생위원회公共衛生委員會는 "과학과 예방의학의 실행"에 방점을 둔 결의안을 통과시키며 다음과 같은 말을 덧붙였다. "이를 위해 중국인 의사와 훈련된 조수가 더 많이 투입되어야 한다."[51] 이듬해, '예방의학'이라는 제목의 사설은 수많은 이유를 열거하며 "공중보건 사업은 의료선교사의 직무에 합치한다"[52]고 주장했다. 그러나 몇 달 뒤, 대만의 의료선교사 제임스 맥스웰은 이러한 관점에 거부감을 드러냈다. 그에 따르면 의료선교사의 기본적인 원칙은 "그들의 스승을 따르고, 스스로 가진 바를 통해 행하는 것"이었다. "복음은 다름 아닌 주님의 치유로 채워져야 하기 때문"이었다.[53] 이와 같은 저항이 보여주듯, 1910년대에 들어 서양의학의 역점이 공중보건으로 옮겨 가고 있었음에도 공중보건으로의 전회는 의료선교사들에게 그리 쉬운 일이 아니었다.

중화의학회는 달랐다. 민국기의 보건의료를 연구한 입가체葉嘉熾에 따르면 중국은 미국과 구별되는 고유한 특징을 가지고 있었다. 미국과 달리 중국에서는 공중보건과 의료의 경계를 둘러싼 논쟁이 전혀 일어나지 않았다. 입가체는 당대의 "의료계 지도자들이 곧 근대 공중보건의 설계자이자 행위자였기에 열성적으로 [공중보건] 모델을 받아들일 수 있었다"[54]고 설명한다. 우리는 또 다른 질문을 던질 수 있다. 중화의학회의 지도자들은 대부분 공중보건에 대한 교육을 받아본 적이 없는 사람들이었다. 이러한 이들이 공중보건을 그토록 강하고 굳세게 지원한 것은 어떤 이유에서인가. 그들은 왜 정부가 치료의학의 역할을 축소시키는 국가의료 혹은 공의 정책을 채택하도록 압력을 행사했는가. 우롄더의 발자취는 이러한 질문에 대한 대답을 준다.

우롄더는 만주 페스트가 그에게 기회를 가져다주었고 자신은 그저 "그 기회를 이용했을 뿐"이라고 말했다. 그러나 그는 이것이 의사들에게 하나의 새로운 가능성이 될 수 있음을 날카롭게 꿰뚫어 보고 있었다. 1915년에 중화의학회가 설립된 직후, 그는 이렇게 말했다. "무엇보다도, 공중보건의 가르침에 더 많은 관심을 기울입시다. 미래의 공의들은 전문직으로서의 의업과 이 나라의 운명에 그 누구보다 큰 영향을 미칠 것이기 때문입니다."[55] 예언과도 같은 말을 통해 우롄더는 동료들에게 공의라는,[56] 그 자신에게도 낯설었을 새로운 길을 권하고 있었다.[57]

공의의 창창한 전망뿐만이 아니었다. 서의들이 공중보건을 소리 높여 지지하는 데에는 또 다른 이유가 있었다. 1916년에 열린 중화의학회 제1차 대회에서 옌푸칭顔福慶, 1882~1970은 공중보건 사업이 오롯이 중국인 의사의 손에 맡겨져야 한다고 주장했다.[58] "옳건 그르건, 우리 정부는 외국인 의사들에게 [공중보건 사업에 대한] 특권을 허락할 것인지를 고민 중이다. 물론 우리 민족에게 공중보건과 예방의학을 가르쳐주었다는 그들의 업적은 실로 고결하다. 그러나 우리의 도시에서 공중보건 정책을 책임지는 공의는 중국인이어야 한다."[59]

만주 페스트 사태를 마주한 청 조정이 우렌더를 급히 호출한 이유도 바로 여기에 있었다. 중국의 민족주의와 주권 상실에 대한 염려를 고려했을 때, 공중보건에 대한 강조는 곧 외국인 선교사들로부터 의료계의 주도권을 되찾는 길이기도 했다.[60]

3. 5. "공중보건: 대규모 사업을 벌이기에 아직은 때가 이르다", 1914~1924

1915년, 서의 집단은 중화의학회를 조직하며 공중보건에 매진할 것을 공식적으로 천명했다. 그러나 중국 공중보건의 역사는 그보다 이른 시점에 시작되었다. 바로 1년 전, 록펠러 재단이 대규모 공중보건 사업에 뛰어들기로 결정했기 때문이었다. 역사에 길이 남을 선택은 곧 막대한 지원으로 이어졌다. 1913년부터 1923년에 이르는 기간 동안 록펠러 재단은 3,700만 달러라는 미증유의 금액을 쏟아부었다.[61] 역사를 돌아보건대, 이는 1910년대 여러 장애물을 마주해야 했던 공중보건의 옹호자들에게 상당한 도움이 되었다.

록펠러 재단이 중국에 대한 지원을 고려하고 있던 1910년대 초, 공중보건은 이미 3대 최우선 사업으로 선정되어 있었다.[62] 1914년, 중국의 보건 상황을 살피고자 했던 록펠러 재단은 그 유명한 중국의학고찰단을 조직했다. 중국의학고찰단은 넉 달여간 지방을 조사한 뒤 미국으로 돌아가 대규모 의료 사업에 착수해야 한다고 보고했다. 다만, "[사업에는] 오랜 기간이 소요된다는 점, 그리고 중국의 의료기관을 발전시키는 동안 재단이 중요한 위치를 선점해야 한다는 점을 숙지하는 것이 전제"[63]였다. 중요한 지점은 중국의학고찰단이 공중보건을 핵심 사업에서 제외했다는 사실이다. "공중보건: 대규모 사업을 벌이기에 아직은 때가 이르다."[64]

후대에 중국 공중보건의 아버지라는 이름을 얻게 될 존 B. 그랜트John B. Grant, 1890~1962[65]는 1923년 베이징협화의학원에 위생과Department of Hygiene를 설치하기 위해 백방으로 애를 썼다. 문제는 미국중화의학기금회美國中華醫學基金會, China Medical Board가 이미 공중보건에 대한 지원을 연기한다는 '최종안'을 내놓았다는 사실이었다. 여기에는 네 가지 이유가 있었다.[66]

우선, 기금회는 공중보건 정책이 록펠러 재단의 '더욱 큰 효과'의 원칙에 부합하지 않음을 지적했다. "다른 나라에서 재단은 예방적 사업을 우선적으로 추진한다. 국가와 개인의 안녕을 놓고 보았을 때, 장기적으로는 공중보건에 대한 투자가 더 좋은 결과를 낳기 때문이다. … 이는 개인에 대한 치료보다 더 효과적이다. 그러나 중국에서는 여러 요인이 록펠러 재단이 추진하는 위생과 예방의학 사업의 착수를 가로막고 있다."[67]

중국에서의 예외적인 정책을 정당화하기 위해 기금회는 다음의 네 가지 이유를 내놓았다. 먼저, "제대로 된 정부라면 공중보건을 체계적으로 보호해야 한다. … 작금의 중국이 보이는 왜곡된 정치 상황과 잦은 정권 교체 속에서 … 대규모 공중보건 사업의 조속한 발전은 기대하기 힘들다". 둘째, "과학적 의학에 대한 확신의 부족으로, 사업의 실현에 필요한 여러 인물의 협조를 구하기 힘들다". 셋째, "공중보건에 투자하기에 앞서 각 지역에 대한 면밀한 조사가 선행되어야 한다". 넷째, 공중보건 사업을 확장할 만큼 훈련된 인력이 마련되지 않았다. "따라서 의학 교육의 문제가 우선되어야 한다." 기금회의 결론은 이와 같았다.[68]

안정된 정부의 부재 역시 심각한 문제였다. 이어지는 수십 년의 시간은 이러한 사실을 재확인해줄 뿐이었다. 만주 페스트의 방역과 중화민국의 수립, 1912년에 일어난 일련의 사건과 함께 우롄더와 그의 동료들은 중국 근대 의학사의 새로운 장을 열기 위해 동분서주했다. 그러나 중화민국은 곧 위안스카이袁世凱, 1859~1916의 손에 들어갔고, 1916년 그가 사망한 이후에는 각지의 군벌에 의해 쪼개졌다. 중국의 정치적 분열과 잇따른 내전, 농촌 경제의 붕괴, 그리고 열강의 간섭은 국가 단위의 의료 사업을 불가능하게 만들었다.[69] 1915년의 창립총회에서 중화의학회는 정부에게 중앙의학위원회中央醫學委員會의 설치와 공중보건 사업의 착수를 요구했다.[70] 그럼에도 1911년과 1926년의 사망률은 크게 다르지 않았다. 이루어진 것은 거의 없었다.[71]

군벌의 시대를 겪으며, 정부에 대한 우롄더의 환멸은 깊어져갔다. 1923년에 쓴 〈민국기 이후 중국의 공중보건 활동에 대한 조사〉에서 그는 이렇게 말했다. "공중보건에 관심이 있던 내 친구 하나가 말했다. 내가 중국에 있는 것은 공중보건을 팔기 위함이다. 나는 대답했다. 중국 정부가 아닌, 중국 사람들에게 팔아야 할 것이다. 알다시피 중국은 정부의 역할이 가장 미비한 곳일 게다. 서양에서는 당연한 일도 중국에서는 실행하기 어렵거나 포기해야만 하는 일이 되고 만다."[72] 중국의 혼란스러운 상황을 마주한 우렌더는 기금회와 마찬가지의 결론을 내렸다. 중국 정부는 아직 공중보건을 시행할 만한 준비가 되어 있지 않았다.

적절한 인력의 부족 또한 심각했다. 인적 자원의 결여보다 더 심각한 문제는 제대로 훈련받지 않은 인력이 투입되었다는 사실이었다. 청말 신정이 진행되는 동안 청 조정은 일본이 도입한 독일의 위생경찰 제도를 본떠 민정부民政部 아래 위생사衛生司를 설치하는 한편, 경찰의 감독 아래 지역의 위생 사무를 관장하는 기구를 두기도 했다. 서양의학을 학습한 인력은 드물었고, 무자격자들이 위생에 관련된 보직을 꿰찼다. 이러한 심각한 문제점 때문에 페스트를 방역하던 우렌더는 다음과 같은 목표를 세웠다. "나날의 검사와 보고를 담당하는 무자격의 경찰 인력을 최대한 훈련된 의료인으로 교체한다. 경찰은 그들의 합당한 업무로 돌아간다."[73] 우렌더는 근대적 위생 개념을 알지 못한 채 그저 거리 청소와 같은 말을 뇌까릴 뿐인 경찰을 거듭 비판했다.[74] 그러나 1926년 말까지도 상하이의 위생 사업은 여전히 경찰이 주도했고, 예산의 60퍼센트 이상이 길을 청소하는 데 투입되었다.[75] 충분한 인력을 갖추기 전까지는 그 어떤 정부 기관도 설치해서는 안 된다는 뼈아픈 교훈이었다.

마지막으로 록펠러 재단이 보기에 과학에 대한 확신의 결여는 공중보건의 장애물 그 이상을 의미했다. 중국의 근본적인 한계와 재단의 진정한 소명이 바로 거기에 놓여 있었던 것이다. 베이징협화의학원을 설립하며 재단의 기금회는 다음을 분명히 했다. "[사업을 통해] 획득해야 할 가장 큰 결과물은 자연현상에 대한 지식을 얻기 위해 과학적 방법을 사용하는 하나의 예를 이 땅에 드러내 보이는 데"[76] 있다. 따라서 재단은 대중을 상대로 한 접근보다 의학 연구를 우선시했다. 엘리트 기관을 통해 중국인의 마음에 "과학 정신"을 불어넣는 일이야말로 그들의 목적에 부합하는 것이었기 때문이다. 이와 같은 정책 기조는 1934년 이후 급격히 변화했다(여기에 대해서는 10장을 참고하라).[77]

미국중화의학기금회가 공중보건 사업을 연기하기로 결정한 지 10년이 되던 해, 존 그랜트의 〈위생과 설치에 대한 제언Proposal for a Department of Hygiene〉(1923) 역시 심각한 도전을 마주했다. 기금회의 주화대표駐華代表이자 협화의학원의 대리 교장이었던 로저 S. 그린Roger S. Greene, 1881~1947은 그랜트의 제언을 비판하는 논평을 발표했다. 과거와 비슷한, 그러나 더욱 분명한 이유가 담겨 있는 글이었다. 1924년의 보고서에 실린 열 가지 항목의 논평은 이렇게 시작했다. "국제보건위원회International Health Board가 중국의 공중보건에 도박을 해야 하는지 의문스럽다." 이 말은 다섯 가지의 '의문스럽거나' 혹은 '매우 의문스러운' 지점들로 이어졌다. "과학적 의학에 대한 확신"의 결여에 대해 그린은 기금회보다 더욱 회의적인 의견을 내놓았다. "지난 50년 동안 반복해서 치료의학의 효험을 보여왔건만 인식은 변하지 않았다. 더욱이 공중보건은 추상적이며 치료의학만큼 개인에게 돌아가는 효과도 분명치 못하다."[78] 그 이전의 의료선교사들과 마찬가지로 그린은 개별 환자에게 직접적인 이익을 주지 못한다는 공중보건의 결정적 한계를 뼈저리게 인식하고 있었다.[79]

더욱이 그 글을 쓸 때쯤 그린은 중국의 상황이 절망적이라는 사실을 알게 되었다. 의학과 공중보건은 무력했다. 중국인의 80퍼센트 이상이 문맹이었고, 농촌은 무너지기 일보 직전이었다. 질병보다는 가난이 사람들의 목숨을 앗아갔다. 그린이 이렇게 쓴 것도 무리는 아니었다. "유럽이나 미국과 달리 많은 사람이 추위에 얼어 죽고 결핵으로 죽어가는 경제 상황에서 … 위험한 감염병에 대한 방역 그 이상의 무엇을 이룰 수 있을지 확신할 수 없다."[80] 만약 감염병 방역이 유일한 목적이라면 연구를 담당할 거대한 규모의 위생과는 필요하지 않았다. 근본적인 문제는 "이미 현존하는 지식에 대한 관심과 그것을 실행하는 데 필요한 경제 자원의 결여"[81]였기 때문이었다.

빈곤의 문제를 마주한 그린은 대규모 공중보건 정책을 가로막는 뿌리 깊은 다섯 가지 장애물을 찾아냈다. 중국에는 그 역시 '유행병 방역'이라는 목표를 인정할 수밖에 없었지만, 그린의 결론은 여전했다. "정부가 보건 사업을 시작하도록 건강 문제를 공론화하는 일은 국제보건위원회의 책임 소재 밖에 있다. 이는 소규모 집단의 자발적 노력으로 … 매우 느리게 진행될 것이다."[82]

이어지는 사건들은 그린의 예상과 다르게 진행되었다.[83] 장애물은 여전했다. 그러나 4년이 채 지나기도 전에 국민당 정부는 그랜트와 그의 중국인 동료들의 의견을 받아들였다. 독립적인 위생부가 설치되었고, 그랜트의 국가의료 역시 진지하게 검토되었다. 이제 장애물에 대한 대처는 새로운 국면을 맞이하게 되었다. 국가와 보건의 새로운 관계를 위해 그랜트와 같은 이들이 노력한 결과였다.

3. 6. 위생부와 '근대 정부의 의료에 대한 의무', 1926~1927

1920년대 중반까지만 해도 공중보건 사업을 주도하던 이들은 정부가 가장 큰 장애물이라 생각했다.[84] 그러나 1928년 국민당 정부가 난징에 수도를 건설했을 즈음, 국가는 갑자기 그린 등이 제기했던 문제의 해결책으로 부상했다. 이와 같은 극적인 태도 변화는 언제 그리고 어떻게 일어났을까?

1924년 로저 그린은 록펠러 재단을 대표하여 대규모 공중보건 정책을 실행하기에 아직 이르다고 판단했지만, 몇몇 서의는 포기하지 않았다. 다음의 두 제안서를 대조해보는 편이 유용할 성싶다. 하나는 1926년 촉진중국공중위생위원회促進中國公眾衛生委員會, Association for the Advancement of Public Health in China가 발간한 〈중국 공중보건 기구의 필요성에 관한 제언: 중영경관고문위원회 헌정Memorandum on the Need of a Public Health Organisation in China: Presented to the British Boxer Indemnity Commission〉이고, 또 다른 하나는 존 그랜트가 1927년에 쓴 〈임시국가보건위원회에 관한 제언Memorandum for Provisional National Health Council〉이다. 1년 간격으로 나온 두 제언은 공중보건을 옹호하던 거의 같은 집단이 만든 것이었다.[85] 그런 이유로 중국의 보건 문제에 관한 이해와 해결책의 측면에서 두 문건은 온전히 일치한다. 그러나 독립적인 보건 부처를 설립할 필요가 있는가에 대해서는 두드러진 견해 차이를 보인다.

류루이헝劉瑞恆, 1890~1961은 촉진중국공중위생위원회를 대표해 1926년 4월 〈중국 공중보건 기구의 필요성에 관하여On the Need of a Public Health Organization in China〉라는 제목의 글을 준비했다.[86] 중영경관고문위원회中英庚款顧問委員會에 제출할 제안서였다. 4년 전인 1922년 영국 정부는 미국 등의 선례에 따라 의화단운동 배상금을 다시 중국에 돌려주기로 결정했다. 물론 반환된 기금은 중국의 뜻이 아닌 식민 권력이 결정한 목적에 따라 사용되었다.[87] 1926년 2월, 격년으로 열리는 중화의학회의 여섯 번째 회합이 상하이에서 열리자 중화의학회의 여러 구성원은 영국에게서 돌려받은 돈을 자신들이 원하는 방향으로 쓸 수 있게 로비를 해야 할지 여부를 둘러싸고 격론을 벌였다.[88] 모임이 마무리될 즈음 이들은 기금의 상당수를 "중국 공중보건 활동 촉진이라는 특수 용도"[89]에 할애하도록 영국 정부를 설득하기로 의견을 모았다. 중화의학회는 중영경관고문위원회와 협상을 벌이기 위해 촉진중국공중위생위원회를 조직했고, 위원회는 두 달에 걸쳐 제안서를 작성했다. 이러한 의미에서 중화의학회의 중지가 제안서에 그대로 담겨 있다고 해도 과언은 아니었다. 류루이헝은 당시 중화의학회의 회장을 맡고 있었을 뿐 아니라 1925년부터 베이징협화의학원 대리 교장이었으며, 존 그랜트의 오랜 동지이기도 했다. 인맥과 의견을 공유하던 이들이 두 편의 제안서를 내놓은 것이다.

영국 정부에 제출된 류루이헝의 제언은 그린이 제기한 것과 매우 유사한 질문을 다루었다. 이는 당시 공중보건을 지지하던 최고의 지성인 모두가 매달린 문제이기도 했다. 류루이헝은 '통치의 안정성'에 대해 심각하게 생각하지 않았다. "국가나 성 단위에서는 현재의 불안정한 통치가 문제이지만, 그 이하의 행정 단위에서는 무관한 일"[90]이기 때문이었다. 더 중요한 점은 그가 공중보건이 이미 중국에서 '명목상의 지위'를 점하고 있다고 주장했다는 것이다. 일본, 독일의 경우와 마찬가지로 지역의 보건 관리는 경찰의 핵심 임무였다. "이러한 상황을 고려한다면 앵글로색슨 국가들처럼 어려움을 감수하면서까지 새로운 부처를 만들 필요는 없다."[91] 그가 보기에 새로운 정부 부처를 만들기보다는 오히려 경찰 산하의 공중보건 조직에 훈련된 인력을 배치하는 것이 더 중요했다. 통치의 불안정성 역시 큰 문제는 아니었다. 류루이헝은 "향후 10년간 보건의료 활동은 지역을 중심으로 수행될 필요가 있다"[92]고 강조했다. 따라서 그의 제안서는 지역 공중보건의 촉진에 초점이 맞추어져 있었다.

1년이 채 지나지 않았을 때, 존 그랜트는 대상자도 목적도 다른 또 한 편의 제안서를 준비했다. 10년간 군벌에게 고통을 받았던 국민당은 1926년, 군사력으로 중국을 다시 통일할 북벌원정대를 결성했다. 같은 해 말에는 국민당이 양쯔강 중앙부를 통제함에 따라 남부 광둥에서 중심부 우한으로 수도가 바뀌었다. 군대의 진격 상황에 고무된 국민당 지도부는 국가 형성에 대한 전망을 현실로 옮길 계획을 수립하기 시작했다.[93] 그랜트의 관점에서 국민당의 정치적 진전은 중국의학의 발전에 두 가지 영향을 가져올 것이었다. 공중보건의 발전이라는 측면에서 "국민당이 중국의 주도권을 확보한 1927년은 먼저 공중보건의 전환을 의미했으며",[94] 또 한편으로 이는 "중국 남부 지역에 집중적으로 포진된 외국계 의료기관의 활동 정지"를 의미하기도 했다.[95] 국민당은 외국인을 향한 증오를 분명하게 드러냈고, 이는 사회적 분열로 이어졌다. 8,000여 명이나 되던 선교사의 수는 1927년 7월이 되자 500명으로 줄었다.[96] 샹야의원湘雅醫院의 옌푸칭마저도 외국의 중국 침탈에 가담했다는 혐의로 1926년 12월 창사를 떠나야만 했다.[97]

그랜트는 국민당의 진군을 위협이라 생각하지 않았다. 오히려 그것은 공중보건을 촉진할 절호의 기회였다. 자강과 근대화를 기획하는 국민당 세력과 함께하기 위해,[98] 그랜트는 임시국가보건위원회를 설치하여 1년 정도의 시간을 두고 위생부 설치를 준비하자고 제안했다. 제안서는 1927년 국민당 중앙위원회에 제출되었고, 문건의 말미에는 옌푸칭이 번역을 맡았으며 쑨원의 아들이자 교통부장인 쑨커孫科, 1891~1973에게 이를 헌정한다는 내용이 덧붙었다. 그랜트는 이렇게 썼다. "의원 몇몇이 제언을 검토한 뒤 승인을 내렸다. 재정부장 역시 예산 지원에 동의했다."[99] 3월 13일 국민당 중앙위원회는 위생부를 포함한 다섯 개 부처의 설립 결의안을 통과시켰고,[100] 며칠 후 쑨원의 부인이었던 쑹칭링宋慶齡, 1893~1981은 류루이헝을 위생부장으로 지명했다.[101] 그랜트와 위옌의 유대 관계, 그리고 그들이 작성한 제언이 위생부 탄생으로 이어졌던 것이다.[102]

그랜트의 제언이 가져온 영향은 국민당 정부의 위생부 설치에 국한되지 않았다. 이는 의학과 국가의 관계를 둘러싼 담론에 혁신을 가져오기도 했다. "이 나라는 혁명을 지나고 있다. 그리고 혁명은 인민에 대한 국가의 의무를 구상하고 수행하는 데에 이르렀다."[103] 이렇게 시작한 그랜트의 제언은 국민당의 혁명이 '국가적 의무'의 혁명이 되어야 한다는 주장으로 이어졌다. "근대국가는 인민에게 막대한 의무가 있다. 대표적인 예는 의료 보호이다."[104] 일견 간단하게 보이는 이 문장에는 결정적인 논리의 전환이 담겨 있다. 로저 그린, 류루이형, 그리고 그들의 많은 중국인 동료가 중요하게 생각했던 지점은 과학적 의료의 대중화와 중국 공중보건의 확립이었다. 그들에게 중국 정부란 열악한 상황 속에서 참고 견뎌야 할 장애물일 뿐이었다. 중국 정부는 류루이형이 썼듯 자신들을 억압하거나, 그린이 썼듯 공중보건 사업을 미룰 수밖에 없게 만드는 존재였다.

서양의학을 널리 퍼뜨린 다음 국가라는 문제에 대응한다? 그랜트의 생각은 반대였다. 그가 보기에 시작점은 오히려 국가였다. 그랜트는 중국에서 일어난 국가 기구의 발전 과정에 보건의료를 끼워 넣으며, '의료 보호'가 경찰이나 국가 교육에 이어 새로이 확장된 '정부의 의무'라고 주장했다. 경찰과 국가 교육 역시 불과 25년 전만 해도 정부의 의무로 생각되지 않았다. 그랜트의 새로운 틀 속에서, 의료인이 국가의 불안정성에 어떻게 대처해야 하는지와 같은 문제는 중요하지 않았다. 문제는 국민당 정부가 새로운 '정부의 의무'를 떠안을 것인지, 그로써 근대국가로서 성공적으로 기능할 것인지 여부였다. 이런 의미에서 국가를 중심에 둔 그랜트의 생각은 정부와 의료의 관계가 완전히 새롭게 개념화되기 시작했음을 알리는 신호탄이었다.

그랜트의 이론적 기반인 '정부의 의무' 개념은 중국에 독립적인 위생부가 필요하다는 주장의 핵심 근거가 되었다. '확장된 정부의 의무'라는 생각에 이어 그랜트는 다음과 같이 주장했다. "예방의학과 치료의학을 따로 관리한다면 둘 모두의 능률이 떨어질 수밖에 없다. 지난 10년간 보건 부처를 별개의 부처로 승격한 20여 개 국가의 정부 역시 이러한 원칙을 따르고 있다."[105] 이 문장에서도 보이듯, 그랜트의 근거는 공중보건의 중요성뿐만이 아니었다. 치료의학 또한 중요했다. 특히나 근대적인 치료의학이 부족한 중국의 상황에서는 더욱더 그러했다.[106] 위생부의 목적은 예방의학과 공중보건, 의료 행정과 더불어 중국인들이 "부족한 예산일지언정 최소한도의 치료의학이라도 누릴 수 있게끔"[107] 하는 데 있었다.

그랜트는 새로운 목표를 달성하기 위해 국민당 정부가 보건 부처를 내정부나 내무부 산하에 두는 독일과 일본의 의료 행정을 따라서는 안 된다고 주장했다.[108] 그랜트의 눈에는 미국의 의료 체계 역시 마뜩잖았다. 모범은 제1차 세계대전 이후 눈부신 발전을 보인 영국과 러시아의 보건 정책이었다.[109] 그랜트는 1919년에 보건 부처를 독립시킨 영국의 사례를 강조했다.[110] 궁극적인 목적은 "예방과 치료 모두를 국가가 완전히 통제하는 보건 부처"[111]의 설치였다. 놀라운 점은 국가를 중심에 둔 논리가 관철되고 보건의료가 국가의 의무로 부상하면서 '국가의 완전한 통제'가 중국 의료의 발전을 위한 논리적이고도 필수불가결한 결론으로 등장했다는 사실이다. 그랜트가 설계한 이른바 '국가의료'가 탄생한 순간이었다. 그랜트가 보기에 독립된 보건 부처의 설치는 국가의료라는 목적을 달성하기 위한 조건이었다. 위생부 설립이 확정되고 1년이 지난 후, 그랜트는 국가의료의 필연성을 강조하기 위해 글을 하나 발표했다. 제목은 '국가의료: 중국에 알맞은 합리적 정책State Medicine: A Logical Policy for China'이었다.[112]

지금까지 그랜트의 보고서에 담긴 여러 역사적 의미를 살펴보았다. 그러나 이후《중화의학잡지》에 게재된 번역본은 영어 원문과 큰 차이를 보였다.[113] 하나는 번역본이라는 말이 사라지고 옌푸칭이 직접 쓴 문건으로 소개되었다는 점이다. 그랜트의 이름이나 제언에 대한 언급은 온데간데없이 사라졌다. 다음은 '정부의 의무'라는 측면이 경시되었다는 점이다. 그랜트가 서문에서 제시했던 고매한 이야기는 의료가 아닌 경제적·군사적·정치적인 실리實利로 대체되었다. 물론 정부의 의무에 대한 언급이 완전히 사라지지는 않았다. 그러나 여기에서는 '직책職責'이라는 단어가 사용되었다. 의무보다는 책임에 가까운 뜻으로 쓰이는 말이다. 부제도 바뀌었다. 그랜트의 글에서는 '위생부가 설치되어야 하는 이유'라는 제목 뒤에 '근대 정부의 의료에 대한 의무'라는 부제가 붙어 있었다. 다른 부분은 모두 원문에 가깝게 번역되었지만 부제만큼은 '다양한 근대 국가의 의료 행정'으로 바뀌어 옮겨졌다. 마지막은 글을 옮긴 옌푸칭 역시 보건 부처의 설립을 강하게 주장했지만 "치료의학과 예방의학 모두 국가가 온전히 관리"[114]한다는 말은 결국 빼버렸다는 점이다. 그랜트가 구상한 보건 부처와 국가의료 사이의 긴밀한 연결은 완전히 사라져버렸다.

옌푸칭이 내용에 손을 댄 이유는 무엇이었을까. 국민당의 지지를 얻기 위함인지 또는 국민당 지도부와 협상한 결과인지 알 수 없다. 중국어 번역본은 1927년 3월 국민당이 위생부의 설립을 결정한 이후 발표되었기 때문이다. 그랜트의 핵심 주장을 바꾸라고 한 이는 누구였을까. 의료계 지도부였을까, 국민당 지도부였을까, 또는 둘 다였을까. 이유는 무엇이었을까. 무엇이건 간에 그랜트가 제시한 정부의 의무라는 근거와 이에 바탕을 둔 국가의 관리라는 중요한 목표는 모두 증발해버렸다. 그러나 국민당 정부가 위생부 설립에 동의함으로써 그랜트의 실질적인 제안만큼은 사라지지 않고 현실에 구현되었다.

겉보기에 위생부의 탄생은 의료의 진보를 알리는 희망적인 신호였다. 그러나 입가체가 썼듯, 이는 보건의료를 세심하게 고려한 결과라기보다는 정치적 편의에 따른 타협의 결과에 가까웠다. 위생부 설립은 국민당 주요 인사가 아닌, 새롭게 떠오른 군벌인 '기독교 장군' 평위샹馮玉祥, 1882~1948의 제안이었다. 국민당은 평위샹과의 관계를 유지하기 위해 위생부의 설립을 검토했다. 흥미로운 사실은 존 그랜트와 옌푸칭의 글을 읽은 쉐두비薛篤弼, 1892~1973가 평위샹에게 위생부의 설치를 건의하며, 자신을 부장으로 임명해달라고 주장했다는 점이다.[115] 류루이헝은 차장으로 임명되었다. 이러한 점을 고려하건대, 위생부에 대한 생각이나 관심은 국민당에서 비롯하지 않았던 것으로 보인다. 이는 1년이 채 지나기도 전에 정치적인 이유로 위생부가 위생서衛生署로 축소되었다는 사실에서도 분명하게 드러난다. 장기적인 전망은 부재했다. 그러나 베이징 협화의학원의 교수진과 졸업생을 주축으로 구성된 행정 조직 덕분에, 중국인서의 1세대는 비로소 신생 국가의 조직 내에 자신들만의 공간을 구축해낼 수 있었다.

3. 7. 결론

이번 장에서는 서양의학의 대중화라는 문제 앞에서 중국이 보였던 반응을 살펴보았다. 1935년 위옌이 과거를 돌아보며 정식화했던 바로 그 문제이다. 여기에 대한 답은 국민당 정부가 위생부를 설치하던 1928년 무렵 어느 정도 윤곽을 갖추게 되었다. 과학적 의학을 보급하기 위해 의사들은 국가의 정치 권력을 빌려야만 했다. 일견 국가가 의학사의 주체로 떠오르는 것처럼 보이는 이 과정에서 실제로 역사를 이끈 것은 서의였다. 국가와 새로운 관계를 맺기 위해 많은 의사가 팔을 걷어붙였으며, 여기에는 우렌더, 류루이헝, 옌푸칭, 그리고 그들에게 힘을 보탰던 서양인 존 그랜트와 록펠러 재단의 여러 임원이 포함되었다.[116]

국가를 자기편으로 끌어들이는 과정에서 이들은 서양의학이 중국 땅에서 펼쳐낼 새로운 전망을 발전시켰다. 공중보건에 대한 강조였다. 물론 이는 하나의 아이러니였다. 20세기 초만 하더라도 국가는 공중보건 사업의 해결책이 아닌 큰 장애물로 여겨졌기 때문이다. 그들의 접근 방식은 정치적 전략치고는 위험하고 불확실한 것이었다. 이를 보이기 위해 이번 장에서는 중국의 공중보건 사업에 대한 록펠러 재단의 정책 변화를 추적했다. 이러한 급진적인 정책 전환은 1928년 국민당 정부가 군벌의 시대를 끝내고 중국 최초의 근대국가를 만드는 데 전념하기 시작하면서 비로소 가능해졌다. 존 그랜트와 그의 중국인 동료들에게 공중보건을 가로막는 오랜 장애물의 존재는 오히려 국가를 중심에 둔 의료 제도의 필요성을 의미했으며, 또한 의료가 발전할 소중한 기회이기도 했다. 공중보건의 옹호자들은 국가를 모든 문제에 대한 답이라고 여겼고, 따라서 국가의료가 국가 건설 과정의 핵심에 위치할 수 있도록 노력했다. 이로써 그들은 '서양의학을 대중화하는 동시에 국가를 건설하는' 두 가지의 과업을 짊어졌다.

그들의 전략은 중국의 근대 의료가 발전하는 과정에 오래도록 깊은 영향을 미쳤다. 결과적으로 당대 중국 의료계의 지도자 대부분이 공중보건의 설계자이자 옹호자로서 활동했기 때문이다. 이는 미국과는 매우 다른 상황이었다. 미국의 의료인들은 공중보건에 이렇다 할 관심을 보이지 않았고, 공중보건은 "생물학자와 통계학자, 공학자, 그리고 여타의 전문 인력이 담당하는 별도의 전문 분야가 되었다".[117] 중국의 특수성은 1937년 의사들이 국가의료를 향한 지지를 표명함으로써 여실히 드러났다. 이는 10장에서 다룬다.

그러나 국가를 통해 근대 의학을 발전시키겠다는 전략은 의도치 않은 역효과로 이어지기도 했다. 과학적 의학을 대중화하는 도구로서 국가를 이용하겠다는 원래의 의도와는 달리, 오히려 의학이 국가의 정치적 목적을 달성하는 수단으로 쓰일 수 있었던 탓이다. 해항검역관리처海港檢疫管理處의 통제권 회복에 일조했던 우렌더의 사례가 대표적이다.[118] 여기에는 19세기 말부터 외국에 의해 관리되던 검역 통제권을 되찾음으로써 개항장을 반환받고 관세 자치권을 수복하려던 정부의 복심이 깔려 있었다. 어느 서의가 짚었듯, 업무만 따지고 보면 위생부는 거의 외교 문제 처리반에 가까웠다.[119] 기틀을 갖추어가던 국민당의 국가를 자신의 편으로 만들고, 더 나아가 그것을 완전히 지배하려 했던 서의 집단은 그 과정에서 도리어 국가의 숙원을 의료인 자신의 문제로 받아들이게 되었다.

국민당의 가장 중요한 정치적 목적은 국가 건설이었고, 따라서 서의는 공중보건의 개척자이자 국가의 주요 행위자라는 두 가지 역할을 끌어안게 되었다. 사회학자 피에르 부르디외Pierre Bourdieu, 1930~2002의 분석틀을 빌리자면, 서의들은 의료 발전을 위해 국가를 끌어들임으로써 이중의 과정에 헌신하게 되었다. "[국가의 행위자들은] 겉으로는 국가가 무엇인지 이야기하지만, 실제로는 국가가 무엇이어야 하는지 이야기함으로써 국가를 조형한다."[120] 국가를 구성하는 과정에서 그들은 "스스로 국가 귀족"이, 다시 말해 우렌더가 전망했던 공의와 같은 유력 인사가 되었다. 국민당 정부와 중국 민족주의의 결합을 바탕으로, 서양의학을 교육받은 중국인 의사 1세대는 19세기 중반부터 중국의 근대 의학을 지배했던 의료선교사들로부터 지도자의 위치를 빼앗아 왔다.[121]

국민당 정부는 의료 문제에 대해 사안에 따라 다른 태도를 보였다. 1년이 채 지나기도 전에 위생부는 위생서로 강등되었고, 국가의료 역시 별다른 관심을 받지 못했다. 주권을 회복하기 위해 해양 검역에 온갖 노력을 쏟았던 것과는 사뭇 다른 풍경이었다. 국가의료는 건국 첫해에 발행된 열두 호의 관보에서 딱 한 번 지나가듯 언급될 뿐이었다. 통치 엘리트들은 가능한 한 적은 비용으로 해결할 수 있는 정책에 집중했다. 국가가 국민에 대한 의료의 의무를 수용하고 국가의료의 시행을 천명한 것은 국민당 정부1929~1947의 마지막 해가 되어서였다. 서의들은 위생부를 설립하고 공의의 자리에 오르는 등 소기의 성과를 거두는 동안 국가를 의학사의 주체로 끌어들이는 자신의 전략에 발목을 잡히고 말았다. 다음 장은 이러한 과정, 즉 서의의 전략이 그릇된 것으로 드러나는 과정을 다룬다. 서의들은 국가의 힘을 이용하여 '중국 의료의 문제'를 해결하려 했다. 그러나 결과적으로 그들은 의료와 국가의 연결 고리를 구축한다는 핵심 전략을 중의에게 전수해주는 데 그치고 말았다.

4장 중국의학과 서양의학의 관계를 상상하다, 1890~1928

이 책은 만주 페스트 방역과 그것이 '서양의학이 중국의학에 우위'를 확보하는 데 미친 결정적인 영향을 살펴보는 것으로 시작했다. 그러나 이는 국가를 중심으로 의학사를 바라보는 관점에 의해 조형되고 강화된 시각이다. 국가와 서양의학의 관계에만 집중하지 않고 페스트에 대응하는 의학적·정치적 조치에 일반 대중이 어떻게 반응했는지를 보면 만주 페스트 방역의 의미를 달리 볼 수 있다. 1911년에 페스트가 창궐하기 수십 년 전부터 청말의 사람들은 중국의학의 한계를 깨닫기 시작했으며, 중국의학의 틀 안에 서양의학의 강점을 포함할 방법을 모색했다. 다시 말해 여러 혁신적인 의학자는 이미 서양의학과 중국의학의 결합을 상상하고 있었다. 만주 페스트를 계기로 청 조정이 서양의학의 우월함을 공인하기 훨씬 전의 일이었다.

중국의학회는 비교적 일찍 조직된 중의 단체로, 구성된 지 얼마 지나지 않은 1909년에 이미 여러 편의 강의록을 펴냈다. 그리고 여기에는 서양의학을 향한 중의들의 인정을 보여주는 여러 단면이 담겨 있다. 이들은 교육 기관을 설립하려는 과정에서, 다음 두 가지 문제가 급선무라고 보았다.

> 서의는 중국의학에 해부와 실험이 없음을 가장 못마땅해한다. 그러니 서양과 중국의 해부학 및 생리학 의서를 살펴 해부학 강의록을 만들어야 한다. 반면, 중의는 서양의학에 음양陰陽과 기화氣化의 개념이 없음을 못마땅해한다. 따라서 [중국의학의] 본질을 지키기 위해 기화를 다룬 강의록도 준비해야 한다.[1]

이러한 서술이 보여주듯이 청 말기 중국의학회의 중의들은 서양의학 지식, 특히 해부학을 배울 필요가 있다는 데에 뜻을 함께하고 있었다. 동시에 그들은 중국의학이 서양의학 지식의 지평을 넘어서는 독특한 기화 이론에 바탕을 두고 있다며 자신들의 전통을 숭앙하기도 했다.

중국의학은 기화에, 서양의학은 해부학에 기초하고 있다는 대비 구도는 1890년대에 당종해가 만든 것이다. 중서회통파를 창시한 것으로 알려진 바로 그 인물이다. 중국의학회의 성명은 오래도록 회자되었던 당종해의 전망, 즉 서양의학과 중국의학의 강점을 결합하겠다는 생각을 이어나가는 것이었다.

그러나 1910년대 후반에 들어서면서 이와 같은 의학 혼합주의는 심각한 도전에 직면한다. 위옌[2]으로 대표되는 여러 서의는 당종해를 비롯한 선학의 노력을 기리는 대신, 서양의학과 중국의학을 섞으려는 시도를 철저히 부정해야 한다고 생각했다. 이들은 중국의학과 서양의학이 서로에게 배워 서로를 이롭게 한다는 혼합주의의 전망을 깨부수기 위해 근대주의의 사고틀을 이식하고자 노력했다. 근대주의의 사고틀이 성공적으로 뿌리내린다면 중의는 물론이거니와 일반 대중 역시도 두 의학의 상호 보완, 더 나아가 공존 자체를 감히 상상하지 못하리라는 생각이었다. 이를 위해 서의들은 중국의학을 이론과 중약, 경험이라는 세 범주로 나누었다. 이론은 뿌리째 뽑아서 버리고, 중약과 경험은 과학적으로 검증해보자는 주장이었다. 세계적으로 통용되던 근대성 담론에 기초하여 중국의학을 세 부분으로 나눈 이와 같은 사고방식은 이후 중국의학사를 조형하는 지배적인 틀이 되었다. 이 장에서는 당종해의 의학 혼합주의를 간단히 살펴본 후 근대주의적 사고틀의 등장을 따라가볼 것이다. 중국의학의 삼분三分을 뒷받침한 국지적인 힘은 무엇이었는지, 그리고 1929년의 대립 직전까지 중의들이 여기에 어떻게 저항했는지 살펴보도록 하자.

4. 1. 1890년대 말 중국의학과 서양의학의 회통

당종해는 오늘날 주로 중서회통파의 창시자로 기억되며, 그런 탓에 역사가들은 그를 그저 의학자로만 다루곤 한다. 그러나 의학자라는 딱지를 떼고 나면 그가 유학자였다는 사실이, 무엇보다 청말의 다른 개혁적 성향의 학자들과 마찬가지로 중국 문명의 앞날을 걱정하던 사람이었음이 분명하게 드러난다. 달리 말하면, 당종해의 의학 혼합주의는 19세기 말 서구 문명에 감탄한 유학자의 반응을 표상한다.

당종해는 의학과 무관한 과거 시험 준비에 인생의 반을 썼다. 여느 유의들은 과거에 여러 번 낙방한 끝에 느지막이 의학의 길을 선택했지만, 당종해는 비교적 젊은 나이인 서른여덟에 진사가 되었다.[3] 그런 그가 수입과 평판을 모두 보장받은 관직을 선택하지 않고 의학의 길을 택한 것은 당대로서는 극히 예외적인 사례였다. 당종해는 탁월한 의술과 1884년에 저술한《혈증론血證論》덕에 쓰촨성 전역에 이름을 알렸고, 1880년대에 장난 지역, 특히 상하이를 여행한 이후 서양의 과학과 의학에 깊은 관심을 가지게 되었다. 그리고 1892년, 마침내 중국의학의 신기원을 이룰《중서회통의경정의中西踊通醫經精義》를 편찬했다.

서양의학은 가시적인 형태에 강하고 중국의학은 기화에 강하다는 유명한 공식은 바로 이《중서회통의경정의》에서 처음으로 등장했다.[4] 이 공식은 1909년에 발표된 중국의학회의 글에서도 발견되는 중국의 기화, 서양의 해부학이라는 유서 깊은 이분법의 시작이었다. 이는 연구자라면 모두가 아는 사실이다. 그러나 아이러니하게도 내가 다른 곳에서도 상세히 기술했듯이,[5] 많은 이들은 당종해의 기화 개념이 서구에서 새로이 도입된 기술, 즉 증기기관의 영향을 받아 형성되었다는 사실을 간과한다. 기화의 '기'란 분명 새로이 번역된 개념인 '증기'를 염두에 둔 것이었다. 직관적으로 보이는 바와 달리, 당종해가 인체 내부의 기화를 새롭게 이해하고 중국의학을 서양 해부학과 대립하는 것으로 다시금 자리매김한 바탕에는 바로 증기기관이 놓여 있었다.

당종해는 '기'에 대한 새로운 이해를 바탕으로 서양 해부학의 새로운 지식과 해부도를 중국의학과 통합했고, 이로써 중국의학을 개혁했다. 지금까지 많은 연구자는 당종해가 중서회통의 전망을 보여주기 위해 인체, 특히 장부臟腑를 시각적으로 표현했다는 점을 대수롭지 않게 다뤄왔다.《중서회통의경정의》의 짧은 서문에는 다섯 종류의 도해와 해설이 실려 있다. 먼저 중국의 전통 장부도가 있고, 중국의학을 향한 비판으로 이름이 높았던 왕청임王淸任, 1768~1831이 1830년에 발표한《의림개착醫林改錯》의 도해, 스코틀랜드 선교 의사 벤저민 홉슨Benjamin Hobson, 1816~1873이 1851년에 저술한《전체신론全體身論》에 실린 것과 같은 서양 해부도, 전통 경맥도, 그리고 본인이 직접 그린 두 편의 도해이다. 당종해가 보기에 중국의학과 서양의학의 융합을 위한 선결 과제는 기존의 도해를 남기고 지우고 더하고 빼고 혼합하여 새로운 도해를 만들어냄으로써 여러 도해를 조화시키는 것이었다.

중국사의 맥락에서 볼 때 "인체의 시각적 표상이 크게 달라진 것"[6]은 송대의 일이었다. 그러나 당종해는 중국 전통의 장부도를 모두 폐기하기로 결정했다. "대부분이 사람의 내장이 실제로 배치된 모양새와 일치하지 않는다"는 이유였다.[7] 이는 왕청임과 벤저민 홉슨의 비판을 검토하여 얻어낸 급진적인 결론이었다. 벤저민 엘먼에 따르면 왕청임과 홉슨의 저작은 "19세기 초반에 이르러 처음으로 제대로 알려졌던 근대 유럽의 과학과 의학을 대표"[8]하는 것이었다. 당종해의 태도는 왕청임과 홉슨이 제기한 비판에 대응하는 과정에서 분명하게 드러났다.[9] 왕청임과 홉슨은 중국의학이 신장의 비뇨 기능에 무지하다고 거세게 비판했고, 이것이 중국의학의 치부를 제대로 짚어냈다고 생각한 당종해는 새로 그린 신장 도해에 한 쌍의 요관尿管을 추가해 넣었다.[10] 그때까지만 해도 중국에는 요관이라는 해부학적 구조물의 존재가 알려지지 않았었고, 요관을 언급한 의서는 아마도 당종해의 책이 처음이었을 것이다.

이렇듯 서양의 해부도는 중국의학의 오류를 바로잡는 데 도움이 되었을 뿐 아니라, 당종해가 '고전 의서의 진정한 의미'를 벼려내는 결정적인 도구이기도 했다. 이는 당종해가 지은 책의 제목에 그대로 함축되어 있다. 삼초三焦는 이론적 구성물인가 혹은 눈으로 확인 가능한 물리적 실체인가. 당종해는 자신이 이 문제를 둘러싼 오랜 논쟁을 해결했다고 주장했다. 그는 삼초가 물리적 실체라는 주장의 근거로 삼초의 도해를 들었다(**그림 4.1**의 왼쪽을 보라). 다른 글에서 지적했듯,[11] 이 도해는 사실《그레이 해부학》의 복막 도해를 재가공한 것에 가까웠다(**그림 4.1**의 오른쪽에 해당한다). 더 정확히 말하자면 이는 1881년 도핀 윌리엄 오스굿Dauphin William Osgood, 1845~1880이 발간한《그레이 해부학》의 중역서《전체천미全體闡微》를 그대로 베껴 온 것이다. 당종해가 보기에 복막을 나타내는 여러 선은《황제내경黃帝內經》의 삼초가 물리적으로 실재한다는 결정적인 증거였다. 논쟁은 끝났고, 이견은 있을 수 없었다.

당종해는 앞서 말한 다섯 가지 도해를 꼼꼼하게 풀이했으며, 이는 그가 서

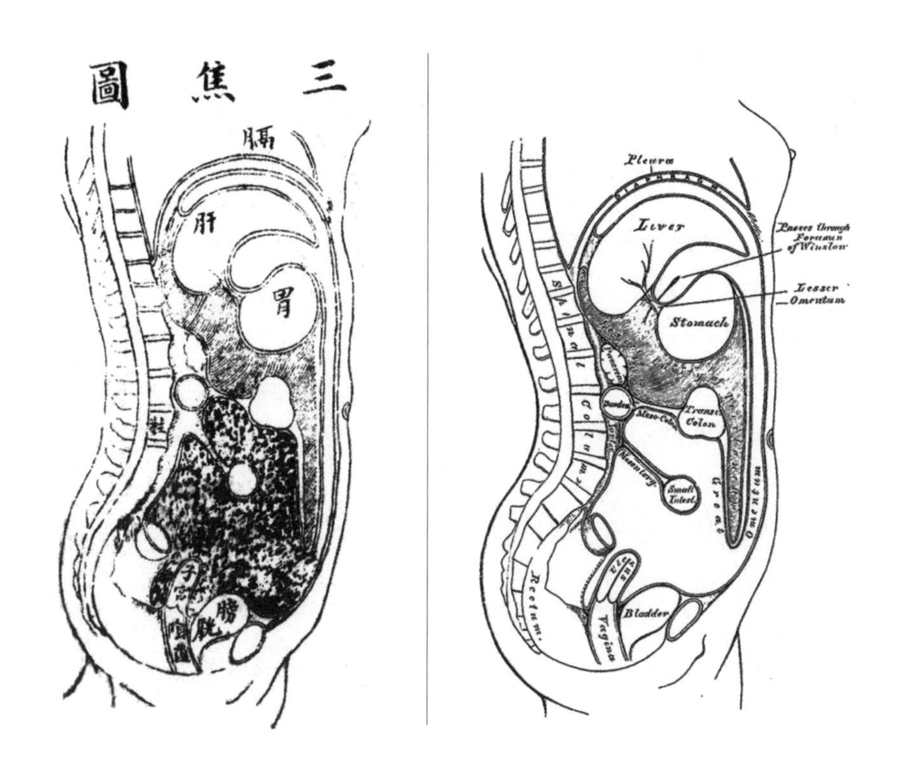

그림 4.1 왼쪽: 〈삼초도三焦圖〉, 당종해, 《중서회통의경정의》, 2권(上海: 千頃堂書局, 1908 [1892]), 1권, 24. 오른쪽: 〈복막, 복부의 수직 단면〉, 《그레이 해부학》(1858), 599.

양 과학을 열심히 연구했음을 보여준다. 그는 중국의학의 장부도를 근대적인 해부도로 갈아치웠을 뿐만 아니라, 증기의 개념을 차용하여 기화를 새롭게 개념화했으며, 이를 통해《황제내경》을 새로이 해석하여 서양의 해부도와 상통하도록 했다. 이러한 삼중의 관계는《중서회통의경정의》라는 제목에 담긴 진정한 의미를 드러낸다. 당종해는 기화의 개념을 통해 두 체계의 의학을 교호시킴으로써《황제내경》에 대한 올바른 이해를 복원 또는 새롭게 정립했다고 믿었다. 증기의 변환으로 재규정된 기화는 두 체계의 의학을 잇는 도구가 될 것이었다.

4. 2. 경맥과 혈관의 불통

지금까지 우리는 당종해가 두 체계의 의학을 통합하기 위해 해부도를 사용한 방식을 살펴보았다. 짚고 넘어가야 할 점은 해부도가 두 체계의 경계를 선명하게 하는 도구로도 사용되었다는 사실이다. 아이러니하게도 1920년대 후반에는 경계를 가르는 기능이 더 분명해졌고, 이는 기라는 새로운 개념을 통해 두 의학을 통합하려는 당종해의 노력에 암운을 드리우는 일이었다. 청말과 민국 초기, 당종해에 대한 사람들의 이해는 근본적으로 달라졌다. 이와 같은 변화를 추적하기 위해 여기에서는 경맥經脈과 혈관의 근원적인 '불통'을 다루는 당종해의 글을 면밀히 살펴본다.

현대 서양의학의 관점에서 중국의 경맥 개념은 혈관계와 신경계, 내분비계, 그리고 신체에 대한 근대 과학의 이해에서는 찾아볼 수 없는 여타의 개념들이 혼란스럽게 뒤섞인 것이다. 만프레트 포케르트Manfred Porkert, 1933~2015에 따르면 경맥은 '맥의 길'이다. '경로' 혹은 '길'을 의미하는 경經과 '맥박'과 '동맥'을 의미하는 맥脈이 합쳐진 단어이기 때문이다. 그리고 경맥은 "다양한 몸의 기운을 전하는 통로로 이해되는 순수한 이론적 구성물"[12]이다. 그러나 포케르트의 주장과 달리, 중국의 많은 의서에서 경맥은 혈관과 유사한 실제 구조로 그려진다. 왕청임은 경맥의 흐름이 혈관의 연결망과 유사하다는 점에 착안하여 경맥이 다소 엉성하고 부정확할 뿐 혈관계를 가리키는 개념이라고 주장했다.[13] 해부학적으로 경맥이 어디에 해당하는지에 대해서는 아직 명확하게 알려진 바가 없다.[14] 그럼에도 경맥 개념은 침술과 구술, 그리고 상한傷寒의 전통을 따르

는 처방 등 중국의학의 다양한 치료법에서 핵심적인 역할을 담당한다.[15]

홉슨과 왕청임의 경맥 비판에 맞서 당종해는 불통 이론을 마름질했다. 그는 서양식으로 그려진 〈혈맥도血脈圖〉와 함께 다음과 같은 설명을 내놓았다.

> 이 그림을 근거로 서양인들은 십이경락과 기경팔맥과 같은 것이 존재하지 않는다고 판단해왔다. 《의림개착》 역시 경맥을 근거 없는 것이라 여긴다. [그러나] 그들은 죽은 몸을 해부했으며, 그런 이유에서 경맥과 경혈經穴을 찾을 수 없었다는 사실을 알지 못한다. 그뿐만 아니라 경맥은 혈관과 같지 않다. 《내경》에도 쓰여 있듯이 어떤 경맥에는 피가 많은 반면 기가 적고, 또 다른 경맥에는 기가 많은 반면 피가 적다. 이러한 사실을 바탕으로 우리는 경맥이 피와 기 모두를 품을 수 있음을, 그리하여 경맥이 혈관이나 기관氣管과는 다른 것임을 안다. 몸을 바라보는 서양의 관점은 자화뇌근自和腦筋(자율신경)과 같은 별개의 실체를 포함한다. … 이는 《내경》에 나오는 경맥과 비슷하게 들린다. 서양인들이 중국어를 몰라 《내경》을 면밀히 읽지 않으니, 안타까운 일이다.[16]

서문에서 논의했던 다섯 편의 도해와 비교해보았을 때, 〈혈맥도〉가 쓰이는 방식은 매우 이례적이다. 앞에서는 해부도를 통해 《내경》의 가르침을 상술했다면, 여기에서는 〈혈맥도〉를 통해 어떤 면에서는 《내경》이 서양의 해부학을 넘어서고 있음을 보이려 하기 때문이다. 이 그림은 당종해가 천명한 중국의학과 서양의학의 통합을 보여준다기보다는 오히려 통합이 실패했음을 시각적으로 보여준다. 또한, 당종해는 실패의 근본적인 이유를 이야기하기도 했다. "그들은 죽은 몸을 해부했으며, 그런 이유에서 경맥과 경혈을 찾을 수 없었다."[17]

통합이 결렬된 이 시점에도 당종해는 두 의학의 차이가 극복되지 못하리라 생각하지 않았다. 오히려 그는 서양의 자율신경계 개념이 《내경》에서 언급되는 경맥과 유사하다는 점을 지적했다. 당종해가 여기에서 자율신경계를 언급했다는 사실은 특기할 만하다. 당종해는 서양의학의 뇌주설腦主說에 관심을 기울이고 있었다.[18] 심장을 강조하는 중국의학의 이론과 달리, 홉슨의 《전체신론》에 의해 널리 알려진 서양의학 이론에 따르면 신체는 뇌가 주관한다.[19] 그

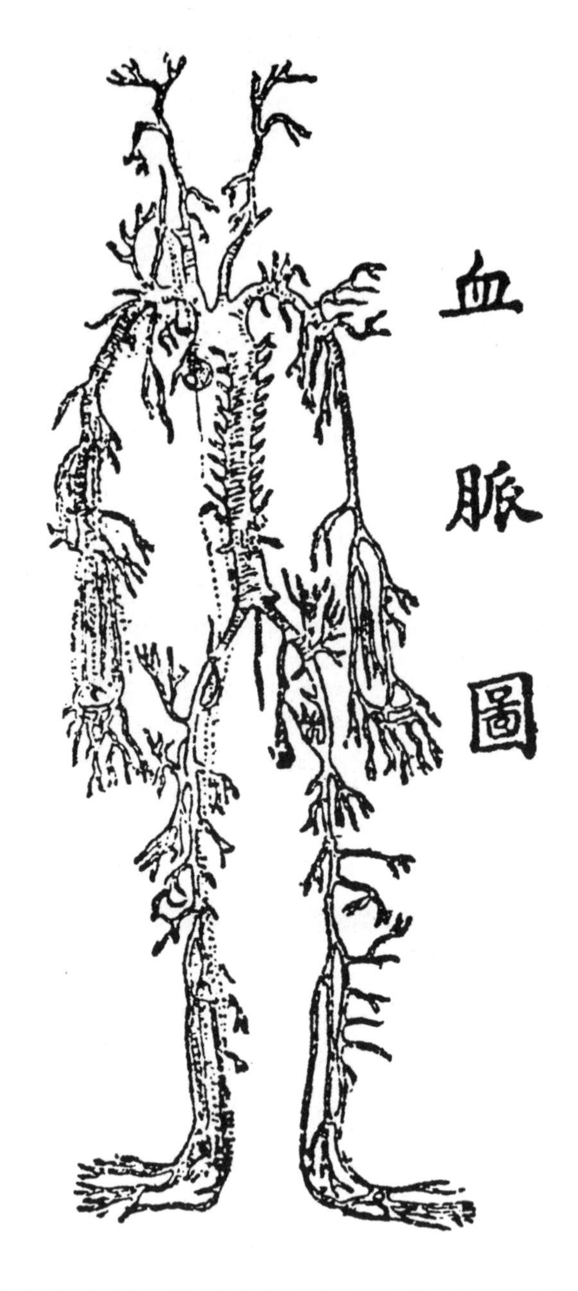

그림 4.2 〈혈맥도〉, 당종해, 《중서회통의경정의》, 2권(臺北: 力行書局, 1987 [1892]), 110.

러나 이것이 뇌주설의 수용으로 이어지지는 않았다. 그가 보기에 감각과 운동을 모두 뇌에 귀속시키는 새로운 이론은 오직 "부분적으로 사실"[20]일 뿐이었기 때문이다. 이러한 지점을 고려하면, 당종해가 자율신경계에 큰 관심을 기울였던 이유를 헤아릴 수 있다. 당종해는 아마 오스굿이 펴낸《전체천미》를 통해 자율신경계가 "내부 장기와 혈관 전체에 퍼져 있고, 인간의 의지와 무관하게 기능한다"[21]는 사실을 알게 되었을 것이다. 중국의 경맥 개념과 같이 자율신경계는 내부 장기에 직접 연결되어 있고, 더 나아가 뇌와 독립적으로 기능한다. 뇌의 지배를 약화하고 내부 장기에 '자율성'을 부여하는 자율신경계의 개념으로부터 당종해는 다음과 같은 결론을 내렸다. "[자율신경계] 개념은《내경》이 말하는 경맥과 유사하다."[22] 삼초가 복막의 외형으로 드러났듯이, 경맥은 자율신경계라는 물질적 기반을 갖게 되었다.

마지막으로 당종해는 경맥이 원칙적으로 서의들의 인식론적 지평을 넘지 않는다고 생각했다. 따라서 그는 서의들이 중국어를 익히고《내경》을 배운다면 경맥의 개념을 깨닫게 되리라 전망했다. 당종해는 두 체계의 의학을 통약 불가능한 관계로 설정하려 들지 않았다. 이는《중서회통의경정의》의 서문에 담긴 "중국과 서양의 의학을 통합하며, 두 의학의 차이에 치중하는 것이 아니라 하나의 참된 지식을 위해 노력한다"[23]는 당종해의 목표와도 상통한다. 그러나 1920년대의 급변하는 지적 분위기 속에서 중국의 기화와 서양의 해부학, 특히 경맥과 혈관의 '불통'은 통약 불가능한 두 세계를 가르는 이분법으로 변하게 되었다.

4. 3. 위옌과 셋으로 나뉜 중국의학

'중서회통'이라는 개념은 1905년의 과거 시험 폐지와 1911년의 청조 멸망 속에서도 살아남았다. 만약 이 유명한 개념이 내키지 않는 이라면, 1910년대 말에 두각을 드러낸 위옌이 중국의학과 서양의학의 관계를 밑바닥부터 바꾸어 내려고 시도했던 여러 활동을 반길지도 모르겠다.

위옌은 국민당 집권기에 벌어진 중의와 서의 간의 고투를 이해하는 데 필수적인 인물이다. 1920년대와 1930년대에 나온 중의와 서의의 '의학혁명醫學

革命' 개념이 모두 그와 밀접하게 연관된 탓이다. 위옌의 회고에 따르면 그는 일본의 오사카부립오사카의학교大阪府立大阪醫學校(1931년 오사카제국대학으로 개칭)에 1908년에서 1911년까지 그리고 1913년에서 1916년까지 재학했던 당시부터 중국의학에 대해 비판적이었다고 한다. 그는 문헌학자이자 혁명가이며 중국의학의 개혁을 지원했던 장빙린章炳麟, 1868~1936을 오랫동안 사사했지만[24] 결국 중국의학을 비판하는 쪽으로 의견을 굳혔고, 1929년 열린 제1회 중앙위생위원회의에서는 중국의학을 완전히 폐기해야 한다고 주장하기에 이르렀다. 그러나 그의 제언은 결국 실현되지 못했고, 오히려 예상치 않았던 국의운동으로 이어졌다. 그 후 위옌은 중의와 서의 사이에 벌어진 모든 주요한 논쟁에 활발히 참여했다. 그는 당시 서양의학과 중국의학을 둘 다 공부한 몇 안 되는 의사 중 한 사람으로서 논쟁의 의제를 설정하는 데 결정적인 역할을 했다. 공산당 정부가 중국의학을 발전시키기로 결정한 이후인 1950년대, 국민당은 위옌의 "[중국] 의학의 폐기와 [중국] 약재의 보존廢醫存藥"[25] 정책을 채택했다고 비판받았다. 중의에게 위옌은 중국의학을 탄압하는 서양의학의 화신이었다.

일본에 유학하던 1914년, 중국인 유학생 사이에서 저만치 앞서가던 위옌은 〈영추靈樞〉와 〈소문素問〉을 비판하는《영소상태靈素商兌》[26]를 쓰기 시작했다. 이는 위옌이 귀국한 이후인 1917년에 출간되었다. 위옌은 책의 서두에서 "〈영추〉와 〈소문〉의 오류를 모조리 밝히는 것"이 목적이라고 선언했다. 〈영추〉와 〈소문〉은 중국의학의 고전인《황제내경》의 일부였다.[27] 위옌은 근대 해부학과 생리학에 기초해 음양오행, 오장육부, 십이경락 등 중국의학의 거의 모든 기본 개념을 부정했다.[28] 그리고 그는 "이 글이 출판되면 낡아빠진 중의들이 그 즉시 반대 의견을 표명하리라"[29] 예측했다. 그러나 실제로 그런 일은 벌어지지 않았다. 위옌은 훗날 이를 이렇게 회고했다. "아무런 대응도 하지 못할 정도로 낮은 수준의 정신 상태였음을 내가 어찌 알았겠는가."

1917년의《영소상태》가 파괴적인 기능을 수행했다면, 1920년에 발표된 글은 '국산 약물의 과학 연구國産藥物的科學硏究'라는 전통 약재에 대한 건설적인 기획을 제시했다. 일견 두 작업은 반대되는 것처럼 보이지만, 기실 후자는 전자에 바탕을 두었다.《영소상태》의 후속편에 해당하는 1920년의 글은 새로운 질문에서 출발했다. 중국의학의 이론이 비과학적이고 얼토당토않은 어림짐작에 지나지 않으며, 중국의학의 해부학과 생리학, 병리학 역시 모두 옳지 못하다면, 중국의학의 효험은 어찌 설명할 수 있는가?[30]

당시만 해도 위옌만이 이러한 의문을 품었지만, 얼마 지나지 않은 1920년대 말이 되자 서의와 중의 모두가 열띤 논쟁을 벌이게 되었다.[31] '과학적 가치'이건 '국수國粹'이건, 누군가는 설득력 있는 대답을 내놓아야 했다. 이렇게 중국의학 지식의 '위치', 즉 중국의학의 효험이 어디에서 비롯하는지가 커다란 수수께끼로 부상했다.

위옌은 여기에 네 가지 대답을 내놓았다.[32] 첫째는 중약의 사용이며, 둘째는 처방에 관한 경험이다. 셋째는 환자의 자연 치유력이며, 넷째는 의사의 권위가 발휘하는 심리적인 영향, 즉 오늘날의 플라세보 효과이다. 마지막 두 설명은 중국의학의 효능을 부정하는 것이나 다름없다. 그렇다면 위옌에게 중국의학의 효험은 그가 '사실'이라 불렀던 중약과 경험에서 비롯하는 것이었다. 더 나아가 그는 중국의학의 치료 효과에 대해 "이론과 사실은 뚜렷하게 구별된다"[33]고 주장했다. 이렇게 그는 중약과 경험을 중국의학의 본질로 지목하는 동시에 이를 중국의학의 이론과 분리했다.

위옌은 두 가지 중요한 이유에서 중국의학의 경험이 이론과 무관하며, 무관하다고 간주되어야 한다고 주장했다. 먼저 경험이란 이론에 의거하기보다는 중약에 대한 직관적인 시험으로 얻을 수 있다는 점이다. 위옌은 경험이 본질상 직관적이며 이론에 선행한다는 점을 강조하기 위해 사람들의 경험을 동물의 본능적인 행동에 비교했다.[34] 그는 중약이 직관적인 행동에 기초하기 때문에 이른바 '중약'은 중국에서 생산된다는 것 이외에는 '중국적'이라 할 수 없다고 생각했다. 소위 중약은 '풀뿌리나 나무껍질草根藥物'처럼 자연에서 구할 수 있는 원재료일 뿐이며, 중국의 문화나 중국의학 이론과는 전혀 관련이 없다는 판단이었다. 그러한 이유에서 중약은 '국산 약물', 즉 국내에서 생산된 약으로 불려야 마땅했다. 위옌의 경험 개념은 국산 약물의 과학 연구라는 기획의 개념적 토대를 닦는 과정에서 중요한 역할을 수행했다.

다음으로 위옌은 중국의학의 역사에서 이론화에 선행한 특별한 경험을 발견할 수 있다고 주장했다. 그는 이론에 오염되지 않은 특별한 종류의 경험만 이 진지한 연구 대상이 될 수 있다고 주장했다. 위옌에 따르면 중국의학은 송대에 이르러 전환점을 맞게 되었다. 이때를 기점으로 실제 경험에 추측성 이론이 추가되었기 때문이었다.[35] 위옌은 이처럼 중국의학의 역사를 재구성함으로써 시간 축을 따라 중약을 이론으로부터 분리해냈다. 중국의학은 사실의 축적을 멈춘 송대 이래로 퇴보했다.[36] 과학적 연구의 초점은 송대 이전의 처방에 맞추어져야 했다.

아이러니하게도 송대는 중국 역사에서 의학을 향한 공적 지원의 규모가 가장 컸던 시대이다. 특히 북송 왕조960~1127가 그랬다. 아사프 골트슈미트 Asaf Goldschmidt의 최근 연구에 따르면 북송 조정은 의학을 지원하고 개선하기 위한 획기적인 정책을 시행했다. 태의국太醫局과 숙약소孰藥所가 설립되었고, 의학 교육과 시험이 체계화되었으며, 침술과 구술이 표준화되는 한편, 약물 치료가 확대되었고, 무엇보다《상한론傷寒論》[37] 등의 고전 의서가 재판되어 접근성이 개선되었다. 황제가 의학에 관심을 기울임에 따라 사대부 역시 직업으로서의 의학에 관심을 두게 되었다. 이전까지만 해도 의학은 존중받는 분야가 아니었다. 유능한 유학자의 관심을 끌어내기 위해 휘종徽宗, 1082~1135은 '유의儒醫'[38]라는 말을 만들어냈고, 이로써 의학의 지위는 상당히 격상되었다.[39]

국민당 집권 당시, 중의는 송대를 황금기로 기억했다. 정부가 중국의학을 지원한 시기였기 때문이다. 그러나 위옌을 비롯한 서의의 관점에서 송대에 일어난 의학의 지위 상승은 외려 비극적인 퇴보를 야기했을 뿐이었다. 위옌은 이렇게 썼다.

> 나는 송대와 원대의 처방이 이론에 오염되었다고 생각한다. 내가 이를 신뢰하지 않는 이유이다. … 반대로 민간의료의 처방은 유의의 처방만큼 기만적이지는 않다. 우리는 연구의 재료로 사용할 만한 민간의료의 처방을 최대한 수집해야 한다. 인류가 직감으로 발견한 사실을 존중함으로써 경험의 진실을 밝혀내고, 실험을 통해 그 가치를 분명히 입증할 수 있을 것이다.[40]

이처럼 위옌은 인식론적이고 역사적인 근거를 들어 중약과 경험이 중국의학의 추측성 이론과 분리될 수 있으며, 마땅히 그래야 한다고 주장했다. 이와 같은 시각에 따르면 이론의 때가 묻지 않은 원자화된 경험의 조각은 어떠한 체계도 구축하지 않은 채, 그저 기계적인 방식으로 누적될 뿐이다. 베이컨주의의 자연사적 관점이 아리스토텔레스의 자연철학을 전복했던 것처럼,[41] 위옌의 경험 개념은 중국의학의 체계를 과학 연구를 위해 마련된 원자화된 대상으로 해체했다. 위옌은 중의를 그저 억압하려 들지 않았다. 대신 그는 새로운 경험 개념을 바탕으로 중의가 이론에 대한 신뢰를 버리고 중국의학을 원자화된 경험의 집합으로 바라보도록, 그리고 오랜 세월을 견뎌낸 중약을 자연의 원재료 정도로 여기고 민간의료의 처방을 수집하도록 만들고자 했다. 중의가 이러한 작업을 수행한다면 중국의학은 자연히 해체될 것이었다.

4. 4. 대결 장소를 피해서

위옌은 중의들이 중국의학을 서둘러 방어하지 않자 매우 낙담했다. 그러나 7년 후 윈톄차오惲鐵樵, 1878~1935와 위젠취안俞鑑泉이 내놓은 반박 앞에서 그는 더욱 낙담했다. 위옌은 그들 모두가 30년 전에 나온 당종해의 지긋지긋한 전략을 반복하고 있다는 사실에 놀라움을 금치 못했다.

> 영악한 자들은 나의 비판을 피하고자 낡은 이론을 꺼내 들었다. 윈톄차오는 《군경견지록群經見智錄》에서 《황제내경》에 나오는 오장五臟이 물리적인 장기가 아니라 계절에 따라 기화되는 장부를 가리킨다고 주장했다. 이는 그저 대결 장소를 피하기 위한 전략에 지나지 않는다. 위젠취안 역시 대결 장소를 피하기 위한 전략을 또 한 번 반복했을 뿐이다. 중국의학의 약점을 깨닫고 아무도 없는 곳으로 도망간 격이다.[42]

위옌은 윈톄차오와 위젠취안이 기화라는 개념을 이용하여 중국의학을 방어하는 모습을 묘사하기 위해 "대결 장소를 피한다"는 매우 흥미로운 공간의 메타포를 사용했다. 이는 두 진영 사이의 투쟁이 존재론이라는 다른 경기장으로 옮겨 가고 있음을 생생하게 보여준다. 중국의학이 과학이라는 보편 개념과 비교되면서 직면하게 된 가장 큰 도전은 과학과 서양의학이 존재론의 세계에서 진리를 독점하고 있다는 사실이었다. 존재론적으로는 단 하나의 세계만이 허용되는 듯했고, 따라서 중국의학과 근대 서양의학의 공존은 불가능해 보였다. 무엇보다도 존재론의 부상은 양 진영의 투쟁 구도를 다시 구축하여 제로섬 게임으로 만들어버렸다. 결과적으로 1880년대 당종해가 소통의 도구로 고안했던 기화 개념은 1924년 혈관과 경맥의 관계를 둘러싼 위옌과 위젠취안의 논쟁에서 다른 의미를 갖게 되었다. 그것은 이제 존재론이라는 새로운 공간에서 "대결 장소를 피하기 위한" 도구가 되었다.

당종해가 경맥과 서양의학의 혈관이 다르다고 주장했던 1890년대, 그는 서양인들이 중국어에 익숙하지 않아《황제내경》을 깊이 공부해본 적이 없음을 안타까워했다.《황제내경》을 열심히 읽었다면 경맥의 진가를 알아보았으리라는 기대였다. 그러나 실제 역사는 당종해의 낙관적인 예상과 전혀 다르게 진행되었다. 수십 년 후 서양의학과 중국의학 모두에 정통한 중국인 전문가들이 나타났을 때, 그들은 서양인보다 더 심하게 중국의학을 공격했다. 두 의학에 통달한 몇 안 되는 인물이었던 위옌은 자신의 책에서 제기한 여러 지적, 특히 경맥 이론에 대한 비판을 자랑스럽게 여겼다. 당종해가 활동하던 당시 여러 서양인 비판자들은 '경맥이란 존재하지 않는다'고 주장했고, 당종해를 비롯한 여러 중의는 이것이 중국의학에 대한 무지에서 비롯한다고 생각했다. 위옌은 달랐다. 그의 목적은 경맥이 존재하지 않음을 드러내는 데 있지 않았다. 대신 그는 경맥에 대한 중국의학의 이론이 정당하지 않음을 보이고자 했다.

위옌은 중국의 경맥 이론이 혈액순환계를 얼마나 그르게 묘사하는지 드러내고자 했다. 따라서 그는 경맥과 혈관이 온전히 같지는 않더라도 적어도 비교가 가능하다고 가정했다. 둘의 비교 가능성을 보이기 위해 위옌은 십이경락의 경로를 자세히 논하는 열두 문단의 글을 남겼다. 여기에서 그는 경맥과 혈관을 비교함으로써 수많은 오류를 찾을 수 있다고 썼다. 우리는 경맥과 혈관의 차이에 쉽게 눈길을 빼앗기곤 하지만, 사실 둘을 비교할 수 있게 해주는 공통점 역시 마찬가지로 중요하다. 위옌은 경맥이 존재하지 않는다고 일축하는 대신,

중국의학과 서양의학에 대한 박식함을 드러내며 다음과 같이 결론지었다. "《황제내경》의 경맥은 기실 동맥을 가리키는 것이다. 깊은 곳에 자리하는 혈관을 일러 경맥이라 불렀으며, 때로 정맥과 동맥을 혼동하는 일이 있었다."[43] 경맥과 혈관이 비교 가능한 대상이 되면서, 경맥 이론은 수많은 오류로 얼룩진 그릇된 설명이 되어버렸다. 경맥 이론에 오류가 가득할진대, 이에 기반한 의학 역시 옳을 수는 없었다.

위젠취안은 위옌의 경맥 비판에 대응하기 위해 당종해의 기화 개념을 이용했다. 1924년에 발표한 글 〈경맥혈관부동설經脈血管不同說〉에서 그는 위옌이 경맥과 혈관을 같은 것으로 상정한 데 잘못이 있다고 썼다. 위젠취안은 당종해의 유명한 공식, 특히 〈혈맥도〉에 달린 설명을 원용했다(**그림 4.2**).[44] 당종해는 서양의학과 중국의학을 구분하는 단초를 남겼다. 이를테면 그는 "서양 해부학은 층이나 주름과 같은 물리적 배치만을 설명할 뿐, 경맥과 기화에 관해서는 설명하지 못한다"[45]고 썼다. 그럼에도 당종해는 중국의학의 기화와 서양의학의 물리적 배치를 상보적인 개념이라고 상정했다. 이와 달리 위젠취안은 이 둘을 존재론적으로 독립된 두 세계로 분리하고자 했다. 기화와 물리적 배치라는 거시적인 존재론적 이분법을 바탕으로 경맥과 혈관이라는 미시적인 존재론적 이분법을 구축하기 위한 노력이었다.

위젠취안에게 위옌이 인용한《황제내경》의 구절은 분명 반박할 수 없는 구석이 있었다. 이를테면《황제내경》에는 "맥은 혈을 담는다"는 말이 있는데, 위젠취안은 이에 대해 "맥이 혈을 담는다는 사실에는 의심의 여지가 없다"[46]고 인정했다. 전략은 달라져야 했다. 맥이 혈관과 유사하다면 경맥과 맥의 연결을 끊어야 했다. 포케르트가 지적한 바와 같이, 위젠취안은 경맥을 경과 맥의 결합으로 해석하는 대신 맥이나 혈맥과 무관한 개념으로 다시 해석하려 했다.

이를 위해 위젠취안은 다음을 제안했다. 먼저 그는 혈맥이 혈을 담는다면, 경맥은 경기經氣를 담는다고 주장했다. 그렇다면 경맥은 기화의 영역에만 속하는 존재였다.[47] 다음으로 경맥의 맥은 "경의 경로를 가리키는 말이지, 혈맥의 흐름을 가리키는 것이 아니었다".[48] 경맥은 혈맥과 다를 수 있으며, 또한 달라야만 했다. 혈을 담는 혈맥이 혈관과 동일시될 수는 있어도 경기를 담는 경맥은 그럴 수 없었다. 마지막으로 가장 중요한 점은 위젠취안이 기화 이론, 특히 경맥에 추가한 새로운 특징이다. 그는 "십이경락이 퍼진 모습은 마치 보이지 않는 부드러운 옷과 같다"[49]고 썼다. 비가시성이라는 새로운 특징이 추가됨에 따라 기화는 눈에 보이지 않는 무형의 존재가 되었다. 근대 해부학의 시선을 넘어선 존재, '물리적 배치'와 무관한 존재가 된 것이다. 그의 목적은 물리적 배치와 기화의 관계를 상호 무관하고 연결 불가능한 것으로 다시 해석해내는 데 있었다.[50] 위젠취안이 기화와 증기의 개념으로 어떻게든 둘을 연결하려고 했던 당종해의 작업을 언급하지 않았던 이유가 바로 여기에 있었다.

위젠취안은 중서회통파의 창시자였던 당종해를 존경해 마지않았지만, 그와 달리 경맥과 혈관이 다르다고 주장했다. 당종해에게 경맥과 혈관은 같은 수준의 개념이 아니었다. 경맥은 혈관을 포함하는 포괄적인 개념이었다. 당종해의 믿음은 굳건했다. 이와 달리 위젠취안에게 경맥과 혈관은 서로를 포괄하지 않는 완전히 독립적인 체계였다. 위젠취안은 위옌의 유물론적 논의에 맞서 근대 해부학의 물질세계로부터 분리된 공간을 창조하고자 했다. 이러한 점에서 위젠취안이 "대결 장소를 피한다"고 평한 위옌의 통찰력은 참으로 대단하다고 할 수 있다.

중국인에게 경맥과 혈관이 공존할 수 없는 근대성의 존재론적 공간이 강제되면서, 위젠취안의 전략은 필수 불가결한 것이 되었다. 근대적인 인식론이 헤게모니를 쥐면서 후퇴라는 또 다른 근대적인 방어 전략이 나타났던 것이다. '대결 장소를 피하고자' 중국의학은 위험한 전장에서 후퇴할 수밖에 없었고, 이에 따라 억압적인 서양의학의 거울상으로 변모하게 되었다. 혈관과 관련한 논쟁의 소지는 모두 소거되어야 했으며, 경맥은 온전히 비가시적이고 비물질적인 개념이 되었다. 일견 당종해와 위젠취안은 기화 이론을 놓지 않았다는 점에서 크게 다르지 않아 보인다. 그러나 기화의 개념과 기능은 근대 과학이 차지한 영역의 외부, 즉 비가시적이고 비물질적인 영역으로 이동하며 근본적으로 변화했다. 기화의 위치 변화는 1919년에 일어난 5·4운동 이래로 공적 담론을 지배했던 과학주의와 밀접하게 연결되어 있다. 근대 과학이 존재론적 진리를 독점한다는 생각이 만연함에 따라 중의는 과학의 권위를 우회하는 전략을 개발해야만 했다. 오늘날 기화 개념은 중국의학을 대표하는 상식적인 특징이지만, 이는 이와 같은 방어의 맥락을 거친 역사적인 결과물이었다. 그러나 이 사례에서도 알 수 있듯, 방어 전략을 선택한 대가로 중국의학은 상대 진영이 형성한 왜곡된 자기상을 껴안아야만 했다.

기화에 대한 이런저런 해석에도 불구하고, 기화 개념으로써 서양의학과 중국의학을 상통하게 한다는 당종해의 기획은 실패하고 말았다. 위옌이 씁쓸하게 불평했듯이, 기화 개념은 과학과 서양의학의 공격에 저항하는 '전략적 요새'가 되었다. 중국의학과 서양의학은 1920년대 초반을 즈음하여 위젠취안과 윈톄차오를 비롯한 중의 진영의 여러 이론가에 의해 통약 불가능한 관계가 되었고, 이는 1920년대 말의 역사적인 대결까지 그대로 유지되었다.

4. 5. 에페드린과 '국산 약물의 과학 연구'

1920년대 초반에 발표된 위옌의 《영소상태》는 중의들의 저항을 마주했다. 그럼에도 그가 주장한 중약에 대한 과학적 연구는 10년이 채 지나지 않아 전국적인 합의를 얻게 되었다. 많은 연구자는 위옌의 선구적인 업적을 알아주지 않는다. 후대의 공산당 정부가 위옌의 입장을 "[중국] 의학의 폐기와 [중국] 약재의 보존"이라 비난한 결과이다. 그러나 베이징협화의학원의 뜻밖의 지원과 성과 덕에 중약 연구는 국민적 합의를 얻었고, 이는 20세기와 21세기에 걸쳐 중국의 근대 의학 발전에 심대한 영향을 미치게 되었다.

19세기 말까지만 하더라도 전통 약재 연구는 천덕꾸러기 신세를 면치 못했다. 전통 약재의 중요성을 주장하기란 힘든 일이었으며, 세계적인 흐름 또한 그러했다. 과거의 본초학에 뿌리를 둔 근대 약리학은 19세기 후반부터 혁명적인 변화를 겪었고, 본초학은 "모든 의학 분야에서 가장 뒤처진"[51] 것이 되었다. 1860년에 올리버 웬델 홈스Oliver Wendell Holmes, 1841~1935가 남긴 말은 이러한 상황을 상징적으로 보여준다. 아편과 같은 몇 안 되는 예를 제외한다면, "본초학 연구 전체가 바다에 가라앉는다고 해도 인류에게는 오히려 도움이 되는 일이리라. 물론 물고기에게는 그렇지 않겠지만".[52]

전통 본초학으로부터 근대 약리학으로의 이행 과정에 비추어 볼 때, 전통 약재에 대한 위옌의 기이한 관심은 일본식 교육에서 비롯한 것으로 보인다. 일본의 근대 약리학은 나가이 나가요시長井長義, 1845~1929에게서 시작되었다. 메이지 정부의 제1회 해외유학생 11인 중 하나로, 베를린 대학교 아우구스트 빌헬름 폰 호프만August Wilhelm von Hofmann, 1818~1892 교수의 지도 아래 일본인 최초의 약리학 박사가 된 인물이다.[53] 1884년에 귀국하여 도쿄제국대학 의학부 약학과의 교수가 되었고, 평생에 걸쳐 전통 약재의 화학적 분석에 매진했다. 가장 잘 알려진 업적은 1885년 마황麻黃으로부터 에페드린ephedrine이라는 새로운 알칼로이드를 추출한 일이다. 그는 일본 약리학의 선구자로서 일본약학회日本藥學會의 전신인 동경약학회東京藥學會의 초대 회장으로 선출되기도 했다. 전통 약재 연구가 근대 일본 약리학의 한 흐름으로 자리 잡는 데에는 그의 역할이 지대했다.

반드시 짚고 넘어가야 할 점은 당시만 하더라도 전통 약재에 대한 연구가 유럽이나 미국에서는 볼 수 없는 일본인들만의 강박이라고 여겨졌다는 것이다. 1924년 일본을 방문했던 존 그랜트는 그때의 기억을 다음과 같이 기록했다. "모든 의학교뿐 아니라 대도시마다 부립 연구소가 설치되어 중국 약재를 연구하는 데 매년 수십만 엔의 돈을 쓰고 있다."[54] 그랜트는 일본인들이 별다른 성과를 내지 못할 것이라 예상했고, 이는 어쩌면 당연한 반응이었다.

이러한 세계의 지적 분위기 속에서 중약의 신뢰성은 논란의 중심이 되었다. 이 책의 서두에서 이야기했던 일을 떠올려보자. 1925년 2월 19일, 쑨원은 병의 치료를 위해 결국 중약을 택했고, 중약을 둘러싼 회의적인 분위기 탓에 베이징협화의학원은 그에게 퇴원을 종용했다. 이는 중약을 배척하던 협화의학원의 완고한 태도를 보여준 일화로 널리 기억되지만, 많은 이들은 협화의학원이 동시에 중약 연구의 첨단을 달리고 있었다는 점을 잊고 있다. 사실 이 일이 있기 전, 협화의학원의 연구자들은 마황으로부터 추출한 알칼로이드가 천식에 효과적이라는 사실을 '발견'하고 자신들의 업적을 자축했다. 물론 그들이 '발견'한 물질은 나가이가 40년 전에 이미 추출에 성공했던 에페드린과 동일한 것이었지만, 그의 업적은 오래도록 잊힌 상태였다. 연구가 성공을 거둠에 따라 일본에서 제시된 중약 연구의 비전은 전 국가적인 합의로 이어졌다. 중국의학과의 대결을 앞둔 1929년의 전야였다.

기념비적인 업적의 배경에는 중국 약재 연구를 위해 약리실을 설치하도록 한 협화의학원의 결정이 놓여 있었다.[55] 그러나 이른바 죽어가는 과학을 연구하기 위해서는 무언가 이유가 있어야 했다. 이를 위해 후에 협화의학원의 교장이 될 헨리 S. 호턴Henry S. Houghton, 1880~1975은 록펠러 재단과 미국중화의학기금회의 서기였던 에드윈 R. 엠브리Edwin R. Embree, 1883~1950에게 다음과 같은 편지를 보냈다. "서양의학이 중국에 자리를 잡으려면 중국에서 자생하는 약재의 가치를 알아내야 합니다. 그리해야 중국이 우리의 약을 제대로 보아줄 것이기 때문입니다. … 이 부서[약리실]가 발전하여 인정받기를 간절히 소망합니다."[56] 협화의학원의 전례 없는 결정은 중국 전통문화의 가치를 발견하고 이해하려는 의도를 증명하기 위함이었다. 여담이지만 같은 이유에서 이들은 협화의학원 건물에 중국의 건축 양식을 가미하기도 했다.[57]

중약 연구를 장려하기 위해 협화의학원은 신중에 신중을 기해 약리실 교수진을 선발했다. 첫 번째 전임 교수는 훗날 약리실을 이끌어갈 버나드 E. 리드Bernard E. Read, 1887~1949였다. 화학을 전공했으며 중국 약재와 박물학에 대한 관심으로 유명한 사람이었다. 리드의 연구를 위해 협화의학원은 유학 경비를 부담했고, 1924년 그는 예일 대학교에서 약리학 박사 학위를 취득했다. 동시에 협화의학원은 펜실베이니아 대학교의 약리학 교수 카를 F. 슈미트Carl F. Schmidt, 1893~1988를 방문 교수 자격으로 초청하여 1922년부터 1924년까지 중국 약재 연구를 지원했다. 베이징에 도착한 슈미트는 리드로부터 '중요해 보이는 중국 약재 목록'을 받았으며, 록펠러 재단 국제위원회 의장 빅터 하이저Victor Heiser, 1873~1972로부터는 황기黃耆를 연구하라는 조언을 얻었다.[58] 황기에 얽힌 이야기를 짚고 넘어가는 편이 좋겠다. 신문화운동新文化運動을 주도했던 후스胡適, 1891~1962는 1920년부터 이듬해까지 심각한 당뇨를 앓았는데, 이때 그를 구해준 약재가 바로 황기였다. 이러한 긍정적인 경험 때문에, 후스는 다소 주저하기는 했지만 자신의 주치의인 루중안陸仲安을 쑨원에게 추천했다. 물론 협화의학원에서 퇴원한 쑨원에게 처방되었던 두 가지 약재에도 황기가 들어가 있었다.[59]

그러나 실망스럽게도, 슈미트는 황기를 포함한 어떤 약재에서도 이렇다 할 유효 성분이나 약리 작용을 발견하지 못했다. 그리고 그가 연구를 포기해야 할지 고민하던 1923년 8월, 약리실 조수직을 수락한 천커후이陳克恢, 1898~1988가 미국에서 귀국했다. 그 이후의 일은 슈미트의 회고를 살펴보자.

> 천커후이가 베이징으로 돌아오기 전, 나는 그에게 편지를 보내 중약 연구에서 별다른 성과를 거두지 못했음을 고백했다. 고국으로 돌아온 그는 상하이에서 가족을 만났고, 이 자리에서 삼촌에게 내 이야기를 전했다. 그러자 삼촌은 마황 연구를 추천했다. 우리는 학생 실습을 준비하다가 급하게 수성 추출을 시도해보았다. 에페드린으로 우리를 이끌었던 잇따른 우연이 없었더라면 베이징에서의 2년은 색다른 경험의 시간이었을 뿐, 소득이 없는 세월이었을 테다.[60]

천커후이가 "잇따른 우연"의 첫 신호탄을 쏘았을 때, 그는 겨우 스물다섯이었다. 1920년 위스콘신 대학교에서 화학 학사 학위를 취득하고 의과대학에서 2년간 연구실 생활을 한 뒤였다. 1924년 천커후이와 슈미트는 에페드린에 대한 논문을 함께 써 내려갔고,[61] 슈미트는 천커후이에게 제1저자의 자리를 양보했다. 천커후이의 회상에 따르면, 40년 전에 이루어진 나가이의 연구를 알지 못했던 그들은 "알칼로이드에 새로운 이름을 붙이려" 했다고 한다. 그것이 "에페드린이라는 널리 알려진 화합물"임을 알게 된 것은 이후의 일이었다.[62]

1924년 10월, 협화의학원을 떠나 필라델피아로 향하던 슈미트는 호턴에게 이렇게 말했다. "생각하면 생각할수록 약리학이야말로 가장 중요한 분야라는 확신이 듭니다. 베이징에서 이 정도의 연구 성과를 낼 수 있는 것은 오직 기생충학뿐이겠지요."[63] 천식에 대한 논문은 미국의 에페드린 "골드러시"[64]로 이어졌다. 5년이 채 지나기도 전에 마황 연구는 작은 산업이 되었으며, 전 세계에서 500여 편의 논문이 쏟아졌다. 1930년 천커후이와 슈미트는 엄청난 양의 연구를 요약하여 〈에페드린과 관련 물질〉이라는 117쪽짜리 논문을 썼고, 이를 미국의 의학 학술지 《의학*Medicine*》에 기고했다.[65]

슈미트가 후에 이야기했듯이, 에페드린 연구는 중약과 그것이 가져다줄 잠재적 이익의 범례凡例 그 이상을 의미했다. 약초 각각의 약리 기전을 목표로 하던 연구는 이제 신약 개발을 향했고, 이로써 중국의 근대 약리학은 "부정적 국면"에서 벗어나 "긍정적 국면"을 맞이하게 되었다.[66] 커리어의 초반에 마황으로 이름을 떨쳤던 천커후이는 1929년, 제약회사 엘리릴리앤드컴퍼니Eli Lilly and Company의 약리 연구 감독 자리를 맡게 되었다. "중국 약재에 중점을 둔, 완전한 연구의 자유"[67]가 보장된 직책이었다. 그 회사에서 1929년부터 1963년까지 34년을 일하며 그는 세계적으로 이름난 과학자가 되었고, 1952년에는 미국약리학회Society for American Pharmacology and Experimental Therapeutics 회장이 되었다.[68] 다시 이 책의 주제로 돌아가자. 중요한 지점은 천커후이의 연구가 발표된 1924년 이래, 중국의학에 대한 논의에서 에페드린이 하나의 기준이 되었다는 것이다. 중국의학에 비판적인 이들이라 할지라도, 적어도 중약만큼은 과학의 대상이 될 수 있다고 생각하게 된 것이다.

4. 6. 중국의학에서 경험 전통을 만들어내기

위옌의 경험 개념은 중국의학을 과학 연구에 알맞은 대상으로 해체하기 위한 도구였다. 그러나 이는 역으로 중국의학에 '경험적인', 그렇기에 더 가치 있는 하위 전통이 존재한다는 생각을 촉발하기도 했다. 달리 말하면 온전히 이론과 무관한 또는 순수하게 경험적인 중국의학은 개념적으로 성립할 수 없었지만, 경험 개념은 행위자의 범주이자 관계적 개념으로서[69] 중국의학을 재구축하는 데 중요한 역할을 수행했다. 중국의학의 재구축 과정에서 핵심적인 인물은 위옌과 그의 스승 장빙린과 같이《상한론》을 경험 전통의 고전으로 추어올리려 했던 이들이었다.

장빙린은 아마 수많은 중국의학 옹호자 중에서 학자로서건 1911년 혁명의 주역으로서건 당대에 가장 큰 존경을 받은 인물이었을 것이다.[70] 장빙린은 청말 개혁운동에 발을 담갔으나, 이후 동맹회同盟會로 소속을 옮겨 만주족의 청나라에 대항하는 최초의 민족주의 운동을 이끌기도 했다. 그가 고안한 '중화민국'이라는 구호는 훗날 세워지는 공화국의 이름이 되었다. 그는 만주족의 국가를 전복하기 위한 정치적 활동과 함께, 민족 문화를 부흥하고 중국의 '국수'를 보존한다는 국수운동國粹運動을 이끌기도 했다. 1918년 이후에는 정치에서 발을 빼고 민국기의 지식인을 길러내는 학자이자 스승으로 남은 삶을 보냈다. 이와 같은 평판 덕에 장빙린은 중의에게도 지도자로서 폭넓은 존경을 받았다. 1927년에는 이후 중국의학 개혁의 상징이 되는 상하이중의약대학上海中醫藥大學 명예총장직을 수락하기도 했다.

위옌이 그랬듯 장빙린도《상한론》을 중국의학의 경험주의를 대표하는 고전으로 꼽았다.《황제내경》이나 송명이학의 영향을 받은 금원사대가金元四大家의 의학과 비교했을 때《상한론》은 분명 경험적인 성격이 강했다.[71] 장빙린과 위옌이 이와 같이 생각하게 된 데에는 학문적 배경이 놓여 있었다. 이들은 명청대에 송학宋學을 비판하며 등장한 고증학인 한학漢學의 영향 아래 있던 인물들이었다.[72] 이들은 송학이 유교 경전의 의미를 왜곡했다고 주장하며 초기 해석으로 돌아갈 것을 역설했다. 의학 역시 마찬가지였다. 장빙린과 위옌이 보기에 한나라 말기의 장중경張仲景, 150~219이 저술한《상한론》이야말로 왜곡되지 않은 의학 고전이었다.

장빙린과 위옌이《상한론》을 중시한 배경에는 에도 시대 일본에서 유행한 고방파古方派의 영향도 있었다.《상한론》에 대한 강조는 단순히 개인적인 성향 때문이 아니었다. 이는 민국기 당시의 일반적인 경향이기도 했다. 자춘화賈春華가 지적했듯 일본의 고방파는《상한론》에 대한 근대적인 연구를 촉발하고 조형한 핵심 요인이었다.[73] 고방파는 금원 시기의 중국의학을 강하게 비판하며《상한론》에 바탕을 둔 일본 특유의 의학 전통을 형성했다. 고방파의 여러 의학자는 무엇보다《상한론》이《황제내경》의 이론틀에 기초하고 있다는 금원 이후의 정통적 해석을 근본부터 흔들고자 했다. 요컨대 고방파의 의학자들은《상한론》을《황제내경》과 무관한 실용적인 의서로 자리매김하고자 전력을 다했다. 엘먼이 지적했듯이 이런 흐름은 더 큰 맥락, 즉 "고전의 가르침과 의학을 중국에서 떼어내어 일본만의 것으로 만들"려던 도쿠가와 시대의 학문적 분위기에서 비롯한 것이기도 했다.[74]

장빙린은 일본의 전통 의학, 특히《상한론》연구에 깊이 감화되었다. "장중경이 살아 돌아온다면 필경 자신의 방법론이 동쪽에서 꽃을 피웠다고 했으리라"고 말했을 정도였다.[75] 장빙린의 연구는 민국기 당시《상한론》이 고전의 반열에 오르는 데 큰 영향을 끼쳤으며, 일본의 의학 연구에 대한 그의 관심은 일본 의서가 중국어로 번역되어 유통되는 결과로 이어졌다. 번역된 의서 가운데 경험 개념과 경험주의 전통에 가장 직접적인 영향을 미친 책은 유모토 규신湯本求眞, 1876~1941의《황한의학皇漢醫學》이었다. 유모토 규신은 서양의학을 정식으로 공부한 이였지만, 동아시아 전통 의학의 가치를 변호하기 위해 1927년 이 책을 펴냈다. 서문에서 분명하게 밝히듯 유모토는 "고래의 방법을 깊이 신뢰"하던 인물이었고,《황한의학》역시 "장중경의《상한론》에 기초"하여 저술된 결과였다.[76] 유모토의 책은 3년의 간격을 두고 두 번이나 번역되었으며, 이는 일본의 의학 연구에 대한 중국인의 관심을 드러내는 증거였다.

《황한의학》에서 유모토 규신은 '인간 경험'이라는 개념을 제안하고 이를 동아시아 전통 의학의 기초로 삼고자 했다. 중의들은 여기에서 영감을 받아 중국의학은 '인간 경험'에 기초한 반면 서양의학은 '동물실험'에 기초한다는 이분법의 구도를 고안해냈고, 따라서 서양의학보다는 중국의학이 사람을 다루는 데에 더 적절하다고 주장했다. '인간 경험'이라는 개념은 그저 학문적 논쟁을 위한 도구가 아니었다. 이는 '국산 약물의 과학 연구'를 위한 지침이라는 실용적 함의를 갖는 것이기도 했다. 이 부분은 9장에서 상세히 논의할 것이다.

장빙린과 위옌은 모두 한학이라는 공통의 배경 위에서《상한론》에 많은 관심을 보였지만, 유모토에 대한 생각은 같지 않았다. 장빙린은 유모토의 책을 살핀 뒤, 제자 장츠궁章次公, 1903~1959에게 일본 유학을 권했다.[77] 위옌은 달랐다. 그는 오히려 유모토의 '인간 경험' 개념을 비판하는 책을 내놓았다.[78] 다른 글에서 지적했지만, 유모토의 책 덕분에 중국의학의 경험 개념은 비로소 꼴을 갖추기 시작하여 문제적인 동시에 중요한 인식론적 개념이 되었다.[79] 장빙린과 위옌은 공통의 기반을 공유하면서도 일본의 전통 의학과 그와 연관된 경험 개념을 향해 상이한 태도를 드러냈다. 이 차이는 결국 중국의학의 전통을 어떻게 개혁하고 재구성하며 해체할 것인지에 대한 두 가지 상반된 전망을 드러내는 것이었다.

4. 7. 결론

여전히 많은 이들이 중서회통이라는 생각을 믿던 시절, 위옌은 중국의학을 이론과 중약, 경험이라는 세 범주로 나누는 데 성공했다. 딩푸바오丁福保, 1874~1952와 같은 예외적인 인물을 제외하면 중국의학의 삼분을 제시하던 1910년대 말, 위옌은 외로운 선각자였다. 그러나 반대 진영과 논쟁을 주고받던 1920년대 초가 되자 위옌은 혼자가 아니었다. 1929년 봄에 이르러 중국의학과 서양의학의 대결이 시작되면서 위옌의 삼분 구도는 중국의학을 둘러싼 논쟁을 근본에서부터 규정하는 틀로 작동했다. 그것은 하나의 근대적 담론으로서 1890년에 당종해가 제시했던 중서회통의 이상을 효과적으로 저지해냈다.

여기에서 중국의학의 삼분화가 근대적 담론이라는 점을 강조하는 이유는 그것이 자연과 문화를 구분하는 근대의 사고에 기초하기 때문이다. 여기에서 중약은 자연에서 비롯한 원재료로, 중국 전통의 그릇된 이론은 순전한 문화적 구성물로 간주된다. 이론과 중약의 이분법 속에서 경험은 근대주의 이론틀의 양극을 채우며 연결하는 모호한 중재자의 역할을 수행했다. 이렇게 준다윈주의적인 본능이 된 경험은 중국의학의 실증적 기초로, 그리고 그러한 이유에서 중약과 함께 진지한 과학 연구의 대상으로 자리매김할 수 있었다.

중국의학의 삼분은 분명 전 세계에서 통용되던 근대화 담론의 자장 속에서 이루어졌다. 그러나 이를 '보편' 담론의 국지적 복제로 볼 수는 없다. 경험 개념은 근대 의학과 지역 고유의 의학을 매개하기 위해 만들어진 것만은 아니었다. 물론 비서구 의학 전통을 잇는 세계의 여러 치유자가 이러한 전략을 공유하기도 했지만 말이다.[80] 기실 경험이란 중국의학의 여러 흐름 간의 차이를 조명하고, 금대와 원대의 의학에 비해 상대적으로 '경험적'이었던 송대 이전의 의학을 부각하기 위한 개념이었다. 중국의학을 옹호하던 이들은《상한론》이《황제내경》에 비해 더욱 경험적이며 그러하기에 더 가치 있는 고전이라 추어올림으로써, 경험 전통의 부활을 주장하는 동시에 중국의학을 일본의 의학 전통 그리고 근대화의 모델로서의 일본의 이미지와 연결해냈다. 이처럼 경험 개념은 지방과 지역에서 나름의 기능을 수행했으며, 그런 의미에서 맥락을 초월한 근대화 담론이 아니었다. 경험이라는 추상적인 개념은 중국의학의 정체성 확립이라는 지역의 과업과 영향을 주고받는 과정에서 물화되고 변화했다.

현지화의 정도로 따진다면, 경험 개념보다는 과학 연구의 대상으로 격상된 중약의 변화가 더욱 컸다. 전통 약재의 지위 상승은 중국, 좀 더 정확하게는 근대 동아시아 특유의 현상이었다. 전통 약재를 '자연에서 비롯한 원재료'로 이해하는 일은 분명 문화와 자연을 이분하는 근대적인 사고방식에서 비롯한 것이었지만, 유럽과 북미의 여러 약리학자는 오래전부터 원재료의 가치를 백안시했다. 동아시아는 달랐다. 일본의 약리학 연구에서 영감을 얻은 위옌은 중국의학의 신빙성을 거부하면서도 중약 연구의 가치를 높이고자 노력했다. 베이징협화의학원이 중약 연구를 시작한 상황에서 민족주의에 호소하기 위함이었다. '잇따른 우연' 덕분에 에페드린 연구는 성공으로 이어졌고, 중약의 지위를 격상하려는 지방과 지역 차원의 노력은 과학적 승인을 받게 되었다. 물론 에페드린의 성공에도 불구하고 1970년대까지 많은 연구자는 중약에 대한 강조를 민족주의적 감성의 발로 정도로 치부했으며, 이는 아마 오늘날에도 마찬가지일 것이다.[81]

중국의학의 삼분이 가져온 세 가지 범주 가운데에는 중의가 결코 받아들일 수 없었던 생각이 포함되어 있었다. 그것은 중국의학의 이론이 세계를 그르게 표상하고 있으며, 따라서 이론의 뿌리를 뽑아버려야 한다는 생각이었다. 대부분의 중의는 위옌의 《영소상태》를 그저 무시했으며, 위옌과 논쟁을 원했던 이들은 기화 개념을 통약 불가능의 영역으로 밀어 넣음으로써 '대결 장소를 피하는' 방어적 전략을 취했다. 중국의학계가 자신의 약점을 자각하고 근본적인 개혁을 실행할 징후는 보이지 않았다. 절망적인 경험을 한 위옌은 국민당 정부가 위생부를 설치한 1928년, 새로운 역사의 국면을 맞아 전략을 근본적으로 수정하기로 다짐했다.

5장 중국의학 혁명과 국의운동

5. 1. 중국의학 혁명

1920년대에 일어난 중국의학 혁명中國醫學革命을 들어본 근대 중국 연구자는 많지 않을 것이다. 여기에는 그럴 만한 이유가 있는데, 이것이 중국의학을 폐지하는 데 완전히 실패했기 때문이다. 그러나 아이러니하게도 이는 '국의운동'이라는 반대 방향의 혁명을 일으켜 결국 천즈첸이 비극이라 평했던 중국의학과 서양의학의 공존이라는 결과로 이어졌다.[1] 이 장에서는 중국의학 혁명과 국의운동이라는 두 가지 주요한 사건을 기록함으로써 서의와 중의 사이에 벌어진 10여 년간의 투쟁을 추적해볼 것이다. 이 투쟁은 근대 중국의학의 역사를 근본적으로 바꾸어놓았다.

위옌은 중국의학 혁명의 아이디어를 만들고 확산시킨 공로자로 널리 알려져 있다.[2] 1928년에는 위옌 자신도 1916년의 《영소상태》를 들먹이며 혁명을 주창한 지 10년이 넘었다고 주장했다. 문제는 1928년에 발표된 책 《여씨의술余氏醫述》에 실린 40편의 글 어디에도 '의학혁명'이라는 제목이 붙지 않았다는 점이었다. 그가 '의학혁명'이라는 말을 즐겨 쓰게 된 것은 같은 해 〈우리나라 의학혁명의 파괴와 건설我國醫學革命之破壞與建設〉[3]이라는 글을 출판한 이후였다.[4] 4년이 지난 1932년 그는 《여씨의술》의 제목을 《의학혁명논집醫學革命論集》으로 고치고, 몇 년 후 같은 제목의 후속편을 출간했다. '의학혁명'의 개념을 뚜렷하게 차용한 시점이 1928년이라는 사실은 이것이 국민혁명과 밀접한 관계였음을 보여준다.[5]

위옌이 분명히 언급했듯이, 그의 의학혁명 개념은 진보적인 독일인 병리학자 루돌프 피르호Rudolf Virchow, 1821~1902가 제창한 사회의학의 아이디어에서 빌려 온 것이었다. 위옌은 피르호의 유명한 말인 "의학은 사회과학이며, 정치란 큰 규모의 의학에 지나지 않는다"[6]를 그대로 인용하며 "의학의 사회화와 정치의 위생화"[7]라는 두 프로젝트를 장려했다. 이러한 점에서 위옌은 식민지 동아시아와 동남아시아의 더 큰 조류에 합류하고 있었다. 앤더슨과 폴스Hans Pols가 최근의 연구에서 밝혔듯, 사회의학에 대한 피르호의 전망은 식민지 아시아의 많은 의사로 하여금 임상의사의 길을 넘어 민족주의 운동의 지도자가 되도록 고무했다.[8] 서양의학과 정치를 향한 혁명이라는 넓은 맥락 속에서 위옌은 오래도록 마음에 품었던 중국의학의 폐지를 실현하고자 했다.

위옌이 하필 1928년에 갑자기 의학혁명이라는 기치를 내건 것은 우연이 아니었다. 1928년 말 국민당 혁명군은 군벌을 몰아내고 그야말로 중국을 통일했다.[9] 한편으로는 스스로 내건 근대국가 건설을 이유로, 다른 한편으로는 정치적 편의를 이유로 국민당은 중국의 새 수도인 난징에 위생부를 설치했다. 그 결과 위옌을 비롯한 여러 서의는 위생 분야의 국가 요직을 차지할 수 있었다. 위옌에게 이와 같은 전략적 우위는 단순히 중국의학의 이론적 토대를 공격하는 것보다 더 효과적으로 중국의학을 배격할 수 있는 수단을 의미했다. 이제 중국의학을 향한 그들의 공격은 국가의 의학혁명을 완수하기 위한 임무와도 같은 것이 되었다. 위옌은 다음과 같이 말했다.

> 내가 인민에게 혁명을 부르짖으며 눈물로 호소한 이유가 달리 어디 있었겠는가? 내 고뇌는 다음에서 연유했다. 낡은 의학은 과학을 따르지 않으며, 의료 행정은 통합되지 않았다. 공중보건의 확립은 많은 부분에서 지체되고 있다. '동아병부東亞病夫'라는 수치스러운 이름 또한 아직 사라지지 않았다.[10]

위옌의 구상과 같이 의학혁명은 중국의학의 폐지를 더 큰 과업을 위한 일, 다시 말해 국가 규모의 의료 기반 시설을 구축하고, 위생의 근대성이라는 차원에서 '중국의 결점'을 극복하기 위한 일로 만들었다.[11] '중국의학이라는 문제'가 국가의 문제가 되자 위옌은 자연히 이를 해결하기 위한 특단의 '정치적 수단'을 제시하게 되었다.[12]

5. 2. 중의학교의 합법화를 둘러싼 논란

서의가 '국가와 함께 서양의학을 대중화하는' 전략을 개발하는 동안 중의는 중국의학을 국가와 연계해야 할 필요성을 차차 깨닫게 되었다. 발단은 1912년이었다. 정부가 근대적인 학교를 위한 법령을 반포했지만, 여기에 중의를 위한 자리는 없었다. 물론 청대에도 중의학교中醫學校는 존재하지 않았고, 따라서 '국가 교육 체계에서 중국의학을 제한 일'을 중국의학을 억제한 것으로 받아들일 이유는 없었다. 그러나 중의들은 19개 성을 대표하는 이들을 모아 상하이에서 회합을 개최하고 처음으로 실력 행사에 나섰다. 정부는 이들의 요구에 굴복했다. 1916년에는 앞으로 큰 영향력을 미칠 상하이중의전문학교上海中醫專門學校가 설립되었고, 그 외에도 10여 개가 넘는 중의학교가 세워졌다.[13]

10여 년이 지나 중화교육개진사中華敎育改進社가 타이위안에서 전국 규모의 회의를 연 1925년, 중의들은 더 큰 힘을 발휘했다. 이 자리에서 장쑤전성중의연합회江蘇全省中醫聯合會는 중국의학을 국가 교육 체계에 포함해야 한다는 제안서를 제출했다. 중화교육개진사는 근대 교육의 촉진을 주도한 것으로 이름이 높았지만, 그럼에도 제안서의 수용을 결의하고 이를 교육부에 송달했다.[14]

중의들은 국가 개입에 저항하는 대신, 정부에 학교를 승인해달라는 전례 없는 요구를 내놓았다. 이들의 색다른 요구는 갑작스러운 것이 아니었다. 오히려 이는 민국기의 더 큰 조류를 반영한 사건이었다. 마리안느 바스티드Marianne Bastid의 통찰력 있는 지적처럼 "부르주아지, 상류층, 그리고 기존의 입헌주의자는 다른 어떤 분야보다 교육 분야에서 국가 조직을 장악하려고 했다. 이들에게 국가 조직이란 군주정하에서는 정복할 수 없었으나 혁명으로 인한 청조의 전복으로 새롭게 열린 영역이었다".[15]

부르주아지나 상류층과 마찬가지로 중국의학을 지지하던 이들 또한 교육을 국가에 접근하는 새로운 통로로 인식했다. 중의들의 기민한 실력 행사는 분명 의학 자체가 아니라 국가에 의해 새로이 마련된 이권에 접근하기 위함이었다.

결국 중의들은 근대 의학의 옹호자들이 그랬던 것처럼 정부를 강하게 비난했다. 중국 정부가 의학의 중요성을 헤아리지 못했고, 그 결과 의료 문제에 충분히 개입하는 데 실패했다는 것이었다. 그들은 이례적으로 의학을 중흥했던 송조를 중국 역사에 존재했던 선정의 선례로 추어올렸다.[16] 일부 중의들은 여기에서 더 나아가 정부의 의무 방기가 중국의학이 서양의학에 뒤떨어진 원인이라고 주장하기도 했다.[17] 중의 가운데 어떤 이는 이렇게 썼다. "청조는 의학을 한낱 기교로 취급했으며, 사회는 의사를 한낱 고용인으로 대했다. 그리고 정부는 의사와 의학의 지위를 높이 보지 않았다. 이것이 [중국]의학이 발전하지 못했던 이유이다. [중의의] 실력이 떨어지기 때문이 아니다. 만약 국가가 서양의학 학교를 세우고 특혜를 주었던 것처럼 [중국]의학에 높은 가치를 매겼다면, [중국의학은] 절대 지금처럼 쇠퇴하지 않았을 것이다."[18]

중의들은 서양의학이 중국의학과 달리 여러 특혜나 전문직으로서의 이익, 정부의 지원 등을 받을 수 있었기 때문에 경쟁에서 우위를 점할 수 있었다고 주장했다. 의료의 영역으로 확장하는 국가에 저항하는 대신, 중의들은 의료의 문제에 개입하는 '새로운 국가'가 가져다줄 잠재적 이익을 빠르게 알아차렸다.

중의학교의 합법화를 위한 실력 행사를 목도한 서의들은 1925년, 상하이의사공회上海醫師公會를 설립했다. 위옌, 위옌과 마찬가지로 오사카부립오사카의학교를 졸업한 왕치장汪企張, 1885~1955, 독일이 설립한 통지의공전문학교同濟醫工專門學校 출신 팡징저우龐京周, 1897~1966,[19] 판쇼유옌範守淵 등이 참여한 이 단체는 누구보다도 강경하고 단호한 어조로 중국의학을 비판했다. 중국의학 지지자와 반대자의 대립은 몇 달 뒤인 1925년 10월 후난에서 열린 전국교육연합회全國教育聯合會의 회의 석상에서 더욱 심화되었다. 회의가 열리는 동안 지역 교육 협회 두 곳이 중국의학을 정식 학제에 포함해달라고 요청했고, 회의는 또다시 이를 지지하는 방향으로 표결되었다.

이런 상황에서 위옌은 1926년에 〈구의학교계통안박의舊醫學校系統案駁議〉[20]를 발표했다. 그는 이 문건에서 중의학교의 공식화를 요구하는 제안서를 조목조목 논박했다. 《황제내경》을 이론적으로 공격했던 이전과 달리, 위옌의 글은 발표 즉시 중의로부터 반격을 받았다. 사실 반응은 달랐지만 위옌의 〈구의학교계통안박의〉는 1916년의 《영소상태》와 크게 다르지 않았다. 두 글 모두 중국의학을 공중보건과 의료 행정의 '장애물'이라 명시하지는 않았기 때문이다. 그러나 〈구의학교계통안박의〉는 1928년에 일어난 중국의학 혁명의 근거가 될 참이었다.

5. 3. 중국의학의 폐지: 1929년의 제안

1929년 봄, 마침내 국가는 중국의학을 향한 조치를 실행했다. 중앙위생위원회는 2월 25일에 제1회 중앙위생위원회의를 개최하고 중국의학의 폐지를 만장일치로 통과시켰다. 중앙위생위원회는 서의로만 구성된 조직이었다. 그 중에서도 주축은 당시 위생부 차장이자 베이징협화의학원 대리 교장이었던 류루이헝, 국립중앙대학의학원國立中央大學醫學院 원장 옌푸칭, 중앙방역처中央防疫處 처장 우롄더, 난징 위생국 국장 후딩안胡定安, 1898~?, 중화민국의약학회中華民國醫藥學會 상하이 지부장 위옌 등이었다.[21] 위원회가 통과시킨 문건은 위옌이 작성한 안을 수정하고 보완한 것이었다. 중의가 의업을 유지하려면 정부에 등록하여 추가 교육을 이수해야 한다는 내용이었다. 등록은 1930년 말까지 해야 하고 추가 교육은 5년간만 진행되며, 중의는 학교를 세울 수도 신문 홍보를 할 수도 없었다. 위옌이 내건 시한부 조건의 목적은 분명 중국의학의 폐지에 있었다.[22]

〈의료와 공중보건의 장애물을 쓸어내기 위한 오래된 의학의 폐지廢止舊醫以掃除醫事衛生之障礙案〉[23]라는 긴 제목의 글에서 위옌은 중국의학을 폐지해야 하는 이유를 상세히 풀어 썼다. 물론 그가 중국의학을 비판한 최초의 인물은 아니었다. 그러나 중앙위생위원회 위원이라는 위옌의 지위로 인해 그의 주장은 이후에 벌어진 중의와 서의 간의 투쟁에서 핵심적인 쟁점이 되었다. 먼저 위옌의 글에 담긴 논변을 하나하나 살펴보자.

> 이유: 오늘날 의학은 치료하는 단계에서 예방하는 단계로, 개인 의료에서 사회 의료로, 개인 치료에서 대중 치료로 발전했다. 근대 공중보건은 전적으로 과학적인 의학 지식에 바탕을 두며 합당한 정치적 뒷받침을 받고 있다. 나는 여기에서 오래된 의학을 폐지하는 것이 타당한 네 가지 이유를 제시하고자 한다.
>
> 첫째. 중국의 전통 의학은 음양, 오행五行, 육기六氣의 교리를 채택하고 있

다. 이것은 순전한 사변이며, 전적으로 그르다.

둘째. 진단 시 전적으로 진맥에 의존한다. 진맥은 특정 동맥을 임의로 촌관척寸關尺의 세 부분으로 나누고, 그것이 내부 장기와 연결되어 있다고 가정한다. 이런 터무니없는 이론으로 중의는 자신을 기만한다. 점성술만큼이나 어이없는 작태이다.

셋째. 중의는 진단의 기초조차 모르기에 죽음의 원인을 특정하고, 질병을 분류하고, 유행병과 싸울 능력이 없다. 굳이 말할 필요도 없겠으나, 우생학과 종 향상은 꿈도 꾸지 못한다. 정부 관료는 인민의 좋은 삶과 국가의 생존을 위해 무엇이 중요한지 알아야 하건만, 중국의학은 여기에 하등 쓸모가 없다.

넷째. 문명의 진화는 초자연에서 인간, 사변에서 실제를 향하여 진행되었다. 정부가 미신을 타파하고 우상을 파괴하여 사람들의 사고를 건전한 과학적 방향으로 전환하는 동안 구식 의사들은 신앙에 가까운 치료법으로 대중을 기만하고 있다. 정부가 공중에게 청결과 소독의 이로움과 세균이 질병의 원인임을 가르치는 동안 구식 의사들은 겨울에 감기가 들면 봄에 장티푸스에 걸린다느니, 여름에 더위를 먹으면 가을에 말라리아에 걸린다느니 하는 이론을 설파하고 있다. 이런 반동적인 생각은 인민의 의학적 믿음을 과학화하는 일을 가로막는 가장 큰 장애물일 뿐이다. 요컨대 낡은 의학이 일소되지 않는다면 사람들의 생각은 절대 변하지 않을 것이며, 새로운 의학 개혁 역시 성공하지 못할 것이고, 공중보건 정책의 시행 또한 불가능할 것이다.[24]

첫 번째와 두 번째 논변에서 중국의학 이론을 향한 과거의 비판을 그대로 반복하기는 했지만, 위옌의 논변 이면에는 의학의 발전에 대한 목적론적 전망이 놓여 있었다. "오늘날 의학은 치료하는 단계에서 예방하는 단계로, 개인 의료에서 사회 의료로, 개인 치료에서 대중 치료로 발전했다"[25]라는 문구가 이를 단적으로 보여준다. 더욱이 그에게 의학의 진화란 '대중 치료'를 목적으로 하는 것이었고, 따라서 의학의 발전은 과학적 의학 지식과 근대 정치 이론의 결합을 전제할 수밖에 없었다.[26] 당시 위옌의 논변이 설득력을 발휘할 수 있었던 것은 서양식 교육을 받은 동료들이 국가와 서양의학 사이에 구조적인 연관성을 구축하기 위해 사용하던 전략을 충실히 담고 있었기 때문이다.

우리가 중점적으로 살펴볼 부분은 세 번째 논변부터이다. 이는 위옌이 새롭게 도입한 내용으로, "인민의 좋은 삶과 국가의 생존"이라는 견지에서 중국의학이 하등 쓸모없다는 결론을 담고 있다. 눈여겨봐야 할 지점은 위옌이 중국의학의 '쓸모없음'을 증명하려는 순간에조차, 그것이 개별 환자 치료에 효과적이라는 점을 명시적으로 부정하지 않았다는 점이다. 대신 그는 4장에서 살펴본 바와 같이 네 가지 근거를 들어 "비과학적 중국의학이 특정 질병에 효험을 보일 수 있음"을 자세히 설명했다.[27] 위옌을 비롯한 여러 서의가 중국의학과 서양의학을 개별 의학의 관점, 즉 환자 개개인에 대한 치료 효능의 관점에서 비교하는 일에 진저리를 냈음을 고려할 때[28] 이는 굉장히 의미심장하다.[29]

위옌은 특정한 의미에서 중국의학의 쓸모없음을 규정했다. 그가 보기에 중국의학은 "진단의 기초조차 모르기에 죽음의 원인을 특정하고, 질병을 분류하고, 유행병과 싸울 능력이 없"으며, "우생학과 종 향상은 꿈도 꾸지 못"하기 때문에 아무런 쓸모가 없었다.[30] 물론 쓸모란 그것을 어떻게 규정하는지에 따라 달라질 수 있었다. 위옌을 비롯한 서의 집단이 "죽음의 원인을 특정"하고 "질병을 분류"하는 일을 중시했던 이유는 그들이 '국가 규모의 인구 통계'를 만들고자 했기 때문이다. 이는 국가의 의료 관리, 즉 자신들과 같은 서의가 유용하게 사용할 수 있는 종류의 지식이었다.

위옌의 네 번째 논변은 중국의학이 의료 행정에서 무용할 뿐만 아니라, 그것이 "인민의 의학적 믿음을 과학화하는 일을 가로막는 가장 큰 장애물"[31]이라는 주장이었다. 위옌이 중국의학을 "반동적"이라 규정한 것은 그것이 세균 이론에 반하며, 따라서 감염병에 대처하지 못한다는 이유에서였다. 만주 페스트 당시 중의들의 행동을 돌이켜보면, 위옌의 논변에는 설득력이 없지 않았다. 정부는 전례 없이 강력한 국가 권력의 행사를 정당화하기 위해 서의가 의학 지식의 영역을 독점하길 원했다. 위옌의 말을 빌리자면, 이는 바로 "인민의 의학적 믿음을 과학화하는 일"이었다.

위옌의 세 번째, 네 번째 논변은 피에르 부르디외가 국가의 "상징 폭력"이라고 부르는 것의 전형이다.[32] 서의가 국가의 의료 관리 자리를 꿰차기 전까지만 해도 서양의학의 질병 분류와 사인 개념은 경쟁하는 여러 의학관 중 하나에 지나지 않았다. 그러나 국가가 서양의학에 기초하여 일련의 법령을 반포하면서[33] 서양의학은 중국의학을 손쉽게 꺾어버렸다. 서양의학은 표준화된 질병 분류나 사인과 같은 작전 부호를 국가와 공유하는 사이가 되었다. 서양의학이 또 하나의 의학 전통을 넘어 국가 공인을 받은 '공적' 지식으로 거듭나는 동안, 중국의학은 단순히 무용한 지식이 아닌 "의학과 공중보건의 장애물"로 전락했다.[34]

서의는 중의와 대거리하지 않고도 의학계의 의제를 바꾸고, 의학 문제의 우선순위를 재정립하고, 자신들의 의학 이론을 국가의 공적 지식으로 바꿔놓는 데 성공했다. 위옌의 표현에 따르면 이 모든 것은 과학적 의학 지식과 근대 정치 이론의 동맹 덕이었다. 의학과 정치의 동맹에 위협을 느끼던 중의 집단의 지도자들은 이윽고 "정치적 관점을 발전시키는 일"[35]의 긴요함을 깨닫게 되었다.

5. 4. 3월 17일의 시위

의학혁명의 파도는 거셌다. 그 누구도, 심지어 중의 자신들도 스스로 시대의 흐름을 막을 수 있다고는 생각하지 않았다.[36] 위옌을 비롯한 여러 서의들이 국민당 정부를 두 팔 벌려 환영하는 동안, 중의들은 중국의 통일이 어쩌면 중국의학에 종말을 가져올 수도 있음을 직감했다. 중국의학을 소리 높여 비판하던 왕치장은 위옌의 제안서가 발표된 이후, 중국의학을 공부하던 학생들에게 지금이라도 진로를 바꾸는 편이 좋을 것이라고 으름장을 놓았다.[37] 왕치장은 위옌의 뜻이 이루어지리라 장담했고, 실제 상황도 그러했다. 국민당 정부는 무엇보다 근대화 기획에 열심이었으며,[38] 새로이 설치된 위생국은 위옌의 사람들로 가득했기 때문이다.[39] 게다가 중의들에게는 이미 실패의 경험이 있었다. 군벌이 판을 치던 시기, 국가 시책을 자신들에게 유리한 방향으로 돌리기 위해 이런저런 노력을 기울였지만 끝끝내 성공하지 못했던 것이다.

실패의 요인은 두 가지였다. 잘 짜인 조직도, 공동의 이해에 대한 공통의 전망도 없었다는 사실이었다. 거기에 일본의 소식도 한몫했다. 메이지 정부가

1870년대에 의사 면허 체제를 도입하여 전통 의학을 억눌렀다는 사실이 전해지면서 모두의 마음 한구석에는 깊은 각인이 남았다.[40] 이와 같은 상황에서 중의들은 정부를 상대하는 일 자체에 회의를 품었다. 하물며 국가의 이익을 앞장서 따르는 일은 생각할 필요도 없었다. 일부가 중국의학의 여러 학파를 합쳐보자는 운동을 하기도 했지만, 대부분은 그들을 애써 외면했다.[41] 오히려 중국 정부가 일본 정부의 선례를 따르지 않게 하기 위해 정부의 규제를 반대해야 한다는 목소리가 터져 나왔다. "지난 4,000년의 세월 동안 중국의학에 면허 체제를 실시한 적은 없다"[42]는 것이 그 근거였다. 다시 말해 중의는 정치 운동에서 이렇다 할 성공을 거두지 못했고, 이는 국가와 연관된 공동의 이익을 스스로 인식하지 못했기 때문이었다.

아이러니하게도 위옌의 제안서는 두 문제에 대한 즉각적인 해답으로 이어졌다. 일본의 사례를 염두에 두었던 중의들은 위옌의 주장이 곧 중국의학의 폐지를 뜻한다고 생각했다. 그 결과 이에 저항하기 위한 전국 규모의 연합을 조직하는 일이 모두의 당면 과제로 떠올랐다.

위옌의 제안서는 중의를 하나의 집단으로 가정했지만 실제로는 그렇지 않았다. 당시만 하더라도 중의는 그들을 하나의 집단으로 묶어줄 교류의 수단을 갖추지 못했다. 물론 정치적 목적을 위해 가끔 힘을 모으기도 했지만 연합은 오래가지 않았다. 다음은 슬픔에 찬 한 중의의 기록이다.[43] "중국의학을 폐지하려는 움직임이 보이자 [중의들은] 한데 모여 단체를 만들었다. 그러나 강제 등록이라는 눈앞의 위협이 사라지자마자, 그것은 소리 소문 없이 사라져버렸다." 이러한 상황 속에서 위옌의 제안서에 반대하는 대규모 시위를 계획했던 상하이의 몇몇 중의들은 밑바닥부터 모든 것을 새로 시작해야만 했다.

시위를 앞장서 준비했던 조직은 선저우의약총회神州醫藥總會였다. 1913년에 중국의학의 여러 학파를 통합하여 정식 교육 체제를 구성하려 했던 바로 그들이었다. 시위를 계획했던 이들은 대부분 총회의 부회장이었던 딩간런丁甘仁, 1866~1926의 동료와 스승, 학생이었다. 일례로 시위의 주동자 중 한 사람인 천춘런陳存仁, 1908~1990은 딩간런의 둘째 아들 딩중잉丁仲英, 1886~1978의 제자였다. 천춘런이 회고하기를 처음 준비를 시작할 때만 하더라도 전국에 흩어져 있는 중의들을 어떻게 모아야 할지 아무런 계획이 없었다고 한다. 그러나 다행히 도 천춘런은 주간으로 발행되는 의학 신문을 하나 맡고 있었고, 또 다른 동료인 장짠천張贊臣, 1904~1993은 이름 있는 학술지인《의계춘추醫界春秋》의 편집자를 지내고 있었다. 천춘런과 장짠천은 구독자 명단을 가져와 사람들을 골랐고, 현마다 두 명을 골라 청원을 담은 편지를 부쳤다. 만약 지역 조직이 있다면 그곳에도 이야기를 전해달라는 당부의 말도 함께였다.[44]

놀랍게도 상하이총상회上海總商會가 주최한 사흘간의 모임에는 131개의 조직을 대표하는 262명의 인원이 참석했다. 총상회는 청이 몰락한 이후 엘리트 상인 계층의 정치적 입장을 대변하는 조직이었고, 따라서 중국의학에 대한 총상회의 지지는 서양의학 진영에 그리 달갑지 않은 소식이었다.[45] 2,000명이 넘는 중의가 시위에 참여하기 위해 반일 동안 휴업 팻말을 내걸었고, 이름 있는 약방인 호경여胡慶余 또한 적극적으로 시위에 가담했다.[46] 유력 주간지에는 전면 광고가 실렸다. 위옌이 외국 제약회사로부터 600만 달러의 뒷돈을 받았다는 내용이었다. 군벌 시대 이후 이렇게 많은 사람이 모인 적은 없었다.[47] 회의장에는 "중국의학 발전시켜 문화 침략 저지하자!", "중국의학 발전시켜 경제 침략 저지하자!"와 같은 문구가 새겨진 거대한 현수막이 내걸렸다.[48] 같은 편을 끌어모으기 위해 중의들은 문화민족주의의 수사를 사용하는 한편, 랠프 크로이지어가 지적한 바와 같이[49] 국화운동國貨運動을 끌어들이기도 했다.[50]

신해혁명 직후 시작된 국화운동은 중국의 경제적 독립을 위해 국산품 사용을 장려하는 움직임이었다.[51] 국치國恥에 대응하여 모두가 경제적으로 뜻을 함께한다는, 중국 역사에서 유래를 찾을 수 없는 새로운 종류의 대중 운동이었다. 국민당 정부의 관리들과 중국인 신진 자본가들은 국산품 사용과 애국주의를 엮어낸다는 공동의 목표 아래 서로 손을 잡았다. 한편 중국의학의 옹호자들은 중약을 '국화', 즉 나라의 재화로 번역함으로써 중약 산업에 종사하는 이들뿐 아니라 국화운동 전체를 아군으로 삼으려 했다. 전략은 성공적이었다. 그전까지만 해도 중국의학에 별다른 관심이 없던 이들이 시위에 동조했다. 중화국화유지회中華國貨維持會, 중약직공회中藥職工會 등이 대표적이었다.[52] 중국약학회中國藥學會는 시위에 처음부터 참여했을 뿐 아니라 다른 도시에서 온 참석자들에게 숙식을 제공하기도 했다.

첫째 날이 저물 때쯤, 항저우중의약협회杭州市中醫藥協會의 대표는 다음과 같은 소회를 밝혔다. "처음으로 우리는 전국 규모의 연합과 각 지방의 통합을 이루어냈습니다. 우리에게 쓰라린 상황이 닥쳤기 때문입니다. 오늘은 모임의 첫 번째 날입니다. 3월 17일을 기념일로 삼도록 합시다. 3월 17일을 영원히 기억합시다."[53] 열렬한 박수가 이어졌고, 3월 17일은 "중국 의약계의 화합을 기념하는"[54] 날로 선포되었다. 회의에 참석한 이들은 무엇보다도 전국 단위 모임의 대표자로서 하나의 목표 아래 뭉쳤다는 사실, 그리고 이로써 중국의학을 전국 단위의 실체로 만들 수 있으리라는 전망에 기쁨을 감추지 못했다. 물론 이는 한 번의 모임으로는 이룰 수 없는 목표였고, 이상을 현실로 바꾸기 위해서는 더 큰 노력이 필요했다. 이어지는 사흘간의 회의에서 105건의 안건이 논의되었다.[55] 중의들은 위옌을 반박하는 데 만족하지 않았다. 그들은 "힘을 모으고 침략에 대응하기 위해"[56] 중의계와 중약계 모두를 포괄하는 전국 규모의 영속적인 조직을 만들기로 결의했다.

많은 참석자가 중의계와 중약계의 항구적인 연합을 제의했고,[57] 그 결과 전국의약단체총연합회全國醫藥團體總聯合會가 출범했다. 중의계와 중약계, 그리고 중약업 종사자 모두가 함께하는 조직이었다.[58]

'중국의학'이 아닌 '전국'이라는 말이 쓰였다는 사실에 주목하자. 이는 아마도 그들이 중국 내 의약계 종사자의 대다수를 대표한다는 사실을 드러내기 위함이었을 것이다. 연합회는 성과 현, 구마다 지부를 두었다. 중국의학의 완전한 폐지라는 위협 속에서 중의들의 가입이 이어졌다. 3년이 채 지나기도 전에 연합회의 회원은 242명에서 518명이 되었다. 홍콩과 필리핀, 싱가포르와 제휴를 맺기도 했다.[59] 결과적으로 위옌의 제안서로 인해 중의들이 역사에서 전례를 찾을 수 없는 국제적인 연결망을 갖추게 된 것이다.

첫 번째 회의에서 중의들은 자신들을 지칭할 공식 명칭을 논의했다. '낡은 의학'을 의미하는 '구의舊醫'나 비과학성을 지적하는 조롱조의 이름들은 처음부터 기각되었다. 그러나 놀라운 지점은 따로 있었다. 일부가 사용하던 '중의'라는 말 또한 폐기된 것이었다. 극적인 순간이었다. 크로이지어의 획기적인 연구에 따르면 국의운동은 빠르게 진행되던 문화의 변동 속에서 중국인으로서의 정체성을 지키려는 심리적 요구에서 시작되었다.[60] 그럼에도 의문은 여전하다. 왜 그들은 '중의'가 아닌 '국의'를 선택했을까.[61]

5. 5. '국의'의 양면적 의미

이 결정적인 질문에 대한 답은 '국의'라는 말이 지닌 양면적 의미에서 찾을 수 있다. '국의'의 영어 번역인 'national medicine'은 대개의 맥락에 들어맞지만, 여기에는 중국어 단어에 함축된 한 가지 중요한 의미가 빠져 있다.[62] 영어 단어 'nation'과 'state'는 모두 '국가'로 번역된다. 따라서 중국어에서는 '의醫' 앞에 놓인 형용사 '국國'이 중국 문화의 일부라는 의미에서 '민족적'이라는 뜻인지, 아니면 '국가적'이라는 뜻인지 분명하지 않다. '국'이라는 말이 민족과 국가 모두를 의미하게 된 배경에는 역사적인 이유가 있다. 유럽에서는 국가의 형성과 민족의 형성이 구분되어 일어났지만, 중국에서는 두 과정이 20세기 초반에 하나로 뒤얽혀 진행되었기 때문이다. 프라센지트 두아라Prasenjit Duara가 지적했듯, 20세기 중국에서 "국가state 건설은 민족주의nationalism와 그와 관련된 근대화의 개념틀 안에서 선포되었다".[63]

중국어에서는 민족과 국가가 제대로 구분되지 않고, 그러하기에 '국의' 역시 양면적으로 사용되었다. 먼저 1960년대의 크로이지어나 1930년대의 근대주의자들이 주장했던 것처럼 국의는 중국적인 무엇, 즉 중국 문화의 '국수國粹'로 이해될 수 있었다. 또 한편으로 국의는 국민당 정부가 그레고리력을 공인하며 여기에 '국력國曆'이라는 단어를 붙였던 것처럼 국가가 공인한 의학이라는 의미로 이해될 수도 있었다. '국력'은 쑨원이 중화민국의 임시대총통으로 취임한 1912년 첫날부터 그레고리력을 가리키는 말로 사용되었다.[64] 현대의 맥락에서 국의는 '중국의학'이라는 뜻을 포괄하지만, 그 반대는 아니다.

의외의 사실이겠지만 '국의'의 양면성을 뒷받침하는 증거는 서의들의 활동에서 발견된다. 중의가 자신들의 활동을 '국의'라는 말로 표방한 이후, 서의는 연례 회합을 통해 중의가 '국의'를 참칭하는 일을 막아야 한다는 결의안을 통과시켰다.[65] 가장 놀라운 점은 국민당 정부가 국의관을 설립한 1931년, 서의 조직이었던 상하이의사공회에서 정부에 서의를 '국의'로 지정해달라고 요청했다는 사실이다. 그들은 서양의학이야말로 진정한 '국가의 의학national medicine'이 될 수 있다고 판단했다.[66] 다시 말해 그들에게 '국'이란 앞서 살펴본 '국력'의 용례처럼 중국다움이 아닌 국가의 공인을 의미했다.

중의 집단은 '국의'의 양의성이 갖는 이점을 살려 중국의학을 문화민족주의와 국가주의 모두에 접속시켰다. 그들은 국의를 '국수'와 연결하여 중국의학과 중국 문화의 연계를 강조했을 뿐만 아니라, '국약國藥'과의 관계를 강조하여 중국의학을 국가의 경제 주권과 연관된 개념으로 만들어내기도 했다. 중의들은 문화민족주의를 이용하여 국가를 간접적으로 포섭하는 대신, 국의라는 이름을 차용함으로써 국가를 직접 설득하려 들었다. 앞서 살펴본 국화운동에서 얻은 생각이었다.

> 국화운동은 결코 중화운동中貨運動이라 불리지 않았다. 중국의학은 우리나라의 국수다. 중약은 중국에서 만들어진다. 따라서 우리는 '중中'이라는 말 대신 '국國'을 사용해야 한다. '국의'와 '국약'이 오늘날의 동향에 훨씬 걸맞은 이름이다.[67]

국화운동에 몸담았던 이들과 마찬가지로, 중의들은 문화적인 의미의 중국이 아닌 새로운 국가로서의 중국을 포섭하고자 했다. 그들은 이러한 의미를 담아 시위가 일어난 3월 17일을 '국의절國醫節'이라 명명했고, 공산당이 중국을 장악할 때까지 매년 이날을 기념했다. 국가의 탄압을 피하고자 중의 집단은 국가와의 접속을 통해 정체성을 새로이 하는 전략을 택했다. '국약', '국의', 그리고 무엇보다 '국의절'이라는 이름은 근대 중국의학의 역사가 1929년 3월 17일, 즉 중의가 통일된 집단을 이루어 갓 형성된 근대국가 중국을 마주했던 바로 그때 시작되었음을 증언한다.

5. 6. 난징에 파견된 중의 대표단

1929년 3월 21일, 중의 다섯이 난징행 야간열차에 탑승했다. 이들은 전국의약단체연합회의全國醫藥團體總聯合會의 대표 자격으로 당시 개최 중이던 국민당 제3차 대표대회國民當第三次代表大會에 탄원서를 제출할 예정이었다. 정부에 제출한 탄원서의 요지는 다음 네 가지였다. 첫째, 중국의학과 중약 발전을 향한 헌신을 공표할 것. 둘째, 중국의학을 폐지한다는 위생부의 계획을 철회할 것. 셋째, 중국의학을 국가 교육 체계에 포함할 것. 넷째, 중의가 위생부의 일원이 될 수 있도록 자리를 마련할 것.[68] 마지막 요구 사항은 중의로서는 온전히 새로운 것이었다. 이는 그들이 서의 집단과 갈등하면서 국가에 대한 '의무'와 '권리'를 깨닫게 되었음을 보여주었다.

대표단은 길을 나선 저녁까지도 침울함 또는 불분명한 감정에 사로잡혀 있었다.[69] 그러나 놀랍게도 국민당 비서장 예추창葉楚傖, 1887~1946, 행정원 원장 탄옌카이譚延闓, 1880~1930, 고시원 원장 다이지타오戴季陶, 1891~1949를 포함한 최고위 정치가들은 탄원서를 긍정적으로 받아들였다. 그뿐 아니라 이들 중 많은 인물이 국가 경제의 차원에서 중약이 중요하다고 힘주어 말했다.[70] 이는 중의가 제약업계를 설득하지 못했다면 절대로 일어나지 않았을 일이었다.[71] 행정원 원장 탄옌카이는 그의 관저에서 열린 대표단과의 회의에서 다음과 같이 말했다.

> 정부 정책은 그 어떤 상황에서도 인민의 기대를 배신하지 않아야 한다. 따라서 중앙위생위원회의 의결은 절대로 실행될 수 없다. 후난성만 보더라도 큰 도시라 한들 서의가 충분하지는 않다. 현에서는 서의는커녕 중의도 심각하게 부족하다. 만약 중앙위생위원회의 의결이 실행된다면 환자들은 죽음을 기다릴 수밖에 없으며, 중약 산업에 종사하는 소작농과 노동자, 사업가는 모두 직업을 잃고 말 것이다.[72]

탄옌카이는 기자들을 대동하고 중의에게 널리 존경받던 대표단의 원로 셰관謝觀, 1880~1950에게 진맥과 처방을 구했다. 탄옌카이의 적극적인 태도는 중국의학을 향한 믿음을 보여준 것이었고, 이는 다음 날 신문에 셰관의 처방이 실리면서 모두에게 알려지게 되었다.[73]

탄옌카이는 3월 22일 아침의 회의를 일기로 남겼는데, 우리는 이를 바탕으로 이 사건을 달리 바라볼 수 있다. 회의에는 후스의 당뇨병을 치료하고 쑨원의 치료에도 손을 보탰던 루중안이 참석했다. 탄옌카이는 대표단의 방문을 자세하게 기록하지는 않았으나, 셰관의 처방에 대해서만큼은 "양쯔강 하류 지방 특유의 온화함이 담겨 있다"[74]고 썼다. 그는 분명 중국의학을 신뢰했다. 1895년부터 1930년까지의 일기에는 중국의학이라는 말이 스물일곱 번이나 나오는데, 대개는 긍정적인 서술이었다. 또한 그는 친구에게 전해 들은 기적에 가까운 치험례를 일기에 남기기도 하고,[75] 쑨원이 "[서양식] 수술에 따른 고통"[76] 탓에 사망했다는 중의들의 의견에 동조하는 글을 쓰기도 했다. 탄옌카이는 대표단과의 회의 후 이듬해 9월에 사망했다. 그러나 짧은 시간 동안 국의운동을 향한 정치적 지원을 아끼지 않았고, 이로써 민국기 중국의학의 발전에 크게 기여할 수 있었다.[77]

거물급 인사의 지원을 등에 업은 대표단은 이제 마지막 방문을 남겨두고 있었다. 위생부 부장 쉐두비였다. 그러나 대표단은 쉐두비와의 면담을 차일피일 미루었다. 쉐두비를 향한 국민당과 대중의 비난을 이어나가기 위함이었다. 쉐두비는 3월 24일이 되어서야 대표단을 만날 수 있었다. 유명했던 신문인《신보申報》와의 회견에서 그는 "2,000여 개 현 가운데 서의가 있는 곳은 10분의 1 내지 10분의 2에 지나지 않으며",[78] "중국의학을 폐지하자는 말이 있기는 했지만 어디까지나 제언일 뿐"[79]이라 이야기했다. "중의가 위생부의 일원이 될 수 있도록 자리를 마련"해달라는 요구 역시 실현되었다. 쉐두비는 셰관과 천춘런을 위생부 고문으로 위촉했다.[80] 면담이 끝나기 전, 쉐두비는 "내가 위생부 부장으로 있는 한 중국의학을 폐지하는 일은 없을 것"[81]이라 확약했다. 중의가 거둔 첫 번째 승리를 품에 안고 대표단은 다음 날 아침 상하이로 돌아갔다. 위옌의 제언은 저지되었다.

5. 7. '국의'의 상을 그리다

위옌의 제언은 국의운동에 직접 불을 댕긴 중요한 역사적 문헌이기에, 20세기 중국의학사를 다루는 거의 모든 책에 언급되어 있다. 그러나 모두가 놓치는 사실이 하나 있다. 국민당 정부는 위옌의 제언을 채택한 적이 없다는 사실이다. 위옌의 제언은 심지어 중앙위생위원회의의 문턱도 넘지 못했다. 중앙위생위원회의는 비밀리에 진행되지 않았다. 상하이의 신문과 중국의 여러 의학잡지가 회의의 진행 과정을 하나하나 중계했다. 1929년 2월 24일의 회의에서 위원회는 중국의학에 대한 네 가지 제언을 심의했다. 기나긴 회의를 통해 위원회는 위옌의 것을 포함한 네 가지 제언을 하나로 합치고, 여기에 '전통 의학 등록의 원칙'이라는 제목을 붙였다. 여기에는 세 가지 항목만이 담겨 있었다. 하나, 등록 마감 기한은 1930년 12월 31일이다. 둘, 중의학교의 설립은 금지한다. 셋, '구의'의 잡지나 광고를 규제하는 문제에 관해서는 위생국이 적절한 시점에 관련 사안을 처리한다.[82]

중앙위생위원회의 위원들은 분명 중의의 반발을 의식하고 있었다. 위옌의 제언과 달리 새 결의안에서는 중의가 의료 행위를 하려면 추가적인 훈련 과정을 이수해야 한다는 조항이 사라졌다. 대신 정부는 의료 행위를 해본 사람이라면 누구든 등록해주기로 했다. 광고에 대한 규제도 미루어졌다. 가장 상징적인 것은 결의안의 제목이었다. 위원회는 위옌의 표현인 '중국의학의 폐지' 대신, 더욱 긍정적인 어감의 '전통 의학 등록'이라는 표현을 선택했다. 표현의 변화는 무엇을 의미했을까. 이는 위생부가 사회 각계각층의 비판에 답하는 과정에서 분명해졌다. 위생부가 내보낸 수십 통의 전보에는 다음의 내용이 쓰여 있었다. "중약은 장려하려 한다. 중국의학은 개선하고 과학화하고자 한다. 중앙위생위원회의 결의안에는 '중국의학의 폐지'라는 표현이 담기지 않았다."[83]

위생부가 '중국의학의 폐지'를 공식적으로 부정했음에도, 중의는 위옌의 〈오래된 의학의 폐지〉에 맞서는 방향으로 진영을 구축해나갔다. 위원회의 회의록과 결의안에는 네 가지 원안과 최종 결의안이 모두 포함되어 있었지만, 위원회의 뜻과 무관하게 중의의 잡지와 학술지에는 위옌의 글만이 그대로 실렸고 나머지 세 원안은 제목만 인쇄되었다.[84] 위옌의 원안은 중앙위생위원회의 지지를 받지 못했는데도 말이다.[85] 그리고 여기에는 "중앙위생위원회의에서 논의되고 의결된 중의 폐지안 원문"[86]이라는 설명이 붙었다. 의도적인 실수였다. 중의들이 전선을 성공적으로 구축한 덕분에, 원래대로라면 금세 잊혔을 위옌의 제언은 끝없이 확대 재생산되어 1929년을 상징하는 문헌이 되고 말았다.

그러나 이러한 문제의식이 널리 퍼짐에 따라 국의운동의 중요한 특징 하나가 가려지고 말았다. 중의들을 움직인 것은 물론 폐지를 향한 공포였지만, 중의학교의 합법화 역시 그에 못지않게 중요한 문제였다. 앞에서 살폈듯 1912년에 일어난 최초의 전국적 시위는 '국가 교육 체계에서 중국의학을 제한 일'에 저항하기 위해 조직되었다.[87] 역사적 대결이 일어난 1929년 3월 즈음에는 서의와 중의 모두 교육 체계에서 중국의학을 배제할지 여부를 두고 논쟁을 벌였다. 위옌의 제언보다 순화된 수준의 정책과 표현을 내놓기는 했지만, 중앙위생위원회는 여전히 중의학교에 대해서만큼은 의심을 떨쳐내지 못했다. 중의학교의 설립을 금지해야 한다는 위옌의 제안은 위원회의 최종 결의안에 그대로 반영되었다. 상하이에서 열린 사흘의 시위가 끝나갈 즈음, 한데 모인 중의들이 "중국의학을 국가 교육 체계에 포함하는" 것을 제일의 목표로 삼은 이유가 여기에 있었다.[88] 그러나 위생부 부장 쉐두비는 미안하지만 이것만큼은 수용할 수 없다고 잘라 말했고, 결국 중의학교의 설립은 대표단이 난징으로 가져갔던 네 가지 요구 사항 가운데 유일하게 관철하지 못한 숙제로 남게 되었다. 이는 이후의 투쟁이 중국의학 교육의 공식화를 중심으로 진행될 것임을 예고했다.

중의 집단이 실력 행사를 통해 위옌의 제언, 좀 더 정확하게는 〈전통 의학 등록의 원칙〉의 통과를 저지한 이후, 그들은 상당한 사회적 지지를 바탕으로 승리를 거두었다는 사실에 기쁨을 금치 못했다. 3월의 시위 직후 발행된 여러 기사는 중의가 느꼈던 전율과 놀라움의 감정을 생생하게 드러냈다. 많은 이들은 이 사건을 계기로 중국의학의 역사가 변하리라는 것을 분명히 자각하고 있었다. 시위 한 달 후, 《의계춘추》는 '중의약계의 투쟁'이라는 특집호를 발행했다. 시위의 주동자이자 《의계춘추》의 편집장이기도 했던 장짠천은 서문을 통해 "미래의 의학사가들을 위해 여러 문건을 수집했다"[89]고 썼다. 3월 17일의 시위에 참여한 이들은 자신들이 역사를 만들어가고 있음을 알고 있었다.

불행히도 승리의 단꿈은 그리 오래가지 않았다. 3월 17일의 시위가 끝난 지 두 달이 채 되지 않아 교육부는 중의학교의 이름을 '전습소傳習所'로 바꾸라고 명령했다. 학교라고 지어놓았지만 "과학에 기초해 있지 않고 교육 과정이 표준화되지 않아, 이런 시설에 국가 교육 체계의 용어를 붙이는 것은 적절치 않다"[90]는 이유에서였다. 이에 전국의약단체총연합회는 로비 단체를 조직하는 한편, 두 개의 위원회를 설치하여 교육 과정을 구성하고 교과서를 편찬하고자 했다. 1929년 7월에는 교육 과정과 강의안을 표준화하기 위한 전국 규모의 회합을 개최하기도 했다. 이런 노력에도 불구하고 교육부는 같은 해 8월, 중의학교의 금지를 강행했다. 정부의 규제안은 여기에 그치지 않았다. 중의가 운영하는 의료기관은 '병원' 대신 '의실醫室'이라는 명칭을 써야 했고, 청진기 및 주사기를 사용하거나 '중서의中西醫'라는 명칭을 쓰는 일도 모두 금지되었다.[91]

규제에 맞서 싸우기 위해 전국의약단체총연합회는 12월 1일부터 사흘에 걸쳐 전국 회합을 개최했고, 223개 단체에서 온 457명의 대표가 자리를 함께 했다. 이들은 먼저 "중의가 의료 행정에 참여"하는 것을 첫 번째 목표로 설정했다. 더 나아가 대표단은 '중의'를 '국의'라고 호명하자는 3월의 결정을 공식화했다.[92] 총연합회의 자격으로 일본 전통 의학자들과 접촉하여 연대하는 일도 승인되었다.[93] 전국 각지에서 모여든 참가자들은 결속을 위한 의지를 불태웠다. 회의는 예정보다 이틀이 지난 시점에야 종료되었고, 12월 7일에는 난징에 다시 한번 대표단이 파견되었다. 국민당 주석 장제스蔣介石, 1887~1975는 12월 13일, 교육부와 위생부에 중국의학에 대한 모든 "억압적인 규제"를 철회하라고 공개적으로 지시했다.[94]

중의들은 장제스의 지지에 고무되었다. 그러나 동시에 그들은 국가 교육 체계에 편입되는 일이 꼭 유리하지만은 않다는 사실을 깨닫기 시작했다. 무엇보다 정부의 요구 사항을 만족시킬 수가 없었다. 서양의학을 가르치는 학교에는 꽤 높은 수준의 규정이 적용되었는데, 중의로서는 이를 통과할 방법이 없었다. 학교를 설립하기 위해서는 10만 달러의 기부금을 받아야 했고, 의학교의 경우에는 반드시 대학과 연계되어 운영되어야 했다. 사실상 불가능한 조건이었다.[95] 심각한 딜레마였다. 다른 이의 말을 빌리자면, "중국의학이 국가 교육 체계에 포함되었다면 반년이 채 지나기도 전에 모두 폐교되었을 것이다".[96] 딜레마에서 벗어나기 위해 중의들은 독립적인 행정 조직의 설립에 나섰다. 바로 국의관이다.

창립자의 회상에 따르면, 장원팡蔣文芳, 1898~1961을 비롯한 전국의약단체총연합회의 핵심 인물들은 중국의학에 관한 행정 업무를 전담하는 정부 기관이 필요하다고 뜻을 모았다. 이를 위해 국의관 창설 제안서에는 기관의 본질이 의도적으로 모호하게 서술되었다. 정부에 제출된 제안서 원안에 따르면 국의관의 주요 과제는 국의 발전, 국약 연구 장려, 그리고 국의와 국약 관련 사안 관리였다.[97] 정부 지원 없이 전국의약단체총연합회에서 예산을 담당할 것이었기에 새로 설립되는 기관은 학문적 목적을 위한 시민 단체여야 했다. 다만 '국의와 국약 관련 사안 관리'를 목적으로 하는 만큼 어느 정도는 정부 기관의 성격도 가져야 했다. 장원팡이 지적했듯이, 중의들은 모호성을 위해 "국의관은 국술관國術館을 본뜬 것"[98]이라고 썼다. 운영 지침에 명기된 바, 국술관은 시민 단체임에도 불구하고 전통 무술과 관련된 사안을 감독하는 재량권을 갖고 있었다. 장원팡은 국의관이 학술 기관에서 관리 감독 기관으로 확대되려면 국술관의 전례를 따라야 한다고 생각했다. 물론 누구나 예상할 수 있듯이 위생부는 학술 단체에 행정권을 위임할 수는 없다며 반대의 뜻을 내비쳤고, 이에 몇 달이 지나도록 기관의 설립을 승인하지 않았다.[99]

전국의약단체총연합회는 행정원行政院에 또 다른 제언을 제출했다. 그러나 이와 무관하게 탄옌카이를 비롯한 여러 정치인 역시 국의관의 설립을 위해 노력했고, 결국 1930년 4월 국민당 중앙정치위원회中央政治委員會는 국의관 설립을 승인했다. 탄옌카이의 설립안 역시 전국의약단체총연합회의 제언에 기초한 것이었지만, 여기에는 몇 가지 중요한 차이가 있었다. 먼저 정부가 예산을 지원하고 병원과 의학교 설립을 위임하기로 했다. 원안에 있던 세 가지 과제 역시 모두 삭제되었고 "과학적 방법을 통해 중국의학을 바로잡고 치료와 약물 생산을 개선한다"[100]는 새로운 목적이 설정되었다. 다시 말해 새로운 설립안은 '국의와 국약 관련 사안 관리'를 소거하고 그 자리에 과학의 중요성을 넣었던 것이다. '중국의학의 과학화'로 요약될 수 있는 국의관의 새로운 목적은 중국의학에 과학주의라는 당대의 지배 이데올로기를 강요했으며, 결국 이는 20세기 중국의학의 발전에 모종의 영향을 줄 참이었다.

5. 8. 결론

국의운동은 대개 중국의학을 폐지하려는 정부의 위협에 맞선 대응으로 기억되지만 사실 수동적인 저항 운동도, 취약한 전통을 사수하기 위한 보수적인 운동도 아니었다. 국의운동에 참여한 이들은 국가에 저항하는 대신 '국의'의 상을 발전시키고 중국의학과 국민당 정부 사이의 연결 고리를 강화하고자 애썼다. 중의학교를 국가 교육 체계 내에 편입시키려던 노력이 보여주듯 이들은 국가에 의해 구성되고 승인된 새로운 전문 영역, 이를테면 면허, 교육 체계, 의료 행정과 연관된 권력 등에서 자신의 몫을 확보하고자 노력했다.

국민당 정부가 제공할 수 있는 혜택이 실제로 어느 정도였는지는 중요하지 않다. 그보다는 그에 따라 중의들이 집단적 사회 이동을 위한 운동에 참여하게 되었다는 점이 중요하다. 아이러니하게도 이는 서의들이 의학을 국가적인 중요성을 갖는 근대적인 전문 영역으로 바꾸어놓았기 때문에 가능한 것이었다. 서양의학은 중국의학을 심각하게 위협하는 동시에 집단행동으로 사회적 위치를 변화시킬 수 있다는 새로운 가능성을 보여주기도 했다. 새롭게 만들어진 국가 자본 및 그에 관련된 집단적 사회 이동의 가능성은 근대 중국의학의 역사를 이해하는 데 필수적이다. 적어도 민국기 동안 중의들은 국가에 수동적으로 대응하지 않았다. 오히려 그들은 힘을 모아 국가를 통한 사회 이동의 가능성을 적극적으로 모색했다.

1931년 3월 17일에 발족한 국의관은 1929년의 대립 이후로 발전해온 '국의'의 전망을 상징하고 실현했다. 먼저 '국'이라는 단어가 들어간 유일한 기관이라는 점에서[101] 국의관은 국의운동의 목적이 중국의학과 근대국가의 공영共榮에 있음을 다시금 보여주었다. 둘째로 중의는 5·4운동의 가장 강력한 이데올로기 가운데 하나인 과학의 개념을 수용하고 이에 대응해야만 했다. 국민당 정부가 국의관의 핵심 목적을 과학적 방법을 통한 중국의학의 재편으로 규정했기 때문이다. 이는 7장에서 다시 다룰 것이다. 셋째로 정부가 전국의약단체총연합회에 해산 명령을 내림으로써 국의관은 중의를 대표하는 최초의 전국 조직을 잇는 공식 계승자가 되었다. 국의운동에 참가한 여러 조직의 연대를 강화하고, 전국적으로 통일된 중국의학의 전문성을 만들어낸다는 과제는 이제 국의관의 것이 되었다. 오늘날 '중국의학'으로 알려진 국가적 또는 민족적 실체를 위한 노력을 일별하기 위해서는 먼저 국의관 발족이라는 역사적 사건이 일어났던 1930년대 초의 복잡하고 다원화된 의학의 지형도를 살펴볼 필요가 있다. 마지막으로 국의관 관장은 국의를 세우기 위한 자신들의 노력에 중요한 요소가 빠져 있음을 예리하게 포착했다. 중국의학은 서양의학과 국민당 정부의 동맹이 제기한 위협에서 이제 막 빠져나온 상황이었다. 관장이 보기에 이런 상황에서 무엇보다 시급한 것은 '정치적인 식견의 함양'이었다. 서양의학이 국가와 동맹을 형성했듯, 중국의학 역시 국가와 비슷한 관계를 수립해야만 했다. 이 주제는 10장에서 다룰 것이다.

6장 1930년대 상하이 보건의료의 시각화

6. 1. 상하이의 의료 환경에 대한 도해를 읽다

1929년의 대립으로부터 4년이 지나고, 중국의학에 대한 비판으로 이름이 높았던 팡징저우는 도해(**그림 6.1**)를 하나 작성했다. 상하이의 혼란스러웠던 의료 상황을 보기 좋게 정리하기 위함이었다. 일종의 '조감도'였던 도해에는 정식 인가를 받은 의료인 협회나 정부 기관부터 길거리에서 반창고를 파는 잡상인과 영매靈媒에 이르기까지 마흔 개가 넘는 항목이 담겨 있었다. 놀라운 점은 별반 중요하지도 않은 잡다한 사항이 모두 담겼음에도, '중국의학'이라는 말이 어디에도 존재하지 않았다는 사실이다. 더 놀라운 부분은 '서의'라는 말이 들어간 서의공회西醫公會[12]를 명기했으면서도 이를 '서양의학'에 해당하는 단체로 분류하지 않았다는 점이다. 1930년대 상하이를 자세히 조망한 팡징저우의 도해에서 '중국의학'이나 '서양의학'이라는 말을 쉽게 찾을 수 없었던 까닭은 무엇일까? 답은 의외로 간명하다. 당시에는 '중국의학'이나 '서양의학'과 같은 것이 없었기 때문이다. 지금까지 둘 사이의 이런저런 분투를 다루었지만 말이다.

어쩔 수 없이 '중국의학'이나 '서양의학' 같은 말을 사용했지만, 사실 1929년 이전까지는 양쪽 모두 통합된 의료 체계를 갖추지 못했다. 오히려 근대 초기의 중국의학이 어떤 단체를 조직하고 의료 체계를 표준화한 것은 이 책에서 다루는 역사적 분투를 통해 어렵게 얻어낸 결과물이었다. 과장을 조금 보태자면, 나는 이제껏 있지도 않은 이들을 주인공으로 삼아 이야기를 풀어왔던 셈이다. 중국의학과 서양의학은 사실 이 책의 후반부에나 제 모습을 갖춘다. 따라서 그 둘을 마치 처음부터 그렇게 존재했던 것인 양 생각 없이 다루어서는 곤란하다. 자칫 두 종류의 의학 이편저편에서 활동했던 여러 인물이 상대 진영을 의식하며 경계선을 긋고, 자신의 진영에서 일부를 쫓아내는 과정을 통해 각자

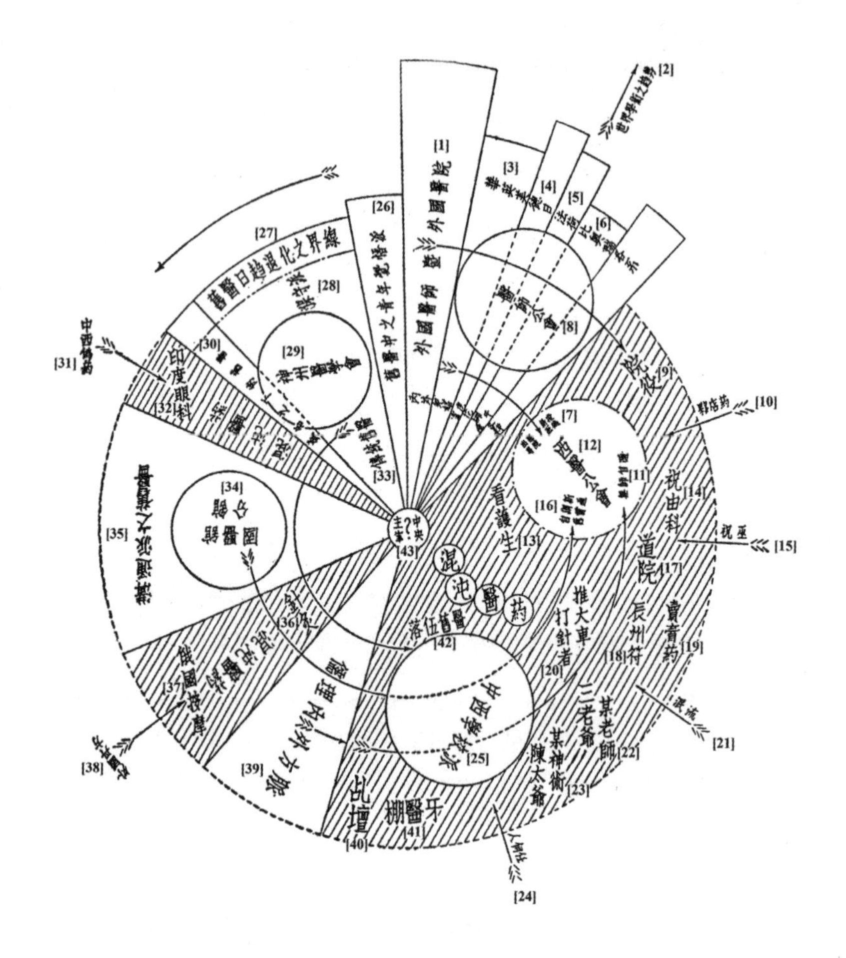

그림 6. 1. 〈상하이의 의료 환경〉, 팡징저우,《상하이시근십년래의약조감》(1933), 11.
[1] 외국인 의사와 병원 [2] 세계 학술의 추세 [3] 중국, 영국, 미국 [4] 독일, 일본
[5] 프랑스, 네덜란드 [6] 벨기에, 오스트리아, 스위스 [7] 기회주의적인 신의
[8] 의사공회醫師公會 [9] 병원 직원 [10] 약국 직원 [11] 독학한 의사 [12] 서의공회
[13] 간호생 [14] 축유 [15] 무당과 퇴마사 [16] 자칭 신구의학 전문가 [17] 도교 사원
[18] 천저우의 부적 [19] 장돌뱅이 [20] 타침자 [21] 한량 [22] 이런저런 선생
[23] 점술 [24] 아무개 [25] 중서학교파 [26] 젊고 개혁적인 구의
[27] 후퇴하는 구의의 경계舊醫日趨退化之界線 [28] 보수파 [29] 선저우의학회
[30] 이름이 높은 구의成名之下的舊醫 [31] 가짜 약中西僞藥 [32] 인도 안과 [33] 전통구의
[34] 상하이 국의관분관 [35] 소통을 추구하는 구의 [36] 침구鍼灸 [37] 러시아 안마
[38] 외국단방外國丹方 [39] 유리내외방파 [40] 점치는 제단 [41] 돌팔이 치과의사
[42] 낙오된 구의 [43] 중앙주사

의 정체성을 구성했던 역사적인 과정을 놓칠 수 있기 때문이다. 이 과정을 정확하게 바라보기 위해서는 중국의학과 서양의학이라는 이름 저편에 놓여 있는 내적 다양성과 이질성, 유동성을 고려해야 한다. '중국의학'과 '서양의학'이라는 이름은 편의에 지나지 않는다. 그 속에 숨겨진 불균등성을 조망하기 위해 이번 장에서는 연대기의 흐름에서 한 발 뒤로 물러나보려 한다.

이번 장에서는 연대기를 따라가는 방식 대신《상하이시근십년래의약조감上海市近十年來醫藥鳥瞰》에 실린 팡징저우의 도해를 이해하는 데 초점을 맞춘다.[1] 팡징저우는 독일 의학의 영향을 받은 상하이 퉁더의학원同德醫學院을 다녔고, 스물아홉이라는 젊은 나이에 모교의 원장이 되었다.[2] 공적인 활동에도 열심이어서 청일전쟁이 격화되던 1936년에는 중국홍십자회총회中國紅十字會總會의 비서장을 맡기도 했다.《상하이시근십년래의약조감》은 원래 1932년 상하이의 유력 언론인《신보》의 의학 면에 실렸던 마흔여섯 편의 짤막한 글이었다. 팡징저우의 의도는 처음 연재를 시작할 때부터 분명했다. 대중에게 상하이의 '혼란스러운 의료 상황'과 1929년의 대립 이후 벌어진 역동적인 재구성 과정을 보여주기 위함이었다.

무릇 역사가의 글이란 문장으로 된 자료를 다루기 마련이지만 이번 장은 다르다. 여기에서는 도해에 나타난 시각적인 표현을 촘촘히 살피고 해석함으로써 1930년대 상하이 의료의 풍경을 '조감'한다는 조금 색다른 목표에 도전하고자 한다. 시각적인 표현을 강조하는 데에는 나름의 이유가 있다. 도해에는 담겨 있지만 그 밑에 달린 해설에는 나타나지 않는 중요한 정보들이 존재하기 때문이다. 비문자적이고 시각적인 정보를 끄집어내기 위해 우리는 프란체스카 브레이Francesca Bray의 방식을 이해하고 활용해야 한다. 브레이에 따르면 팡징저우의 것과 같이 단어로만 구성된 도해는 "시간적이고 지적인 일련의 사건을 공간에 담아내고 동적인 과정을 정적인 배치 속에 펼쳐낸 것으로, 사실을 담은 정보와 구조, 과정, 관계를 공간적인 부호로 표현"[3]하며, 이러한 성격을 염두에 둘 때만 정확한 독해가 가능하다. 이 장에서는 팡징저우와 그 동시대인이 남겨 놓은 문자 정보를 참고하여 도해에 담긴 공간적 부호를 해독해볼 것이다. 해독의 과정으로 독자 여러분을 안내하고 그 결과를 온전히 전하기 위해 이번 장은 시간의 흐름이 아닌 도해에 나타난 2차원의 공간을 축으로 구성했다.

이 책 전체로 볼 때도 도해의 시각적 표현은 매우 중요하다. 중국의학과 서양의학이 민국기를 거치며 서로 부딪치고, 이로써 제 모습을 갖추는 과정을 보여주기 때문이다. 도해에는 이 책의 다른 부분에서는 다루지 않는 많은 요소가 담겨 있으며, 우리는 이를 통해 두 유형의 의학이 형성되는 과정에서 얼마나 많은 것들이 배제되었는지 짐작해볼 수 있다. 종교의 색채를 띤 수많은 의료 행위가 단적인 예이다. 이들은 도대체 어떻게 된 것일까. 도해에는 분명 나타나 있는데 말이다. 이 책은 일견 가치 중립적으로 보이는 '의학'이라는 범주에만 초점을 맞춤으로써 당대에 통용되던 다른 방식의 의료를 놓치고 말았다. 나는 독자들이 도해를 검토하는 과정에서 방금 말한 이 책의 한계를 포착하는 한편, 중국의학에 대한 비판적 시각 탓에 한쪽으로 기울어져버린 팡징저우의 세계관과도 한판 대결을 벌이길 바란다. 이를 위해 이 장의 마지막에 또 다른 심상, 즉 중의가 떠올릴 법한 심상을 시각화하여 마련해두었다.

6. 2. 서양의학: 통합과 경계 긋기

팡징저우가 그린 도해에는 이목을 끄는 부분이 몇 가지 있다.[4] 먼저 가장 큰 원의 둘레와 원 안에 있는 영역 간의 경계가 두 종류의 선으로 표현되었다는 점이다. 실선과 점선은 집단 간의 경계가 엄격하고 명확한 것인지 아니면 횡단 가능한 모호한 것인지를 나타낸다.[5] 경계를 단단하게 지킬 수 있었던 집단은 외국인 의사와 병원, 면허를 받은 서의, 그리고 중의 가운데 보수적인 태도를 고수했던 이들뿐이었다. 둘째로, 가장 큰 원은 어둡게 칠해진 부분과 그렇지 않은 부분으로 나뉜다. 어두운 부분은 팡징저우가 '혼돈의약混沌醫藥'이라고 묘사한 영역을 나타낸 것인데, 그가 보기에 상하이에서 이루어진 의료 행위의 절반 가까이가 이에 해당했다.

셋째로, 다섯 개의 작은 원은 공식적으로 조직된 단체를 나타낸다. 위에서부터 시계 방향으로 1925년에 설립된 상하이의사공회[8], 1929년에 설립된 서의공회[12], 중서학교파中西學校派[25], 1931년에 설립된 상하이 국의관분관國醫館分館[34]과 선저우의학회神州醫學會[29]에 해당한다. 서의공회[12]는 다섯 개의 집단 가운데 유일하게 둘레가 점선으로 되어 있다. 팡징저우는 서의공회가 다른 단체에 비해 느슨하다고 보았다. 입회를 제한 없이 허용하여 다양한 성격의 회원이 참여했기 때문이다.

사실 팡징저우는 경계 긋기보다는 다양한 파벌 사이에서 일어나는 구성원의 이동에 관심을 보였다. 팡징저우는 열세 개의 화살표로 파벌 간의 역동성을 나타냈다. 서의공회의 원 안으로 들어가는 세 개의 화살표는 세 종류의 의사를 나타냈다. 먼저 서의에 해당하는 영역인 [3], [4], [5], [6]에서 온 '기회주의적인 신의新醫'[7]가 있었고, 중서학교파[25]와 유리내외방파儒理內外方派[39]에서 온 독학한 의사[11], 그리고 상하이 국의관분관[34]에서 온 자칭 신구의학 전문가[16]가 있었다. 둘레가 점선으로 표현되었다는 사실에서도 알 수 있듯 서의공회의 경계는 엄격하지 않았고, 그런 탓에 외국인 의사와 병원[1]에서 온 병원 직원[9], 간호생看護生[13], 약국 직원[10], 축유祝由하는 이들[14], 장돌뱅이[19] 등 수많은 이들이 자유롭게 경계를 드나들었다.

서의공회가 자신을 서양의학 단체로 규정했다는 점을 고려하면 회원의 다채로움은 꽤 놀랍다. 팡징저우에 따르면 서의공회의 많은 회원이 중국의학의 처방을 이용했다고 한다. 게다가 이들 중에는 서양식 병원에서 일하거나 교육받은 이가 아무도 없었다. 가장 흥미로운 점은 대다수가 하고많은 분야 가운데에서도 성병에 대한 전문성을 강조했다는 점이다.[6] 서양식 병원에서 조수로 일했던 이들은 성병 전문가를 자임하며 수요가 높았던 신약 '914호' 주사를 놓으러 다니곤 했다. 우렌더의 추정에 따르면 "중국인 성인의 50~60퍼센트가 성병에 시달리고 있었으며" 그에 따라 "인구 30만의 하얼빈에만 200개가 넘는 '병원'이 있었"을 정도였다.[7] 팡징저우가 말조차 어색한 '타침자打針者'[20]를 도해에 표기한 이유였다.

면허를 소지한 서의 집단은 최소한의 훈련만 받은 이들 집단을 문제 삼으며 피하주사에 대한 정부의 단속을 요구했다. 팡징저우에 따르면 대대로 의업을 이어가던 저명한 중의들은 하루에 100여 명에 이르는 환자를 보면서 디프테리아와 성홍열 백신을 접종하기도 했다.[8] 상하이의사공회[8]가 상하이위생국에 송부한 문서를 보면, 일부 중의는 여성 환자와의 신체 접촉을 피하고자 속옷 위로 주사를 놓기도 했다.[9] 당시 피하주사는 치료법의 진보를 상징했고, 경쟁 구도에 있던 수많은 의료인은 너도나도 주사기를 집어 들었다. 서의들이 보기에 중국의학과 서양의학의 통합이란 무엇보다도 피하주사의 도용을 의미했다. 아마 이러한 이유에서 팡징저우는 자칭 신구의학 전문가[16]를 타침자[20] 바로 옆에 두었을 것이다.

서의공회의 회원은 지금까지 살펴본 '서의'에 해당하지 않았다. 대다수는 정식 훈련을 받은 적이 없었고, 극히 일부만이 선교 병원에서 조수로 일하며 기초적인 처치 몇 가지를 배웠을 뿐이었다. 대부분 가난하고 배움이 짧은 이들이었다.[10] 팡징저우의 도해에서 서의공회가 서의[1~6]에 해당하는 부분이 아니라 빗금이 쳐진 '혼돈의약'에 놓인 까닭이다. 도해를 더 뜯어보지 않더라도 보통 생각하는 서양의학의 개념으로 복잡다단한 1930년대 상하이의 의료 상황을 이해할 수 없음은 자명하다.

당연하게도 팡징저우는 서의공회와 가까이하지 않았다. 적절한 훈련 없이 그저 몇 가지 간단한 기술만을 익힌 이들과 어울릴 수는 없는 노릇이었다. 학위를 갖춘 서의들은 '서의'를 자칭하는 이들이 난무하는 까닭에 서양의학을 향한 중국인 환자의 불신이 깊어진다고 불평을 늘어놓았고,[11] 그 결과 무면허, 무자격 의료인들은 정부의 단속에 시달리게 되었다.[12] 상황이 이러할진대 이들이 진짜 서의의 편에 설 수는 없었다. 이들은 1929년 3월에 있었던 중의의 정치적 승리를 목도하고, 몇 달 후 자신들을 대변할 중화서의공회中華西醫公會를 설립하기로 결정했다.

새로이 설립된 단체의 이름에 '서의'가 들어갔다는 사실에 주목하자. 사실 '서의'라는 말에는 서양의학을 상대화하는 의미가 담겨 있다. '서양의학'은 어디까지나 '서양'의 의학이며 '중국의학' 역시 이에 버금가는 또 하나의 의학이라는 뜻이다. 서양의학을 배운 이들이 '서의'라는 말을 피했던 것도 이러한 이유에서였다.[13] 아이러니하게도 내가 이전 장에서 '서의'라 불렀던 이들은 그렇게 불리고 싶어 하지 않았고, 내가 지금까지 '중의'라 불렀던 이들은 '국의'라는 말을 선호했다. 그러한 이유로 이름을 둘러싼 서의와 중의의 다툼이 8년이나 이어졌음에도 두 진영 모두 원하는 이름을 얻지 못했다.

외국인 의사와 병원[1] 그리고 외국에서 교육받은 서의[3~6]는 모두 회원 자격을 비교적 엄격하게 유지했다. 특히 265명의 회원으로 구성된 외국인 의사와 병원은 세계 학술의 추세[2]를 가장 잘 따라가는 집단이었다. 팡징저우는 조각을 길게 늘여 이를 시각적으로 강조했다. 한편 그는 자신을 포함하여 모두 660명이었던 중국 태생의 서의 단체와 외국인 단체를 구분해서 표기했다. "외국인 의사와 병원은 의사공회와 무관하다. 그런 까닭에 도해에서도 별개로 나타냈다. 이들이 가진 좋은 시설은 자본가와 부자, 권력자, 외국인 같은 소수만이 누릴 수 있었다."[14]

마지막으로 핵심에 해당하는 '서의' 집단을 살펴보자. 서양의학을 교육받은 중국인 의사들은 어디서 교육을 받았는지에 따라 세분되었다. 중국과 영국, 미국[3]에서 교육받은 이가 있었고, 독일과 일본[4]에서 교육받은 이도 있었으며, 프랑스와 네덜란드[5], 그리고 벨기에, 오스트리아, 스위스[6] 출신도 있었다. 1915년부터 과학 용어나 의학 용어를 중국어로 표준화하려는 시도가 있었지만, 당시에는 미진한 상태였기 때문에 서의들은 각자 교육받은 나라의 언어를 그대로 사용했다. 이들은 서로 긴장 관계에 있었다. 특히 미국이나 영국에서 교육을 받았거나 중국 내에서 영어로 교육받은 이들이 주축이 된 중화의학회와 독일이나 일본에서 유학한 이들이 주축이 된 중화민국의약학회의 사이가 그러했다. 두 단체의 구성은 확연히 달랐다. 1932년 중화의학회 회원 794명 가운데 일본에서 유학한 이는 14명에 불과했다.[15]

민국기 초반만 하더라도 근대적인 의료는 대개 유럽이나 미국에서 온 의료선교사의 몫이었지만, 의료 교육과 행정만큼은 일본의 영향이 확연했다. 1914년, 록펠러 재단은 중국에서 의료 사업을 추진할지 여부를 결정하기 위해 그 유명한 중국의학고찰단을 조직했다. 정부 지원을 받는 여러 의학교를 조사한 결과는 다음과 같았다. "톈진의 베이양의학당과 광둥의 광화의학원光華醫學院을 제외하면, 중국의 공립 및 사립 의학교 대부분은 일본의 영향 아래 있다. 교직원은 일본에서 공부한 중국인 또는 중국에 거주하는 일본인이다. 불행하게도 일본에서 공부한 이들은 대개 이류 학교 출신이다."[16] 보고서에 기술된 바와 같이, 청말에는 일본식으로 훈련된 의사들이 군대나 군사 학교 등 정부 기관에서 요직을 차지했다. 1912년 중화민국이 세워지면서 만들어진 위생 관리와 법적 규제의 행정틀 역시 대개 일본의 문건을 그대로 베껴 온 것이었다. 실제로 시행된 적이 없다는 점은 차치하고서라도 말이다.[17] 일본은 독일을 의료의 본으로 삼았고 또 실제로도 많은 유학생을 독일로 보냈기 때문에, 결국 중국의 의료는 '일독식日獨式'이라 할 수 있었다.

이러한 상황은 록펠러 재단이 등장하여 베이징협화의학원과 다른 선교단체의 병원 및 학교를 대규모로 지원하기 시작했던 1917년을 기점으로 급변했다. 여기에 국민당 정부 역시 1922년부터 의학 교육을 포함한 교육 체계 전반을 일본식 모형에서 미국식 모형으로 개혁하기 시작했다.[18] 정부는 위생부 보직 인사를 통해 일독파와 영미파의 균형을 무너뜨렸다.[19] 위생부는 베이징협화의학원 졸업생으로 채워지기 시작했으며, 부장 역시 협화의학원 대리 교장을 지낸 류루이헝으로 바뀌었다. 민국기를 지나는 동안 영미파는 공적 영역과 사적 영역 모두에서 지배적인 존재로 거듭났다.

이러한 긴장 관계 속에서 팡징저우는 '일본 의학'이나 '독일 의학'처럼 파벌을 드러내는 표현을 의료인의 명칭이나 광고에 쓰면 안 된다고 주장했다. 이러한 태도는 도표에도 그대로 반영되었다. 상하이의사공회 내의 국가별 파벌은 점선으로 나뉘었다. "새로운 의학이 영국, 미국, 독일, 일본 등의 파벌로 나뉠 수 있다는 잘못된 생각이 널리 퍼져 있지만, 이러한 구분을 사실이라 생각해서는 안 된다"[20]는 이유였다. 그럼에도 당대의 서의 대부분은 국가 간 파벌이 중국의 의학 발전을 가로막는 결정적인 장애물이라고 생각했다.[21]

분열되었던 서의 무리가 힘을 합쳐 상하이의사공회[8]라는 통합된 단체를 설립하게 된 배경에는 국가 교육 체계에 중의학교를 포함시키려던 중의의 로비가 있었다. 누구보다도 중국의학에 비판적이던 위옌과 왕치장, 팡징저우, 판저우옌은 서양의학의 영향력을 확장하기 위해 기존의 단체를 병합하여 새로운 단체를 조직했고, 위옌을 초대 회장으로 추대했다. 이후 위옌은 의사공회의 대표로서 1929년의 중앙위생위원회에 참석하여 중국의학의 폐지를 안건으로 제시했다. 중국의학에 비판적이었던 상하이의사공회와 기관지 《신의여사회新醫與社會》는 서양의학과 중국의학을 둘러싼 논쟁의 중심이었다.

다른 세세한 부분을 살피기 전에 두 가지 점을 짚고 넘어가자. 먼저 상하이의 의료 환경이 중국 전체를 대표하지는 않는다는 점이다. 그러나 자주 인용되곤 하는 1935년의 〈오국신의인재분포개황吾國新醫人才分布概況〉에 따르면, 상하이의 서의 수는 중국 전체 서의 수의 22퍼센트에 달했다.[22] 나머지 지역의 절반 이상이 1퍼센트를 채 넘기지 못하던 상황이었으니, 이러한 지역에서 중국의학과 서양의학의 갈등을 논할 수는 없는 노릇이다. 둘째는 팡징저우가 그려낸 의료의 풍경에 남자들만 등장한다는 점이다. '첸 어르신陳太爺'이나 '셋째 어르신三者爺' 등 남성에 해당하는 명칭은 존재하지만, 그에 상응하는 여성 의료인의 명칭은 부재했다. 상하이에 조산사 양성소가 아홉 군데나 있었지만 말이다.[23] 유일한 예외는 오늘날의 간호사에 해당하는 간호생[13]이었으나, 이성 간의 신체적 접촉을 꺼리던 문화 탓에 초창기만 하더라도 간호생은 대부분 남자였다. 이러한 역사 때문인지 오늘날 중국어로 간호사를 지칭할 때는 중성적인 명칭인 '호사護士'라는 말을 쓴다. 물론 1940년대로 눈을 돌리면 상황은 완전히 달라진다. 남자들은 간호 교육을 받으려 하지 않았고, 빈자리는 모두 여성의 몫이 되었다.[24]

6. 3. 중국의학: 분열과 파편화

이제 중의를 살펴보도록 하자. 중의는 다양한 치유자를 폭넓게 지칭하는 말로, 여기서 다루는 시기에는 구체적으로 대상을 특정하기 어렵다. 일단 '중의'라는 단어를 도해에서 찾을 수 없다는 점에 유의해야 한다. 이는 두 가지 때문이었다. 먼저 5장에서 짚었듯이 중의들이 두 번째 회합에서 '중의'를 '국의'로 바꾸어 부르자고 의결했다는 점을 한 가지 이유로 들 수 있다. 그러나 진짜 이유는 우리가 오늘날 중국의학이라 부르는 것이 당시만 해도 하나의 분명한 실체가 아니라 아직 만들어지는 와중이었다는 데 있었다. '중의'는 협회와 학교, 병원, 학술지를 조직하고, 학문적 입장을 '질서 짓고' 체계화하며, 민간의료와 중국의학을 구분해냄으로써 중국의학을 하나의 전문 영역으로 확립하는 데 여념이 없었다.

중국의학을 하나의 체계화된 실체로 구축하려는 노력에 맞서, 팡징저우는 중국의학을 이리저리 흩어지고 앞뒤가 맞지 않는 것으로 그려냈다. 이는 그가 그려낸 서양의학의 상과는 반대되는 것이었다. 팡징저우가 서양의학으로 분류하지 않았던 서의공회를 예외로 하면, 서양의학을 나타내는 부분은 모두 가까이에 가지런히 정렬되어 있었다. 위치 역시 빗금이 그어진 '혼돈의약'의 외부였다. 팡징저우의 도해에서 상대적으로 통일된 것으로 그려진 서양의학과 달리, 중국의학의 이미지는 분열과 혼란, 파편화에 가까웠다.

중국에는 분명 '유의'의 전통이 존재했다. 최소한 명대만 하더라도 좋은 교육을 받은 학자들이 과거 시험에 거듭 낙방한 뒤, 관직을 포기하고 의학을 선택하는 경우가 없지 않았다. 이들은 읽고 쓸 줄 모르는 돌팔이나 그저 가업으로 의업을 이어가는 이들과 자신을 구분하기 위해 경험과 이론 모두를 두루 갖춘 '유의'라는 새롭고 이상화된 정체성을 만들어냈다.[25] 유의의 존재는 사회 지도층이 의료계로 유입되고 있음을 보여주는 분명한 상징이었다. 그러나 네이선 시빈이 지적한 바와 같이 "그들은 조직화되어 있지 않았고, 집단적 정체성을 결여했으며, 교육과 기술, 보상을 표준화하지 않았고, 표준화할 수도 없었다."[26] 1921년이 되어서도 상황은 달라지지 않았다. 의료선교사 해럴드 발름Harold Balme, 1878~1953은 "중국에는 여전히 소위 '의료 전문직'이 존재하지 않는다"고 썼다.[27] 팡징저우의 도해에서 가장 큰 원의 둘레 3분의 2는 점선으로 되어 있는데, 이는 의학을 배우지 않은 '첸 어르신'이나 한량[21] 그리고 비꼬듯 표기된 아무개[24]가 경계의 안팎을 자유롭게 드나들 수 있음을 나타냈다.

팡징저우가 도해를 통해 강조했듯이 1930년대 상하이의 보건의료에는 무당과 퇴마사[15], 도교 사원[17], 점술[23], 점치는 제단인 계단乩壇[40], 부적[18], 축유[14] 등 여러 종교적, 더 나아가 마술적 의식이 공존했다. 중립적으로 보이는 '의학'이라는 개념조차 1930년대의 중국 의료를 모두 담아내지는 못했다.[28] 위신중의 연구에 따르면 청대 장난 지역에서는 종교적이고 마술적인 의식이 폭넓게 이용되었다. 처음에는 그저 점술이었지만 시간이 지나며 질병 치료로 바뀐 의식도 있었다.[29] 팡징저우가 들여다본 상하이 역시 마찬가지였다. 서의와 여러 개혁적 지식인은 의료 행위와 종교의식의 혼재를 오랫동안 비판해왔다.[30] 국민당 정부 역시 1928년과 1929년 양쯔강 이남에서 강력한 미신 타파 운동을 시행했다. 상황이 이러할진대 서양의학과 중국의학의 대결이 벌어지던 1929년, 의료 행위와 종교의식의 친연성은 중국의학의 가장 큰 약점일 수밖에 없었다.[31] 위옌이 중국의학을 근절해야 하는 네 가지 근거로 정부의 미신타파 운동을 꼽은 것은 우연이 아니었다.

정치적 투쟁에 앞장섰던 중의들은 서로 다른 입장을 취했으며, 중국의학의 발전 방향을 두고 갈등을 보이기도 했다. 그러나 '미신'만큼은 모두가 반대했다. 그들은 의학에서 종교의식을 제거하고자 했다. 사실 이와 같은 거리 두기는 청말의 유의까지 거슬러 올라갈 수 있었다. 이를테면 18세기의 어떤 유의는 축유[14]를 정신질환을 치료하는 민간요법으로 보았다.[32] 이러한 흐름의 연장선상에서 중의 대부분은 중국의학을 하나의 종교의식으로 지켜내야 한다는 주장에 반대를 표했다.

이런 배경을 염두에 두었을 때 주목할 만한 지점이 있다. 팡징저우는 집단의 경계를 일정 수준 이상으로 통제할 수 있는 집단이 적어도 다섯 개는 된다고 보았다. 이는 실선으로 구분되어 있다. 서의가 공식적으로 900명이었던 것과 대조적으로, 1933년 상하이에서 면허를 가진 중의는 5,477명에 달했다.[33] 이 중 대다수는 젊고 개혁적인 구의舊醫中之青年覺悟波[26], 선저우의학회[29]를 포함한 보수파[28], 상하이 국의관분관[34], 유리내외방파[39], 중서학교파[25]의 다섯 집단에 소속되어 있었다

앞서 간략히 소개한 유의의 역사를 생각해보면 팡징저우가 유리내외방파에 비판적이었다는 사실이 의아할 수 있다. 나는 '유의' 대신 송명이학의 영향을 강조한 팡징저우의 '유리내외방파'라는 용어를 그대로 사용한다. 그가 사용한 합성어 '유리'는 '리理'를 강조하는 말이다. '리'는 어떠한 패턴이나 이론을 가리키는 말이기도 하지만 송대 이후에는 '이학'이라는 단어처럼 송명이학을 의미하기도 했다. 팡징저우는 '유리내외방파'라는 말로써 중국의학과 송명이학의 연관성을 강조하고자 했다. 사실 유리내외방파를 향한 팡징저우의 비판적인 태도는 개혁적 성향의 중의에게서도 발견된다. 예를 들면 중국의학의 마르크스주의적 해석을 선도한 것으로 이름이 높았던 중의 양쯔민揚則民은 중의들이 금원 이후로 송명이학을 모방하여 경험을 바탕으로 한 중국의학을 '성',

'리', '기'와 같은 철학적 개념으로 재구성했다고 주장했다. 양쯔민은 이런 이론적 개념들이 임상에 깊이 침투하여 여러 의학자가 "약재의 본성을 오색오미五色五味로 분류하고, 약재의 모양으로 쓰임을 설명하며, 송명이학으로 맥진과 처방을 정당화하기에 이르렀다"[34]고 썼다. 위옌이나 장빙린과 마찬가지로 송명이학이 중국의학의 경험주의를 망쳐버렸다는 결론이었다.

팡징저우가 보기에 당대의 유리내외방파는 대개 수련을 받은 적도 없고 경험도 일천한 글쟁이에 지나지 않았다. 늦은 나이에 의업을 선택한 이들은 의서를 유교 경전처럼 읽었고, 따라서 여러 의학자의 신뢰성을 송명이학에 대한 통달 여부로 평가했다. 1904년 청 조정이 과거를 폐지한 뒤 전통적 학문이 가치를 잃으면서 많은 이들이 상하이로 이주하여 의업을 선택했다. 어떤 이들은 지식인이 의료 영역에 유입된 사실을 긍정적으로 평가한다. 의료의 사회적 위신을 올려주었기 때문이다. 그러나 팡징저우는 반대였다. 그가 보기에 이는 중국의학을 망치는 일이었다. 책을 보며 의학을 독학한 이들은 임상 경험이 없기 때문이었다.[35]

팡징저우는 유리내외방파와 달리 선저우의학회[29]에는 호의적이었다. 선저우의학회의 전신인 상하이의회上海醫會는 1912년에 설립되었다. 중국의학 최초의 조직화된 협회였다. 상하이에는 적어도 네 개의 협회가 있었는데, 팡징저우는 그중에서도 리핑수李平書, 1854~1927가 설립한 상하이의회를 높게 평가했다.[36] 교육, 은행, 수도, 전기, 보험, 자치 그리고 반아편 운동을 포함해 여러 방면에서 상하이의 근대화를 이끌었기 때문이다.[37] 아버지와 할아버지가 모두 중의였던 리핑수는 의학에 밝았고, 청말 고관대작 몇몇을 치료하면서 이름을 높였다. 당시 리핑수에게 치료를 받았던 관료 중에는 근대화를 이끈 것으로 명망이 높았던 선쉬안화이盛宣懷, 1844~1916도 있었다.[38] 리핑수는 1903년, 황실에서 일하던 천롄팡陳蓮芳, 1839~1916을 비롯한 여러 중의와 함께 상하이의회를 설립했다.[39] 1904년에는 여성 서의였던 장주쥔張竹君, 1876~1964과 함께 여성을 위한 최초의 근대 의학교를 세우기도 했다. 여기에서 리핑수는 중국의학을, 장주쥔은 서양의학을 가르쳤다.[40] 두 사람은 1908년 다시 힘을 모아 상하이에 중국의학과 서양의학 모두를 시행하는 여자중서의양병원女子中西醫養病院을 설립했다.[41] 리핑수는 중국의학과 근대화를 대치되는 것으로 생각하지 않고 전통적인 중국의학을 근대화하기 위해 열과 성을 다했다. 그가 1912년에 일본으로 건너갔을 때는 노력이 대부분 수포로 돌아갔지만 말이다. 리핑수의 사례는 넓고 깊게 탐구할 만하다.

선저우의학회의 시작은 1912년 '교육 체계에서의 중국의학 배제'에 맞서 중의들이 처음으로 전국적인 운동을 벌이던 시점으로 소급된다.[42] 이는 앞서 5장에서 다루었다. 운동을 주도하던 이들 중 하나였던 딩간런은 운동의 성공에 크게 고무되었다. 인류학자이자 역사가인 폴커 샤이트Volker Scheid는 딩간런과 400년 전통의 맹하학파孟河學派에 대한 책을 쓴 바 있다. 샤이트는 맹하학파의 흐름을 살피며 사제 관계와 가족 관계, 동료, 친구 등으로 긴밀히 엮인 연결망을 드러냈다.

민국기 최고의 의사 네 명 중 하나로 꼽히는 딩간런은 선저우의학회의 설립 과정에 참여하여 부회장을 역임했다. 또한 1916년에는 상하이중의전문학교를, 1921년에는 상하이중의학회를 설립했고《중의잡지中醫雜誌》를 발행하는 한편 가족, 동문, 학생들의 도움을 받아 병원을 운영하기도 했다.[43] 이 기관들은 서로 긴밀히 연결된 하나의 공동체를 이루어 3월 17일의 시위가 시작되었을 때 중의를 모으는 구심점으로 작동했다. 3월 17일의 시위를 앞장서서 주도했던 천춘런과 장짠천 모두 딩간런이 세운 상하이중의전문학교의 졸업생이었고, 다섯 명으로 구성된 대표단의 수장이었던 셰관은 그 학교의 첫 학장이었다. 딩간런의 둘째 아들이자 대학을 운영하는 데 힘을 보탰던 조교 딩중잉은 1929년의 시위가 진행되는 동안 전국의약단체총연합회의 이사로 선출되었다. 국의운동에서 이들이 보였던 활약상은 맹하학파가 근대 중국의학의 발전에 미친 수많은 영향의 일부에 지나지 않았다.

샤이트가 적절히 지적했듯, 딩간런은 중국의학의 근대화를 제도와 개념이라는 두 가지 차원의 문제로 나누고 각각에 대해 다른 전략을 수립해야 한다고 생각했다. 딩간런과 그의 제자들은 근대적인 중국의학 단체를 조직하기 위해 노력하는 한편,[44] "서양의학은 중국의학을 발전시키는 데 아무런 도움이 되지 않기 때문에 전적으로 배격해야 한다"[45]고 생각하기도 했다. 1926년에 사망한 딩간런은 1929년의 시위에 참여하지 못했다. 대신 둘째 아들 딩중잉과 딩간런의 공식 후계자인 손자 딩지완丁濟萬, 1903~1963이 시위를 주도했다. 그럼에도 딩간런을 비롯한 원로들은 중국의학의 과학화라는 기획에 찬성하지 않았다. 샤이트의 말처럼 딩간런과 윈톄차오, 셰관을 비롯한 맹하학파의 중의들은 "중국의학을 사수하려는 보수적인 집단에 속해 있었다".[46] 그러나 이러한 입장이 상하이 맹하학파 모두를 대변하지는 않았다. "친구, 동료, 심지어 제자까지, 많은 이들이 모여 다른 조직을 만들었다."[47] 선저우의학회의 여러 원로와 국의관을 주도하던 젊은 개혁가들의 관계는 상당히 좋지 않았다.[48] 국가가 국의관을 설립하자 중국의학의 과학화에 반대하던 중의들은 곧 주변부로 밀려났다. 팡징저우는 도해에서 이들을 '낙오된 구의落伍舊醫'[42]라 표현했다.

팡징저우가 보기에 중국의학에 희망이 있다면, 그것은 젊고 개혁적인 구의[26]뿐이었다. 도해에서 이들을 나타내는 부분이 가장 큰 원의 둘레를 넘어가게 그려진 이유였다. 중의 집단 가운데에서는 이들만이 이렇게 표현되었다. 팡징저우에 따르면 이들은 중의로 양성되었으나 중국의학의 불합리함을 깨우치고 근대 서양의학을 수용했다. 다만 불행하게도 공식적인 교육 과정을 이수하지 않은 까닭에 중의로 분류되어 다른 의사와의 경쟁에서 어려움을 겪을 따름이었다. 이러한 곤란함을 표현하기 위해 팡징저우는 젊고 개혁적인 구의[26]를 보수파[28]와 외국인 의사[1] 사이에 위치시켰다. 팡징저우의 태도는 무척이나 동정적이었다. "근대 의학을 실천하는 데 주저함이 없었던 이들은 무척이나 괴로운 상황에 처해 있었다. … 이들은 낡은 의학의 이론적인 논의에 갇히지도, 낡은 의학의 역사나 문헌을 파고들지도 않았다."[49]

구체적으로 이름을 명기하지는 않았지만, 팡징저우는 분명 판싱준范行準, 1906~1998과 같은 이를 염두에 두고 있었다. 판싱준은 이후 널리 존경받는 중국의학사가이자 만인의 스승이 되는 인물로, 90대에 이르기까지 베이징중의약연구원北京中醫藥研究院에 있었다.[50] 어떤 면에서 그가 의학사에 관심을 가지게 되었던 것은 팡징저우가 묘사했던 상황 탓이었다. 그러나 더 중요한 이유는 위옌과 마찬가지로 판싱준 역시 역사를 중국의학의 개혁을 촉진하는 효과적인 도구로 보았다는 점이다. 이와 같은 역사의 정치적 기능은 문화적 민족주의와 결합하여 의학사 연구를 향한 관심을 창출해냈고, 재능 있고 헌신적인 학생들을 끌어들여 결과적으로 의학사를 하나의 학문 분과로 정립하는 동력이 되었다.[51] 그러나 한편으로 이는 오랫동안 중국의학사의 역사 기술을 한정 짓는 족쇄가 되기도 했다. 하여간 팡징저우 등이 보기에 판싱준과 같은 이들은 희망의 상징과 같았다. 서양의학이 옳음을 인정하면서도 소통을 추구하는 구의溝通派之舊醫[35]와 달리 서양의학과 중국의학의 결합을 시도하지 않았기 때문이다. 오히려 이들은 가까운 미래에 '중국의학의 과학화'를 가장 매섭게 비판할 것이었다. 팡징저우는 옳고 그름을 분별하고 오류를 단호하게 거부하는 이들의 모습에서 진정한 계몽의 모습을 발견했다.

6. 4. 중국의학의 체계화

중국의학으로 분류될 수 있는 다섯 개의 단체 가운데, 중서학교파[25]만이 홀로 떨어져 '혼돈의약'의 범주에 놓여 있다. 여기저기 세워지던 잡종 의학교를 향한 팡징저우의 시선이 그리 곱지만은 않았음을 보여주는 대목이다. 중의들은 청말 이후부터 중의학교를 설립했고, 1920년대에는 중의학교의 합법화를 위해 여러 활동을 펼쳤다. 그리고 이러한 흐름은 1929년의 대립을 즈음하여 질적인 면과 양적인 면 모두에서 큰 변화를 겪었다. 당대의 반응을 살피기 위해 1928년에 발표된 룽시부이隴西布衣의 글을 읽어볼 수 있겠다. 상하이에 있던 중의학교 일곱 군데의 교육 과정과 역사를 다루는 이 글에서 룽시부이는 중의전문학교 건립을 위한 딩간런의 노고를 상찬해 마지않았다. 그러나 비판도 함께였다. 근대 서양의학이 포함되지 않은 5년의 교육 과정은 그저 "진보를 저해"할 뿐이라는 평이었다.[52] 1926년에 세워진 여자중의전문학교 역시 마찬가지였다. 룽시부이는 이렇게 말했다. "낡은 [의학] 고전의 해석에 매달리고, 서양의 방법에서 고개를 돌렸으며, 그러하기에 근대 사회의 흐름에 걸맞지 않다."[53] 딩간런의 공이야 높게 기릴 일이었지만 말이다. 이와 같은 관점은 팡징저우의 도해에서도 반복되었다. 전통구의傳統舊醫[33], 즉 '전통 의학을 행하는 낡은 의사'에서 뻗어 나온 화살표는 표를 가로질러 '뒤처진 낡은 의사'로 향한다. 공교롭게도 '뒤처진 낡은 의사'인 낙오된 구의[42]는 중서학교파[25] 바로 위에 놓여 있다. 당시 중국의학의 오랜 전통을 완고히 고수하던 이들은 시대에 뒤떨어졌다는 비난을 들었다. 중의학교를 세우는 데 열을 올리던 이들에게서 나온 말이었다.[54] 물론 룽시부이는 딩간런 일파에 비판적이었다. 그럼에도 불구하고 그가 보기에 대도시 상하이에서 살아남을 법한 학교는 단 하나뿐이었다. 누구보다 전통을 고수하던 중의전문학교였다.[55]

딩간런이 설립한 두 학교와 비교했을 때 나머지 다섯 군데의 학교에서는 서양의학을 더 많이 가르쳤다. 어떤 이는 상하이중국의학원上海中國醫學院과 딩간런의 학교를 비교하는 표를 만들기도 했다. 의학원은 저명한 학자 장빙린을 명예 원장으로 모시고 1927년에 개교한 학교였다. 당대에 만들어진 이 표에 따르면 의학원은 서양의학에 좀 더 열려 있었고,[56] 각 과정에 대한 최신의 '강의록'을 제공했다. 오로지 중국의학의 고전만을 가르치는 딩간런의 학교와 대조되는 부분이었다.[57] 당시에 사용되던 교재 172편이 베이징중국의학원北京中國醫學院 박물관에 보관되어 있는데,[58] 이 중 75편 이상에 '강의講義'라는 제목이 달려 있다. 이는 일본어에서 차용한 말로, 근대적인 교수 방식을 지칭하는 단어였다.[59] 강의록의 편찬은 전통적인 도제 교육과 고전 강독이 교실에서 진행되는 강의로 대체되는 과정을 단적으로 드러낸다.

1932년, 팡징저우는 사람들이 전통적인 도제 교육을 받지 않은 중의학교 졸업생을 신뢰하지 않는다고 주장했다.[60] 그러나 사실은 달랐다. 1929년의 대립 이후 중의학교의 수는 폭발적으로 증가했다. 1928년부터 1937년까지 설립된 중의학교의 수가 1928년 전에 설립된 수의 세 배를 넘을 정도였다.[61] 1935년에 들어 정부가 중국의학과 서양의학을 동등하게 대우하는 정책을 공포하면서 중의학교의 수는 급증하게 되었다.[62]

6. 5. 결론

팡징저우가 보기에 중의학교는 퇴행의 지표였다. 이런 학교를 졸업한 이들도 끔찍하기 이를 데 없었다. "그들은 양약을 쓰고 주사를 놓는다. 전통 약재만을 사용하는 사람은 찾아보기 힘들다. 서양의 치료법을 이용하는 그들은 서의공회의 회원이기도 하다."[63] 서의들의 공개적인 비난이 되풀이되었지만,[64] 그렇다고 중의들이 큰 문제를 겪은 것은 아니었다. 중의들이 중의학교를 설립하여 중국의학과 서양의학의 '통합'에 열을 올리자, 서의들은 그러한 노력이 그저 '잡의雜醫', 즉 잡종의학을 만드는 것에 지나지 않는다고 평했다.

팡징저우는 새로운 의학의 출현에 넌더리를 냈다.

> 10년 전만 하더라도 의학은 오래된 것과 새로운 것, 두 가지뿐이었다. 오래된 의학을 행하는 이들은 나름의 경험과 기술을 가지고 있었지만, 감히 새로운 의학을 안다고 말하지 않았다. 반대도 마찬가지였다. 구분은 깔끔하게 유지되었다. … 지난 10년 동안 '새로운 의학과 오래된 의학을 통합'하려는 기회주의자들이 나타났다. '중풍'과 뇌출혈이 같은 병이라는 등, 이치에 맞지 않는 말을 뇌까리는 이들이다. 실로 재앙이 아니라 할 수 없다.[65]

그의 관점에서 서의공회의 창립과 중국의학과 서양의학을 모두 가르치는 학교의 설립, 잡종의학의 탄생 전부가 상하이의 의료에 혼란만을 가져올 뿐이었다. 가중되는 혼란, 도해는 정확히 이것을 보여주고자 했다. 인력의 이동을 나타내는 화살표 역시 혼란에 혼란을 더했다. 도해 중앙에 있는 작은 원에는 '중앙주사中央主事'[43]라는 말이 쓰여 있다. 전체를 책임지는 기관을 의미하는 이 말에는 커다란 물음표가 달려 있다.

팡징저우는 서양의학을 행하는 이들과 국민당 정부가 비슷한 문제를 마주하고 있다고 생각했다.

> 국민혁명이 성공한 잠깐의 기간에 수많은 일이 산적해 있었다. 군벌을 토벌하고(오래된 의학을 폐지하고), 공산당을 쓸어내고 국민당을 숙정하는 한편(잡다한 의료를 법으로 금하는 한편), 나라의 기틀을 세우는 데 애쓰고(의학 교육과 연구를 촉진하고), 군사 침략을 막아낸다(외국으로부터의 문화적 침략을 방어한다). … 의료인이 마주한 이와 같은 문제의 해결을 위해서는 정치의 협조가 필수적이다.[66]

팡징저우의 말처럼 서의들은 '정치'가 중국의학과 의료의 혼란이라는 문제에 대해 궁극적인 해결책을 제공해주리라 믿고 있었다. 그러나 팡징저우는 사태의 원인을 제대로 바라보지 못하고 있었다. 오히려 당시의 상황은 국가를 통해 의료를 규제하려던 서의들의 시도에서 비롯한 결과였다. 팡징저우 무리는 자신들의 전략이 외려 의도치 않게 상대를 규합시켰다는 사실을 뒤늦게 알아차리고 말았다. 물론 이미 전국 단위로 연합하여 국가를 굴복시킨 중의에게 국가에 '저항'하는 일 따위가 성에 찰 리 없었다. 중국의학이 혼란스러운 상황에 빠졌으며, 자격 없는 의료인이 너무나 많다는 사실은 중의들도 익히 알던 바였다. 하지만 무엇보다 중요한 지점은 팡징저우와 마찬가지로 중의들 또한 문제에 대한 최선의 해법으로 정치를 생각하고 있었다는 점이다. 도해 중앙에 놓인 물음표를 제거하기 위해, 다시 말해 책임 기관의 부재를 해결하기 위해, 중의들은 준정부 기관이었던 국의관[34]을 중국의학을 관장하는 행정 기관으로 바꾸리라 다짐했다.

7장 동사로서의 과학: 중국의학의 과학화와 잡종의학의 부상

5·4운동을 일으켰던 진보적 지식인이 '과학'이라는 명사를 안착시키고 이를 '과학 씨'로 인격화했다면, 국민당 정부는 '과학'을 동사로 사용하는 데 앞장섰다. '중국의학을 과학화한다中醫科學化'는 기획을 대중화한 것이 대표적이다. 이러한 논쟁적인 사업이 어떻게 등장하게 되었는지 자세히 살펴보기 전에 한 가지 언어 현상을 먼저 살펴보자. 잘 알려지지는 않았지만 한번 돌아볼 만한 내용이다. 중국 사람들은 보통 중국어 '과학화하다科學化'를 서양 단어의 번역이라고 생각하지만, 그에 대응하는 영어 'scientize'는 사실 제대로 된 단어가 아니다. 워드프로세서에 'scientize'를 입력해보라. 맞춤법 검사기는 모조리 빨간 밑줄을 그어댈 것이다. 컴퓨터가 틀린 것 같다면 옥스퍼드 영어사전을 찾아보라. 'scientize'가 거의 쓰이지 않는 단어임을 알 수 있다. 옥스퍼드 영어사전에 나오는 몇 안 되는 인용문에서조차 따옴표에 둘러싸인 경우가 태반이다. '과학화하다'라는 말은 분명 과학이라는 개념에서 자연스럽게 바로 도출된 단어처럼 보이지만, 근대 과학의 개념을 함께 벼려낸 유럽의 국가들은 '과학'을 동사로 사용할 필요성을 느끼지 않았다. 극명히 대조적으로 현대의 중국, 일본 그리고 한국에서는 '과학화하다'는 말을 일상적으로 쓰는데 말이다. 따라서 중국인이나 일본인, 한국인이라면 서양인이 '과학화하다'라는 말을 사용하지 않고도 과학을 할 수 있다는 점이 의아할 수 있다.

'과학화하다'라는 말이 동아시아 지역에서 만들어졌다는 점을 고려한다면, 과학화 담론을 유럽 근대성 담론의 복제 정도로 치부할 수는 없다. 그러나 유감스럽게도 내가 아는 한 여러 연구자는 동아시아 과학화 개념의 계보와 유통을 연구하기는커녕 개념의 국지성조차 알아차리지 못하고 있다. 이 장에서는 동아시아의 역사를 다루는 대신 중국에만 초점을 맞춰 '중국의학의 과학화' 기획이 민국기 중국에서 과학화 개념을 보급하는 데 선구적인 역할을 했음을 논할 것이다. 국민당의 몇몇 이론가들은 과학화 개념을 과학주의와 문화민족주의 사이의 갈등을 완화하는 도구로 이용했으며, 그러한 의미에서 '중국의학의 과학화' 기획은 근대성이라는 보편 개념과의 협상 과정에서 나온 중대한 혁신이었다.

이념적 도구의 역할에 더하여, '중국의학의 과학화' 기획은 4장의 핵심 주제, 즉 거물급 인물들이 중국의학과 서양의학 사이의 관계를 상정하는 방식에 큰 변화가 일어났음을 드러내는 신호탄이기도 했다. 이 장에서는 1956년 마오쩌둥이 지지를 표명했던,[1] 그리고 오늘날의 중화인민공화국이 추진하고 있는[2] '중국의학의 과학화' 기획이 1931년 국의관 설립을 결정했던 국민당 정부에 의해 최초로 제안되고 대중화되었다는 사실을 다루고자 한다. 국의운동의 지지자들이 중국의학을 국가의료 체계에 편입시키기 위해 분투하는 동안, 많은 유명 인사들은 위옌이 제시한 이론, 중약, 경험의 삼분 구도를 받아들이고 중국의학이 철저하게 '과학화'될 필요가 있음을 인정했다. 여기서는 '중국의학의 과학화' 기획의 발단과 이념적 맥락, 그리고 이를 둘러싼 논의에서 발전된 세 가지 입장을 추적한다. 특히 '비려비마', 즉 '나귀도 아니고 말도 아니다'라고 묘사되었던 새로운 종류의 중국의학을 이해하기 위해, 중국에서 발명된 과학화라는 기획이 어떻게 추진되고 형성되었으며 '잡종의학'의 존재 자체에 의문을 제기했는지 역시 살펴볼 것이다.

7. 1. 국의관

1929년 3월의 대결 직후, 과학은 서로 경쟁하는 여러 의료인 집단과 국가 관료 집단이 타협할 수 있는 완충지대로 떠올랐다. 위옌이 중국의학의 폐지를 뒷받침하기 위해 제시한 네 가지 근거 가운데 두 가지는 과학의 결핍과 관련한 내용이었다. 중국의학의 이론과 진단이 과학적이지 못하다는 공격이었다. 중의들은 여러 주요 신문을 통해 발표한 탄원에서 "[중국의학의] 이론이 과학과 양립할 수 없기에 세계 학계가 중국의학을 신뢰하지 않음"[3]을 공개적으로 시인했다. 더 나아가 중국의학을 폐지한다는 결정에 항의하는 수많은 전보에 답하며,

위생부 역시 다음의 내용을 반복해서 강조했다. "중약은 장려하려 한다. 중국의학은 개선하고 과학화하고자 한다."[4] 이 시점부터 위생부와 교육부는 과학적인 방법으로 중국의학을 발전시킨다는 생각에 합의를 이룬 것으로 보인다. 어떤 중의는 이렇게 썼다. "격렬한 대결의 결과 휴전이 선포되었다. 중국의학은 과학화되어야만 한다."[5]

휴전은 국민당 정부가 국의관의 설립과 자금 지원을 결정하면서 정식으로 공표되었다. 1929년의 대립으로부터 1년 정도 지난 즈음인 1930년 3월 17일, 현직 주석이자 초대 주석인 탄옌카이와 입법원 원장 후한민胡漢民, 1879~1936을 비롯한 국민당 중앙정치위원회 위원 7인은 국술관을 본뜬 국의관의 설립을 제안했다. 이에 따르면 기관의 주요 목적은 "중국의학 학습의 체계화와 과학적 방법을 통한 중약 연구"[6]였다. 정부의 행정, 입법 분과의 여러 수장이 이를 지지했기에 중앙정치위원회는 결의안을 통과시키고 국민당 정부에 결과를 통보했다. 후에 이 소식을 전해 들은 서의들은 기관 설립의 배경에 국민당의 여러 '거물'이 있었다는 사실에 실소를 금치 못했다.

5장에서 언급했듯이 국의관의 개념은 중의들이 처음으로 고안한 것으로, 정부에 기관 설립을 제안한 주체 역시 새로 조직된 중의 단체인 전국의약단체총연합회였다. 중의들의 목표는 어디까지나 중국의학의 교육과 실천을 스스로 규제하는 행정 권력의 창출이었고, 따라서 원안에 포함된 세 가지 과제 어디에도 과학이라는 말은 존재하지 않았다. 그러나 1930년 4월 국민당 정부가 제안을 승인하면서, 총연합회의 핵심 인물들은 국의관 기획에 대한 통제권을 온전히 상실했다. 난징 정부 내에서 국의관 설립을 위해 이런저런 일이 진행되고 있었지만, 여덟 달이 넘는 기간 동안 이들은 아무런 소식도 듣지 못했다. 결국 1930년 12월 총연합회 상임위원회는 기획의 진척을 알아보기 위해 난징에 대표단을 파견했다.[7] 국의관을 행정 기관으로 전환해야 한다는 제안서도 함께였다.[8] 난징의 분위기는 우호적이었다. 그러나 상하이로 돌아온 대표단의 마음은 편치 않았다. 자신들이 요청한 바와 달리 국의관에 행정적 권한이 부여되지 않을지도 모른다는 걱정 탓이었다.[9]

국의관이 1931년 3월 17일에 설립되었다는 점은 매우 상징적이다. 상하이에서 진행되었던 시위로부터 정확히 2년이 지난 시점이기 때문이다. 이는 국의관이 중의가 집단 투쟁으로 어렵게 얻어낸 결과임을 드러낸다. 개관식의 좌장을 맡았던 국민당 정치가 천위陳郁, 1901~1974는 국의관의 설립 목적을 다음과 같이 밝혔다. "저는 오늘 이 자리에서 무엇보다 중요한 사실, 즉 중앙정부가 국의관 설립을 결의한 제일 목적을 말씀드리려 합니다. 중앙정치위원회 위원이 제안한바, 국의관의 설립은 국의와 국약을 과학적인 방법을 통해 정리整理하기 위함입니다."[10]

천위는 '제일 목적'을 반복하여 강조함으로써 이것이 정부와의 거래임을 분명하게 표현했다. 국가 지원을 받는 국의관을 원한다면 국민당 정부가 내세운 목적을 받아들여야만 했다. 그 결과 "이 기관의 목적은 과학적 방법을 채택함으로써 중국의학을 정리하고 질병 치료와 약물 제조를 향상하는 데 있다"[11]는 내용이 국의관 설치안의 첫 번째 조항으로 삽입되었다. 국의관의 목적은 국수로서의 중국의학을 보존하는 데 있지 않았다. 공식적으로 선언된바, 그것은 "중국의학을 동양 문화의 대표로서 '세계의학世界醫學'으로 변모"[12]시키는 데 있었다.

국의관에 행정적인 권한이 부여되지는 않았지만, 중의들은 그들이 처음 제안했던 준공식 조직이 아닌 공식 조직을 갖추게 되었다는 사실에 기쁨을 금치 못했다.[13] 당대에 출간된 여러 중국의학 학술지에는 그들의 희열이 그대로 담겼다. 그러나 그러한 거래의 결과, 중의들은 중국의학을 '정리'하고 과학화할 필요성을 받아들이기 시작했다.

지금까지 우리는 중국의학과 과학을 결부시키는 두 가지 방식을 살펴보았다. 첫 번째는 과학적 방법으로 중국의학을 '정리'한다는 것이었다. 여기에서 '정리'란 일상적인 의미보다는 중국 전통의 '국고國故'를 정리한다는 의미로 쓰인 말이었다. 장빙린은 '국고'라는 단어를 통해 이러한 문화적 인공물, 사상 그리고 관습이 모두 과거의 것임을 드러내고자 했다. 존 피츠제럴드John Fitzgerald가 통찰력 있게 지적했듯, 일견 학문적 시도처럼 보이는 '국고' 연구는 그가 '박물관화'라고 불렀던 정치적 운동과 밀접한 관련이 있었다. 근대화를 지지하던 이들은 중국 문화에서 여전히 통용되던 여러 요소를 국학國學이라는 미명 아래

박물관에 가두고자 했고, 이로써 관람자가 이러한 요소를 과거의 것 또는 가까운 미래에 스러져버릴 것으로 인식하도록 의도했다.[14] 중국의학의 역사와 중국의학 박물관 건설을 향한 관심 역시 이러한 넓은 흐름의 연장선상에 있었다.[15] 과학화를 '정리'로 정식화한 첫 번째 방식은 과학적 방법을 강조하는 동시에, 중국의학을 중국의 과거로 몰아내고자 했다.

중국의학을 정리한다는 첫 번째 정식화가 중국의학을 낡은 것으로 격하했다면, 두 번째 정식화인 '과학화'는 중국의학을 과학의 한 요소로 전환하여 근대화된 중국에 어울리는 이로운 것으로 변화시키려는 시도였다. 다시 말해 '중국의학의 과학화'라는 국민당의 기획은 '과학화'라는 단어를 만들어냄으로써 중국의학과 근대 과학의 대립이 필연적이지 않을 수도 있다는 새로운 가능성을 보여주었다. 그러나 '과학화'는 새롭게 만들어진 불명확한 의미의 단어였기 때문에, 과학화 논쟁이 격화되며 서로 다른 함의가 분명해질 때까지는 중국의학과 과학을 연결하는 두 방식이 한데 뒤섞이곤 했다. 일단 여기에서는 두 의미가 분리되지 않았던 당대의 흐름을 그대로 따라가보자. 중요한 점은 1920년을 전후로 딩푸바오가 이미 '중국의학의 과학화'라는 구호를 내놓았지만, 국의관 설립을 위한 자금이 지원되기 전까지만 해도 이러한 생각이 그리 널리 퍼지지 못했다는 사실이다. 국의관은 중국의학의 과학화 기획을 향한 중의의 태도가 급변하는 결정적인 계기였다.

과학주의를 20세기 중국에서 가장 지배적인 이념으로 군림하게 했던 1919년의 5·4운동과 1930년대의 과학화 기획 사이에는 상당한 시차가 있다.[16] 많은 지성사가는 1919년 이후 중국의 지성계를 과학주의가 지배한다고 전제했고, 그러하기에 당대의 중의 대다수가 과학을 사회에 안착시킨 진보적 지식인의 행보를 따르지 않았다는 사실을 간과하곤 했다. 과학화 기획은 국의관의 설립 이후에야 빠르게 유행하기 시작했고, 서의와 중의 진영은 둘의 싸움이 새로운 국면에 접어들었음을 알아차리게 되었다.

중의들이 중국의학의 과학화 기획을 수용했다는 사실은 여러 서의, 특히 위옌을 달뜨게 했다. 1929년 3월, 자신의 제언이 보류되는 일을 겪었으니 여전히 실망감에서 헤어나오지 못했으리라 생각할 수도 있겠다. 그러나 그로부터

2년이 지난 1931년, 그는 "의학혁명의 이론적 차원"에서 거둔 승리를 뜨겁게 자축했다. "자신을 중의라 생각하는 이들이 이제 중국의학이 과학적 방법에 따라 정리되어야 한다는 생각을 공개적으로 지지"하기 때문이었다.[17] 후일 위옌은 중국의학의 과학화를 위하여 국의관이 설립되었다는 소식을 듣고 "기쁨에 겨워 며칠간 잠을 이루지 못했다"[18]고 회상했다. 1932년에 출간된《의사회간醫事匯刊》에서는 국의관의 과학화 기획을 자신이 추진했던 중국의학 혁명의 주요 성과로 추어올리기도 했다.[19] 위옌이 보여주듯, 서의들은 중국의학의 과학화 기획을 향한 중의의 분명한 태도 변화를 목도하고 있었다.

물론 1920년대 초반에도 과학화 기획을 지지하던 중의가 없지는 않았다.[20] 그러나 대다수는 기획이 빠르게 대중화된 이후에야 상황의 변화를 인지했다. 이를테면 천페이즈陳培之는 이렇게 썼다.

> 불과 5, 6년 전인 1929년과 1930년만 하더라도 소수의 선각자만이 중국의학이 과학으로 정리되어야 한다고 생각했다. 과학화 기획은 대중화되기에 너무나 이상적이었다. 그러나 탄옌카이와 후한민이 중국의학을 정리하기 위해 국의관 설립을 제안한 이후, 몇 년 만에 중의 대부분이 중국의학을 다시 평가하고 과학의 원리에 기초하여 정리해야 한다는 주장에 동의하게 되었다.[21]

비단 천페이즈뿐만이 아니었다. 수많은 중의가 국의관이 설립된 1931년 이후 과학화 기획이 빠르게 대중화되었음을 증언했다.[22] 중국의학의 과학화라는 생각은 특정 사상가나 의학자 개인이 아닌, 중국의학의 첫 번째 준공식 조직인 국의관에 의해 대중화되었다. 중의들이 보기에 이는 국민당 정부의 정치적 전략에서 직접적으로 비롯한 결과였다.

7. 2. 중국 과학화 운동

1929년의 대립 이후, 서양의학과 중국의학을 지지하던 양쪽 진영 모두는 휴전의 조건으로 중국의학의 과학화 기획을 받아들였다. 그러나 정부가 주도한 휴전에는 어딘가 이상한 부분이 있었다. 의료 정책에 대한 논의가 부재하다는 점이었다. 중국의학을 국가의 교육 체계와 의료 체계에 수용할 것인가 또는 불법화할 것인가. 과학화 기획에는 이에 관한 내용이 없었다. 아무것도 결정되지 않은 상황에서, 사람들은 그저 정부의 입장 표명을 기다릴 뿐이었다. 그럼에도 양 진영은 중국의학의 과학화 기획을 수용했다. 1929년의 대립에 참여했던 이들 가운데 의료인이 아니었던 사람들은 대개 보건의료 정책보다는 중국의 근대화 자체에 관심을 기울였기 때문이다. 여기에서는 1장에서 강조한 바와 같이 서로 다르지만 상호 연관된 두 가지 문제, 즉 국가의 보건의료 정책에서 중국의학의 역할이라는 문제와 근대화로서의 과학이라는 문제가 겹쳐져 있었다는 점이 매우 중요하다. 국가가 제안한 중국의학의 과학화 기획은 양 진영 모두에 의해 수용되었지만, 정책 차원의 문제는 여전히 해결되지 않은 채 남아 있었다. 결국 이는 과학의 문화적 권위를 둘러싼 더 넓은 의미의 이데올로기 투쟁이 벌어지는 중간 지대가 되었다.

중국의학의 과학화 기획에서 가장 중요한 점은 이를 휴전의 표식으로 공표한 주체가 다름 아닌 국민당 정부였다는 사실이다. 국민당 정부는 광의의 이데올로기 투쟁을 고려했을 때 이것이 나쁘지 않은 전략이라 판단했다. 민국기 중국의 근대성을 분석한 프라센지트 두아라가 지적하듯, 연구자들은 그간 과학주의가 1920년대 지식인들에게 미친 강한 영향에 대해서는 면밀히 살펴보았지만, "20세기의 국가가 근대성에 기여한 바에 대해서는 별다른 분석이나 저술을 남기지 않았다".[23] 더 나아가 그는 다음과 같이 썼다. "중화민국이 건국된 1911년 이후, 중국 정부는 '근대화를 통한 정당화'의 논리에 사로잡혀갔다. 근대적 이념의 실현 자체가 국가의 '존재 이유'가 되어간 것이다."[24] 국민당 정부가 준정부기관인 국의관 건립에 관여하고, 중국의학의 과학화를 기관의 공식 목표로 선언한 것은 모두 '근대화를 통한 정당화' 때문이었다.

중국의학의 과학화 기획은 과학의 이념적 권위에 주의를 기울이던 진보적인 지식인은 물론, 인습을 타파한 5·4운동의 계승자를 자임하던 국민당 정부 모두가 받아들일 만한 것이었다. 당대의 중국의학은 비과학적이며, 따라서 과학이라는 기준에 맞게 변화해야만 근대화되는 중국에서 살아남을 수 있음을 내포했기 때문이다. 이처럼 중국의학의 과학화라는 말은 매우 모호하고 복잡한 감이 없지 않았고, 그러했기에 표면적이고 한시적일지언정 근대 과학과 중국의학 사이의 긴장을 해소할 수 있었다. 근대화를 추구했던 위옌과 같은 지식인들은 자신들이 이데올로기 투쟁에서 역사적 승리를 거두었다고 판단했다.

이와 같은 이데올로기의 차원을 염두에 두면, 중국의학의 과학화 기획이 외따로 진행된 일이 아니라 '중국 과학화 운동中國科學化運動'이라는 더 큰 흐름을 선도했던 사건임을 알 수 있다. 중국 과학화 운동은 1932년 11월에 국민당 지도부와 자연과학자 몇몇이 시작한 것으로, 과학의 대중화 및 과학과 중국 문화의 조화를 목적으로 했다.[25] 중국의학의 과학화 기획과 중국 과학화 운동 사이에는 몇 가지 공통점이 있었다. 둘 다 '과학화'라는 단어를 내세웠다는 점 그리고 거의 같은 시기에 같은 인물들, 즉 천궈푸陳果夫, 1892~1951와 천리푸陳立夫, 1900~2001 형제에 의해 시작되었다는 점이었다.

천궈푸와 천리푸 형제는 지금 우리가 살피고 있는 의학과 이데올로기의 투쟁을 이해하는 데 빼놓을 수 없는 인물이다. 국민당의 간부이자 장제스의 오랜 정치적 동지였던 그들은 중국의학의 든든하고 굳건한 지원자이기도 했다. 천리푸는 국민당의 주요 이론가로서 국의관 이사회의 초대 회장을 지냈고, 형 천궈푸는 여기에 이사로 참여했다. 이들은 의학적·정치적·개인적 이유로 의학의 문제에 관심을 기울였지만, 사실 정식으로 의학을 공부한 적은 없었다. 천리푸는 피츠버그 대학교에서 채광공학으로 석사 학위를 받았고, 천궈푸의 최종 학력은 난징육군제사학교南京陸軍第四學校였다. 중국의학을 향한 평생의 지원이 순전히 문화민족주의의 영향으로 해석되는 이유이다.[26] 나는 이러한 기존의 이해를 반박하기 위해 9장에서 1940년대 당시 천궈푸가 자신의 정치적인 위치와 '개인적인 실험'을 바탕으로 중국 약재 상산常山의 항말라리아 효과를 과학적으로 입증하려 했음을 보이고자 한다.

천서우陳首가 박사 학위 논문에서 자세히 다루었듯, 이들 형제와 그들이 속해 있던 국민당 내부의 분파는 중국 과학화 운동을 주도하던 준공식 세력이었다.[27] 중국 과학화 운동의 중요성은 이것이 과학 대중화를 위한 중국 최초의 전국 단위 운동이었다는 것에 그치지 않는다. 천리푸가 '과학화' 개념을 발전시키고 이로써 과학의 개념을 전파하는 과정에서 민국기의 가장 독창적인 과학

철학자였던 구위슈顧毓琇, 1902~2002와 협력했다는 점도 못지않게 중요하다. 구위슈는 1928년에 매사추세츠 공과대학교에서 박사 학위를 받은 최초의 중국인이자 국립칭화대학國立清華大學 공학원工學院의 설립자였으며, 국제적으로 명망이 높은 과학자이자 시인이었다.[28] 국민당의 이론가로서 천리푸가 중국 과학화 운동을 추진했던 목적은 과학과 '전통문화' 사이의 긴장을 해소함으로써 국민당이 과학주의와 문화민족주의 모두와 동맹을 체결하는 데 있었다. 이런 정치적 지향 탓에 천리푸와 천궈푸 형제의 과학화 개념은 5·4운동이 불러일으킨 보편주의적 과학 개념과 날카롭게 대립했다.

이러한 배경을 감안하면, 천궈푸와 천리푸 형제가 중국 과학화 운동을 개시하기 20개월 전인 1932년 11월 국의관에 중국의학의 과학화를 주문했다는 점이 눈에 들어온다. 시차로 미루어보아 과학화 개념을 향한 이들 형제의 지대한 관심은 1929년의 대립 이후 중국의학을 지원하는 과정에서 생겨났을 공산이 크다. 그러하다면 중국의학을 향한 형제의 지원이 국민당 정부가 과학과 중국 문화 사이의 긴장을 해소하기 위해 과학화의 개념을 고안하는 데 도움이 된 셈이다. 다만 천서우가 지적한 바와 같이, 이러한 의도된 목적에도 불구하고 중국 과학화 운동은 중국 문화의 과학화라는 이들 형제의 고차원적이고 논쟁적인 목적을 실현하기보다는 구체적인 과학 지식을 대중화하는 데 집중되어 있었다.[29] 운동의 구호와 실제 현상 간의 괴리는 중국의학이 중국 문화의 과학화라는 천궈푸, 천리푸 형제의 사상을 확산하는 마중물이었을 가능성을 시사한다.

국의관이 설립된 1931년 이후의 흐름은 중국 과학화 운동이 과학과 중국 문화 사이의 긴장을 해소하기 위한 정치적 전략이었다는 해석을 뒷받침한다. 1932년 천리푸는 연설을 통해 중국 과학화 운동과 중국의 문화적 중흥의 관계를 강조했고, 1933년 6월 천궈푸는 국민당 중앙정치위원회에서 '중국의학 과학화의 필요성'이라는 제목으로 발표를 진행했다.[30] 두 연설은 모두 미국의 월간지 《대중 과학*Popular Science*》을 본떠 만들어진 중국 과학화 운동의 기관지에 실렸다. 천궈푸와 천리푸 형제는 과학과 중국 문화, 특히 중국의학을 대립 관계로 바라보는 시선에 맞서 과학화라는 개념을 바탕으로 상호 보완적인 관계를 구축하고자 했다. 과학화 개념의 새로운 사용은 중국 과학화 운동에서 중요한 역할을 수행했다. 중국 과학화 운동이 내건 세 가지 구호 가운데 하나는 "과학적 방법에 따른 중국 문화의 정리"[31]였고, 더 나아가 이 운동은 "중국 전통문화를 그저 '비과학적'이라는 이유만으로 폐기하거나 무시하는 이들"[32]을 향한 반대의 뜻을 분명히 밝히기도 했다. 중국 과학화 운동이 과학화 개념의 유행을 선도했던 1930년대,[33] 과학화라는 개념은 과학과 문화민족주의를 화해시키려는 국민당 지도부의 노력을 대표했다.

국민당은 5·4운동의 후계자를 자임했으며, 그러한 탓에 중국의학을 중국 문화의 상징 또는 근대 과학의 급진적 대안으로 추어올리지는 않았다. 이들은 대신 '과학화'라는 새로운 개념을 만들어 과학과 중국의학이 통념과 달리 대립적인 관계가 아닐 수 있음을 보이려 했다. 국민당 정부가 '담론'과 이데올로기의 장에서 길을 터준 이후, 중국의학의 과학화 기획은 중의가 '실천'의 장, 즉 이 책의 후반부에서 다룰 의학 이론과 교육, 연구 설계, 임상 진단, 치료, 인식론, 존재론과 같은 영역에서 중국의학과 과학의 관계를 달리 설정하도록 유도했다. 다시 말해 중국의학의 과학화 기획은 이념 투쟁의 종식을 상징함과 동시에, 국민당 지도부가 설정한 이데올로기의 중간 지대와 어떤 관계를 형성하느냐에 따라 중국의학의 향방이 달라질 수 있음을 보여주는 사건이기도 했다. 이처럼 이데올로기 담론과 의학 개혁이라는 상호 연관된 두 층위에 걸쳐 있던 중국의학의 과학화 기획은 과학과 근대성의 개념을 조율하는 가장 선명한, 그러하기에 가장 논쟁적인 실험이었다.

7. 3. 중국의학의 과학화를 둘러싼 논쟁: 세 가지 입장

국의관은 자신들이 제안한 중국의학 과학화의 두 가지 구체적인 방안을 실현하는 과정에서 큰 어려움을 겪었지만, 1929년의 대립 이후 결국 이 둘을 중심 의제로 올려놓는 데 성공했다. 1936년 중서의약연구사中西醫藥硏究社는 과거의 글을 묶어 '중의 과학화 논쟁中醫科學化論爭' 특별호를 두 차례에 걸쳐 발행했다.[34] 스물세 편의 글 가운데 발행 날짜가 확인되지 않는 한 편의 글을 제외하면, 1929년의 대립 이전에 발표된 글은 위옌의 〈우리나라 의학혁명의 파멸과 건설〉뿐이었다.[35] 나머지는 1929년 이후에 쓰인 글이었다.[36] 이는 1929년의 대립 이전까지만 해도 중국의학의 과학화 기획이 존재하지 않았다는 나의 주장을 뒷받침한다.

첫 번째 특별호의 서문에서 편집자는 스물세 편의 글을 세 가지 입장으로 분류했다.[37] 하나는 중국의학을 과학화할 필요가 없다는 견해로, 여기에는 중국의학이 과학과 양립할 수 있다는 입장도 포함되었다. 또 다른 하나는 중국의학을 과학화할 수 있다는 입장이었고, 마지막은 중국의학을 과학화할 수 없다는 입장이었다.

당대의 많은 이들은 중국의학과 과학의 관계에 대한 세 입장을 단순한 학문적 차이로 간주하기보다는 국의관이 설립된 1931년 이후에 펼쳐진 새로운 투쟁의 장을 상징한다고 보았다. 논문의 투고를 요청하며 편집자는 이렇게 명기했다. "중국의학의 폐지 문제는 사실 중국의학의 과학화 문제로 압축된다. 만약 중국의학이 과학과 양립할 수 있다면 당연히 그것을 보존하고 발전시켜야 한다. 그것이 아니라면 두 번 생각할 필요 없이 바로 폐지하면 된다."[38] 이 말이 보여주듯, 중국의학의 운명은 중국의학 과학화 기획과 밀접하게 연관되어 있었다.

1931년부터 1937년까지 진행된 여러 논쟁은 국의관이 1932년과 1933년에 발표한 중국의학 과학화의 두 가지 방안에 집중되었다. 나는 이제 첫 번째 방안인 〈중국의약의 학술적 정리를 위한 요지擬國醫藥學術整理大綱草案〉를 둘러싼 초기 논쟁을 살피며, 1929년부터 1932년까지 진행되었던 중국의학의 과학화 논쟁 속에서 앞서 이야기한 세 가지 입장이 조형되는 과정을 살펴보려 한다. 이른바 중의학의 이론과 실천의 핵심에 해당하는 '변증론치辨證論治'를 배태한 두 번째 논쟁은 8장에서 따로 다룰 것이다.

7. 4. 기화를 버리고 과학화를 택하다

두 번째 집단으로 논의를 시작해보자. 중국의학이 과학화될 필요가 있고 그럴 수 있다고 주장했던 천궈푸, 탄츠중譚次仲, 1887~1955, 예구훙葉古紅, 1876~1940?, 그리고 루위안레이陸淵雷, 1894~1955와 같은 이들 말이다.[39] 첫 번째 집단과 세 번째 집단이 각각 중국의학 과학화의 필요성과 가능성을 부정했기 때문에, 중국의학을 정리하기 위해 구체적인 계획을 마련하는 일은 자연스레 두 번째 집단의 몫이 되었다.

1932년 국의관은 설립안의 첫 번째 조항에 근거하여 루위안레이에게 〈중국의약의 학술적 정리를 위한 요지〉의 작성을 맡겼다.[40] 루위안레이는 중국의학의 과학화를 소리 높여 외치던 인물이었고, 따라서 문화적 특수주의의 틀로 중국의학을 바라보는 일에 극렬히 반대했다. 초안에는 중국의학의 과학화를 위한 다섯 가지 선결 조건이 제시되었는데, 그중 하나는 다음과 같았다. "무릇 하나의 존재에는 오직 하나의 이론만이 사실일 수 있다. … 하나 이상의 이론이 모두 참이라니, 받아들이기 힘들다."[41] 근대주의자의 귀에는 그저 당연하거나 심지어 순진한 소리로 들렸을 수도 있겠다. 그러나 이는 중의들이 과학적 실재론의 제로섬 게임에 처음으로 발을 들이는 순간이었다. 그 점이 중요하다.

4장에서 언급했듯이, 과학적 실재론의 헤게모니에 저항하기 위해 중의들은 위옌의 말마따나 '대결 장소를 피하는' 전략을 구사하곤 했었다. 불과 수년 전의 일이었다. 1920년대 초반 위옌이 중국의학을 비판했을 때 위젠취안과 윈톄차오는 장부나 경맥과 같은 중국의학의 개념이 기화의 영역에 있고, 그러하기에 서양 과학이 보이는 인식의 지평을 뛰어넘는다고 주장했다. 1890년대에 당종해가 이해했던 바와 같이, 위젠취안과 윈톄차오에게 기화란 통약 가능한 개념이 아니었다. 그것은 중국의학과 서양의 해부학을 날카롭게 가르는 통약 불가능성을 드러낼 뿐이었다. 그러나 루위안레이가 보기에 이러한 전략은 중국의학의 과학화를 가로막는 심대한 장애물이었다. 위옌의 '중국의학 혁명'을 열렬히 추종하던 그에게 중국의학의 과학화는 무엇보다도 선결되어야 할 과업이었다. "기화를 뿌리 뽑는다".[42] 루위안레이가 기고했던 글의 제목이었다.

아이러니하게도 권력의 추가 기울자 통약 불가능성은 양립 불가능성으로 쉬이 변해버렸다. 국의관으로부터 중국의학의 정리를 위임받은 이후, 루위안레이는 동료들에게 뼈아픈 양자택일을 강요했다. 과학화와 기화라는 두 가지 선택지 사이에 타협안은 있을 수 없었다.[43] 이는 다섯 가지 선결 조건 중 하나이기도 했다. 루위안레이의 글을 보자.

중국과 서양의 사고는 서로 같지 아니하다. 각각의 장단점도 마찬가지다. 그러니 모두가 참일 수는 없다. 중국의학을 행하는 이들은 서양의학의 단점과 중국의학의 강점 그 어느 것도 알지 못한다. 그저 절충안이랍시고 서양의학은 해부학에 능하고 중국의학은 기화에 강하다느니, 아니면 서양의학은 과학적이고 중국의학은 철학적이라느니, 그런 말을 뇌까릴 뿐이다. 한 가지 분명히 할 점은 개개의 질병은 모두 특수하다는 사실이다. 오직 하나의 이해만이 진실일 수 있다. [서양의학과 중국의학의] 이해 모두가 동시에 참일 수는 없다. 해부학이 거짓임을 증명하지 않는 한 기화와 해부학이 공존할 방법은 없다.[44]

두 유형의 의학을 비교하던 기존의 구도는 이처럼 비난의 대상으로 전락했다. 대신에 루위안레이와 동료들은 새롭고도 급진적인 비교 방식을 내놓았다. 이른바 존재론의 관점이었다. 위의 단락에서도 살펴보았듯이, 존재론의 개념틀 속에서 두 의학의 치료 효과를 비교하는 일은 무의미하거나 혹은 중요하지 않았다. 더 나아가 개별 질병 실체에 대한 단 하나의 진리만을 인정하는 태도 앞에서 두 의학의 비교는 제로섬 게임이 될 수밖에 없었다. "오직 하나의 이해만이 진실일 수 있다."

제로섬 게임의 형태는 분명 위옌이 참여했던 이전의 논쟁에서 비롯했지만, 초점은 이제 신체의 존재론이 아닌 질병 실체의 존재론에 놓였다. 질병의 개별성을 둘러싼 근래의 의학혁명이 가져온 결과였다.[45] "개개의 질병은 모두 특수하다"는 루위안레이의 말 또한 바로 여기에 바탕을 두었다. 더 중요한 점은 중의들이 '대결 장소를 피하는' 기존의 전략 대신 존재론의 쟁점에 경도되었다는 사실이다. 중국의학이 가정하는 여러 실체는 과연 실재하는가, 그리고 그 실체에 대한 이해는 정말 사실인가와 같은 문제 말이다. 그 결과 존재론은 중국의 보건의료 정책과 근대성의 향방을 결정하는 핵심 개념이 되었다. 이제 중국의학은 낯설디낯선 근대성의 존재론적 공간으로 향했다. 중국의학과 서양의학의 공존이 버겁게 느껴지는 비좁은 공간이었다.

탄츠중은 존재론적 전환의 영향을 가장 뚜렷하게 보여주는 인물이다.[46] 그는 루위안레이와 마찬가지로 위옌을 따랐고, 위옌이 편집하던 잡지에 여러 편의 글을 기고하기도 했다. 1929년의 대립으로부터 2년이 지났을 때 탄츠중은 위옌과의 대화를 담은 두 권의 책을 냈다. 《중국의학 과학화에 대한 나의 의견中醫科學化之我見》과 《중약 과학화를 위한 첫걸음中藥科學該初步》이었다.[47] 탄츠중에 따르면 이는 자신이 마음속에 품었던 야심 찬 계획인 '중국의학과 과학'의 5분의 1에 지나지 않았다. 그는 '과학화'라는 단어를 제목에 넣은 장문의 글을 몇 편 발표하기도 했다.[48] 탄츠중은 관찰 가능한 과학의 유물론과 관찰 불가능한 중국의학의 기화를 이분하여 대비하면서 과학화의 핵심이 기화의 물질적 기반을 마련하는 데 있다고 주장했다.[49] 그는 이렇게 썼다. "중국의학을 과학화할 방법이 없지 않다면, 즉 중국의학의 일부가 과학적 가치를 가진다면 이는 분명 물리적 형태와 물질적 기반을 갖춘 부분일 것이다."[50]

이러한 생각에 따라 탄츠중은 중국의학의 개념 열 가지, 즉 음양陰陽, 기혈氣血, 수화水火, 보사補瀉, 풍습風濕의 '물질적 기반'을 설명했다. 탄츠중은 자신만만했다. 시간이 흘러 세대가 변하면 자신의 해석이 새로운 상식이 되리라고 전망했다. 그러나 그의 '발견'은 끝끝내 인정받지 못했다. 사실 지금 보기에도 어딘가 이상한 점이 없지 않다. 예를 들어 그는 음양이 심장에, 풍이 뇌에 해당한다고 주장했다. 흥미로운 지점은 기존의 혈 개념을 서양의학의 혈액과 동일시했다는 점이다. 중국의학을 비판하는 이들이 보기에 이러한 주장은 그저 동어반복에 지나지 않았다.[51] 그러나 탄츠중에게 이는 매우 중요한 부분이었다. 중국의학이 보여주었던 기존의 이해에 따르면 혈이란 혈액 그 이상을 의미했기 때문이다. 이를테면 당종해와 위젠취안에게 혈은 혈액과 일부 비슷한 점이 있다 하더라도 완전히 동일시될 수는 없는 개념이었다. 혈이란 기가 갖는 음의 측면에 해당하는 탓이었다. 탄츠중이 의미한 바를 다시 생각해보자. 그는 혈이라는 개념에 담긴 '잉여 의미'를, 다시 말해 서양의학의 물질적 관점으로 이해될 수 없는 바를 모두 지워버리려 했다. 1880년대의 당종해와 1920년대의 위젠취안은 기화에 대한 해석은 달랐지만, 경맥과 혈관을 동일시하는 견해에 부정적이라는 점만큼은 같았다. 탄츠중은 달랐다. 혈이 혈액이라면, 경맥 역시 그 이상도 이하도 아닌 혈관이어야 했다.[52]

위젠취안이 보이지 않는 경맥의 영역을 통해 과학의 물질세계를 우회하려 했다면, 탄츠중은 기화를 서양의학의 물질세계에 종속시키고자 했다. 서로 반대되는 듯 보이지만, 좀 더 근본적인 수준에서 보면 탄츠중의 주장은 과거 위 젠취안이 취했던 방어 전략을 이어받아 벼려낸 것이나 다름없었다. 다소 이해하기 힘든 부분이므로 자세한 설명이 필요하겠다. 첫 번째로 강조하고 싶은 부분은 '대결 장소를 피하는' 전략이 중국의학과 서양의학의 결투란 결국 존재론의 공간에서 서로가 어디에 위치하는지를 둘러싼 싸움이라는 생각을 가정하고 강화한다는 점이다. 중국의학을 옹호하는 이들은 기화라는 보이지 않는 비물질적 영역을 상정함으로써 의학이란 결국 참된 존재론에 의해 정당화된다는 주장을 받아들이게 되었다. 이는 반대 진영과 마찬가지의 태도였다.

존재론의 근본적인 중요성을 인정하게 되면서, 탄츠중과 동료들은 어쩔 수 없이 기화의 존재론을 포기해야 했다. 이제 중국의학의 핵심 개념이 바탕을 둘 새로운 존재론적 기반, 탄츠중의 말을 빌리자면 '물질적 기반'이 필요했다. 그들이 눈을 돌린 곳은 근대 과학과 서양의학의 언어와 개념을 바탕으로 새로이 만들어진 존재론적 실체였다. 다른 선택지는 없었다. 기, 음양, 풍습 등 뿌리 깊은 개념을 새로운 세계와 연결할 때마다 중의들은 모종의 어려움을 마주했고, 그 결과 중국의학의 이론적 개념이 어딘가 잘못되었다고 생각하게 되었다. 이 시기를 지나며 많은 중의는 중국의학의 개념이 마치 대명사 또는 수학 기호와 같으며, 그러하기에 이제는 과거와 다른 무엇을 지시한다고 주장했다. 이를 반복하면서 중의들은 자신들이 사용했던 단어와 그것이 지시하는 대상 사이에 틈을 만들어냈다. 몇천 년 동안 사용했던 개념이 하루아침에 지시물을 잃어버리는 기묘하고도 오싹한 경험이었다. 더 기분 나쁜 지점은 중국의학의 용어와 새로운 지시물을 연결하는 과정이 근대 과학과 서양의학의 언어를 통할 수밖에 없다는 사실이었다. 적어도 급진적 개혁가들에게는 그러했다. 중국의학의 근본 개념은 이제 과학자들이 해독해야 할 대상이 되었다.

7. 5. 과학화를 거부하다

《중서의약中西醫藥》의 편집자가 쓰길, 특별호에 글을 투고한 스물세 명 가운데 여섯 명은 중국의학이 과학화될 필요가 없다고 주장했다. 쩡줴써우曾覺叟

와 천우주陳無咎, 허페이위何佩瑜 등 논쟁적이고 활발했던 여섯 명의 강경파였다. 이들의 글을 읽다 보면 강경파의 입장이 당종해를 전략적으로 해석하던 위젠취안에 직접 맞닿아 있었다는 점이 뚜렷해진다. 이를테면 쩡줴써우가 보기에 중국의학이 과학의 가시적이고 물질적인 영역을 초월하는 한, 중국의학과 과학이 양립할 수 없다는 점쯤은 사실 별다른 문제도 아니었다.[53] 더 나아가 위옌이 말한 중국의학의 삼분, 즉 이론과 약, 임상 경험을 별개로 구분하는 구도를 받아들이는 일은 곧 지적 자살을 의미할 뿐이었다. 쩡줴써우는 분노했다. 그의 생각에 1929년 3월의 시위 이후, 중의 지도자 여럿은 너무나도 그릇되고 위험한 사상에 경도되어버렸다. 루위안레이에게 보내는 공개 서한에 담긴 그의 좌절을 읽어보자.

> 중국의학의 힘이 험방驗方, 즉 경험으로 증명된 처방에서 비롯한다고 말하는 이들이 있습니다. 위옌이 그러하지요. 중국의학이 쌓아온 경험에 대한 우리 사회의 두터운 신뢰를 깨달았기에 그리했을 것입니다. 믿음을 뒤엎기란 힘든 일이니 말입니다. 그래서인지 위옌은 중국의학의 경험이 아닌 이론을 공격했습니다. 그러나 이론이 무너진다면 제아무리 많은 경험이 있다 한들 위옌과의 싸움에서 이길 공산은 없습니다. 그러하기에 위옌의 생각은 기실 중국의학을 공격하기 위한 전략과 다름없습니다. 이제 선생께서도 같은 생각이시겠지요. 저는 선생께서 어떻게 위옌과 뜻을 같이하는지 이해할 수가 없습니다. 험방이란 경험에 바탕을 둔 것이 아닌지요. 또한 경험이란 이론에서 비롯하여 실제 진료 속에서 확인되는 것이 아닌지요. 대저 경험이란 그리고 경험 속에서 효험을 보인다고 증명된 험방이란 그런 것입니다. 정확한 이론이 없다면 어찌 험방이 존재할 수 있겠습니까.[54]

여기에는 많은 것이 담겨 있다. 쩡줴써우가 보기에 중국의학은 경험에 기반하며 그 진정한 가치는 약과 처방에 있다는 주장은 중국의학에 칼을 겨누는 위옌의 입장과 그리 다르지 않았다. 사실 대단히 통찰력 있는 견해는 아니었다. 1929년의 대립 이전까지 중의 대다수가 그리 생각했으니 말이다. 다만 상황을 대결 저 이전으로 되돌리기 위해 끝없이 노력했다는 점에 쩡줘써우의 특별함이 있었다.

20세기 중국의학의 역사에서 이들의 존재는 거의 남아 있지 않다. 왜였을까.[55] 그들은 중국의학의 과학화를 거부하고 기화라는 보이지 않는 비물질적 세계를 주장할 수 있었던 마지막 세대였다. 그들이 1930년대 내내 그토록 밀쳐내던 과학의 물질세계는 그리 오래지 않아 새로이 나타난 중의 세대의 상식이 되어버렸다. 주장의 위세가 꺾인 기점은 1931년의 국의관 설립이었다.[56] 중국의학에 반대하던 이들 역시도 그들에게 독단의 딱지를 붙였다. 상대할 가치도 없다는 선언이었다.[57]

과학화를 반대하는 주장은 인기를 잃었지만, 그래도 전통주의자의 힘은 막강했다. 중국의학 개혁안의 실행을 막은 것도 그들이었다. 일찍이 루위안레이는 자신이 내놓은 여러 주장의 성패가 기화에 대한 반대에 달려 있음을 깨달았다. 5장에서 논의한 바 있는 대표단의 원로 셰관[58]은 중국의학의 정리를 논의하는 위원회의 여섯 번째 위원이 되었다. 그때 루위안레이는 국의관이 자신의 주장을 받아주지 않으리라 직감했고, 자신의 제언을 다른 학술지에 발표하기로 결심했다. 그는 제언에 첨부한 개인 성명을 통해 국의관의 작업이 '기화를 정리'하는 수준으로 퇴보한다면 전체 기획에서 손을 뗄 수밖에 없다고 말했다.

루위안레이의 예감은 적중했다. 국의관이 1932년 10월 29일 공식적으로 발표한 〈중국의학과 약학의 정리를 위한 초안〉[59]은 루위안레이의 초안과 거리가 멀었다. 중국의학을 과학적 방법으로 정리하겠다는 원래 목표는 여전했지만, 루위안레이가 언급했던 여러 선결 조건은 대부분 삭제되었다. 루위안레이에게 동조적이었던 위옌은 이런 평가를 남겼다. "과학적 방법을 수용하겠다는 높은 뜻은 온데간데없이 사라지고 말았다."[60] 그러나 위옌의 비관적인 평가에도 1932년의 첫 번째 논쟁이 끝난 후, 국의관은 계속해서 개혁 기조를 유지했고 근대 중국의학의 재구성을 향한 여러 중요한 결정을 내놓았다.

7. 6. 중국의학의 재조립: 침구와 축유

국의관이 중국의학을 정리하기 위해 분투하는 동안, 중의들은 중요하고 까다로운 결정을 내리며 근대 중국의학을 전국적으로 통합된 체계로 만들어가고 있었다. 이를 보여주는 단적인 예는 침구와 축유를 향한 국의관의 상반된 태도였다. 상하이의 의료 환경을 나타낸 팡징저우의 도해에서 '혼돈의약'의 영역에 위치했던 두 가지였다(**그림 6.1**을 참고하라).

팡징저우의 도해에서 침구[36]는 다른 중의 단체와 분리되어 '혼돈의약'의 영역에 놓여 있다. 침구를 중국의학을 대표하는 시술이라 생각하는 오늘날의 사람들에게는 팡징저우의 부정적 평가가 낯설지도 모른다. 그러나 침구는 중국인들이 침습적인 시술을 기피하기 시작했던 청조 말기부터 인기를 잃어갔다. 18세기 중반에 활약했던 명의 쉬링타이徐靈胎, 1693~1771는 어디에서도 침구를 배울 수 없다며 한탄하기도 했다.[61] 민국기의 중의들은 일본의 영향을 받은 이후에야 침구를 달리 보았다.

일본의 메이지 정부는 전통 본초학에 따라 치료하던 이들을 대상으로 단발성의 등록제를 실시함으로써 전통 의학을 효과적으로 근절할 수 있었다. 그러나 맹인들이 종사하던 침구사 자격만큼은 계속 발급했다.[62] 국민당의 여러 정치인은 일본의 사례를 본떠[63] 국의관 설립안에다 이론, 진단, 약학과 함께 침구의 개혁이 필요하다고 명기했다.[64] 중국의학의 정리를 위한 국의관의 제안서 역시 침구를 중국의학의 열한 가지 분야 가운데 하나로 거론하며 다음과 같이 썼다. "맥과 경혈의 위치를 고려하여 침구를 근대 해부학과 생리학의 신체 구조에 걸맞게 정리해야 한다. … 더 나아가 침술을 시행하는 과정에서 소독이 이루어질 수 있도록 각별히 주의해야 한다."[65] 이와 입장을 함께했던 어떤 중의는 소독이 제대로 시행되지 않았을 경우 세균 감염이 발생하거나 신경계와 근골격계가 손상될 수 있음을 근거로 들며 소독의 중요성에 호응하기도 했다.[66] 그러나 다른 입장도 있었다. "근대 과학자는 맥과 경혈을 이해하지 못하기에 불신하는 경향이 있다. 그러므로 우리는 침구를 개량된 중국의학의 상징으로 추어올려야 한다."[67] 해부학은 참고 사항으로는 유용할지 몰라도 침구의 궁극적인 토대가 될 수는 없다는 입장이었다.

결과적으로 국의관은 두 가지 방법을 모두 차용했다. 이들은 먼저 그때까지는 별반 중요하게 생각되지 않던 침구를 근대화된 중국의학을 대표하는 "고

유의 발명품"으로 다시 포장하여 세계 의학계에 내놓았다.[68] 그러나 동시에 "중국의학의 장부도는 근대 해부학의 도해와 맞지 않는다"[69]며, 전통의 장부도를 배제한 《침구경혈도고鍼灸經穴圖考》를 출간하기도 했다. 이런 분위기 속에서 청단안承淡安, 1899~1957은 침구 분야를 크게 혁신했다. 그는 근대 중국에서 처음으로 침구 학교를 세운 인물로, 1932년에는 맥과 경혈을 해부학적 구조와 연결한 네 장의 대형 채색 도해를 제작했다.[70] 의학사가 브리디 앤드루스Bridie Andrews의 말처럼 "청단안은 중국 침구가 미신으로 몰려 잊히는 것을 막았을 뿐만 아니라, 이후 공산당 집권기 때도 그랬듯 '과학적' 침구의 초석을 닦음으로써 중국의학 전체의 위상을 제고했다. 또한 그는 중국의학의 몸을 새로이 만들어내기도 했다".[71] 청단안을 통해 "중국의학의 생리학은 처음으로 서양의 명료한 해부학과 중첩될 수 있었다".[72]

침구에 보인 호의적인 태도와 달리, 중의들은 축유[14](**그림 6.1**)에만큼은 경계의 눈빛을 거두지 않았다. 축유란 일종의 퇴마 의식으로 기원전 681년 수遂나라 때에는 의관 선발 과정에 포함된 과목이기도 했다. 축유가 정확히 무엇인지에 대해서는 여전히 논의가 진행 중이나, 연구자들에 따르면 축유란 약도 침구도 아닌 치유법에 해당한다.[73] 처음에는 그저 단순한 마술적 행위로 인식되었지만 18세기가 되면서 일부 유의에 의해 정서 질환에 대한 비종교적 요법으로 재해석되기도 했다.[74] 그럼에도 의료계 바깥에서 축유는 천저우의 지역성과 한데 얽힌 퇴마 의식으로 널리 시행되었다.[75] 팡징저우가 도해에서 축유 아래에다 '천저우의 부적'[18]이라는 말을 덧붙인 이유였다. 중국의학을 개혁하고자 했던 이들은 이러한 마술적이고 종교적인 행위와 거리를 두었고, 따라서 새로이 도입된 정신요법과 축유를 분리하려 했다.[76] 눈에 띄는 예외는 천귀푸였다. 그는 축유를 근대 중국의학에 포함된 정신요법의 일종으로 보아야 한다고 소리 높여 주장했다.[77] '정신 위생'의 열정적인 전도자였던 천귀푸는 침구나 안마처럼 축유 역시 과학적으로 조사해봄 직한 중요한 치료법에 해당한다고 보았다.[78] 그러나 중의 대다수는 축유의 부활에 동의하지 않았다. 〈초안〉 역시 정신요법은 거론하지 않았다.[79]

침구와 축유의 대조적인 운명은 근대 중국의학의 구조와 내용을 결정지은 '정리' 사업의 중요성을 보여준다. 눈에 띄는 점은 역사와 과학 모두 중국의학 개혁의 향방을 결정짓는 객관적인 지침으로 기능하지 못했다는 점이다. 침구는 부활시키면서 공적으로 인정되기도 했던 축유와는 거리를 두겠다는 결정은 역사적 현실로부터 논리적으로 도출된 결론이라 하기 힘들었다. 과학 역시 마찬가지였다. 지금까지 나는 근대 중국의학의 형성 과정에서 과학이 수행했던 중요한 역할을 강조해왔다. 그러나 그에 못지않게 중요한 사실을 기억해야 한다. 어떤 면에서 중국의학의 개혁이란 근대 과학의 외적 권위와 씨름하기보다는, 일관되고 표준화된 체계를 만들어내기 위해 중국의학 내부의 요소를 솎아내는 작업에 가까웠다는 사실 말이다.

7. 7. '잡종의학'의 도전

《중서의약》 특별호의 편집자는 중국의학의 과학화 기획을 둘러싼 세 가지 입장을 그 누구보다 깔끔하게 정리해냈지만, 이상하게도 위옌에 대해서만큼은 양면적인 태도를 보였다. 그가 보기에 위옌은 모호한 입장을 견지하고 있었고, 이는 과학화 기획을 주도하던 탄츠중 및 루위안레이와의 밀접한 관계에서 비롯한 것이었다. 위옌은 자신이 편집을 맡은 학술지에 탄츠중의 논문을 실어주기도 하고, 루위안레이의 제언에 동조하는 논평을 하기도 했다. 그러나《중서의약》편집자는 위옌을 이렇게 평가했다. "위옌은 중국의 의학혁명을 선도하던, 그리고 중의와 수십 년에 걸쳐 치열하게 싸우던 인물이었다. 그러므로 위옌은 세 번째 집단에 해당한다고 보는 편이 옳다."[80] 세 번째 집단이란 중국의학의 과학화 가능성을 부정하는 이들이었다. 위옌을 향한 양면적인 감정은 중국의학의 과학화가 국의관의 공식 목표로 선언된 이후 나타났던 형세의 급격한 전환을 드러내는 것이었다.

위옌에 양면적인 감정을 보인 이는 그뿐이 아니었다. 위옌은 1932년 출간한《의학혁명논문선醫學革命論文選》개정판의 서문에 친구들의 쓴소리를 담았다.

최근 반은 새것이고 반은 옛것인 '비려비마' 의학이 날뛰고 있다. 그들은 이 전략을 당신에게서 배웠다. 당신이 공격하지 않았더라면 그들은 '비려비마'로 변태하지 않았을 것이다. 옛 의학은 옛것인 채로 남아 있었을 것이고, 새로운 의학은 순수하게 새것으로 남아 있었을 것이다. 경계는 분명했을 것이고, 문제는 해결하기 쉬웠을 것이다. … 당신의 공격 탓에 그들은 살아남을 방법을 알아차리고 말았다.[81]

1929년의 대립 이후, 중국의학을 비판하는 이들은 한 가지 끔찍한 현상을 목도했다. 비려비마, 다시 말해 잡종의학의 갑작스러운 등장이었다. 혼종의학은 의료인 집단 사이에서 선풍적인 인기를 끌었고, 이는 제약업계가 누리던 호황에 비견될 수준이었다.[82] 첫 번째 집단과 세 번째 집단은 중국의학의 과학화 기획에 대해 상반되는 견해를 가지고 있었지만, 이들은 모두 루위안레이와 탄츠중의 기획을 '비려비마'라고 힐난했다.[83]

나는 '비려비마 의학'의 역어로 조금 더 긍정적인 어감을 주는 '혼종의학'이 아닌 '잡종의학'을 택했다. 여기에는 여러 이유가 있다. 하나는 혼종의학이 오늘날의 개념이라면, 잡종의학은 당대의 여러 행위자가 직접 사용하던 범주라는 점이다. 중국의학에 비판적이었던 이들이 '비려비마' 의학과 '잡종의학'을 혼용했다는 사실이 보여주듯, 이 표현은 서양의학 전통과 중국의학 전통 모두에 대한 배반을 의미했다.

두 번째 이유는 잡종의학에 담긴 강한 부정적 어감이다. '비려비마'는 중의들이 자신을 지칭하기 위해 사용하던 말이 아니라, 잡종의학에 비판적인 이들이 쓰던 경멸적인 표현이었다. 탈식민주의 담론에서 사용되는 혼종성이라는 개념에는 이와 같은 부정적 어감이 담겨 있지 않다. 오히려 그것은 "탈식민적 문화의 혼종적인 속성이 약점이라기보다는 강점"[84]임을 드러내는 개념이다. 그러하기에 혼종의학이라는 말은 두 의학의 통합을 주장했던 이들이 마주했던 굴욕적인 현실을 담아내지 못한다. 이러한 이유에서 나는 '비려비마' 의학을 잡종의학이라 표현하기로 했다.

루위안레이는 양 진영에서 쏟아지는 비판에 대응하여 잡종의학의 수용이 중국의학 과학화를 위한 다섯 가지 선결 조건 중 하나라고 강조했다. 국의관에 제출된 중국의학의 과학화 제언에서 그는 이렇게 썼다. “중국의학과 중약을 정리할 요량이라면 과학적 원칙을 이용해야만 한다. 그러므로 국수를 망친다는 이유로 과학적 원칙의 적용을 비난해서는 안 된다.”[85] 이처럼 루위안레이는 ‘국수’를 지키기 위해 중국의학을 그대로 보존해야 한다는 입장과 분명하게 거리를 두었다. 이는 루위안레이가 국의운동이 문화민족주의로 축소되어서는 안 된다고 보았다는 증거이다. 그는 송대에 유교와 불교가 성공적으로 통합되었던 것처럼, 중국의학의 과학화 기획 역시 중국 문화와 외국 문화를 대담하고 창의적으로 혼합하는 작업이라 생각했다.[86] 루위안레이와 같은 이들이 경멸적인 낙인을 감수하면서도 중국의학의 과학화 기획에 착수한 것은 중국의학을 있는 그대로 보존하기 위해서가 아니라, 국의관이 공표했듯이 새로운 혼종의학을 개발하기 위함이었다.[87]

위옌이 잡종의학의 형성에 이바지했다는 비난은 그르지 않다. 잡종의학은 위옌을 비롯하여 중국의학에 비판적이었던 이들이 제안한 의학혁명에 대응하는 과정에서 등장했기 때문이다. 물론 당종해의 예가 보여주듯, 이를 위옌의 공격 이전에는 두 의학을 통합하려는 시도가 없었다는 뜻으로 해석해서도 안 된다.[88] 중요한 지점은 잡종의학에 대한 관심, 잡종의학이라는 말의 경멸적 어감, 그리고 잡종의학의 잠재적 위험 모두가 과학적 방법으로 중국의학을 정리한다는 중국의학의 과학화 기획과 불가분의 관계에 있다는 점이다. 중의는 중국의학의 역사를 통틀어 처음으로 과학이라는 개념에 대한 집단적 대응을 강요받았다.

잡종의학이라는 관념과 중국의학의 과학화 기획이 구축과 억제의 변증법을 겪었다고 표현할 수도 있겠다. 일단 둘은 서로를 구성하는 관계였다. 국민당 정부가 중국의학의 과학화를 내세우지 않았더라면, 그리고 중의와 서의가 그것을 휴전의 의미로 받아들이지 않았더라면, 중의 집단이 잡종의학이라는 기이한 창조물을 목표로 삼는 일은 없었을 것이기 때문이다. 중의가 중국의학의 개혁 과정에서 과학화라는 개념과 그에 관련된 근대화 담론, 이를테면 위옌의 삼분 구도 등을 심각하게 고민해야 했던 것은 모두 과학화라는 목표 때문이었다. 당대 중의들이 추구했던 개혁 작업은 본질적으로 근대주의적이었으며, 이런 의미에서 전근대적인 당종해의 의학 혼합주의와 뚜렷하게 구별되었다.

다른 한편으로 둘은 서로를 억제하기도 했다. 과학적 서양의학이 상정하는 과학 개념 자체가 중국의학과 서양의학의 교배를 상상하기 힘들게 만들었기 때문이다. 물론 단순히 두 의학을 섞는다고 해서 무슨 괴물이 나오는 것은 아니었겠지만, 당대의 많은 이들은 과학을 과학이 아닌 것과 교배한다는 생각을 마치 신성 모독처럼 받아들였다.[89] 이는 새로운 의학이 '비려비마'로 규정되는 일을 정당화했다. 재생산이 불가능한 노새와 같이 겉보기에는 활력이 있을지 몰라도 가치 있는 전통으로 이어질 수는 없다는 생각이었다. 새로운 의학의 유행 앞에서 사람들은 잡종의학이라는 경멸적인 개념을 사용하기 시작했다. 감정에 호소하여 중국의학의 과학화라는 월경越境의 작업에 담긴 잠재적 위험성을 강조하기 위함이었다. 요컨대 격돌하던 중의와 서의 진영이 휴전을 위해 중국의학의 과학화 기획을 받아들이면서 잡종의학이 유행하기 시작했고 심지어 어떤 이들은 이를 바람직하다고 여기기도 했지만, 이는 중의에게는 불가능한 기획으로, 그리고 서의에게는 잠정적인 위험으로 인식되었다.

7. 8. 결론

서의는 왜 '중국의학을 과학화한다'는 구호를 선호했을까. 과학적 방법으로 중국의학을 정리한다는 좀 더 평범한 말도 있었는데 말이다. 답은 잡종의학을 반대하던 맥락 속에 있다. 중국에서 새로 만들어진 개념이었던 '과학화'라는 말이 서의의 구호에 담겨 있었다는 점을 염두에 두고, 다시 내가 이 장의 초반에서 던졌던 질문으로 돌아가보자. 1930년대 초반에 벌어졌던 중의와 서의의 투쟁 속에서 중국의학을 과학화한다는 기획은 하나의 결정적인 역사의 동력으로서 어떠한 역할을 수행했을까. 잘라 말해 과학을 동사로 만드는 일은 과학이라 불리는 하나의 균일한 본질적 실체를 보여주는 가장 효과적인 방법이었다.[90] 만약 과학이 균일하고 단일한 실체로 받아들여지지 않았다면 무언가를 '과학화'하는 일이 무슨 의미인지 이해하기 힘들었을 것이다. 더 나아가 과학화라는 동사를 반복해서 거리낌 없이 사용하는 일은 과학과 그에 대치되는 전통의학이 서로 구별되는 유형의 실체라는 생각을 전제하고 강화했다.

'과학'이 하나의 균일하고 단일한 실체라면 '과학화'라는 동사는 필연적으로 대상의 해체를 의미하게 된다. 부연하자면 대상을 조각으로 나누고 몇몇 요소를 선별하여 새로운 균일한 실체에 동화시키는 혹독한 과정이라는 말이다. 중국의학의 과학화에 대한 격론이 겉보기에는 기획의 가능성 유무를 둘러싼 싸움 같아도, 실질적으로는 중국의학 개혁의 방향성을 두고 진행된 까닭이 여기에 있다. 놀랍게도 중국의학과 과학의 통약 불가능성을 주장했던 이들은 다음과 같은 결론을 내렸다. "중국의학의 모든 이론은 폐기되어야 한다. 그러나 경험은 과학화될 수 있다. 그리고 경험이 과학화될 때 중국의학은 파멸을 맞이한다."[91] 중국의학의 과학화가 불가능하다고 생각하던 이라면 이런 말을 하지 않았을 테다. 오히려 이 말은 경험과 같은 중국의학의 어떤 요소들은 과학화가 가능하지만, 과학화의 과정은 엄격해야 하며 따라서 과학화가 중국의학의 발전으로 이어지지는 않으리란 뜻으로 들린다. 중국의학사의 선구자인 판싱준范行准, 1906~1998은 이렇게 썼다. "중국의학이 철저하게 과학화된다면 '중국의학'이라는 말은 성립하지 않는다. 따라서 이른바 중국의학의 과학화는 기실 과학으로 중국의학을 폐지함을 의미한다."[92] 과학의 동사 꼴이 과학을 하나의 단일한 실체로 이해하는 일로 이어졌다면, 과학화에 수반된 경험의 개념은 중국의학을 보편의 의학에 흡수될 수 있도록 분해하는 일로 귀결될 것이었다.

국민당 정부가 국의관을 설립하여 과학을 도구로 중국의학을 분해하고 점검하자, 반대파는 전략을 바꾸어 중국의학의 과학화라는 계획을 행동으로 옮기는 데 집중했다. 그리고 중국의학의 과학화 기획이 중국의학의 해체로 이어질 수 있도록 정교하게 벼려지는 동안[93] 잡종의학의 개념이 등장했다. 중국의학의 '파괴적 과학화'가 실패하는 상황에 대한 두려움이 담긴 말이었다. 그러나 기획의 수용을 강요당하던 순간, 중의는 과학의 다양성과 이질성을 강조했다. 중국에서 새로이 만들어진 과학화 개념과의 타협을 위해, 그리고 불가능의 낙인이 찍힌 역사적 과제, 즉 잡종의학의 기획을 끌어안기 위함이었다. 주어진 사고의 한계를 넘어서기 위한, 그리고 잡종의학이라는 새로운 가능태의 존재를 현실화하기 위한 그들의 노력을 이해하기 위해, 우리는 중의가 중국의학의 과학화 기획과의 협상 과정에서 보여주었던 구체적이고 실질적인 행동을 살펴야 한다. 이를 위해 이어지는 8장에서는 세균 이론과 중국의학의 결합을, 그리고 9장에서는 중약의 실험실 연구와 임상 연구를 다룬다. 어떤 이들에게 잡종의학의 기획은 그저 하나의 모순일 뿐이었다. 그러나 뒤집어 말하면 이는 결국 잡종의학이 과학이 누리던 근대성이라는 문화적 권위에 대한 도전, 그리고 이로써 중국 고유의 근대성을 탐색하는 도발적인 동력임을 의미했다.

8장 세균 이론과 '변증론치'의 전사

8. 1. 감염병의 존재를 알아보시겠소?

1930년대, 중국의학은 여러 시험을 마주했다. 중국의학을 비판하던 이와 개혁을 부르짖던 중의는 아마도 이런 대화를 나누었을 테다.

비판자 감염병의 존재를 인정하시겠소?

중의 그러하오.

비판자 그렇다면 감염병의 원인이 세균에 있음 또한 인정하시겠소?

중의 그러하오.

비판자 그렇다면 감염병의 여러 증상이 세균의 독소에서 비롯함 또한 인정하시겠소?

중의 그러하오.

비판자 그렇다면 감염병을 치료할 때 신약을 사용하시오? 세균을 없애고 독소를 중화하는 약 말이오.

중의 그렇지 않소. 나에겐 국의의 유원한 약이 있소.

비판자 (매섭게 웃으며) 국의의 낡은 약이라. 그저 풍이니, 한이니, 육기니 하는 그 약 말이오? 감염병에 그런 약을 쓰면서도 공은 홀로 다 챙기셨겠구려. 흰소리를 늘어놓는 동안 환자는 제힘으로 나았을 터인데 말이외다. 세균을 없애지도, 독소를 중화하지도 못하는 약으로 어찌 환자를 치료하겠소.

중의 그렇지 않소이다.[1]

이 가상의 대화는 1935년 예구홍이 중의의 입장에서 써 내려간 것이다.

예구훙은 일본의 교토제국대학에서 수학하고 중국으로 돌아와 여러 문예 모임에서 활발하게 활동했다. 중국의학을 폐지하자는 위옌의 입장을 받아들이지는 않았지만 그 역시 중국의학 혁명에 찬동하는 입장이었다. 이례적으로 그의 글은 양 진영 모두의 학술지에 실려 상찬받았다.[2] 예구훙은 위와 같은 가상의 대화를 통해 중의가 답해야 할 여러 중요한 문제를 효과적으로 제시할 수 있다고 생각했다. 이를테면 중의가 감염병의 존재를 인정하는지, 감염병에 대한 세균 이론을 인정하는지, 그리고 중국의학이 세균의 존재를 인정하지 않는다면 감염병을 어찌 치료할 수 있는지와 같은 문제 말이다. 이번 장에서는 중의가 이 세 가지 문제에 대한 답을 마련하고, 이로써 중국의학을 세균 이론과 결합하는 역사적 과정을 살핀다. 세균 이론을 수용하고 입장을 조정하는 논쟁의 시간을 거치며 중의들은 중의학의 핵심적인 특징인 '변증론치'의 맹아를 틔웠다.

비판자가 던진 첫 번째 의문은 놀라운 사실을 드러낸다. 그리 머지않은 과거에는 중의들이 감염병의 존재를 몰랐을 수도 있다는 점이다. 다시 말해 '감염병'은 중국의학의 전통적 질병 범주 내에 존재하지 않았다. 나는 감염병이라는 범주의 발전이 근대 중국의학사에서 제대로 조명되지 않았다고 생각한다.

2장에서 살핀 바와 같이 전근대 중국의학에서 '전염병(추안란빙)'이란 별개의 병인론적 범주가 아니었다. '전염병'은 일본어에서 차용된 지 얼마 되지 않았던 말이었고,[3] 공식적으로는 국민당 정부가 만주 페스트의 종결로부터 6년이 지난 1916년, 감염병 방역에 대한 첫 번째 규제를 발표하며 도입한 단어였다. 이 규정의 첫 조항을 살펴보면 정부의 감염병 정의에는 다음의 질병만이 포함되어 있다. 후레이라虎列剌(콜레라), 치리赤痢(이질), 장즈푸쓰腸窒扶斯(장티푸스), 톈란더우天然痘(두창), 파전즈푸쓰發疹窒扶斯(발진티푸스), 싱훙러猩紅熱(성홍열), 스푸디리實扶的里(디프테리아), 바이쓰퉈百斯脫(페스트).[4] 이 목록은 대만의 일본 식민정부가 1896년에, 그리고 일본 정부가 1897년에 발표했던 단속 대상과 정확히 일치한다.[5] 병의 명칭을 일본어에서 차용했다는 점, 그리고 그중 다섯 가지는 단순히 서양의학의 용어를 음역한 데 지나지 않는다는 점에 주목하자. 중국과 일본 의료의 근대화를 이끌던 이들이 보기에 감염병 각각과 감염병이라는 범주는 동아시아 의학계의 극적인 변화를 예고하는 전조와도 같았다.

해관에서 발표한 문서를 예외로 하면, 이 규정은 감염병을 다룬 중국의 첫 번째 법률 문서이다. 여기에는 중국 정부가 무엇을 전염병으로 규정했는지 담겨 있다. 뚜렷한 정의는 없었다. 첫 조항은 그저 위에서 언급한 여덟 개의 목록을 제시할 뿐이었다. 결핵도, 매독도 빠져 있는 허술한 목록이었다. 다만 규정이 모든 의료인에게 질병의 신고를 강제했다는 점이 중요하다. 다시 말해 규정의 주된 목적은 사회에 위협이 되는 여러 급성 전염병에 대한 국가와 의료인의 의무를 법적으로 명시하는 데 있었다. 전염병의 개념은 공적인 규제와 공중보건의 조치를 위해 도입되었고, 그런 탓에 전염병이란 국가가 규정한 법적이고 의학적인 범주였다. 같은 이유에서 신고 대상 감염병을 가리키는 공식 용어인 '8대 전염병八大傳染病'과 동일시되기도 했다. 국민당 정부 시절 새로이 소개된 의학 개념인 전염병은 주로 여덟 개의 신고 대상 감염병을 의미하는 법적 개념으로 제한되어 사용되었다.

8. 2. 신고 대상 감염병

전염병이라는 개념은 사반세기도 전에 이미 법과 의료에 관련된 정부 통제망에 포함되었지만, 앞서 살펴본 신고 대상 감염병에 관련된 규정은 1916년이 되어서야 비로소 공포되었다. 정부는 현미경 시험과 세균 이론을 감염병을 식별하는 공식적인 방법으로 제시함으로써, 전염병을 공식적인 분류 범주로 격상하는 동시에, 전염병 개념을 새롭게 정의하기도 했다. '후레이라'와 같은 이상한 명칭이 시사하듯, 규정에 열거된 여덟 종의 신고 대상 감염병과 세균 이론에 근거한 명확한 정의는 중국의학의 역사가 새로운 국면을 맞이할 것을 예고했다(이러한 명칭은 국민당 정부가 1928년 규정을 개정하면서 갱신되고 개선되었다). 1세대 서의가 전염병 억제를 서양의학의 새로운 전망과 근대국가 건설의 핵심 사업으로 추어올리며 이와 같은 급진적인 재구성이 일어남에 따라 (**그림 3.1**을 참고하라) 감염병은 중국의학의 가장 큰 약점으로 떠올랐다.

이는 1929년의 대립에서 전염병 억제가 핵심 논제로 부상한 이유이기도 했다. 위옌은 그의 유명한 제언에서 "개별 환자를 치료하는" 중국의학은 유행병 예방에 쓸모가 없다고 지적했다.[6] 한술 더 떠 초고에서는 중견 중의에게 특별 면허를 줄 수는 있어도 "감염병 처치와 사망진단서 발급은 막아야 한다"[7]고 쓰기도 했다. 1929년 3월의 시위에서 난징중의회南京中醫會는 중국의학이 외부의 위협을 막아내려면 역병, 즉 감염병[8]에 대한 연구를 진행하여 내적 방어진을 구축해야 한다고 집행부에 제안했다.

> 중국의학이 역병이라고 부르는 것은 서양의학의 감염병 개념과 동일하다. 중국의학은 역병의 치료에는 강하지만 예방에는 약하다. 서양의학이 이를 빌미로 중국의학을 불법화하려 들고, 집중 연수 강좌를 열어 [서양] 의사들에게 감염병 대처법을 가르치는 연유가 여기에 있다. 우리는 자신을 연마하고 역병에 관한 중국의학의 가르침을 정리함으로써 그들이 중국의학을 불법화하려는 이유 가운데 한 가지를 소거할 수 있을 것이다.[9]

1929년의 대립 이후 국의운동이 국민당 정부에게 중의에 관한 법안을 요구하는 쪽으로 흘러가면서, 아이러니하게도 감염병에 대처하지 못하는 중국의학의 무력함이 시급히 해결되어야 할 과제로 부상했다. 시작은 장저우성 정부였다. 1934년 장저우성 정부는 중의에게 위생과 감염병 지식의 학습을 요구하는 잠정적 규제를 공표했다. 열네 가지 시험 과목 가운데 위생은 네 가지 필수 과목 중 하나였다. 위생 과목에서 떨어진 응시자는 따로 마련된 집중 연수 강좌를 들어야 했다.[10] 아울러 규제에는 의료인이 감염병 환자를 발견한 경우 열두 시간 이내에 경찰에 보고해야 한다는 의무 사항이 포함되기도 했다.[11] 오현중의공회吳縣中醫公會는 이와 같은 흐름, 특히 감염병 관련 규제에 대해 다음과 같이 반응했다.

> 위생국이 정의한 감염병에는 장티푸스,[12] 인플루엔자,[13] 말라리아, 이질, 콜레라, 두창이 포함되어 있다. 중의들이 일상에서 빈번하게 다루는 병이다. 우리는 하루에도 수십 번씩 이러한 병을 치료하며, 따라서 각각의 사례를 모두 보고하는 것은 불가능하다. 게다가 감염병은 매우 광범위하게 퍼져 있다. 증상이 확연히 나타나지 않은 초기에는 즉각적인 보고가 불가능하다. 만약 의사가 환

자의 증상이 완전히 나타난 후에야 보고한 경우, 뒤늦게 보고했다고 비난받아야 하는가? … [그러한 상황에서] 중의의 활동은 매우 위험한 일이 되고 말 것이다.[14]

이 결의안은 중의들이 전염병과 관련하여 마주했던 난감함을 보여준다. 첫째, 중국의학이 만성 질환에 특효라는 통념과 달리, 1930년대까지 중국의학은 급성 감염병의 처치에도 폭넓게 이용되고 있었다.[15] 둘째, 신고 대상 감염병의 보고는 질병의 세균 이론과 그에 바탕을 둔 진단법을 상정하고 있었다. 따라서 중의에게 규제의 엄수는 너무도 버거운 일이었다. 오현중의공회가 뚜렷하게 지적한 바와 같이, 증상에 기반한 중국의학의 전통적인 진단법을 따르다 보면 위법을 저지를 위험이 컸다. 한편 중의들이 법을 준수하고자 중국의학의 방식대로 감염병의 발생을 보고한다면, 세균 검사 결과가 음성으로 나올 경우 의료 소송에 휘말릴 위험도 있었다. 이와 같은 실질적이고 행정적인 문제를 해결하기 위해 국의관은 이 분야를 중국의학 과학화 사업의 최우선 과제로 설정했고, 1933년 7월에는 이후 큰 파문을 불러올 '통일병명統一病名', 즉 질병 분류의 통일을 위한 계획을 공표했다.

8. 3. 질병 분류의 통일과 장티푸스의 번역

문제의 제안서는 당시 국의관 부관장이었던 스진모施今墨, 1881~1969[16]가 작성한 것이었다. 구체적인 내용을 소개하기에 앞서 한 가지를 짚고 넘어가자. 스진모와 국의관의 다른 지도자들에게 이 문건은 단지 학술적인 관심에서 비롯한 것이 아니었다. 이는 오히려 중의를 향한 강제적인 규제의 첫 번째 단계에 해당했다. 스진모는 다음과 같이 힘주어 말했다. "질병명이 자리를 잡게 되면 국의관은 규제를 공포하여 전국의 모든 의료인에게 이를 고지하고, 정해진 기간 내에 표준화된 질병명을 사용할 것을 요구할 것이다. 규제를 어긴 자에게는 그에 상응하는 처벌이 가해지며, 처벌 이후 다시 규제를 어길 시에는 의료 활동을 금지당하게 될 것이다."[17]

스진모는 질병 분류를 통일한다는 학문적 제안과 강제적 규제라는 행정의 문제를 공공연히 결부시켰다. 스진모와 국의관 지도부의 목표가 후자에 있었기 때문이다. 5장에서 살핀 바와 같이 이들은 중국의학의 과학화 기획을 이용하여 국의관을 어엿한 행정 부처로 만들고자 했다. 그런 의미에서 일견 학문적인 것처럼 보이는 이 제안을 이해하기 위해서는 이것이 〈국의조례國醫條例〉의 공표에 담긴 정치적 목적에 어떻게 동원되었는지를 고려해야만 한다.

제안서의 서두에서 스진모는 질병명 통일을 위한 상세하고 순차적인 절차를 제시했다. 첫 번째 단계는 "서의들이 중국어로 번역한 서양의학의 병명을 표로 정리하는 것"이었다. 두 번째 단계는 "국의의 주요한 저서를 참고하여 … 여기에 실린 질병이 서양의학의 어떤 질병과 대응하는지 밝히는 것"이었다.[18] 마지막은 전통적인 병명을 참고하여 적합한 표준 용어를 결정하는 단계였다. 스진모는 다음과 같이 부연했다. "만약 서양의학의 병명에 해당하는 중국어 번역이 없거나, 중국의학의 질병명이 과학적인 원리와 양립할 수 없는 경우에는 서양의학의 용어를 그대로 취한다."[19]

이와 같은 세 가지 단계는 스진모의 제안이 중국의학의 틀로 질병 분류를 통일하는 일과 거리가 있음을 분명히 드러냈다. 오히려 이는 중국의학과 서양의학 모두가 활용할 수 있는 통합된 표준 질병 분류를 만들기 위한 시도였다. 더 중요한 점은 스진모의 체계가 기실 서양의학의 명명법을 따르고 있었다는 점이다. 서양의학의 분류에 상응하지 않는 중국의학의 병명은 설 자리를 잃었다. 그렇다면 "왜 우리는 서양의학의 병명을 신뢰해야 하는가?" 스진모는 자신의 급진적인 계획을 옹호하기 위해 다음과 같이 대답했다.

> [중국의학을 정리하기 위해] 과학적 방법을 채택한 것은 바로 국의관이 아니었던가. 국의의 전통적인 질병 분류는 과학에 부합하지 않는다. 만약 국의를 과학적 사고방식으로 재편하려 했다면, 이처럼 부족한 인력으로 재빠르게 과업을 완수하는 일은 없었을 것이다. 물론 이러한 시도가 언젠가 성공을 거둘 수도 있겠다. 그러나 세계의 사물에 관한 진리는 오직 하나임을 명심해야 한다. 서양의 질병 분류학은 과학에 깊게 뿌리를 내리고 있으며, 따라서 우리가 새로 만들어낸 질병 분류 또한 서양의 것과 다를 수 없다. 만약 서양의 것과 차이가

있다면 우리의 명명법은 결코 과학과 양립할 수 없다. 그게 아니라면 과학 내에 모호한 복수의 '진리'가 존재한다는 말이 된다.[20]

"세계의 사물에 관한 진리는 오직 하나"라는 말에서 다시 한번 근대주의 담론을 확인할 수 있다. 이것은 루위안레이가 중국의학의 정리를 위한 제안에서 요구했던 다섯 가지 전제 조건 중 하나이기도 하다. 우리는 이 지점에서 근대주의 담론이라는 추상적인 인식론적·존재론적 입장이 중국의학 질병 분류의 재편이라는 중대하지만 일견 기술적인 결정에 어떻게 침투했는지 살펴볼 수 있다. 결국 스진모의 구체적인 제안이 보여주듯, 중국의학의 과학화 기획이란 서양의학에 따라 새로이 구축된 질병의 세계에 중국의학의 질병 분류를 재배치하는 일에 지나지 않았다.

이와 같은 재배치는 분명 중국의학 지식의 해체와 희생을 초래할 수밖에 없었다. 그러나 스진모에게 이는 전혀 문제가 아니었다. "통합된 질병 분류는 어떤 이유에서 중국의학의 전통에 바탕을 두기보다는 도리어 그것을 해체하고 마는가?"[21] 그는 이와 같은 중요한 질문에 대답하기 위해 중국의학의 가장 유명한 두 유파인 상한학파와 온병학파를 예로 들었다. 상한과 온병溫病이라는 질병의 구분이 얼마나 모순되고 혼란스러운지 보여주기 위함이었다.

본디 온병은 상한의 전통에서 비롯했다. 그러나 마타 핸슨이 지적했듯, "17세기 후반과 19세기를 지나며 온병 또는 열성 역병의 개념은 역병에 관한 새로운 담론이 발전하고 새로운 조류의 의학이 형성되는 중요한 토대가 되었다".[22] 많은 의학자는 이를 바탕으로 상한과 온병이 어떤 관계이며 또 어떻게 구분되는지 등에 대해 치열하게 논쟁했다. 이 논쟁은 상한 개념을 배태한 더 큰 흐름, 즉 우주론을 둘러싼 논의를 반영했다.[23]

스진모는 17세기에 시작된 논의를 정리하며 상한과 온병을 구분하는 방법을 세 가지로 정리했다. 첫째, 모든 종류의 열병은 겨울의 추위가 원인이기 때문에 넓은 의미에서 상한이라고 불려야 마땅했다. 다만 병이 언제 발병하느냐에 따라 다른 이름이 붙었는데, 만약 겨울에 병이 나타난다면 좁은 의미에서 상한이라는 이름이, 봄이 되어서 병이 나타난다면 온병이라는 이름이 붙었다.

두 번째는 환자의 주관적인 감각에 따라 나누는 방식이었다. 추위를 두려워하는 이는 상한으로, 더위를 두려워하는 이는 온병으로 고통을 받는다. 마지막 입장은 상한과 온병을 병인으로 구별할 수 없다는 것이었다. 말인즉슨 상한과 온병은 모두 계절에 맞지 않는 '기' 때문에 발생하기 때문이다. 누군가는 봄이나 여름에 때아닌 추위를 만나 병에 걸릴 수 있다. 기준이야 어떻든 간에 당시 장난 지방의 의사들은 상한과 온병의 구분이 무척이나 중요하다고 고집했다. 두 질병은 "명백히 다른 방법으로 치료되어야 마땅하며 치료법 간에 차용이 있어서는 안 된다".[24]

스진모는 온병과 상한을 구별하는 세 가지 방법을 기술한 후, 서양의학에서는 이 둘이 동일한 질병이라고 자신 있게 결론지었다. "먼저 사람들이 관습에 따라 '습온濕溫'(온병의 한 종류)이라 부르는 것은 사실 서양의학의 장티푸스에 해당한다. 한편 장티푸스의 증상은 상한의 그것과 일대일로 대응한다. 그러한 이유에서 일본 학자들은 장티푸스를 상한으로 번역했고, 서의 역시 이를 받아들였다. 따라서 습온은 분명 상한이며, 또한 상한은 습온이다."[25] 스진모는 이러한 사실로부터 중국의학은 너무나도 자기 모순적이며, 따라서 질병 분류를 통합하는 근거로 삼기에 부적합하다는 결론을 도출했다.

이는 일견 기계적으로 보이는 재배치 과정이 전통적인 명명 체계 전반에 대한 부정으로 이어질 수 있음을 생생하게 보여준다. 개별 환자의 온랭에 대한 주관적인 감각의 차이를 고려한다면, 상한과 온병을 질병이 아닌 증상군 정도로 가정한다고 해도 그 둘을 같은 것이라 볼 수는 없다. 그러나 스진모가 제안한 절차에 따르면 상한과 온병이라는 두 가지 질병은 서양의학의 질병 분류에 맞추어 다시 배치되어야 했고, 결과적으로 장티푸스라는 동일한 질병명에 배속될 수밖에 없었다. 중국의학의 틀에서는 뚜렷이 구분되었던 두 질병이 서양의학의 틀에서 하나로 합쳐진 것이었다. 이러한 재배치는 상한과 온병이 사실은 같은 병이라는 혼란스러운 결론으로 이어졌다. 스진모는 이러한 충격적인 결론을 중국식 질병 분류의 무가치함을 보여주는 강력한 근거로 여겼다. 결국 표준화된 질병 분류를 위해서는 중국의학의 '오랜 체계를 파괴'하는 것 외에는 다른 선택지가 없었다.

'중국의학 체계를 파괴'한다는 자신의 결심을 정당화하기 위해 스진모는 상한이라는 한 가지 예를 들어 병명 통합의 필요성을 보여주려 했다. 새로운 질병 분류에서 상한이 어디에 위치해야 하는지 고심에 고심을 거듭한 끝에, 그는 상한을 내과 질환의 첫 번째 범주인 감염병의 하나로 분류했다. 중국의학에는 '감염병'이라는 범주가 없었기 때문에[26] 새로운 범주를 만들어내고 이를 내과 질환의 초두에 배치한 스진모의 결정은 중국의학의 질병 분류를 재편하는 조용하지만 혁명적인 시도라 할 수 있었다.[27] 더욱이 중국의학의 혁명적 재편을 상징하는 예로 선택된 상한은 송대 이래로 가장 중요하게 다루어지던 전통적인 질병 범주이기도 했다. 스진모는 이렇게 썼다. "이 질병은 원래 상한이라 불렸다. 옛사람들은 이것이 풍과 한에서 비롯한다고 생각했기 때문이다. 오늘날에는 장티푸스균窒扶斯菌이라는 진짜 원인이 밝혀져 있으며, 따라서 상한이라는 오래된 이름은 이제 적합하지 않다. 세균의 이름을 병명에 그대로 차용해야 한다."[28] 이처럼 스진모는 '원래 상한이라 불리던 질병'이 실제로는 장티푸스와 동일하다는 주장으로 논의를 시작했다.

여기에서 스진모의 표면적인 목적은 세균 이론으로 정의된 장티푸스라는 질병을 중국의학의 질병 분류에 도입하는 데 있었다. 하나 그가 이와 같은 제한된 목표에 만족했더라면 일본인이 장티푸스를 가리키는 데 사용하는 '지푸스窒扶斯'와 같은 단어를 그대로 사용했을 것이다. 이는 새롭기는 해도 전통적인 질병 분류를 시험하는 정도는 아니었다. 그러나 스진모는 새로운 병원균의 이름이 발음하고 기억하기 어렵다는 점을 반복해서 지적했다. 그러한 이유에서 그는 "서의 대다수가 장티푸스에 상한이라는 이름을 써왔으므로 장티푸스균을 '상한균'으로 번역하고, 장티푸스 역시 상한이라 부르는 편이 좋겠다"[29]고 결론지었다.

스진모의 제안은 일견 편의에 따른 합리적인 타협안처럼 보였다. 그러나 중의들은 그것이 중국의학에 끔찍한 결과를 가져다주리라는 사실을 즉각적으로 알아차렸다. 만약 장티푸스의 번역으로 '상한'이라는 말을 사용한다면 상한은 세균 이론으로 정의되는 8대 신고 대상 감염병 중 하나가 될 것이며, 이는 결국 상한의 진단과 예방, 신고가 모두 정부와 서의의 통제하에 놓이게 됨을 의미했다. 서의가 상한의 정의를 장악하는 상황, 다시 말해 상한을 장티푸스로 이해하고 관리하며 치료하는 법적·의학적 요건이 갖추어지는 것이다. 스진모의 번역은 중의에게 실질적 차원과 정치적 차원 모두에서 심대한 영향을 미칠 수 있었다. 이러한 번역이 채택되었다면 상한이 세균에서 비롯하는 감염병이라는 완전히 새로운 생각이 널리 확산했을 것이다.

8. 4. 중국의학에 세균 이론을 녹여 넣기

스진모의 제안에 쏟아진 비판 가운데 가장 눈에 띄는 것은 윈톄차오의 지적이었다.[30] 윈톄차오는 질병 분류를 통일한다는 기획 자체에는 반대하지 않았지만, 감염병과 관련된 병명만큼은 그냥 넘어가지 않았다. 골치 아픈 세균 이론의 문제가 필연적으로 동반되는 탓이었다. 위옌과 논쟁하던 1920년대 초까지만 하더라도 그는 해부학의 문제에 집중했다. 그러나 1920년대 말부터는 세균 이론을 중국의학의 가장 큰 위협이라고 보았다. 여기에는 두 가지 이유가 있었다. 우선 윈톄차오가 보기에 열병熱病이란 중국의학의 여러 질병 범주 가운데에서 가장 통일되지 않은 것인 동시에 가장 핵심적인 것이었다.[31] 두 번째, 서양의학은 세균을 열병의 원인이라 보았기 때문에 열병의 문제 앞에서 중국의학과 서양의학의 병인론은 정면으로 충돌할 수밖에 없었다. 세균 이론과 중국의학의 병인론을 화해시킬 방법이 없다고 보았던 윈톄차오는 스진모의 제안에 보내는 공식적인 답변에서 중국의학 안에 세균 이론을 녹여내려는 시도를 중지하고, 열병의 명명 문제 또한 차후의 과제로 남겨두자고 제안했다.[32] 당장은 열병을 가리키는 데 《상한론》에 나오는 용어를 이용하면 된다는 말도 함께였다.

윈톄차오의 반응은 질병 분류의 통일을 둘러싼 갈등이 질병명 일반에 관한 문제가 아니라 오직 열병과 관련된 것임을, 특히 중국의학에 '전염병'이라는 새로운 질병 범주를 도입하는 일이 문제였음을 보여준다. 스진모의 제안을 지지하는 이들이 보기에 중국의학에 감염병의 범주를 포함하는 일은 중국의학에 도전과 변화를 동시에 가져다줄 것이었다. 더 중요한 점은 스진모의 제안이 중국의학에 세균 이론을 포함해야 하는지를 둘러싼 공적인 토론에 불을 붙였다는 사실이다. 물론 그동안에도 세균 이론과 중국의학의 관계에 대한 논쟁이 없지는 않았지만, 이는 모두 개인 간의 논의였고 따라서 영향력도 미미했다. 국의관에서 시작된 논쟁은 달랐다. 이는 정부의 규제에 영향을 미쳐, 결과적으로 중국의학의 미래를 바꾸어놓을 것이었다. 그런 의미에서 스진모의 제안은 중국의학과 세균 이론의 통합을 둘러싼 공적 논쟁에 가까웠다.[33]

스이런時逸人, 1896~1966[34]은 서양의 질병 분류에 기초하여 중국의학의 질병명을 개편하자고 주장했던 스진모나 그러한 논의 자체를 뒤로 미루자던 윈톄차오와는 또 다른 방식으로 대응했다. 그는 좀 더 적극적인 방식으로 중국의학과 세균 이론을 결합하고자 했다. 스이런이 보기에 근본적인 문제는 어떻게 해야 중국의학의 본질을 보존하면서도, 감염병이라는 새로운 범주를 받아들일 수 있는지에 있었다. 그는 오래된 의서를 살펴본 뒤, 여기에서 '역疫'과 상한이 대립되는 것으로 다루어지곤 한다고 주장했다. 중국의학의 여러 선학은 감염병과 상한을 다른 범주로 다루어야 함을 알고 있었다는 말이었다. 이러한 생각을 바탕으로 스이런은 역과 상한을 다룬 두 권의 책을 출간했다. 1930년에 나온《중국시령병학中國時令病學》과 1933년에 출간된《중국전염병학中國傳染病學》이었다.《중국시령병학》의 서문에서 그는 사람들이 상한과 감염병을 혼동하는 일을 피하고자 각각을 별개의 책으로 다룬다고 썼다.[35] 그가 보기에 장티푸스를 상한으로 번역하는 일은 참으로 이치에 맞지 않는 일이었다.

스이런의 목적을 생각한다면, 그의 전략을 향한 중의들의 환호는 어쩌면 당연했다. 놀라운 점은 중의들이 스이런의 작업에 부여했던 의미였다. 톈얼캉田爾康은 스이런의 책에 대해 이렇게 썼다. "중국의학은 급성 감염병을 예방하는 데 적합하지만 몇 가지 약점이 있다. 이와 달리 서양의학은 급성 감염병을 치료하는 데 적합하지 않지만 예방에 강점을 보인다."[36] 그가 보기에 중국의학의 첫 번째 약점은 '부정확한 병명'이었다. "어떤 이가 중국의학의 진료를 받고 죽음을 면치 못했다면, 죽음의 원인이 무엇인지 결코 알 수 없을 것이다"[37]와 같은 말이 유행하던 시절이었다. 톈얼캉은 이러한 문제를 해결하기 위해 먼저 급성 감염병을 다룬 책을 출간하고 진단 과정에 서양의학의 세균 검사를 차용하자고 제안했다. 스이런이 급성 감염병에 대한 책을 쓴 이유도 이와 같았다. 톈얼캉이 진단한 중국의학의 두 번째 약점은 소독의 부재였다. 중국의학에는 소독의 개념과 실천이 부재하며, 그러한 탓에 감염병의 확산을 막는 데 한계가 있다는 지적이었다. 마지막은 보호의 부재였다. 톈얼캉은 중의 역시 마스크를 쓰고 급성 감염병에 걸린 이를 격리하여 의사 자신과 환자를 보호해야 한다고 주장했다. 톈얼캉은 스이런의 책이 중국의학과 서양의학의 상대적인 강점과 약점을 분석함으로써 중국의학에 기여했다고 보았다.

스이런이 중국의학의 약점을 극복하기 위해 내놓은 기획을 이해하려면, 또다시 장티푸스의 예로 돌아갈 필요가 있다. 장티푸스를 다룬 장의 도입에서 스이런은 병인과 병리, 증상을 다루었는데, 이는 모두 당대의 서양의학 문헌에서 빌려 온 내용이었다. 장의 말미에는 "맥과 설태를 이용한 중국의학의 진단법"[38]이라는 부록이 뒤따랐다. 여기에서 중요한 지점은 스이런이 장티푸스에 상응하는 중국의학의 질병명을 탐색하지 않았다는 점이다. 스진모와 달리 그는 서양의학 질병명과 중국의학 질병명의 일대일 대응을 목표로 삼지 않았다. 대신 스이런은 맥과 혀를 이용한 전통적인 진단법을 이용하여 장티푸스라는 낯선 병의 병증을 '새로이' 규정하고자 했다. 더 나아가 그는 전통적인 맥진을 바탕으로 장티푸스의 병증이《상한론》에서 다루어진 비감염성 질병의 병증과 어떻게 다른지 드러내고자 노력하기도 했다.[39]

이어지는 논의에서는 예방을 다루었다. 여기에는 환자의 격리, 배설물 처리, 손 씻기, 날벌레 구제 등에 대한 조언이 담겼다. 스이런은 자신이 서양의학의 강점이라 생각한 것, 즉 장티푸스를 예방하고 통제하는 방법을 모두 다룬 다음 중국의학을 이용한 치료법, 즉 처방과 증상의 조합을 이야기했다. 요컨대 그는 장티푸스가 세균에서 비롯한 그리고 서양의 위생 조치로 예방하고 통제할 수 있는 새로운 질병이라고 보았지만, 그에 대한 진단과 치료만큼은 중국의학으로 가능하다고 생각했다.

스이런은 상한의 개념이 감염병의 범주에 들어가지 않는다는 점을 보이기 위해 또 다른 책을 썼다. 여기에서 그는 상한과 온병은 모두 계절 변화에서 비롯하며, 따라서 계절병을 의미하는 '시령병時令病'이라는 별도의 범주가 필요하다고 주장했다. 이처럼 혁신적인 주장을 내세우기도 했지만, 스이런은 중국의학에 따른 새로운 질병 범주를 만드는 일이 전 세계 의학계에 파란을 일으킬 수 있음을 잘 알고 있었다. 자신이 설립에 참여한 산시중의개진연구회山西中醫改進硏究會가 시령병이라는 범주의 수용 여부를 검토했을 때에도 그는 전면에 나서지 않았다. "세계적인 의학 발전의 추세를 쫓아가려면 조심스러워야 한다"[40]는 이유였다.

스이런의 전략은 한 번도 주류가 되지 못했다. 그러나 이는 중의들이 중국의학과 서양의학, 특히 세균 이론의 관계를 달리 생각하기 시작했음을 보여준다. 4장에서 나는 1920년대에 윈톄차오와 위젠취안이 서양의학과의 논쟁 과정에서 기화 개념을 도입하여 "대결 장소를 피"했을 때, 존재론이라는 전제를 받아들이기로 했음을 보인 바 있다. 그러나 이 시기를 지나며 스이런과 같은 이들은 세균이나 중국의학에서 이야기하는 육기의 존재론적 지위에 대해 논하기보다는 새로운 두 가지 목표를 달성하기 위해 분투하기 시작했다. 하나는 그들이 세균 이론의 강점이라고 판단했던 감염병의 진단과 예방, 통제 능력을 중국의학에 통합하는 것이며, 또 다른 하나는 감염병 치료라는 중국의학의 강점을 보존하고 발전시키는 것이었다.

스이런의 접근은 존재론을 둘러싼 논쟁으로부터 실용적인 목적을 위해 중국의학과 서양의학의 장점을 종합하려는 노력으로 전환하는 신호탄이었다. 이는 두 가지 의미에서 실용적이었다. 한편으로는 신고 대상 감염병에 관한 정부의 규제를 어기지 않으면서, 또 다른 한편으로는 소독 등을 통해 감염병으로부터 환자를 보호할 수 있었기 때문이다. 그러나 이는 한계가 분명한 기획이기도 했다. 스이런이 《중국시령병학》과 《중국전염병학》을 따로 저술한 것처럼 시령병과 감염병이라는 질병 범주가 배타적인 것으로 상정되었기에, 서양의학과 중국의학이 "통합되어 있으면서도 나누어져" 있었기 때문이다. 결국 이는 "대결 장소를 피"하는 과거의 방법과 너무나 유사했고, 따라서 진정한 해결책이 될 수 없었다.

마지막으로 한 가지를 더 짚고 넘어가려 한다. 감염병을 통제하고 예방하는 서양의학의 능력은 근대 세균 이론과 그것의 임상적 적용이 가진 전례 없는 독특한 힘에서 비롯하는 것이었다. 철학자 K. 코델 카터K. Codell Carter가 지적했듯, 루이 파스퇴르Louis Pasteur, 1822~1895가 1876년 무렵 세균 이론을 정립했을 때 사람들은 그것을 제대로 이해하지 못한 채 비난을 일삼았다. 당대인들은 파스퇴르의 주장을 세균이 질병의 '충분조건'이라는 뜻, 다시 말해 병원체가 있다면 언제나 질병이 발현된다는 의미로 잘못 받아들였다. 그러나 파스퇴르의 실용적 지향성은 결국 '필요조건', 즉 그것 없이는 질병이 발현되지 않는 요인의 탐색으로 이어졌다. 파스퇴르의 말을 빌리면 그는 "의지에 따라 질병을 일으키거나 막을 수 있게"[41] 되면서 질병의 필요조건을 발견했다. 질병의 필요조건을 통제할 수단을 갖춘 이후, 근대 세균 이론은 치명적인 질병의 확산, 더 나아가 발생 자체를 막을 수 있는 효과적인 방법을 발전시켜갔다. 이처럼 예방의 힘은 근대 세균 이론의 독보적인 강점이었다. 스이런과 톈얼캉 같은 중의들이 세균 이론의 실용적 유용성을 인정하고, 중국의학의 실천에 그것을 포함하려 한 이유였다.

8. 5. 병증 대 질병

'통일병명'이라는 기획이 완전히 실패했다고는 볼 수 없지만, 어찌 되었건 그것은 이내 중단되고 말았다. 기획이 공표되고 고작 다섯 달이 지났을 무렵, 국의관은 전국의 중의 단체에 질병 분류의 통일을 중지한다는 결정을 공표했다. 더 나아가 국의관은 파격적인 인사를 감행하여 급격한 정책 변화를 예고하기도 했다. 중국의학의 정리 작업을 담당하는 위원회에서 개혁적 성향의 예구훙과 루위안레이, 궈서우톈을 퇴출한 것이다.[42] 겉으로 보기에 이는 분명 개혁파의 발목을 잡는 일이었다.

개혁가 무리가 중국의학과 서양의학의 질병 분류를 통일하는 일이 얼마나 힘겨운 작업인지 뼈저리게 느낄 즈음, 일군의 중의는 새로운 가능성을 검토하기 시작했다. 중국의학과 서양의학의 통합이 반드시 질병에 초점을 맞출 필요는 없다는 생각이었다. 이들은 중국의학의 힘이 질병을 치료하는 데 있다기보다 패턴 혹은 증상군에 가까운 '병증病證'을 다루는 데 있다고 주장했다.

이러한 주장은 이후 1950년대 중반에 만들어진 중의학의 기본 신조에 해당한다. 그러나 통일병명을 둘러싼 1933년 여름의 논쟁 전까지는 아무도 중국의학을 이렇게 정의하지 않았다. 이는 굉장히 중요한 지점이다. 이를테면 장짠천은 통일병명 제안을 주제로 한 특별 기고문에서 중국의학 개혁의 결정적인 문제가 "병病의 이름과 증症의 이름을 혼동"하는 데 있다고 지적했다.[43]

장짠천의 짧은 글은 두 가지 중요한 지점을 짚어냈다. 먼저 그는 '증證'이라는 용어 대신 발음은 같지만 증상이라는 다른 뜻을 가진 '증症'을 사용했다.[44] 다음으로 그는 '병'과 '증'의 혼동을 지적하며 중국의학 역시 '증'이 아닌 '병'을 치료하려 든다고 썼다. 이때의 '증'이 '병증'을 의미하건 '증상'을 의미하건 말이다. 폴커 샤이트가 짚었듯 "오래도록, 특히 한대부터 당대까지는 병증이 아닌 질병이 진단의 제일 기준으로 기능했다".[45] 병증이 송대 유의의 주된 관심사로 부상하여 중국의학의 고준담론을 상징하게 되었을 때도[46] 질병은 여전히 이론과 실천 모두에서 중국의학의 핵심에 해당했다. 1920년대 후반 역시 마찬가지였다. 중국의학은 질병에 대해 고민하지 않았고, 질병과 병증, 증상의 경계를 기술하려는 노력 또한 존재하지 않았다.

4장에서 다루었던 경험에 대한 담론과 마찬가지로 질병과 병증의 대조 역시 일본에서 전통 중국의학을 지지하던 이들, 특히 중국으로 역간된 일본의 와타나베 히로시渡邊熙의 책으로부터 큰 영향을 받았다. 스스로 고백한 바에 따르면, 와타나베는 서양의학을 공부하다가 전통 의학으로 선회한 인물이었다. 서양의학이 효과적인 치료법을 갖추지 못했다는 사실에 깊이 실망했기 때문이었다. 그가 유학하던 20세기 전환기 무렵의 독일은 과학적 의학이 정점을 달리던 상황이었다. 그러나 와타나베는 독일 의학이 "실제 약물과 치료에 대해서는 아무런 성과를 내지 못했다"[47]고 판단했다. 그는 근대 의학을 향한 환상이 무너져 내렸음을 표현하기 위해, 빈 의과대학의 설립자이자 1840년의 치료 허무주의를 대표하던 요제프 슈코다Joseph Skoda, 1805~1881의 말을 인용했다. "질병의 치유 여부는 의학의 본령이 아니다. 우리의 목적은 지적 호기심을 채우는 데 있다."[48] 와타나베도 인정했듯 이는 부정확한 인용이다.[49] 원문은 이러했다. "질병을 기술하거나 진단할 수 있음이 치료의 가능성을 의미하지는 않는다."[50]

와타나베는 자신의 저서《화한의학의 진수和漢醫學之眞髓》에서 절 하나를 통째로 "오류투성이인 슈코다의 의견"을 비판하는 데 할애했다. 그는 앞서 인용한 문장에 이어 이렇게 썼다. "이는 내가 일평생 온 마음으로 경멸해온 생각이자 동양의학의 정신과 극을 이루는 것이다."[51] 와타나베의 책과 글이 번역된 1920년대 후반과 1931년 이후, 중국의학을 이끌었던 인물 상당수가 치료 허무주의를 향한 와타나베의 비판을 인용하곤 했다. 장빙린,[52] 루위안레이, 스이런,[53] 그리고 극히 보수적이었던 우한첸吳漢遷[54]과 같은 이들이 와타나베의 글, 특히 슈코다를 향한 비판에서 많은 영감을 받았다.

장빙린은 슈코다를 비판하면서, 와타나베가 인용하고 번역한 슈코다의 말을 가져다가 정반대의 결론을 내놓았다. "의사의 책임은 질병의 치유에 있다. 치료법을 안다면, 병인을 안다고 주장할 필요가 어디 있겠는가."[55] 물론 여기에는 몇 가지 이야기가 생략되어 있다. 슈코다의 치료 허무주의는 이미 80년도 더 된 철 지난 주장이며, 그러하기에 1920년대 후반의 서양의학을 대표할 수 없다는 사실 말이다.[56] 그럼에도 중의들은 슈코다의 말을 원용하여 근대 서양의학과 중국의학의 실천을 구분하는 새로운 틀을 잡아가고 있었다. 진단과 치료를 대립시켰던 슈코다의 구도는 장빙린의 전략적 해석을 거쳐 병인학과 치료법의 대립으로 변용되었다.

장빙린은 병인, 즉 '질병의 원인'을 향한 서양의학의 강조와 대립각을 형성하며 중국의학 치료의 핵심은 질병이 아닌 병증에 있다는 생각을 발전시켰다. 그가 작성한 루위안레이의 《상한론금역傷寒論今釋》 서문은 이러한 새로운 대립 구도를 정교하게 보여주었다. 장빙린은 《상한론》 연구에 두 가지 금과옥조가 있다고 썼다. 하나는 상한, 중풍, 온병과 같은 이름이 병인이 아니라 환자가 드러내는 '병증'에 기초했음을 깨닫는 것이었다.[57] 원인과 병증의 구분은 무척이나 중요했다. "오늘날의 서양인들은 발열의 근본 원인이 세균에 있다고 이야기"[58]하기 때문이었다. 다시 말해 《상한론》을 제대로 이해한다면, 특히나 그에 담긴 병증 개념을 올바로 해석한다면 중국의학이 세균 이론의 위협을 피할 방법을 찾을 수 있었다.

루위안레이의 《상한론금역》을 둘러싼 맥락을 살펴보면 병증과 질병이라는 대립 구도가 역사적으로 어디에서 비롯하는지 잘 알 수 있다. 첫째, 장빙린이 이러한 구도를 도입했던 원래 이유는 중국의학의 본질 전반을 설명하기 위함이 아니라《상한론》의 성격을 상세히 규명하기 위함이었다. 이런 의미에서 병증의 개념은《상한론》이라는 고대의 의서와 밀접하게 관련된 것이었다. 둘째, 루위안레이의 저서 역시 사실은 유모토 규신의《황한의학》에 대한 해설이었다. 4장에서 살펴보았듯, 장빙린은《상한론》이 중국의학의 '경험적 전통'을 이룬다는 생각을 확산하기 위해《상한론》을《황제내경》과 같은 수준의 의서로 추어올리고자 했고, 이 과정에서 유모토 규신의 책을 이용한 바 있었다.[59]

장빙린과 루위안레이는《상한론》의 '경험적' 특징이 병증과 증상의 치료에 집중하는 특유의 서술 방식과 밀접하게 관련되어 있다고 생각했다. 물론 이는 일본 학계의《상한론》해석에 영향을 받은 결과였다. 서양의학의 질병 개념과 교전하는 과정에서《상한론》은 '변증辨證'이라는 중국의학의 결정적 특징이 비롯한 원천으로 여겨지게 되었다.

마지막으로 병증이라는 개념은 질병 개념 전반이 아닌, 병인에 의해 새롭게 정의된 존재론적 질병 개념의 반대쪽에 놓인 것이었다. 이는 동전의 양면과도 같았다. 한편으로는 중의들이 중국의학이 지금껏 병증과 질병을 '혼동'해왔음을 깨닫게 되었고, 또 한편으로는 와타나베 히로시와 장빙린과 같은 이들이 병증의 개념을 강조함으로써 병인론으로부터 중국의학을 지켜낼 필요성을 인지하게 되었으니 말이다. 하지만 이는 모두 질병과 증상을 날카롭게 구분해온 근대 서양의학을 향한 대항이었다. 의학사가 마이클 워보이스Michael Worboys는 이렇게 썼다. "세균 이론과 세균학은 서양의학의 질병 개념을 뒤바꾸어놓은 중요한 요소였다. 증상과 결과로 질병을 정의하던 방식은 과정과 원인으로 정의하는 방식으로 전환되었다."[60] 이러한 역사적 전환의 결과 '질병 특이성'이라는 개념이 등장했다. "질병은 특정한 개체 고유의 질환 발현 외부에 놓인 실체라 상정될 수 있으며 또 상정되어야 한다"[61]는 생각이다. 오늘날 우리는 질병 특이성 개념을 당연하게 받아들이지만 찰스 로젠버그에 따르면 '특이성 혁명'이 가져온 문화적 충격은 가히 "뉴턴과 다윈, 프로이트의 혁명이 미친 영향"[62]에 버금가는 것이었다. 동아시아 전통 의학의 병증과 질병 구분은 바로 이와 같은 서양의학의 특이성 혁명에 대한 반응이었다.

8. 6. '변증론치'의 전사

개혁적 성향의 중의들은 1930년대에 들어 질병의 세균 이론을 진지하게 고려해야 했고, 비로소 새로운 도전에 담긴 의미를 깨닫기 시작했다. 병리해부학과는 달리, 세균 이론의 수용은 그저 중국의학의 병인론에 새로운 질병 이론을 끼워 넣는 일이 아니었다. 여기에는 질병의 본질에 대한 근본적인 재개념화가 뒤따랐다. 이제 질병은 세균이라는 원인을 바탕으로 정의되었다. 장빙린은 이에 맞서 혁명적인 생각을 내놓았다. 중국의학 역시 종류는 다르지만 한이나 풍과 같은 원인을 가지고 질병을 정의한다고 주장하는 것이 아니라,[63] '병증'이라는 아예 새로운 방식으로 질병을 바라보아야 한다는 견해였다.[64]

장빙린의 혁명적인 사고는 오래도록 영향을 미칠 전략과 연결되어 있었다. 장빙린은 스진모와 같은 근대주의자가 주장한 근대주의적 재배치를 거부했지만,[65] 그렇다고 중국의학이 세균 이론에 맞서 싸워야 한다고 생각하지도 않았다. 세균 이론과의 대결은 이미 한쪽으로 기울어진 운동장이었다. 그는 기꺼이 대결을 포기하고, 중국의학이 질병의 원인을 파악하지 못한다고 인정했다. 와타나베와 같이 의학의 진정한 목적과 중국의학의 저력은 치료법에 있음을 강조하기 위함이었다.[66] 어떠한 면에서는 틀린 이론을 내놓았을 수도 있겠지만, 중국의학은 생명을 위협하는 여러 감염병을 비롯하여 수많은 질병에 효과를 보여왔다. 중요한 것은 의학 이론이 질병의 진짜 원인을 발견했는지가 아니라 효과적인 치료를 제공할 수 있는지였다. 건강과 질병을 개념화하는 방식은 아무래도 상관없었다. 장빙린은 질병을 어떻게 이해하든지 간에 의학의 쓸모는 임상적 기능, 즉 질병을 치료하는 효용성으로 판단되어야 한다고 주장했다.

병인론이 아닌 치료법에 대한 강조는 시기적으로도 적절했다. 19세기 말이 되면서 질병 특이성의 개념이 자리를 잡았지만, 질병의 특정한 원인을 해결하여 병을 치료하겠다는 병인론적 치료의 전망은 좀처럼 실현될 기미를 보이지 않았다. 로베르트 코흐가 투베르쿨린을 개발한 것이 벌써 1890년의 일이었건만, 1930년대가 다 되어도 병인론에 기반한 치료라고는 겨우 두 가지뿐이었다. 하나는 1913년에 독일의 생리학자 에밀 폰 베링Emil von Behring,

1854~1917이 개발한 디프테리아 항독소였고, 또 다른 하나는 파울 에를리히 Paul Ehrlich, 1854~1915와 일본인 조수 하타 사하치로秦佐八郎, 1873~1938가 만든 매독 치료제 '화합물 606', 즉 살바르산이었다. 베링은 이 업적으로 1901년에 첫 번째 노벨 생리의학상을 수상했다. 살바르산은 파울 에를리히의 '마법의 탄환' 개념에 근접한 물질이었다. 의사들은 이제 몸 전체를 치료하려고 애쓰지 않아도 되었다. 실제로 상하이의 보건의료를 다룬 글에서 팡징저우가 강조했듯, 일부 중의는 이와 같은 서양의학의 치료법을 활용하기도 했다. 서양의학의 놀라운 성취와 함께 병인론적 치료의 개념은 더욱더 굳건해졌다. 질병에는 특정한 원인이 있고, 따라서 합리적인 치료란 원인을 목적으로 삼아야 했다.

의학사가 에르빈 H. 아커크네히트Erwin H. Ackerknecht는 다음과 같이 썼다. 에를리히의 화학요법은 "오늘날[20세기]의 위대한 업적이다. 그러나 에를리히 사후, 이 분야는 가망 없는 황무지와 같았다. … 효과적인 항생제를 찾는 일은 불가능해 보였다".[67] 암울했던 상황은 1930년대 말에 술파제와 페니실린이 개발되면서 항생제의 시대가 열릴 때까지 지속되었다. 이와 같은 시대적 배경을 바탕으로 중의들은 1930년대 초반 중국의학의 질병 명명법 통일을 둘러싼 논쟁에서 질병 특이성이 효과적인 치료법을 가져다주지 못했으며, 치료법에 대해서라면 중국의학이 제격이라고 주장할 수 있었다.

이와 같은 역사의 순간, 개혁 성향의 예구홍은 〈전염병의 국의요법傳染病之國醫療法〉이라는 글을 발표했다. 이 장의 시작에서 살펴보았던 바로 그 글이다. 예구홍은 중국의학의 치료 효과를 강조하는 장빙린의 전략을 따라 중국의학이 세균이나 질병의 진짜 원인에 대한 지식 없이도 효과적인 치료법을 제공할 수 있는 이유에 대해 써 내려갔다. 교토제국대학에서 수학했던 예구홍은 병인론적 치료가 마주한 암울한 상황에 대해 잘 알고 있었다. 매독 치료제인 화합물 606과 914를 제외하면, 서양의학은 "세균을 직접 죽이거나 독소에 대항할"[68] 합성 화합물을 단 하나도 발견하지 못했다. 백신 치료나 항독소 치료 같은 서양의학의 다른 치료법은 인간의 몸에 세균이나 독소를 집어넣어 "독소에 저항하는 자연의 힘"을 끌어내는 데 지나지 않았다. 예구홍은 다음과 같이 썼다. "세균을 죽이고 독소에 대항한다는 면에서 서양의학 역시 인간과 동물의 몸이 가진 자연의 힘에 기댄다. 이 과정에서 약은 직접적이지도 않고 중요하지도 않다. 우리가 전염병에 국의의 오래된 처방을 사용할 때도 마찬가지다. 우리는 그저 인체의 자연적 저항성을 강화하는 일을 도울 뿐이다. 풍과 한을 해결하기 위한 처방으로 세균을 죽이려는 것이 아니다."[69]

여기에서도 보이듯, 예구홍과 같은 이들은 서양의학의 저항성 개념을 끌어와 중국 전통 치료법의 효과를 설명했다. 명시하지는 않았지만 아마도 인체에는 질병에 저항하는 '자연적 저항성'과 자연적 항체가 존재한다는 한스 부흐너Hans Buchner, 1850~1902의 생각을 차용한 듯하다.[70] 이와 같은 서양의학의 개념을 바탕으로 예구홍은 중국의학이 몸의 자연적 저항성, 즉 '정기正氣'를 기르는 데 초점을 두고 있다고 주장했다.[71]

중국의학과 세균 이론의 통약 불가능성을 주장하는 대신, 예구홍은 이질적이고 통일되지 않은 의과학의 여러 분야 가운데 중국의학과 연합할 수 있는 잠재적 동맹을 찾는 데 주력했다. 그리고 저항성 개념을 바탕으로 질병의 원인을 밝히는 세균 이론을 받아들이는 동시에, 중국의학이 질병의 원인을 특정하지 않더라도 효과적이고 가치 있는 치료법을 제공할 수 있다고 주장할 수 있었다. 서양의학의 질병 저항성 개념을 수용한다면, 중의가 집단의 차원에서 공식적으로 세균 이론을 인정하는 것도 불가능하지 않았다.

개혁적 성향의 중의들은 여러 귀중한 치료법을 보존하기 위해 병증의 개념을 가다듬어야 할 필요성을 절감했다. 그전까지만 하더라도 질병과 증상, 병증은 뚜렷하게 구분되지 않았다. 새로운 병증 개념은 분명 오랜 전통, 특히《상한론》에서 비롯했다. 치료는 다음과 같은 몇 가지 단계로 정리되었다. 먼저 질병의 유형을 파악한 뒤, "질병을 증상과 징후의 무리로 특징지어지는 특정한 병증으로 나눈다. … 여기에는 보통 치료에 사용되는 처방의 이름을 붙인다. 소시호탕증小柴胡湯症을 예로 들 수 있다".[72] 와타나베 또한 이 점을 강조했다.[73] 예를 들어 환자가 '소시호탕증'을 앓고 있다는 말은 곧 소시호탕으로 효험을 볼 수 있는 상태에 있다는 뜻이었다.

상한이라는 구체적인 예를 살펴, 병증 개념이 치료법을 보존하고 유지하는 데 어떻게 이용되었는지 알아보자. 스진모의 논쟁적인 제언에 따라 중의가 서양의학의 병인론을 바탕으로 상한을 장티푸스와 동일하게 이해한다면 상한학파와 온병학파의 대립은 불가피해진다. 반대로 치료법에 초점을 맞추고 여러 방법의 효험을 평가할 수 있다면 두 가지 의가醫家 모두를 보존할 수 있다. 서로 다른 병증에 나름의 효험을 보였기 때문이다. 논증이 거꾸로 이루어졌다는 점을 짚고 넘어가자. 중의들이 병증 개념을 보존하자고 제안한 것은 병증이 질병 실체에 대한 충실한 표상이기 때문이 아니라, 가치 있는 치료법을 이용하는 데 필요한 수단이었기 때문이다.

병증 개념과 치료법에 대한 강조는 '변증론치'와 상당히 유사하다. 이는 오늘날 중의학 교과서에서 진단과 치료의 직접적인 연관을 설명하기 위해 반복해서 사용하는 말이다. 폴커 샤이트가 썼듯 중국의학의 임상적 정수가 변증론치라는 말로 제시된 것은 1950년대부터의 일이다.[74] 에릭 I. 카르히머Eric I. Karchmer에 따르면 변증론치는 1960년대 들어 병증과 그에 연관된 증상의 상세한 목록을 담은《중의진단학강의中醫診斷學講義》가 출간되면서 좀 더 구체화되었다.[75] 내가 파악한 바로는 민국기에는 변증론치라는 말이 이렇게 쓰이지 않았다. 서로 연관된 개념의 내용이나 언어의 편린은 이미 존재했지만 말이다. 1930년대의 논의를 보면 변증은 논치라는 목적에 바탕을 두고, 논치라는 목적을 위해 시행되었다. 다시 말해 변증은 논치를 위한 수단이었다. 예를 들어 환자에게 소시호탕을 처방하기 위해서는 먼저 환자를 소시호탕증이라고 진단하는 일이 중요하다. 변증론치의 임상례를 드는 방식은 오늘날까지 중국의 교육기관에서 중의학을 가르치는 핵심 교수법이다.

와타나베 역시 이와 비슷하게 일본의 전통 의학 치료를 '대증투약對證投藥'으로 요약한 바 있었다.[76] 변증론치건 대증투약이건 그 속에 담긴 의미는 같다. 가치 있고 지켜져야 마땅한 것은 전통 의학의 '이론적 바탕'이 아닌 실질적인 치료법이라는 주장이다. 이런 의미에서 '변증론치'는 그저 또 다른 질병 이론을 의미하는 말이 아니었다. 이는 표상주의적 실재 개념에 대한 철학적 대안이었다.

당시만 하더라도 중국의학을 옹호하는 이들이 보기에 변증론치란 하나의 방어 전략에 불과했다. 따라서 그것은 위옌의 표상론적 실재론에 맞서는 철학적 대안이 될 수 없었다. 내가 말하는 '표상론적 실재 개념'은 주류를 점한 특정한 종류의 과학철학을 의미한다. 실험자는 기술로써 표상을 만들어내고, 표상을 만들어냄으로써 매개되지 않은 관찰을 믿음직하게 모사한다. 이러한 관점에서 이론적 개념은 실재하고 영원한 세계에 이미 존재하는 물질의 실체를 표상하는 기능을 맡는다. 개념의 유일한 목표가 실체를 가능한 한 정확하게 표상하는 데 있으므로 실제 세계에서 대응하는 지시물을 찾을 수 없는 개념에는 일말의 가치도 없다. 음양과 기화, 경맥 등 중국의학을 향한 위옌의 중대한 비판은 이러한 철학적 전통 위에 있었다. 19세기 말의 특이성 혁명을 거치며 서양의학에는 존재론적 질병 개념이 등장했다. 그리고 이는 중국의학이 실재를 정확하게 표상하지 못한다는 주장의 근거가 되었다.

변증론치는 이와 같은 표상론의 구속을 벗어나기 위해 고안되었다. 변증론치 개념을 옹호하던 이들은 병증이라는 중국의학의 이론적 구성물을 통해 무엇을 할 수 있는지에 초점을 맞췄다. 병증을 바탕으로 진단이 이루어진다면 어떤 치료가 가능할 것인가. 이런 의미에서 이론적 개념에 대한 그들의 입장은 철학자 이언 해킹의 개입론적 실재 개념에 가깝다. 해킹 식으로 말하자면 "무엇을 수단으로 어떤 물질적 효과를 만들어낼 수 있다면, 그것은 실재한다".[77] 실재론의 핵심은 저편에 존재하는 실재를 표상하는 것이 아닌, 바로 여기에 존재하는 세계에 개입하는 것이다. 변증론치 개념의 발달과 함께 두 의학의 싸움 역시 바뀌었다. 어떤 의학이 물질세계를 더 잘 표상하는가의 문제는 저편으로 밀려났다. 지금 이곳의 병을 치료하는 데 어떤 의학이 더욱 쓸모 있는 도구를 내놓는가, 그것이 중요했다. 이제 전쟁은 제로섬 게임일 필요가 없었다. 전장에 찾아온 중대한 변화였다.

8. 7. 결론

변증론치는 오래도록 그 자리를 지켜온 개념이라기보다 특정한 역사적 맥락에서 진행된 분투의 산물에 가깝다. 변증론치는 다음의 네 가지 역사적 발달 과정을 통해 조형되었다. 첫 번째는 서양의학의 존재론적 질병 개념, 특히 병인론 개념의 위협이었다. 두 번째는 일본에서 영감을 얻어온 것으로, 서양의학 진영과 존재론을 주제로 싸우는 대신 치료제의 실질적 효용성을 강조하는 전략이었다. 세 번째는 세균 이론으로 정의된 신고 대상 감염병이라는 새로운 개념을 중국의학 내에 들여놓아야 했던 정치적 필요성이었다. 그리고 네 번째는 서양의학의 감염병 예방과 소독, 관리, 치료법 등을 중국의학의 틀 속에 받아들임으로써 얻을 수 있는 실용적인 이득이었다. 정치와 임상에서의 이득과 위협, 혁신을 위한 노력 등이 얽힌 가운데 중의는 변증론치라는 새로운 접근법을 마름질했다. 하지만 오늘날의 중의학에서와 달리 당시에는 '변증론치'라는 말이 명시적으로 사용되지 않았고, 거기에 어떤 국가적인 권위가 실린 것도 아니었다. 내가 이 시기를 변증론치의 전사라 부르는 이유이다.[78]

변증론치의 세 가지 중요한 특징은 1930년대에 일어났던 역사적 과정의 결과물이다. 먼저 이는 존재론을 둘러싼 근본주의적인 전쟁을 피하는 동시에, 중국의학을 근대 세균 이론과 통약 불가능한 체계로 만들지 않으려는 시도였다.[79] 중의 공동체는 중국의학에서 세균 이론을 배제하려는 시도에도, 상한을 서양의학과 무관한 새로운 시령병의 범주로 구성하려는 시도에도 반대했다. 전자는 윈톄차오, 후자는 스이런이 대표적이다. 개혁 성향의 중의 대부분은 감염병을 진단하고 관리하며 예방하는 세균 이론의 힘을 인정했다. 그러하기에 그들은 중국의학을 국가 보건의료 체계의 일부로 편입시킬 요량으로 부분적으로나마 세균 이론을 받아들였다. 그들은 존재론을 근거로 세균 이론에 저항하기보다는 오히려 차용과 협상이라는 전략을 통해 정치와 임상에서 최대한 많은 것을 이끌어내려 했다. 다시 말해 변증론치는 세균 이론과 근대 의학의 특이성 혁명에서 중국의학의 근대적 발전을 이끌어냈다.

두 번째로 변증론치는 지식과 표상이 아닌 치료의 가치를 강조함으로써 표상주의 실재론의 구속에서 벗어날 힘을 가져다주었다. 존재론을 둘러싼 전쟁에 참전하라고 강요하는 근대주의자의 개념틀에 갇히지 않고, 가치 있는 치료법을 보존하고 발전하는 길이 열린 것이다. 비록 병증의 존재론적 지위는 불분명했지만 말이다. 변증론치는 오늘날 보통 이해되는 바와 완전히 다른 의미였다. 당대의 변증론치는 자칫 또 다른 통약 불가능성으로 흐를 수 있는 병증과 질병의 구분이 아닌, 임상과 치료법의 실용적 가치에 초점을 둔 개념이었다.

다시 말해 변증은 질병 실체나 현상을 표상하기 위함이 아니라 치료를 통해 질병에 변화를 주기 위한 목적으로 시행되었다. 더 나아가 실제 진료에 바탕을 둔 방법인 병증 개념은 표상론적 실재론으로 정의된 세계에 속하지 않았기에, 질병의 존재론적 개념을 둘러싼 제로섬 게임에 가두어지지 않았다. 이제 두 가지 의학 패러다임은 공존할 수 있었다. 과거 두 의학이 벗어나지 못했던 표상이라는 근대주의의 공간에서와 달리, 변증론치가 열어젖힌 비非근대주의의 공간에서 두 의학은 이제 임상의 차원에서 공존하고 상호 학습하며 대화할 수 있었다.

세 번째로 변증론치는 중국의학의 완전한 파괴 없이도 세균 이론의 수용이 가능하다는 점을 보여주었다. 이는 중의들이 생각하는 중국의학의 진정한 힘을 보존하는 길이었다. 물론 진정한 힘이 무엇인지에 대한 답변이 언제나 옳을 수는 없다. 상황에 따라 달라질 수밖에 없음은 물론이다. 급성 감염병으로 사망하던 1800년대와 만성질환으로 죽어가는 2000년대의 답변은 같을 수 없다. 그러나 중요한 지점은 중국의학에 보존하고 혁신할 만한 무언가가 있다는 전제이다. 잘라 말해, 중국의학 과학화 기획의 핵심에는 바로 이런 질문들이 놓여 있었다. 중국의학의 가치는 어느 정도인가. 과연 어떤 요소가 가치 있는가. 그리고 이러한 가치를 실현하기 위해서는 어떠한 방식으로 과학 연구를 진행하고, 어떠한 방식으로 중국의학을 국가 보건의료 체계에 포함해야 하는가. 이어지는 두 개의 장에서 나는 이러한 질문의 답을 모색한다. 그리고 마지막 장인 〈근대 중국의학을 생각하다〉에서는 가치라는 핵심적인 문제에 대해 고찰할 것이다.

9장 정치 전략으로서의 연구 설계: 항말라리아제 신약 상산의 탄생

9. 1. 상산 연구라는 이례적 사례

1920년대 중국의학을 둘러싼 여러 근대화 담론 가운데 중국의학을 옹호하던 이들이 별달리 저항하지 않은 것이 있다. 바로 중약이 자연 원료인 '초근목피草根樹皮', 즉 풀뿌리와 나무껍질에 불과하다는 생각이다. 한편으로 이는 중국의학을 원시적이라 폄하하는 표현이었지만, 어떻게 보면 그릇된 이론에 의해 퇴색되지 않은 값진 요소의 존재를 인정하는 것이기도 했다. 중국의학이 단지 중국의 후진성을 보여주는 '웃음거리'로 취급되던 시절, 중국의학을 깔보는 표현을 중국의학이 완전히 무가치하지는 않다는 뜻으로 전유한 것이다. 4장에서 살펴본 것처럼 중약 마황에서 에페드린을 추출한 사례가 세계적으로 널리 알려짐에 따라, '국산 약물의 과학 연구'라는 기획은 중국의 보건의료를 둘러싸고 격돌하던 양측의 열렬한 지지를 바탕으로 국가적 합의에 이른 바 있다. 국민당과 공산당 모두 이를 지지했다는 사실은 1960년대 미국과학진흥회American Association for the Advancement of Science가 내놓은 다음 논평을 통해 증명된다. "중화인민공화국에서 약리학은 매우 높은 위치를 점하고 있다. 중화인민공화국은 다른 어떤 국가보다도 약리학을 강조한다."[1] 게다가 2011년에는 중국 과학자들이 중약에 관한 연구로 명망 있는 상을 받기도 했다. 중약 청호菁蒿(개똥쑥)에서 항말라리아제인 아르테미시닌을 발견해낸 연구팀이 이른바 '미국의 노벨상'인 래스커상을 받은 것이다.

당시 중국의학에 비판적이던 많은 이들도 '국산 약물의 과학 연구'만큼은 무언가 다르다고 생각했다. 이는 중국의학의 과학화라는 논쟁적인 기획을 실천하는 여러 방안 가운데 유일하게 수용 가능한 것이었다. 과학자들의 눈에 이러한 기획은 소위 '잡종의학'으로 이어질 위험이 명백한 다른 방안과 달리, 중국의학의 단점은 배제하면서 장점을 살릴 방법이었다. 이런 의미에서 이는 중국의학에 비판적인 이들이 중국의학의 과학화 기획을 통해 실현하려던 정치적 목적, 즉 누군가 썼듯이 "과학을 이용하여 중국의학을 무너뜨리는"[2] 목적을 위한 것이기도 했다. 이 말에 담긴 강한 논조는 1931년 국의관 설립 이후, 중국의학의 향배를 결정할 과학화의 방안을 놓고 부딪쳤던 두 진영의 격돌을 상기시킨다. 이러한 맥락에서 국산 약물의 과학 연구라 불린 기획은 두 가지 역할을 동시에 수행해야 했다. 하나는 중약 연구를 위한 연구 기획이었고, 또 다른 하나는 두 진영의 투쟁에서 활용될 정치적 전략이었다.

이와 같은 두 가지 역할은 다음의 질문으로 이어진다. 중국의학을 철폐하기 위해 설계된 정치적 전략이 어떻게 중약을 연구하는 생산적인 기획으로 기능할 수 있었을까. 구체적으로 말하자면 어떻게 이것이 민국기를 대표하는 두 가지 성취, 즉 에페드린의 발견과 상산의 말라리아 치료 효과 입증을 가능케 했을까. 끝으로 연구 기획의 결과는 투쟁의 정치적 지형을 어떻게 변형했으며, 중국의학과 서양의학의 관계에 대한 대중의 인식을 어떻게 바꾸어놓았을까. 이러한 질문에 답하기 위해서는 말보다 행동을 보아야 한다. 이번 장에서는 실험과 실험실을 통해 예측 불가능하며 그러하기에 창조적인 힘이 근대 중국의학의 역사에 도입되는 과정을 살핀다.

여기에서는 민국기의 주요한 성취 가운데 하나인 1940년대의 상산 연구를 살피려 한다. 이 연구는 당대의 통념과 달리 중약이 감염병 치료에 효과적임을 보여주었다. 당시의 중국의학은 미생물이 감염병의 병인이라는 사실을 전혀 알지 못했음에도 말이다(이에 대해서는 8장의 도입부를 보라). 이는 이후 중약에서 말라리아 치료제를 구하려던 1960년대의 정부 프로젝트로 이어져[3] 아르테미시닌의 발견으로 귀결되기도 했다. 상산의 사례에 초점을 맞추는 이유는 이것이 역사적으로 중요했을 뿐만 아니라, 상당히 이례적인 경우이기도 했기 때문이다.[4] 상산 연구는 민국기의 양대 업적 가운데 하나이지만, 그렇다고 연구 기획을 대표할 만한 것도 아니었다. 터놓고 말하면 상산의 항말라리아 효과는 당시 연구에 참여했던 이들이 연구 규약의 핵심 절차 일부를 위반했기 때문에 빠르고 효과적으로 입증될 수 있었다. 그런 이유에서 상산이라는 '이례'는 연구 규약 설계를 둘러싼 논쟁을 들여다볼 수 있는 좋은 창이 된다. 중국의학의 과학적 평가라는 차원에서 오늘날에도 여전히 중요하지만, 중요성에 비해 제대로 조명되지 않았던 주제이다.

상산의 사례를 바탕으로 당대의 연구 기획, 특히 연구 규약의 의도와 정치적 효과를 비판적으로 고찰하는 과정에서 과학기술학의 연구 성과를 많이 참조했다. 그중에서도 브뤼노 라투르Bruno Latour, 미셸 칼롱Michel Callon, 존 로John Law가 제창한 행위자 연결망 이론과 이에 관련한 '번역'이라는 개념이 큰 도움이 되었다.[5] 라투르는 과학의 '내용'과 '맥락'의 구분에 의문을 제기하며 '번역'이라는 개념을 사용했다. 라투르는 다음과 같이 주장했다. 첫째, 과학자들은 맥락에 따라 수동적으로 결정되는 연구를 수행하는 것이 아니라 적극적으로 사회기술 연결망을 구축하고 동맹을 모집한다. 둘째, 연결망의 구축 과정에서 소위 맥락이 계속해서 대체되거나 변형되기 때문에 특정한 맥락에서의 과학이 어떤 '내용'을 갖는지는 결코 이해할 수 없다. 셋째, 인간을 '결부'시키는 과정에서 비인간 객체가 수행하는 역할을 강조하기 위해 이러한 분석틀을 '사회기술 연결망'이라 불러야 한다. 과학기술학은 비인간 존재를 강조함으로써 인문학과 사회과학에 큰 영향을 미쳤다. 인간은 언제나 새로운 객체를 연결망에 도입함으로써 사회기술 연결망을 재설계할 수 있다. 라투르가 옳게 지적했듯이 "우리는 연구실에서 가공된 객체가 사회적 연결을 만들어내는 공동체 속에 살아가고 있다".[6] 중국의학을 상징체계 또는 문화체계로 간주하는 종래의 이해를 넘어서기 위해 이 장에서는 중국의학의 물질성, 특히 중약의 행위성을 중요시했던 실험실 연구에 초점을 맞출 것이다.

나는 이러한 분석틀을 바탕으로 당대의 연구자들이 상산과 같은 전통 약재를 '자연 원료'가 아니라 중국의학의 사회기술 연결망에 의해 가공된 실천 기반의 객체로 대했다는 점이 상산 연구가 성공으로 귀결된 핵심 요인임을 보이려 한다. 더 구체적으로 말하자면 그들에게 상산이란 오랜 세월 동안 주의 깊게 연구된 믿음직한 약재였으며, 혁신적인 연구를 설계하는 바탕이었다. 상산의 사례를 통해 우리는 중요성에도 불구하고 별다른 조명을 받지 못했던 연구 설계의 역할에 주목하고, 1920년대에 등장한 연구 기획이 중국의학과 서양의학의 근대적 분할을 재조정하고 협상하는 과정에서 수행했던 정치적 역할을 이해할 수 있을 것이다. 다른 한편으로 상산의 사례는 중국의학과 과학의 관계가 대립 구도나 제로섬 게임에 국한되지 않았음을 드러내기도 한다. 중국의학과 과학의 관계는 사람들이 이들을 '결부'시킨 특정한 방법, 이를테면 국산 약물의 과학 연구를 위한 연구 규약 설계, 더 나아가 중국의학의 과학화 기획에 따라 규정되었다. 이러한 이론적 함의를 담아, 나는 이번 장에 '정치 전략으로서의 연구 설계'라는 제목을 붙였다.

9. 2. 국산 약물의 과학 연구

에페드린을 주제로 한 과학 연구의 약진과 별개로 중약은 경제민족주의의 맥락에서도 중요했다. 5장에서 살펴보았듯, 1929년 3월 17일 국의운동을 개시하기 위해 모인 중의들은 한 쌍의 커다란 현수막을 걸어 "중국의학 발전시켜 문화 침략 저지하자", "중국의학 발전시켜 경제 침략 저지하자"와 같은 주장을 드러냈다.[7] 이처럼 세력을 규합하기 위한 수사는 문화민족주의뿐 아니라 경제민족주의를 넘나들었다. 중의들은 중약을 '국산품國貨'으로 규정함으로써 전통 중국 제약산업 종사자뿐만 아니라 의료 분야의 갈등에 별다른 관심이 없던 국화운동의 지지자들까지 끌어모을 수 있었다. 20세기 초 시작된 국화운동은 '외산품' 대신 '국산품'을 구입하여 제국주의에 저항하고 민족주의적 정서를 드러내도록 장려했다.[8] 국화운동이 1925년 5월 30일의 사건 이후 격렬해졌고 1928년 국민당 정부의 지원을 받게 되었다는 사실에 비추어 볼 때, 이 시점에서 중의들이 국화운동과 동맹 관계를 구축하려 했음은 의심할 여지가 없다. 중의들은 신문에 광고를 내걸어 '국산' 중약의 퇴출이 가져올 경제적 결과를 강조했다. 중국의학이 무너지면 서양의 제약회사가 시장을 장악하여 결과적으로 중국의 무역 적자가 늘어날 것이라는 프로파간다였다.

서의들은 문화민족주의 논쟁에는 시큰둥했지만, 경제민족주의에는 심각하게 반응했다. 행여 나라를 팔아먹는 서양의학 장사꾼으로 여겨지지는 않을까 하는 두려움이었다.[9] 서의는 문화민족주의와 경제민족주의를 향한 입장의 차이를 강조하기 위해 '중약'과 '국산 약물'을 구별해야 한다고 강변했다. 그들의 관점에서 '중약'은 사안을 매우 호도하는 단어였다. '풀뿌리와 나무껍질'인 중약은 자연 원료일 뿐 중국문화나 중국의학과는 아무런 관련이 없는 것이었다. 그러나 서의들은 중약과 문화민족주의 사이의 모든 연관을 부정하는 한편, 일부 중약만큼은 경제민족주의의 측면에서 매우 중요하다고 판단했다. 그런데 왜 '일부'일까. 중국의학에 비판적인 이들이 지적했듯, 소위 중약 중 많은 수가 중국산이 아니었을 뿐만 아니라[10] 일부는 전량 수입품이었기 때문이다.[11] 이뿐만이 아니었다. 해양총세무국海關總稅務司에 따르면 서양 인삼, 일본 인삼, 코뿔소 뿔 등 많은 '중국' 약재를 수입하는 데 쓰인 돈이 '서양 약재'에 쓰인 돈보다 백만 달러는 더 많았다.[12] 이런 상황에서 중약은 곧 국산품이라는 등식은 성립하지 않았다. 중의들 역시 서의들 만큼이나 '외산품'을 선전하고 있었다.

위옌은 전통 중국 약재의 일부만이 국산이라는 점을 강조하기 위해 '국산 약물'이라는 신조어를 만들어냈다. 국화운동의 표어인 "중국 사람들은 중국산을 써야 한다"를 외치는 대신, 서의들은 자신이 국산 약물을 전 세계 사람들에게 더 잘 팔 수 있다고 단언했다. 물론 이를 위해서는 국산 약물로 현대 약품을 제조할 수 있어야 했다. 서의들은 이 일에 성공하기만 한다면 전통 제약산업 종사자[13]와 국의운동 지지자, 그리고 문화민족주의자를 포함한 많은 이들이 자신들의 편으로 돌아서리라 기대해 마지않았다.

운이 따라주었는지 때마침 에페드린 연구의 성공 소식이 들려왔고, 서의들의 바람은 사실이 되는 성싶었다. 천커후이에 따르면 에페드린의 식물 원료인 마황은 1924년 연구가 출간되자마자 세계 시장을 주름잡았다. 이후 천커후이는 나날이 성장하는 대미 마황 수출을 표로 정리하여 논문으로 발표했다. 마황 더미 위에서 삽을 든 채 환하게 웃는 중국인 노동자의 사진도 함께였다. 천커후이의 말마따나 "매해 많은 중국인이 마황 채취에 새로이 동원되었으며, 에페드린 제조에 쓰일 생약은 더미째 배에 실려 세계 각지로 수송되었다".[14] 에페드린의 사례는 국내에서 생산된 약재가 경제민족주의의 정치적 명분에 기여할 수 있음을 확연히 보여주었고, 그렇게 국산 약물의 과학 연구 기획의 원형이 되었다.

9. 3. 1단계: 문턱을 넘기

에페드린의 치료 효능이 발견된 이후, 중국과 다른 여러 나라의 중약 연구에 불이 붙기 시작했다. 1920년대 중반의 일이다. 하지만 그 정도의 효험을 보이는 약재는 에페드린 이후 10여 년간 발견되지 않았다. 그렇게 1949년이 되었고, 중국의 저명한 과학 학술지에는 〈지난 30년간 진행된 중약의 과학 연구〉라는 글이 실렸다. 에페드린으로 시작된 새로운 연구 전통이 거두어낸 두 번째 결실, 상산을 상찬하는 글이었다.[15]

마황과 상산 연구는 같지 않았다. 시기뿐 아니라 환경 또한 너무나 달랐다. 마황 연구는 명망 높은 베이징협화의학원에서 시작되었다. 반면 상산 연구는 중국 남서부 산등성이의 허름한 학교 진료소에서 시작되었다. 상산 연구는 마황 연구처럼 국제적인 주목을 받지는 못했지만, 결국 성공의 결실을 맺으며 중국 특효약 연구소中國特效藥研究所와 금불산 중약 실험 농장金佛山中藥實驗農場 설립의 바탕이 되었다.

다른 중약 연구와 달리, 상산 연구는 열성적인 중국의학 지지자에 의해 개시되었고 기록되었으며 공식적인 후원을 받았다. 바로 천궈푸였다. 7장에서 짚었듯, 천궈푸와 동생 천리푸는 국의관이 설립되고 중국의학의 과학화가 국정 과제로 설정되는 데 주요한 역할을 했던 인물이었다. 사실 상산 연구의 역사를 다룬 글을 보아도, 천궈푸가 상산의 효능을 '발견'하는 데 이바지했다는 서술은 찾기 힘들다. 그러나 천궈푸는 본인이 지대한 역할을 했다고 생각했다. 그가 보기에 상산 발견의 역사는 크게 두 번의 굴절을 겪었다. 첫 번째는 1940년으로, 자신이 중국의학의 말라리아 처방을 중앙정치학교中央政治學校 진료소에 보냈던 때이다. 상산은 처방에 포함된 일곱 가지 약재 가운데 하나였다. 흥미로운 점은 상산이 진료소에 들어가자마자 곧바로 서의와 과학자의 전유물이 되었다는 점이다. 그렇다면 우리는 그 이전으로 눈을 돌려 상산의 도입을 막는 장애물이 있었는지 여부를 따져 물어야 한다.

자신의 기여에 자부심을 느꼈던 천궈푸는 상산의 발견을 주제로 교육 영상을 만들기로 하고 직접 대본을 작성했다.[16] 역사학자들에게는 이만한 행운도 없을 것이다. 이 대본에는 익명의 처방전이 과학 연구를 촉발한 과정이 상세하게 묘사되어 있다. 이를 자세히 살펴보면 천궈푸가 상산 연구의 역사에서 자신이 어떤 역할을 수행했다고 생각했으며, 상산을 서양의학의 연결망에 도입하는 과정에서 무엇이 장애물로 작용했다고 보았는지 알 수 있다.

상산 발견의 첫 단계는 간단명료하다. 천궈푸의 정리에 따르면 이야기는 학교 경비원이 충칭의 지역 신문에서 말라리아에 대한 처방을 발견하면서 시작되었다. 경비원은 곧 처방을 복사해서 천궈푸를 포함한 학교 직원들에게 나눠 주기 시작했다. 천궈푸는 당시의 일을 이렇게 썼다.

> 당시 우리 학교의 진료소를 책임지던 청페이전이 마침 천궈푸의 사무실에 있었습니다. 그는 천궈푸에게 퀴닌의 가격이 엄청나게 올랐고, 모자라지는 않을까 걱정된다고 말하고 있었지요. 천궈푸는 청페이전에게 퀴닌 대신 중약을 쓰지 않는 이유가 있냐고 물었습니다. 청페이전은 중약 가운데 무엇이 말라리아에 효험이 있는지 알지 못해 쓰지 못한다고 대답했습니다.[17]

이 대화는 두 가지 중요한 점을 드러낸다. 하나는 중국의학 지지자들이 수십 년간 국민당 정부에 경고했던 끔찍한 위험이 현실이 되었다는 점이다. 중국의학 지지자들은 중국의학을 국가적 관심사로 고양하기 위해 중국의학을 절멸시키면 서양 의약품의 부족에 적절히 대처하지 못할 것이고, 결국 국가 전체가 죽음의 위협에 빠질 것이라고 예언했다.[18] 그들이 어느 정도의 혜안을 갖추고 말했는지는 알 수 없지만, 1930년대 말에 들어 중국은 실제로 이러한 상황에 부닥치게 되었다. 당시 국민당은 다양한 종류의 말라리아가 득실거리는 중국 남서부 지역으로 후퇴 중이었고, 정부와 군대의 인력 상당수가 말라리아에 감염되고 있었다. 설상가상 네덜란드령 동인도가 일본의 수중에 떨어져 퀴닌 공급 역시 90퍼센트 이상 줄어든 상황이었다.[19] 이에 대처하기 위해 서의 일부는 퀴닌을 대체할 수 있는 중약을 탐색했다. 천궈푸가 상산 연구를 지시하기 전의 일이었다.[20] 말라리아를 향한 천궈푸의 관심은 당연한 귀결이었다. 만약 중약 중에서 '특효약'을 찾을 수 있다면 중국의학이 '국가 의료 문제'의 해결에 기여할 수 있음이 증명될 터였다. 물론 그렇다고 모든 문제가 온전히 해결될 수는 없었다. 퀴닌의 대체제를 찾기 위한 기획은 자칫 중약을 서양의학의 도구로 번역해버리는 결과로 이어질 수 있었다.

둘째는 "중약 가운데 무엇이 말라리아에 효험이 있는지" 알 수 없었다는 청페이전의 말과 달리, 정말로 정보가 부족하지는 않았다는 점이다. 중국의학의 말라리아 처방은 사실 의지만 있다면 누구나 알 수 있었다. 이를테면 딩푸바오는 중약을 다룬 짤막한 글의 서두에서 상산을 포함한 말라리아 처방을 언급하며 높은 효과와 저렴한 가격을 상찬한 바 있었다.[21] 영어권에서 가장 널리 읽힌 중약 서적을 남겼던 F. 포터 스미스F. Porter Smith 역시 "어떤 종류의 말라리아건 간에 [중국 의서가] 상산을 권하지 않는 경우는 없다"고 썼다.[22] 요즘에도 이름이 높은《중화의학잡지》는 또 다른 예였다. 1932년에 발간된 말라리아 특집호에는 과거의 처방을 정리한 〈중국의 말라리아 연구〉라는 논문이 실렸고, 여기에서 의학사가 리타오李濤는 말라리아에 사용되던 네 가지 처방을 소개했다. 물론 그중 하나는 상산을 포함한 것이었다. "처방의 효험을 장담할 수 없다"는 말이 덧붙기는 했지만 말이다.[23] 이처럼 중약에 대한 '정보'를 모으는 일은 그다지 어렵지 않았다. 오히려 문제는 중약을 얼마나 믿을 수 있는지, 중의들이 사용하던 방식 그대로 중약을 활용할 수 있는지였다. 서의들은 중약이 서양의학의 사회기술 연결망 안으로 '번역'되어 들어오지 않는 한 중약을 쉽게 신뢰할 수 없었다.

다음의 사례는 나의 주장을 압축적으로 드러낸다. 상산의 항말라리아 효과가 증명되고 여러 해가 지난 후, 중국과학원中國科學園의 화학자 쉬즈팡許植方, 1897~1982은 상산을 주원료로 하는 '절학환截瘧丸'으로 말라리아를 치료했다고 주장했다.《본초강목》에 실린 처방전에 따라 환을 조제하고 복용하여 자신의 병을 고쳤다는 말이었다. 그러나 그는 자신의 "경험을 감히 대중에게 알리지 못했다. [상산의 효능에 대한] 생리학적·약리학적 실험이 진행되지 않았고, 무엇보다 화학적 구성이 밝혀지지 않아 나 자신도 상산을 믿지 못했"[24]기 때문이었다.

이 사례에서 알 수 있듯 쉬즈팡에게 부족한 것은 정보가 아니었다. 그는 절학환의 효능을 익히 알고 있었고, 그것을 확인하기 위해 자신에게 실험을 하기도 했다. 그러나 서의의 세계에서 그의 실험은 아무런 의미가 없었다. 동료들과 공유할 수 없고 논문으로 출판하지 못한다면 그것은 그저 개인의 경험일 뿐이었다. 쉬즈팡의 고백이 명시한 것처럼 '개인의 경험'이 공표되기 위해서는 일련의 화학적·생리학적·약리학적 시험을 통과해야 했다. 다시 말해 중약이 유효한 치료제로 선언되기 위해서는 서양의학의 사회기술 연결망 속에서 식별 가능한 물질로 번역되어야 했다. 청페이전과 쉬즈팡을 비롯한 서의 무리가 중약을 이용하지 못했거나 이용하길 꺼린 이유는 정보의 부족이 아니었다. '낯선' 물질을 서양의학 연결망의 구성 요소로 번역해내기 전에는 효능을 인정할 수 없었기 때문이었다.

감히 자신의 경험을 공표할 엄두를 내지 못하던 쉬즈팡은 4년 후, 절학환을 생산하기 시작했다. 약을 살 돈이 없어 고통받는 이가 너무 많았기 때문이다. 8개월간 팔린 절학환은 10만 통에 달했다. 쉬즈팡의 행동이 앞뒤가 맞지 않는 일이라고 생각할 수도 있다. 그러나 쉬즈팡은 매우 어려운 상황에 처해 있었다. 쉬즈팡은 화학자였고, 그러하기에 자신에게 익숙한 화학적 성분으로의 번역 없이는 상산의 효능을 확정할 수 없었다. 서의들에게 중약이 낯설게 느껴지는 한, 절학환의 효능에 관한 주장은 중의들의 주장만큼이나 설득력이 없을 것이었다. 이론적으로 말하면, 쉬즈팡은 약을 생산해서 판매하기 전 적절한 수준의 조사를 진행했어야 했다. 문제는 그럴 경우 현실적으로 자원과 노력이 많이 들어간다는 점이었다. 직업적·현실적 제약 앞에서 쉬즈팡은 전통의 연결망 속에서 상산을 활용했다.《본초강목》에 실린 제조법에 따라 절학환을 조제하여 중국인 환자에게 판매하는 방식이었다.

청페이전이 중약의 효능을 인정하지 못한 이유 또한 여기에 있었다. 중약을 향한 그의 무관심은 우연이 아니었다. 보통의 중국인이라면 누구나 무엇을 해야 할지, 또 누구에게 도움을 구해야 할지 알고 있었다. 하지만 청페이전은 서양의학을 전공했고, 따라서 '모른다'는 대답을 내놓을 수밖에 없었다. 얼마나 많은 '개인적 경험'이 중약의 효능을 증언하건 청페이전은 그것을 인정할 수 없었다. 다시 말해 서양의학의 사회기술 연결망이 상산을 소화해내지 못하는 이상, 상산의 치험례는 그저 실험적 검증이 필요한 개인의 경험에 지나지 않았다.

9. 4. 추씨 부인의 치험례

다시 천궈푸가 상산을 발견했던 이야기로 돌아가보자. 천궈푸는 말라리아로 고생하던 친구 추씨 부인에게 학교 경비원이 배포하던 처방을 시험해보기로 했다. 결과는 성공이었다. "천궈푸는 한시름을 놓았고, 본격적으로 처방에 관심을 가지기 시작했다. 그리고 이때 하나의 기획이 떠올랐다."[25] 천궈푸는 추씨 부인의 사례를 자랑스레 알리고 다녔지만 반응은 생각보다 시큰둥했다. 이유는 분명했다. 천궈푸의 주장이 앞서 살펴본 화학자 쉬즈팡이나 1917년 상산으로 말라리아를 치료했다던 저명한 중의 장시춘張錫純, 1860~1933의 주장에 비해 더 나은 바가 없었기 때문이다.[26] 천궈푸가 말라리아 처방을 연구하기 위해 학교 진료소를 동원할 만한 위치에 있지 않았다면, 추씨 부인의 치험례는 그저 과학성을 결여한 또 하나의 일화 정도로 끝났을 것이다.

성공을 거두었다고 평가되는 마황 연구와 상산 연구의 몇 안 되는 공통점 가운데 하나가 바로 이것이다. 서의들이 중약을 연구하기 시작했을 때, 그들은 모두 주변인의 영향을 받았다. 천궈푸는 청페이전의 상사였고, 천커후이는 삼촌의 추천을 믿었다.[27] 과학자들이 중약에 보인 호의적인 태도 이면에는 지인을 향한 신뢰가 있었다. 두 번째 공통점은 에페드린의 사례에서 카를 F. 슈미트가 지적하듯, 두 연구 모두 "잇따른 우연"[28]이 성공적인 결과로 귀결되었다는 점이다. 천커후이는 어쩌다 보니 상하이의 가족 모임에서 삼촌을 만나게 되었고, 학교 경비원 역시 어쩌다 보니 지역 신문에서 효과적인 처방을 발견하여 여기저기에 그것을 뿌리고 다녔다. 결국 두 연구 기획 모두 일견 무관해 보이는 여러 요인과 우연의 도움을 받은 셈이다. 방금 '무관하다'고 쓰긴 했지만, 그렇다고 두 연구가 과학 연구의 정상적인 과정을 벗어났다는 뜻은 아니다. 이는 그저 서양의학의 연결망 바깥에 위치했음을 의미할 뿐이다. 그렇다면 두 사례가 여러 외부 요인과 우연의 도움을 받은 것은 어쩌면 필연적이었다고 할 수 있다. 연결망의 안팎을 오가는 정보의 흐름과 사회적 교호는 불규칙하고 불안정하기 마련이니 말이다.[29]

실험에서 성공을 거두고 3일이 지난 뒤, 천궈푸는 처방에 포함된 일곱 가지 약재의 특성을 알아보기 위해 몇 권의 책을 대출했다. 그런 다음 청페이전을 연구실로 불러, 그에게 처방과 실험의 성공을 이야기하며 체계적인 실험을 부탁했다. 이후 천궈푸는 저명한 중의인 장젠자이張簡齋, 1880~1950를 만나 처방의 구성과 제법을 물었고, 많은 것을 배울 수 있었다.[30]

천궈푸는 장젠자이에게 무엇을 배웠을까. 밝혀진 것은 없다. 천궈푸 스스로 이에 대해 말한 바가 없고, 천궈푸의 연구에 참여했던 서의나 과학자 역시 마찬가지였기 때문이다. 사실 서의들과 과학자들은 천궈푸나 장젠자이의 역할 자체를 인정하지 않았다. 그들은 그저 실험의 주제가 된 처방이 오랜 의서에서 비롯했음을 밝혔을 뿐이었다. 그럴 만한 이유도 있었다. 그들이 보기에 천궈푸는 추씨 부인을 '실험용 쥐'처럼 대했고, 사회적 지위를 내세워 상산을 진료소에 들여놓았기 때문이다. 의학적 자격 요건을 갖추지 못했음은 물론이었다. 천궈푸의 말을 제외하면, 추씨 부인의 사례는 연구 노트나 논문 어디에도 기록되지 않았다. 서양의학의 견지에서 '개인의 경험'이란 아무런 가치가 없는 것이었다.

9. 5. 2단계: 상산의 새로운 연결망

청페이전은 천궈푸에게 전해 받은 처방의 효과를 조사하기 위해 즉시 연구진을 꾸렸다.[31] 말라리아를 앓던 쉰 명의 학생이 모집되었고, 혈액 검사로 말라리아 원충의 존재가 확인된 대상자에게 약이 투여되었다. 말라리아 원충에 대한 효과가 발표된 날 밤 "청페이전은 책임자인 천궈푸에게 결과를 보고하기 위해 달뜬 마음으로 빗속을 달렸다".[32] 제 눈으로 처방의 효과를 확인할 때까지 천궈푸의 성공에 대한 흥분 또는 의심을 삭였던 청페이전이었다. 상관인 천거푸가 제안한 임상시험에 기꺼운 마음으로 나선 것도 마음속으로 품었던 의구심 때문이었을 가능성이 컸다.

서양의학의 사회기술 연결망에 처방을 편입시키는 작업 전체를 놓고 볼 때, 청페이전의 임상시험은 그저 첫 번째 발걸음에 지나지 않았다. 그러나 그것은 중요한 순간이었다. 청페이전은 몸 상태에 대한 환자 자신의 진술 대신 혈액

내 말라리아 원충의 수효를 측정하여 보고했고, 원충의 소멸을 기준으로 처방의 효과를 평가했다. 여전히 처방에 포함된 일곱 가지 약재의 화학적 구성은 밝혀지지 않았지만, 서의들은 이제 적어도 한 가지 사실만큼은 분명히 알게 되었다. 퀴닌과 마찬가지로 여러 성분의 약재를 이용해서 말라리아 원충을 죽일 수 있다는 중요한 사실이었다.

첫 번째 임상시험에 성공한 뒤, 청페이전은 복합 요법이 아닌 상산 단일 요법으로도 말라리아를 치료할 수 있음을 밝혀냈다. 천궈푸는 이 사실을 장제스에게 직접 보고했다. 천궈푸에 따르면 장제스는 곧바로 중앙정치학교 내에 국약 연구실國藥研究室을 설치할 수 있게 특별 기금을 책정하고, 위생서에 후원을 지시했다. 장제스의 도움을 받아, 천궈푸는 잘 갖추어진 연구실과 여러 분야의 과학자로 구성된 연구팀을 마련하게 되었다.

연구 결과는 1944년《상산치학초보연구보고常山治瘧初步研究報告》(이하《보고》)로 정리되었다. 천궈푸가 쓴 서문에 더해《보고》는 총 네 부분으로 구성되었다. 관광디가 생약학 부분을, 장다춰가 화학 부분을, 류청루가 약리학 부분을 맡았으며, 천팡즈를 비롯한 여러 연구자가 임상 연구에 해당하는 부분을 썼다. 연구를 총괄한 청쉐밍은 서론에서, 상산의 항말라리아 효과를 임상으로 확인한 이후 비로소 네 가지 연구 모두가 시작될 수 있었다고 썼다.[33] 지금부터 나는 관광디의 생약학 연구를 살피며 청페이전이 거둔 임상시험의 성공이 상산 연구의 방향을 결정짓게 된 과정을 보이고자 한다.

9. 6. 상산의 정체를 확인하다

관광디는 상산을 소재로 한 근대적인 생약학 연구에 착수하기에 앞서 한 가지 까다로운 문제를 해결해야만 했다. 상산이란 과연 무엇인가. 관광디에게 상산의 정체를 확인하는 일은 두 가지 세부 문제로 나뉘었다. 하나, 중국의 본초학 전통에서 상산이 갖는 역사적 정체성은 무엇인가. 둘, 근대 생약학의 관점에서 중국 본초서에 서술된 상산의 원료는 과연 어떤 식물인가.

관광디는 여러 본초서의 서술을 비교하고 이를 통해 상산을 계골상산鷄骨常山, *Alstonia yunnanensis*, 해주상산海州常山, *Clerodendrum trichotomum*, 그리고 토상산

土常山, *Hydrangea strigosa*의 세 종류로 구분했다. 그런 다음 19세기의 저명한 본초학자 오기준吳其濬, 1789~1847이 상산을 서술한 부분을 인용하며, 다음과 같은 결론을 내렸다. "당시에는 수많은 종류의 상산이 존재했고, 오기준은 진짜와 가짜를 구분하지 못했다."[34] 한 세기 전의 그와 같이 관광디 또한 세 가지 약초 중 무엇이 진짜 상산인지 확실히 결론 내릴 수 없었다. 따라서 그는 《보고》에 실린 글에다 상산이란 아마도 계골상산일 것 같다는 잠정적인 결론, 즉 '가설'을 내놓을 수밖에 없었다.[35]

관광디의 연구 방향을 고려해보았을 때, 과거 문헌에 대한 연구로는 상산의 전체를 온전히 밝힐 수 없었다. 가장 확실한 지침(또는 제약)은 임상으로 확인된 항말라리아 효과였다. 이를테면 관광디가 토상산을 후보에서 제한 이유는 그것이 말라리아 치료에 효험을 보이지 않는다는 데 있었다.[36] 이는 합리적인 추론이었으나, 국산 약물의 과학 연구 기획의 방침에 정면으로 반하는 것이기도 했다. 서의들은 중약에 대한 화학적·약리학적 실험을 수행하려면 "광물성 약재와 동물성 약재, 식물성 약재에 대한 완전한 확인"[37]이 선행되어야 한다고 주장했다. 상산의 경우는 온전히 반대였다. 본초서에 언급된 약초 중 무엇이 상산에 가장 가까운지 결정하는 과정에서 임상으로 입증된 항말라리아 효과가 주요한 기준이 되었기 때문이다. 여기서 나는 일부러 '가장 가까운지'라는 말을 사용했다. 관광디는 상산이 계골상산일 것이라고 주장하긴 했지만 자신의 생각이 어디까지나 가설에 지나지 않는다고 여겼다. 게다가 그는 상산이 과거의 무슨 약초에 해당하는지, 그리고 상산이라는 특이적이고 일관된 역사적 실체가 실제로 존재하기는 했는지와 같은 문제에 별다른 관심이 없었다.[38] 오기준의 경우처럼 과거의 의사들이 헷갈렸을 수도 있는 일 아닌가. 관광디의 연구는 본초서에 기록된 수많은 종류의 약재 가운데 현대 과학의 기준으로 '효과적'이라 판별될 수 있는 바로 그 품종의 상산을 찾는 데 초점을 맞추었다.[39]

이처럼 약재의 효과에 모든 관심이 집중된 상황에서, 상산의 식물학적 정체는 이미 밝혀진 상산의 효과를 기준으로 규명될 수밖에 없었다. 관광디는 본초서에서 언급된 상산이 계골상산일 것이라 짐작했지만, 의문은 여전했다. 계골상산은 오릭사 자포니카*Orixa japonica*인가, 혹은 디크로아 페브리푸가*Dichroa febrifuga*인가.[40] 일본에서 주로 생산되는 약재인 오릭사 자포니카는 일본의 화학자와 약리학자, 생약학자에 의해 면밀히 연구된바, 해열 효과는 뛰어나지만 말라리아에는 딱히 효험이 없었다.[41] 오릭사 자포니카가 상산의 원료라고 생각했던 일본인 과학자들은 상산이 말라리아에 효과를 보인다는 중국 본초서의 기록을 미심쩍게 여겼다.[42]

그러나 일본의 상산은 중국의 상산과 완전히 다른 약재였다. 일본인 학자들은 1827년에 상산의 원료가 오릭사 자포니카라고 주장했지만, 중국 본초서에 기술된 상산 뿌리의 모양과 오릭사 자포니카의 뿌리 모양은 상당히 달랐다.[43] 상산은 일본의 자생종이 아니었고 근대 이전에는 재배된 적도 없었기 때문에, 일본인 의사들은 예전부터 일본에서 나는 이런저런 약재를 상산 대신 사용했다. 일본에서 '코쿠사키'라 불리던 오릭사 자포니카도 이렇게 사용되던 약재 가운데 하나였다.[44] 그때까지만 해도 중국 약재를 주제로 한 과학 연구는 일본인 학자들이 주도했고, 중국인 학자들 또한 오릭사 자포니카가 상산의 원료라는 일본의 연구 결과를 그대로 베껴 쓰곤 했다.[45] 이런 이유로 천궈푸가 오릭사 자포니카를 살펴보겠다고 마음먹었다 한들, 중국의 약방에서는 '정확한' 약을 살 수 없었을 공산이 크다. 이제 상황은 변했다. 상산의 항말라리아 효과가 밝혀진 만큼 관광디는 자신 있게 별다른 효험이 없는 오릭사 자포니카를 후보에서 제할 수 있었다. 상산의 원료는 디크로아 페브리푸가였다.

결정적인 증거는 관광디가 제시한 현미경 자료였다. 그는 실험실에서 키운 디크로아 페브리푸가의 뿌리와 중국 약방에서 구한 계골상산의 뿌리를 절편으로 만들어 나란히 놓은 뒤, 현미경을 이용하여 둘의 일치를 증명했다. 천궈푸와 청페이전의 임상시험에서 효험을 보인 중국의 약재는 다름 아닌 계골상산이었다. 원칙적으로는 상산의 효과를 보이려면 임상시험에 앞서 그것이 식물학적으로 무엇에 해당하는지 밝히는 일이 선행되어야 했다. 현실은 달랐다. 특정 물질이 말라리아에 효험을 보인다는 사실을 미리 알지 못했더라면, 상산의 정체를 밝히는 일은 매우 고된 작업이었을 것이다. 벗어날 수 없는 모순의 늪에 빠진 것일까. 아니다. 천궈푸 연구팀은 사람을 대상으로 삼은 임상시험을 통해 대대로 내려오던 상산의 치료 효과를 밝혀냈고, 이로써 악순환에서 벗어나는 데 필요한 시간과 노력을 획기적으로 줄일 수 있었다.

임상시험으로 의학적 효과가 밝혀진 이후, 상산은 중국 밖의 이곳저곳에서 연구되었다. 중영과학협동부中英科學協同部를 총괄하던 조지프 니덤Joseph Needham, 1900~1995 역시 엘리릴리앤드컴퍼니의 천커후이 연구팀과 미국 연구팀에 동물실험용 상산을 보내주었다. (이후 니덤은 기념비적인 연구를 이끌었고, 그 결과물을 모아 《중국의 과학과 문명*Science and Civilization in China*》이라는 책을 출간했다.)[46] 미국에서의 실험으로 상산의 항말라리아 효과가 밝혀진 이후, 상산은 생약학 연구 목적으로 런던 대학교로 보내지기도 했다.[47] 중국의 다른 정부 연구소 또한 중국 특효약 연구소에 상산의 수水 추출물을 요청했다.[48] 천궈푸 연구팀의 임상적 성공을 바탕으로, 중국에서 나는 특정한 종류의 상산과 그 추출물은 후속 연구의 기준으로 자리매김했다. 과학자들은 활성 성분을 분리하고 인공적으로 화합물을 합성하는 데 열중했다. 그러나 그러한 실험이 진행되고 이런저런 보고서가 작성되는 동안, 천궈푸는 금불산에서 상산을 대량으로 재배하는 데 힘을 기울였다(한 가지 짚고 넘어가자면, 상산을 대신할 수 있는 화합물의 개발은 심각한 부작용이 보고되는 바람에 실패로 끝나고 말았다).[49] 금불산의 농장을 보며 천궈푸는 이렇게 말했다. "저기 푸른 언덕과 실험실, 제약회사, 병원, 그리고 말라리아는 이제 끊어질 수 없는 관계가 되었구려."[50] 이렇게 상산 연구와 생산의 국제 연결망이 형성되었다. 그리고 충칭에서 생산된 약은 이제 이 연결망을 순환하게 될 참이었다.

9. 7. 두 가지 연구 절차: 1－2－3－4－5 대 5－4－3－2－1

천궈푸의 '임상시험 우선' 전략은 상산 연구의 진행을 가속했지만, 서의의 혹독한 비판에 직면하기도 했다. 비판의 요지는 이것이 '5-4-3-2-1', 즉 거꾸로 된 연구 절차라는 것이었다.[51] 과학자도 의사도 아니었던 천궈푸는 그러한 비판을 그다지 신경 쓰지 않았다. 그러나 함께 연구를 진행하던 과학자들은 달랐다. 이들은 자신들의 접근 방식이 과학계에 통용되는 윤리적 합의에 반한다는 점을 알고 있었다.

비판을 둘러싼 더 넓은 맥락을 자세히 들여다보기 전에 먼저 '5-4-3-2-1'이라는 표현을 살펴보자.[52] 위옌은 1952년에 발표한 〈이제 중약을 연구할 때〉에서 국산 약물의 과학 연구를 수행하는 연구 절차 두 가지를 비교했다. '1-2-3-4-5' 대 '5-4-3-2-1'이라는 표현이 압축적으로 보여주듯, 경쟁 관계에 있던 '표준 연구 절차'와 '역순 연구 절차'의 가장 큰 차이는 연구의 순서에 있었다. 서양의학 연구자들이 규정하는 표준 연구 절차는 화학 분석-동물실험-임상 적용-인공 합성-구조 변형의 순서였다.[53] 국산 약물의 과학 연구처럼 약효의 원인이 되는 성분을 알아내기 위해 맨 먼저 화학적 분석을 시행한다는 뜻이었다. 다음은 약리학 실험으로, 분리한 화학 물질을 실험 동물에게 주입하여 혈압이나 호흡, 심박수, 활력징후를 관찰하는 단계였다. 인간을 대상으로 하는 임상시험은 동물실험의 성공이 증명된 이후에나 가능했다. 임상시험에서 효과가 입증된다면 산업 규모의 생산을 위해 화학자들이 인공적인 합성법을 탐색하는 단계로 나아갈 수 있었다. 그리고 마지막으로, 부작용을 제거하고 치료 효능을 높이기 위해 유효 성분의 화학적 구조를 변형시키는 단계가 있었다. 뻔한 이야기이지만 1930년대와 1940년대에 진행된 중약 연구 대부분은 표준 연구 절차의 첫 번째 단계인 화학 연구에 해당했다.[54]

위옌의 표준 연구 절차에는 중약 마황에서 에페드린을 발견한 역사적 과정이 개략적으로 담겨 있었다.[55] 선도적이었던 마황 연구의 선봉에는 19세기 말의 일본인 연구자들이 있었다. 먼저 첫 번째 단계로 1885년 야마나시山梨가 마황에서 유효 성분을 분리했고, 다음으로 1887년 나가이 나가요시와 호리 유조堀 有造가 순수 염기를 추출했으며, 1888년 E. 메르크E. Merck가 이를 확인했다. 이후 미우라 긴노스케三浦 謹之助, 1864~1950는 생리학 연구를 통해 이것이 산동제로 작용할 뿐 아니라, 혈액 내로 과량이 주입될 경우 독성을 나타낸다는 것을 규명했다. 따라서 에페드린은 초기만 하더라도 강한 독성 물질로 간주되어 동공을 확장시키는 산동제로만 사용되었다. 에페드린에 대한 탐구는 이후에도 성분을 분석하고 인공적으로 합성하는 화학 연구에 한정되었다. 이는 K. K. 천이라고도 불렸던 천커후이와 카를 F. 슈미트가 동물실험으로 에페드린의 임상적 효능을 밝혀낸 1924년까지 지속되었다.

천커후이와 슈미트는 에페드린이 에피네프린의 대용이 될 수 있음을 증명했다. 에피네프린은 심박수를 높이고 혈관을 수축시키며 기도를 확장시키는 호르몬이다. 이들의 발견은 순환기계 자극제, 발한제, 해열제, 진해제로 사용되는 마황의 전통적인 용법을 정당화했다.[56] 이후 중의 몇몇은 에페드린의 발견으로 귀결된 역사를 내세우며, 과학자들이 중약에 담긴 전통의 '경험'에서 교훈을 얻어야 한다고 주장했다.[57] 중국의학을 높이 보는 이들에게 마황은 그저 산동제로 사용될 약재가 아니었다. 마황은《상한론》등에 실린 여러 양방良方의 핵심 약재였으니 말이다.

엄밀히 말하자면 마황 연구 역시 표준 연구 절차를 따랐다고 보기는 힘들었다. 4장에서 보았듯 1887년 마황에서 순수한 알칼로이드를 분리하고 에페드린이라는 이름을 붙인 인물은 일본 약리학의 아버지이자 일본약학회 초대 회장을 역임한 나가이 나가요시였다. 그러나 천커후이에 따르면 연구를 시작할 때만 해도 천커후이와 슈미트는 나가이나 그의 발견에 대해 들은 바가 없었다.[58] 천커후이는 슈미트에게 중약 연구에서 별다른 성과를 거두지 못했다는 말을 들은 뒤 친척 어른으로부터 마황을 살펴보라는 조언을 받았다. 마황은 버나드 리드가 슈미트에게 건넨 목록에도 포함되지 않았던 약재였다. 1923년 8월 베이징협화의학원에 도착한 천커후이는 조언에 따라 약방에서 마황을 구입하여 나름의 연구에 착수했다.[59] 천커후이는 이렇게 회상했다. "우리는 탕약을 달이고, 마취된 개에게 이를 투여했다. … 그러자 개의 혈압이 계속해서 오르기 시작했다. 실험 결과에 고무된 우리는 연구에 매진할 것을 다짐했다."[60] 일본인 연구자의 선행 연구를 알지 못했던 천커후이와 슈미트는 알칼로이드를 분리하고 화학적으로 분석하는 과정에서 무진 애를 먹었다. 그들은 새로이 발견한 알칼로이드에 이름을 붙이기 직전에야 베이징의 작은 도서관에서 일본의 연구를 발견했다.[61] 나는 이와 같은 무지가 마황 연구와 상산 연구의 세 번째 공통점이라고 생각한다. 두 가지 모두 일본인 과학자들이 세심하게 수행한 선행 연구를 참고하지 않은 채 진행되었던 것이다. 선행 연구의 존재를 마주한 천커후이는 역설적인 사실을 깨달았다. 서양의 의학자들이 에피네프린 대용물의 필요성을 인식하기 한참 전부터 일본인 과학자들이 이미 에페드린이라는 정제된 대체 약물을 만들어놓았다는 사실 말이다.[62] 에페드린의 '재발견', 즉 천커후이가 일본인의 선행 연구를 인지하는 시점을 고려한다면 정제된 알칼로이드는 거의 반세기가 지나서야 임상적으로 중요한 약물이 된 셈이었다.

9. 8. 역순 연구 절차: 5-4-3-2-1

천궈푸가 '5-4-3-2-1'이라 부르고, 위엔이 순리를 거슬러 행동한다는 뜻으로 '도행역시倒行逆施'라 불렀던 '역순 연구 절차'는 임상시험-동물실험-화학 분석-재실험과 인공 합성-구조 변형의 순서로 진행되었다. 사실 이 순서에서 알 수 있듯이 표준 연구 절차를 1-2-3-4-5로 표기한다면, 역순 연구 절차는 5-4-3-2-1이 아니라 3-2-1-4-5로 표현하는 편이 더 정확하다. 표준 연구 절차와 역순 연구 절차 사이에는 여러 차이가 있었지만, 핵심은 하나였다. 바로 첫 단계에서 인간 피험자에게 임상시험이 이루어지는지 여부였다. 1930년대 과학 연구에서 임상시험의 기능과 위치는 민감한 윤리적 쟁점을 수반했고, 그러하기에 무척이나 중요한 문제였다. 당시 서의들은 중의들이 환자를 '실험용 쥐'라도 되는 양 위험한 약을 투여한다고 맹비난을 쏟아부었다.[63] 위엔은 중약의 위험성을 강조하기 위해 '학의폐인學醫廢人', 즉 '의학은 사람을 희생함으로써 배운다'라는 말을 반복하여 들먹였다.[64] 그러하다면 심각한 윤리적 문제를 내포한 천궈푸의 '임상시험 우선' 방식은 대안적인 연구 전략이 될 수 없었다.

천궈푸의 연구에 참여했던 과학자들은 다른 과정을 거치지 않고 바로 인간 피험자를 대상으로 진행된 임상시험에 적잖은 불편함을 느꼈던 것 같다. 임상시험의 책임자였던 천팡즈는 이렇게 썼다. "신약 개발을 위한 표준 연구 절차에 따르면, 동물실험을 생략한 채 바로 인간을 대상으로 한 임상시험으로 건너뛰어서는 안 된다."[65] 그러나 그는 상산 연구의 비표준적 진행을 정당화하기 위해 다음과 같이 쓰기도 했다. "우리가 실험하는 상산은 사실 신약이라 할 수 없다. 수천 년간 전통 의학에서 활용되지 않았던가. … 따라서 우리가 상산을 바로 인체에 적용한다고 해도 윤리 규범을 위반했다고 보기는 힘들다. 따라서 동물실험의 생략은 문제가 되지 않는다."[66]

천팡즈의 주장은 상산의 무독성과 효능에 대한 연구자들의 믿음을 전제했다. 그렇지 않았다면 상산이 신약이 아니라고 주장할 수는 없었을 것이다. 천팡즈는 이전에 발표한 다른 글에서 이렇게 썼다. "임상시험은 상산 연구에서 가장 얻을 것이 없는 일이었다. 말라리아에 대한 효능은 이미 천 년도 전에 밝혀졌기 때문이다. … 모두가 상산의 효능에 동의했고, 그 누구도 이견을 드러내지 않았다. 상산의 효능에 대한 보고는 이미 확립된 의견의 반복에 지나지 않으며, 그러한 이유에서 화학적·약리학적·생약학적 보고에 비해 가치가 떨어진다."[67]

천팡즈는 여기에서 말라리아에 대한 상산의 효능만큼은 누구도 부정하지 않는다고 주장했다. 이는 상당히 곤혹스러운 말이다. 청페이전은 천궈푸로부터 처방을 전해 받기 전까지만 해도 중약이 말라리아 치료에 효과적이라고 생각하지 않았다. 화학자 쉬즈팡 역시 자신의 경험에도 불구하고 상산의 효능을 공표하기를 주저했다. 그러나 천팡즈의 주장이 발표되자, 갑자기 모두가 예전부터 상산의 효능을 익히 알고 있었던 것 같은 분위기가 형성되었다. 서양의학계 역시 이제 상산을 '신약'으로 다룰 수 없었다.

상산을 신약이 아닌 '유명한 약'으로 재규정함으로써 서양의학 연구자들은 두 가지 이점을 챙길 수 있었다. 하나는 천팡즈의 주장처럼 "상산을 바로 인체에 적용한다고 해도 윤리 규범을 위반했다고 볼 수는 없다"는 점이었고, 또 다른 하나는 "말라리아에 대한 효능은 이미 천 년도 전에 밝혀졌기 때문"에 이를 입증하기 위한 임상시험을 진행할 필요가 없다는 점이었다. "상산의 효능에 대한 보고는 이미 확립된 의견의 반복에 지나지 않"기에 천팡즈를 비롯한 연구진은 자신들과 천궈푸, 청페이전이 수행한 임상시험에 아무런 발견적 가치가 없다고 생각했다. 그리고 청페이전은 역순 연구 절차를 정당화하기 위해 상산에 신약이 아닌 '확립된 약'이라는 새로운 지위를 부여하기도 했다. 그러나 청페이전 연구팀은 이후 학술지《네이처》에 논문을 투고하며, 여기에 "새로운 항말라리아제"라는 제목을 붙였다.[68]

9. 9. 정치 전략으로서의 연구 절차

중약의 임상시험을 향한 반대 논변에는 연구 윤리 차원의 우려뿐 아니라,

중국의학을 둘러싼 정치적 투쟁의 영향이 담기기도 했다. 서의들이 역순 연구 절차를 비판했던 또 다른 이유는 그것이 중국의학과의 투쟁 과정에서 문제가 되리라 판단했기 때문이었다. 무엇보다 그들은 중의들이 내세운 '경험', 특히 '인체 경험'이라는 생각에서 커다란 위협을 감지했다.

1929년의 대립 이후, '경험'의 개념은 중약과 함께 서양의학에 대항할 수 있는 마지막 방벽으로 부상했다. 중의 집단은 서의 집단과의 존재론적 논쟁을 피하고자 했고, 이에 따라 일본 전통 의학자 유모토 규신의 '인체 경험'이라는 개념이 대안으로 부상했다. 중의들은 중국의학의 세부를 둘러싸고 존재론적 논쟁을 진행하는 대신, 처방의 효과를 밝힘으로써 실용적 가치를 인정받으려 했다. 중국의학의 과학화를 위해서는 개념적 추론을 할 것이 아니라, 임상시험을 도구로 삼아 인체 경험에 기반한 효능을 입증해야 한다는 입장이었다. 중의들의 주장처럼 중국의학의 강점이 인체 경험에 있다면, '임상시험을 우선'하는 역순 연구 절차는 중약 연구의 방법론으로도, 더 나아가 중국의학의 발전을 위한 정치적 전략으로도 합당할 것이었다.

천궈푸는 사후에 출간된 1951년의 글에서 중국의학에 대한 생각을 정리하며 다음과 같은 질문을 던졌다. "서양의 여러 과학자는 약물을 분석할 때 동물실험을 먼저 시행한 후에야 인체 시험을 진행한다. 반대로 중국의 학자들은 수천 년 동안 '인체'에 약물을 곧바로 시험해왔다. 현대의 의학자들이 이를 신뢰하지 않는 이유는 무엇인가. 수천 년의 귀중한 경험이 홀대받아야 하는 이유는 또 무엇인가."[69]

이러한 생각은 중의 탄츠중이 쓴 글 〈약학 실험은 경험을 무시해서는 안 된다〉에서 더욱 분명하게 드러났다. "어떤 종류의 약이건 간에 원리를 과학적으로 밝힌 후 효능을 검증하려 든다면, 논리에는 맞을지언정 실천하기 힘들 것이다. 반대로 약의 효능을 의학적으로 검증한 후 원리를 과학적으로 검증하고자 한다면, 논리에는 맞지 않을지언정 실제로는 많은 것을 배울 수 있을 것이다."[70]

'임상시험을 우선하는 일'이 "논리에는 맞지 않을지언정 실제로는 많은 것을 배울 수 있"다는 탄츠중의 말은 적어도 상산의 경우에는 사실이었다. 앞서 보았듯 연구를 책임지던 청쉐밍은 "상산에 관한 모든 연구가 효능을 입증하는 임상시험에서 시작"[71]했음을 공개적으로 인정한 바 있었다. 또한, 천궈푸 연구팀이 수십 년간 지속된 일본 학자들의 오류, 즉 오릭사 자포니카가 상산의 원료라는 주장의 잘못을 밝혀낼 수 있었던 것도 분명 '역순'으로 접근한 덕분이었다. 상산의 효능을 먼저 확인하지 않았더라면, 생약학적으로 상산을 확인하고 화학적으로 성분을 분석하는 데 크나큰 어려움을 겪었을 것이다.

중의들이 표준 연구 절차보다 역순 연구 절차를 선호한 배경에는 경험적 가치에 대한 높은 평가 외에도 두 가지 정치적 이유가 더 있었다. 하나는 임상시험이 중약 연구의 첫 단계로 널리 인정된다면 중국의학의 자율성을 일정 수준 보장할 수 있었다는 점이다. 임상시험은 전통적인 방식으로도 가능하기 때문이었다. 만약 반대로 중약 연구가 표준 연구 절차에 따라 화학 분석으로 시작된다면 중의는 연구에서 소외될 수 있었다. 화학 분석으로 추출된 성분은 중의가 어찌할 수 없는 낯선 물질이었다.

또 다른 이유는 표준 연구 절차가 환원주의의 사고틀에 기반을 두었다는 점이었다. 중약의 효능이 하나의 화학 물질로 소급될 수 있다고 가정하는 표준 연구 절차를 따르는 한, 그것이 전제하는 환원주의의 오류나 반생산성을 증명하기 힘들었다. 중약에서 추출한 성분이 중의들이 오래도록 주장해온 효능을 보이지 않는다면, 이는 그저 전승된 본초서가 그릇됨을 증명할 뿐이었다. 1924년 천커후이가 연구에 뛰어들기 전까지 마황 연구가 그러했듯이 말이다. 중약의 효능이 임상에서 먼저 확인된 경우는 달랐다. 유효 성분의 화학 분석이 성공을 거두지 못한다면 오히려 환원주의의 사고틀 자체가 문제였다. 상산 연구를 보자. 과학자들은 말라리아 원충을 죽이는 알칼로이드를 분리해냈지만, 임상적 가치가 있는 약물은 개발하지 못했다. 오심이나 구토와 같은 부작용 탓에 정제된 알칼로이드가 상산을 넘어서는 효능을 보이지 못했기 때문이다.[72]

반대로 서의들은 역순 연구 절차가 "논리에는 맞지 않을지언정 실제로는 많은 것을 배울 수 있"다는 주장을 받아들이지 않았다. 연구의 생산성 때문만이 아니었다. 중의와 마찬가지로 서의 역시 연구 절차의 정치적 성격을 예리하게 포착하고 있었다. 연구 절차를 둘러싼 논쟁은 겉보기에는 학술적 논의에 지나지 않았으나, 실제로는 중국의학과 서양의학의 관계에 막중한 영향을 미쳤고 또 미칠 것이었다. 중의들이 인체 경험을 서양의학의 임상시험에 견주며 두 의학의 경계를 흐리자, 서의들은 자신들이 누리던 특권적 연결망을 사수해야 한다고 생각하기 시작했다. 민국기의 최초이자 대표적인 생약학자인 자오위황 趙燏黃, 1883~1960은 다음과 같이 목소리를 높였다. "전통 약재의 화학적 구성을 알지 못하는 상태에서 효능을 빌미로 임상시험을 진행한다면, 우리 또한 사람을 실험용 동물로 취급하는 중의와 다를 바가 없다. 중약을 과학화할 희망 역시 사라져버릴 것이다."[73] 자오위황은 중약을 곧바로 인간에게 시험하는 일을 막기 위해 중국과학원 내 중국 특효약 연구소의 중점 과제에서 임상시험이라는 항목을 삭제했다.[74]

이처럼 중국의학과 서양의학의 투쟁에서 연구 절차는 하나의 정치적 전략으로 기능했다. 그런 의미에서 사회기술 연결망의 경계를 사수하려던 서의 집단의 전략을 배타성을 유지하려는 특권 집단의 그것에 비교해볼 수도 있겠다. 특권 집단에서 구성원 각각은 집단의 경계를 지키는 파수꾼이 된다. 신입 회원이 들어올 때마다 가입의 기준이 문제시되기 때문이다. 그러나 중국의학과의 싸움에서 서의들이 경계할 대상은 중의뿐만이 아니었다. 중의들이 사용하는 사물도 문제였다. 그러하기에 서의들은 널리 알려진 수천 가지의 중약과 처방을 부정하거나 무시해야 했다. 또한, 특권 집단에서 낯선 사람을 위험한 사람으로 인식하는 것처럼, '새로운 약'으로 다시 규정된 중약은 전례 없는 의심의 대상이 되었다. 그리고 이렇게 경계를 수호하기 위한 활동의 결과, "수천 년이 넘는 세월 동안" 효능이 알려졌던 약재는 이제 "누구도 항말라리아 효과를 확신할 수 없는" 한낱 식물 유래 성분이 되어버렸다.[75] 이처럼 서의들은 중약을 잠재적 위험성을 지닌 '신약'으로 다시 규정했고, 이로써 중약을 이용한 임상시험을 비윤리적인 행위로 만들었다. 이러한 상황에서 역순 연구 절차의 쓸모를 주장할 수는 없었다. 역순 연구 절차에는 이미 학의폐인, 즉 '의학은 사람을 희생함으로써 배운다'는 오명이 들러붙었다.

결과적으로 연구 절차를 둘러싼 갈등은 중국의학과 서양의학의 관계에 적지 않은 영향을 미쳤다. 동시에 이는 일견 간단해 보이는 문제로 수렴되기도

했다. '과연 상산은 신약인가?'

9. 10. 결론: 지식 정치와 가치 체제

상산이라 불렸던 중약은 대체 무엇이었을까. 중국의학을 비판하던 이들의 말마따나 '풀뿌리와 나무껍질'[76], 즉 자연 그대로의 원재료일 뿐이었을까. 중국의학이 여전히 원시적인 수준임을, 그리하여 그저 과학 연구의 대상에 불과함을 드러내는 약재였을까. 상산 연구라는 이례적인 사례를 찬찬히 살펴보며, 나는 한 가지만큼은 분명하다는 결론에 이르렀다. 바로 연구 설계라는 측면에서 보았을 때 표준 연구 절차를 따라 상산을 '풀뿌리와 나무껍질'로 취급했더라면 반생산적이지는 않더라도, 적어도 효율적이지는 않았으리라는 점이다. 연구자들은 역순 연구 절차를 따름으로써 상산의 항말라리아 효과를 입증하는 데 들어가는 시간과 품을 줄일 수 있었다. '5-4-3-2-1'이라는 부정적 평가를 뒤집어쓰기도 했지만, 천귀푸의 방식은 당시에 이미 유의미한 성과를 산출했을 뿐 아니라, 오늘날에도 세계보건기구에 의해 전통 약재를 감정하는 규준으로 활용되고 있다.[77] 상산 연구의 사례를 과거의 지나간 일로 치부할 수도 있다. 그러나 연구 절차의 경쟁이라는 맥락 속에서 이것을 다시 바라본다면, 표준 연구 절차의 구조적인 한계나 중국의학의 가치 평가에 대한 몇 가지 통찰을 얻을 수 있다.

표준 연구 절차에서 상산은 자연에서 채취한 한낱 원재료로 취급될 뿐이었지만, 사실 상산을 비롯한 중약 모두는 근대 과학이 만들어낸 여느 사물과 다르지 않은 존재였다. 다시 말해 상산은 본초서, 동네 약방, 지역 시장, 양방良方, 질병 분류, 중의, 경험 등이 포함된 특정한 사회기술 연결망 속에서 유통되고 재생산되던 사물이었다. 보통의 중국인이 상산이라는 말을 사용하고 말라리아를 쫓기 위해 동네 약방에서 상산이나 절학환을 구입했던 것은 상산이 '저 밖'의 자연에 위치한 물리적 실체이기 때문이 아니었다. 오히려 중의와 약제사를 비롯한 여러 인물이 상산을 '바로 여기'에 들여와 자신들의 혼종적 연결망에 상산에 관련한 지식과 기술, 물적 객체를 쌓아 올렸기 때문이었다. 이러한 실천적인 의미에서 상산이란 수천 년 동안 실천을 바탕으로 가공된 객체였다.[78]

상산을 실천을 기반으로 가공된 객체로 본다면, 이른바 '발견의 과정'이란 서의와 과학자가 상산을 전통의 연결망에서 떼어내 자신들의 사회기술 연결망으로 녹여 넣은 여러 겹의 '재연결망화' 과정이라 할 수 있다. 이 과정에서 상산의 물질적 실재와 개념적 특성은 서로 다른 단계의 서로 다른 물질적·개념적 환경과 상호작용하며 극적인 변화를 겪었다.[79] 그리고 이러한 물질적 변화와 함께 상산과 연관된 역사적 행위자 역시 덩달아 변화했다. 내 주장의 핵심은 상산의 개념적 특성과 물질적 실재가 혼종적인 실천의 연결망에서 구성되고 재생산되었기 때문에, 상산이 정체성을 획득하고 순환했던 연결망의 지식과 기술, 사람, 기관, 객체를 평가절하하고 무시한 채로 상산을 전유했던 과정에 문제가 많았다는 것이다. 여러 연구자가 이러한 측면을 모두 무시하고 중약을 원재료 정도로 치부하면서 중국의학과 서양의학의 협력으로서의 중약 연구란 불가능하지는 않더라도 적어도 불필요한 일이 되어버렸다. 불행하게도 당시의 서의들은 '잡종의학'을 견제하는 일에 온 정신이 쏠려 있었고, 그리하여 연구 절차에 대한 논쟁을 중국의학과의 관계를 단속하는 정치적 전략으로 사용할 뿐이었다. 표준 연구 절차를 이용하여 겨우 두 의학의 협력을 겨냥하는 데 그친 이유이다.

나는 상산이 재연결망화되는 과정을 드러내 보임으로써 국산 약물의 과학 연구 기획이 전제한 표준 연구 절차를 비판적으로 조망하고자 했다. 많은 서의가 이를 중약을 과학화할 수 있는 유일한 방법이라고 생각했다는 점을 고려하면, 나의 비판은 중국의학의 과학화 기획 전반을 향한 것이기도 하다. 서의의 기획을 중국의학의 요소를 서양의학의 언어로 바꾸는 '번역' 또는 재연결망화로 해석할 때 나의 주장은 좀 더 분명하게 드러난다.

언어와 언어 사이의 번역과 과학 언어로의 번역을 비교해보면 중국의학의 과학화가 지닌 특이성을 발견할 수 있다. 먼저 일반적인 번역과 달리, 여기에서는 과학과 서양의학의 사회기술 연결망이라는 도착어와 중국의학의 사회기술 연결망이라는 출발어 사이에 대단히 불균형한 관계가 전제된다.[80] 이러한 불균형을 유지하기 위해서는 둘 사이의 경계를 단속함으로써 연결망 사이의 흐름을 관리해야 한다. 둘째, 과학자는 정의상 번역과 재연결망화의 수단을 독점한다. 셋째, 번역은 일방향이다. 과학과 서양의학이라는 도착어의 기본 범주는 번역 과정에서 변경될 수 없다.

가장 중요한 마지막 특징은 번역이 완벽하다고 상정된다는 점이다. 연구자들은 도착어인 과학의 언어로 정의된 실천적 목적에 비추어 자신들의 번역을 검정하며, 그런 탓에 번역될 가치가 있는 모든 정보가 성공적으로 번역되었다고 판단한다. 과학이 아닌 다른 영역, 이를테면 철학, 문학, 불교에서는 번역을 이런 식으로 평가하지 않는다. 번역자들은 번역의 과정에서 발생하는 정보의 탈락을 잘 알고 있으며, 그러하기에 자신의 번역이 왜곡은 아니더라도 불완전할 수밖에 없음을 인정한다. 상산의 사례에서 번역의 실천적 목적은 중약으로부터 퀴닌을 대체할 만한 마법 같은 항말라리아제를 찾는 것이었다. 과학자들은 상산에서 하나의 순수한 물질을 추출하는 데 열중했고, 원래의 처방에 포함된 다른 여섯 가지 약재는 무시했다. 그리고 이러한 번역의 과정에서 원래 약을 복용한 환자들은 구토와 같은 부작용을 호소하지 않았다는 사실 역시 유실되었다.[81]

오래도록 전해 내려오는 본초서의 여러 저자는 모두 상산의 심각한 부작용을 경고했다. '독초'라고 부를 정도였다. 그렇다면 일곱 가지 약재로 만들어진 원래의 처방에 부작용이 수반되지 않는다는 사실은 우연이 아니다. 여러 약재로 구성된 처방에서 하나의 화학 물질을 추출하는 데 골몰하지 않았더라면, 연구자들은 처방으로부터 다른 정보를 뽑아낼 수도 있었을 것이다. 요약하자면 이러하다. 과학자들은 과학 언어로의 번역이 완전하다고 전제했고, 결국 번역에 포함되지 못한 다른 요소가 존재할 가능성을 인지하지 못했다.

과학자 대부분은 비대칭적인 본성 탓에 까다롭고 인정도 받을 수 없는 번역 기획에 굳이 시간과 공을 들일 이유가 없었다. 전쟁과 같은 특수한 상황이 아닌 한에는 말이다.[82] 위옌은 이렇게 냉소했다. "도구와 자격을 갖춘 이들은 중약 연구에 관심이 없고, 관심이 있는 이들은 자격이 없다."[83] 중약 연구라는 부담을 기꺼이 지겠다고 나선 이들은 탄츠중이 "논리에는 맞을지언정 [반생산적이라] 실천하기 힘들다"[84]고 이야기한 연구 절차를 따라야 했다. 물론 서의들은 표준 연구 절차를 선호했다. 중약 연구에는 별다른 도움이 되지 않았지만, 중국의학의 발전, 특히 '잡종의학'의 부상을 제지하는 정치적 기능을 기대할 수 있기 때문이었다.

서양의학의 연구 기획이 과학적 연구 절차로 위장한 정치적 지배의 도구였다는 주장이 아니다. 많은 이들은 표준 연구 절차가 과학 연구를 위한 최선의 방법이라고 믿어 마지않았다. 반생산적이라고 생각하지도 않았다. 오히려 이는 잘못된 방식으로, 심지어는 생명을 위협하는 방식으로 중약을 활용하는 중국의학의 체제를 한 번에 뒤엎고 다시 쓰는 방법이었다. 표준 연구 절차가 내놓은 빈약한 결과는 중약의 가치 없음을 다시 보여줄 뿐이었다. 과학적 연구 기획을 따르던 이들은 중약을 향한 백안시와 보잘것없는 연구 결과 탓에 자신들이 잡종의학의 부상을 저지하는 지식 정치에 결부되어 있음을 간과하고 말았다. 그렇다면 우리는 중국의학을 둘러싼 역사적 투쟁을 지식 정치와 동일시해서는 안 된다. 이는 보다 근본적으로 가치 평가의 정치와 연관되어 있다.

요컨대 중국의학의 과학화라는 논쟁적인 기획의 핵심에는 세 가지 질문이 놓여 있었다. 중국의학의 가치는 얼마만큼인가. 중국의학의 요소 가운데 가치 있는 것은 무엇인가. 중국의학의 잠재적 가치를 최대한으로 끄집어내고 실현하여 과학적 연구를 수행하고, 실천과 명명을 표준화하며, 중국의학을 새로운 보건의료 체계에 포함하고, 감염병이나 향촌 인구의 건강 문제와 같은 국가적 문제에 활용할 가장 적절한 방법은 무엇인가. 이러한 질문은 당대 과학의 기준으로 중국의학의 진위를 따지는 좁은 시야를 아득히 뛰어넘어, 중국의학에 담긴 잠재적 가치의 실현이라는 진취적인 목적으로 이어진다. 달리 말하면 중국의학의 가치란 타고난 고정된 특성이 아니다. 이는 앞서 살펴본 탐구와 표준화, 사회적 평가의 과정을 통해 비로소 만들어진다. 중국의학의 과학화 기획의 한계를 넘어서려면, 근대 중국의학의 역사를 중국의학의 가치를 창조해내기 위한 역사적인 노력으로 바라볼 필요가 있다.

10장 국가의료와 중국 향촌, 1929~1949

지난 장에서는 중국의학을 옹호하는 이들이 그것을 '과학화'하고, 그럼으로써 새로 구성되는 국가의료 체계에 중국의학을 포함하려 애쓰는 과정을 살펴보았다. 물론 변화가 일어나는 배경은 고요하지 않았다. 위생국이 설치된 1928년 이후, 서양의학과 국민당 정부의 관계 역시 큰 변화를 겪었다. 그리고 이러한 변화는 1940년대 중국의 보건 정책을 상징하는 '국가의료'가 부상하는 궤적 속에 켜켜이 쌓여갔다(영국의 국가의료 체계와의 유사성을 강조하기 위해 '국가의료'라는 말을 사용한다. 원어는 '공공의료'를 의미하는 공의이다). 보건의료에 이렇다 할 관심을 보이지 않았던 지난 몇십 년과 달리, 국민당 정부는 1947년에 반포한 첫 번째 헌법을 통해 국가의료를 향한 뜻, 다시 말해 모든 시민이 평등한 무상 의료를 누릴 수 있어야 함을 천명했다. 국가는 국가의료를 관리하고, 인원을 충원하며, 재원을 보조해야 했다. 책의 초반부에서 살펴본 만주 페스트에 대한 정부 대처와 비교하면 정부의 태도 변화를 좀 더 분명하게 알 수 있을 것이다. 더 나아가 이는 중국 의료의 첫 발걸음이기도 했다. 비록 국민당 정부는 중국 땅에서 제 뜻을 펼치지 못했지만, 민국기에 갖추어진 국가의료의 기반 시설은 공산당 정부의 자산이 되었으니 말이다. 세계보건기구 사무총장을 지낸 마거릿 챈에 따르면, 중국은 1970년대에 이미 "전체 인구의 90퍼센트에게 의료 서비스를 제공하여 세계의 부러움을 한 몸에 받고 있었다".[1]

많은 연구자가 지적했듯이 국민당 정부의 국가의료와 공산당 정부의 의료 정책 사이에는 연속과 단절이 공존한다. 국민당 정부가 전체 정책을 기획하고 입안하며 1950년대의 밑바탕이 되는 기반 시설을 구축했다면, 공산당 정부는 국민당이 걸어가던 경로에서 벗어나 중국 전통 의학 인력을 국가의료 체계

내에 포괄했다. 국민당과 공산당의 정책이 뚜렷이 구분되지만 또 완전히 무관하지도 않다는 점에서 국가의료의 부상은 전통 의학과 현대 의학이 공존하는 중화인민공화국 의료 체제의 밑바탕이 되었다고 할 수 있다. 이는 또한 세계 전체에 영향을 미치기도 했다. 현지 의료 인력을 활용하는 1차 의료의 개념을 고취했기 때문이다. 세계보건기구는 이후 1978년에 알마아타 선언을 주창하며 중국을 개발도상국이 보고 배워야 할 대표적인 사례로 꼽았다.[2]

되돌아보는 입장에서는 한없이 중요한 사건이었지만, 정작 위생국이 설치되던 1928년에는 국가를 중심에 둔 의료 체계란 여전히 합의되지 않은 정책이었다. 3장에서 살펴본 바와 같이 열과 성을 다한 존 B. 그랜트의 활동에도 불구하고, 국민당 정부는 여전히 "국민의 건강에 대한 정부의 책임"을 명기하는 데 미온적이었다. 그렇다면 1920년대 말만 하더라도 "국민의 건강을 보호하는 책임"을 떠맡지 않으려던 국민당 정부는 왜 1940년대 초에 들어서면서 국가의료라는 더 큰 책임을 짊어지기로 했을까.

제목에서 드러나듯 해답은 향촌의 부상에 있다. 1930년대에 들어서면서 향촌은 국민당과 공산당이 격돌하는 중요한 전장이 되었고, 이러한 정치적 변화와 함께 '중국의 보건 문제' 역시 다시 정의되었다. 이제 문제는 "민간의료비를 지불할 수 없는 84퍼센트의 향촌 인구"[3]에게 현대적인 의료를 제공할 방법을 마련하는 데 있었다. 일견 불가능해 보이는 문제를 해결하기 위해 향촌건설운동鄉村建設運動의 지도자를 비롯하여 중화의학회, 국민당 정부, 중국의학을 옹호하는 이들과 같은 다양한 행위자가 뛰어들었고, 이들은 국가의료가 중국의 보건 문제를 해결하는 "유일한 방법"이라는 결론을 내렸다.[4] 이번 장에서는 이들 행위자 각자에게 한 절을 배당하여 이들이 국가의료의 개념을 수용하고 자신만의 전망을 수립하는 과정을 살피려 한다.

이번 장에서는 국가의료의 개념을 창안하고 실험하며 논의하는 과정을 보임으로써 다양한 전망이 부상하고 진화하며 분화하는 양상을 살피며, 더 나아가 이러한 전망이 서로 간의 긴장 관계 속에 한데 얽힌 채 제2차 세계대전의 종전 즈음에 이루어진 명목상의 합의에 도달하는 과정을 조망한다. 국가의료라는 생각은 서로 경합하는 여러 기원에서 비롯했지만, 결국 20세기 이후 중국의학과 서양의학 각 진영이 끝없이 모색했던 문제, 즉 의학과 국가를 어떻게 엮어 내는가에 대한 최종 해결책이 되었다. 국가의료가 탄생하는 역사적 과정을 이해하기 위해 먼저 향촌이 의학과 국가를 매개하는 핵심으로 부상하는 과정을 살펴보자.

10. 1. 중국 의료의 문제를 정의하다

3장에서 살펴보았듯, 존 B. 그랜트와 그의 동료들이 국가의료라는 야심 찬 포부를 처음 공개적으로 제의한 것은 국민당 정부가 난징에 위생부를 설치한 1928년 봄의 일이었다.[5] 이러한 기획의 발전사를 좇기 전에 그랜트가 내세운 국가의료의 두 가지 측면을 좀 더 명확히 할 필요가 있겠다. 먼저 당대에는 말 그대로 '공공의료'를 의미하는 '공의'라는 단어가 사용되었다는 점이다. 그러나 존 그랜트가 처음 제시한 용어는 '국가화된 의료國家化的醫學'였다.[6] '공의'는 "모든 의료 문제를 국가가 관할"[7]한다는 그랜트의 목표를 온전히 담아내지 못하기에 영문 'State Medicine'을 그대로 옮긴 '국가의료'가 그랜트의 기획에 좀 더 부합하는 용어라고 할 수 있겠다. 이는 더욱이 그랜트를 비롯해 '공의'라는 말을 사용했던 여러 인물이 영문으로 글을 펴낼 때 사용한 표현이기도 한데, 아마도 국가의료를 향한 전망이 영국의 국가의료에서 비롯했기 때문일 것이다.[8]

또 다른 하나는 국가의료가 서구에서 그대로 들여온 개념이 아니라는 점이다. 물론 그랜트와 주변 인물들의 머릿속에는 영국이라는 나라가 국가에서 의료를 제공하는 세계적 추세의 대표 격으로 자리 잡고 있었지만 말이다. 〈국가의료: 중국에 알맞은 합리적 정책〉이라는 글의 서두에서 그랜트는 "과학적 의학의 활용에 있어 중국은 세계 열국 가운데 후발 주자에 해당한다"[9]고 썼다. 그러나 그의 바람은 중국이 선진국이 걸어온 길을 그대로 따라가는 데 있지 않았다. 선진국의 의료 체계에는 사설 의료의 범람과 같은 무익한 부분도 적지 않았다. 그랜트는 중국이 의학 발전의 세계적 추세를 따르는 동시에 자국의 구체적인 상황을 고려한 나름의 혁신을 이루어내길 원했다.[10] 이처럼 국가의료의 구상은 온전한 자기 인식을 바탕으로 한 현지의 혁신을 목표로 했고, 따라서 서구의 발전을 그대로 복제하기보다는 중국의 현실을 고려한 기획이어야만 했다.

국가의료의 기획은 그랜트 등이 베이징협화의학원 위생과에서 진행한 현지 실험을 바탕으로 삼았다. 이들은 지역의 상황을 살피기 위해 1925년부터 경찰의 긴밀한 협조를 받아 베이징에 '시판공공위생사무소試辦公共衛生事務所'를 설치하여 운영했다.[11] 위치는 인구 5만여 명 규모의 내좌이구內左二區였다. 어떤 면에서 이는 '예비 연구의 필요성'을 역설한 로저 그린의 제언에 대한 그랜트의 응답이기도 했다(3장을 참고하라). 협화의학원의 학생들에게 현지 조사의 기회를 주는 것은 물론이거니와 "중국에 어떤 종류의 공중보건 사업이 가장 필요하고, 현재 상황을 고려할 때 무엇이 가장 현실적인지 그리고 어떤 방법이 가장 성공할 법한지, 실제 경험을 통해 알아보는 데"[12] 실험의 목적이 있었기 때문이다. 과학사의 여러 유명한 실험과 마찬가지로 그랜트의 실험은 사실상 '중국 의료의 문제'를 정의했다.

그랜트에 따르면 중국 의료의 문제를 이해하는 핵심은 '초과 사망률'의 주요 원인을 파악하는 데 있었다. 그는 유럽과 미국을 기준으로 '정상 사망률'을 1,000명당 15명으로 가정하고, 중국의 사망률은 1,000명당 30명에 달하기에 한 해에만 600만 명의 초과 사망이 발생하며, 바로 여기에 중국 의료의 문제가 있다고 주장했다. 통계의 신뢰도는 그랜트 자신도 확신하지 않았다. 오히려 그는 자신의 추정이 "파편에 지나지 않는 지역의 자료를 다른 나라의 국가 통계와 비교한 것"[13]이라 인정하기도 했다. 그럼에도 불구하고, 중국 의료의 문제를 '초과 사망'으로 파악하는 그랜트의 분석과 그가 제시한 수치는 민국기의 공중보건 운동가들에 의해 계속해서 되풀이되었다.[14]

중국 의료의 문제가 600만 명의 초과 사망으로 파악됨에 따라 그랜트는 초과 사망의 원인,[15] 즉 초과 사망의 4분의 3을 초래하는 "위장관계 질환, 결핵, 두창, 영아 사망률 중 감염성 원인"에 초점을 맞추었다.[16] 중국에 근대 의학이 부재하기 때문이었을까. 그랜트의 생각은 달랐다. 당시만 해도 치료의학은 이러한 원인을 해결하는 데 별다른 도움이 되지 않았기 때문이었다. 오히려 "치료의학에 사로잡혀 다른 [의학] 분과에 관심을 기울이지 않는 다른 나라에 비해, 중국은 더 이른 시일 내에 효과적이고 균형 잡힌 의과학을 갖출 수 있을 것"[17]이었다. 그랜트의 방식으로 정의된 의료 문제를 해결하기 위해 중국은 치료를 중심에 둔 의학 발전의 '정상 경로'가 아닌, 다른 지름길을 찾아야 했다.

3장에서 살펴보았듯이, 기획을 설계했던 존 그랜트에게 위생부란 국가의료라는 포부를 실현하는 핵심 수단이었다.[18] 그러나 위생부가 설치된 1928년으로부터 1년이 지난 뒤, 국민당 정부는 위생부를 위생서로 축소했다. 이처럼 처음 몇 년 동안 국가의료 기획은 좋은 평가를 받지 못했다. 하버드 대학교 보건대학원을 졸업하고 베이징 시정부 보건 담당 부서의 책임자로 있던 황쯔팡黃子方 역시 국가의료라는 생각 자체에는 동조적이었지만, 이것이 50여 년이 지나서야 실행될 수 있는 먼 미래의 목표라고 생각했다.[19] 1928년 7월, 협화의학원을 졸업한 그랜트의 제자이자 이후 향촌 보건을 개척하고 국가의료의 열렬한 지지자가 되는 천즈첸은 국가가 의료를 오롯이 책임진다는 그랜트의 생각을 고취하기 위해 긴 글을 썼다. 여기에서 그는 이렇게 말했다. "지식인조차 의료가 국가가 운영하는 공영 사업이 되어야 한다고 생각하지 않는다. 모두가 이를 너무나 이상하다고 여긴다."[20] 국영의료라는 생각을 널리 퍼트리기 위해 천즈첸은 예방의학과 치료의학의 균형을 강조한 '전의全醫'라는 용어를 사용했다.[21] 모두의 우려를 반영해서였을까, 중국어로 번역된 그랜트의 글에는 원문과는 사뭇 다른 제목이 붙었다. '국가의료: 중국에 알맞은 합리적 정책'을 대신한 새로운 제목은 '중국 현대 의학 건설 방침中國建設現代醫學之方針'[22]이었다. 국가의료라는 말의 위상은 현격히 낮아졌다. 1928년부터 위생부 차장을 역임했던 류루이헝은 위생부에 대한 공식 계획서를 작성하며 지나가듯 이런 말을 남겼다. 국가의료는 "위생부에서 연구 중이다. 시범 지역에서 소규모 계획이 시험 삼아 진행될 예정이다".[23] 1년 뒤, 중앙위생위원회는 다음과 같은 결론을 내놓았다. "국민정부는 국가의료와 전염병 예방을 위한 특별 예산의 폐지를 요구하는 청원을 접수했다. 국가의료는 상황이 가능할 때 이를 담당하는 보건 부처에 의해 도입될 것이다."[24] 위생부조차도 국가의료의 현실화에 미온적이었다.

10. 2. 중국 향촌을 발견하다

천즈첸은 그 유명한 딩현 실험定縣實驗, 1931~1937을 전후로 계속해서 국가의료라는 개념과 관련되어 있었고, 그런 탓에 대개는 존 그랜트 아래에서 공부하던 베이징협화의학원 시절과 딩현 실험을 바탕으로 자신만의 국가의료 기획을 발전시키던 시절이 부드럽게 연속한다고 생각하기 마련이다. 그러나 이와 같은 기존의 관점은 딩현 실험에서 비롯한 여러 결정적인 혁신을 담아내지 못한다. 이러한 혁신 없이는 국민당 정부가 국가의료의 이상을 수용하는 일도 없었을 텐데 말이다. 천즈첸이 국가의료라는 개념을 발전시키고 이에 반응한 정부가 결국 국가의료를 수용하는 일련의 과정을 조명하기 위해, 이어지는 두 개의 절에서는 1929년부터 1940년까지 국가의료의 개념이 진화하는 과정에서 천즈첸의 딩현 실험이 결정적인 발전을 가져왔음을 보이려 한다.

앞서 살펴보았듯 그랜트의 국가의료를 옹호하기 위해 '전의' 개념을 내세웠던 1928년까지만 해도 천즈첸은 향촌 보건의 중요성에 관해 이야기하지 않았다.[25] 그는 1929년 여름 수도 난징 근처의 시골 마을 샤오좡에서 공공위생사무소의 책임을 맡은 뒤에야 비로소 향촌 보건 문제에 눈을 뜨게 되었다. 그리고 이로부터 불과 몇 년이 지난 1932년 1월, 그의 삶을 결정짓는 사건이 발생했다. 천즈첸은 하버드 대학교 보건대학원에서의 공부를 마치고, 그랜트의 주선으로 옌양추晏陽初, 1890~1990, James Yen가 조직한 민중교육운동인 평민교육운동平民教育運動의 향촌 보건 부분을 담당하게 되었다. 천즈첸이 합류하기 전부터 평민교육운동은 향촌 보건에 적극적이었다. 보건 사업을 향촌건설운동의 핵심에 두기도 했거니와, 1929년부터 밀뱅크 재단Milbank Foundation의 지원을 받기도 했기 때문이다.[26] 천즈첸이 딩현에 도착한 1932년, 보건 사업은 이미 시행 3년 차에 접어들고 있었다. 그 역시 이전부터 향촌 보건에 관심이 있었을지도 모르겠지만, 천즈첸의 공헌 이면에는 중국 향촌을 향한 평민교육운동의 헌신이 있었다. 향촌의 조망이라는 중국 보건의료사의 중요한 사건은 의학 바깥에서 비롯한 셈이다.

향촌 보건에 대한 무관심은 중국만의 현상이 아니었다. 19세기 초반 영국에서 등장한 근대 공중보건 역시 일차적으로는 산업화와 도시화에서 비롯한 문제에 대한 반응이었고,[27] 따라서 농촌의 문제에는 상대적으로 무감할 수밖에 없었다. 1920년대 초반 당시 베를린 대학교에서 공중보건을 공부하던 후딩안에게 농촌에 대한 무관심은 충격 그 자체였다. 사회 위생과 우생학의 옹호자였던 알프레트 그로탄Alfred Grotjahn, 1869~1931[28]의 지도 아래 후딩안은《중국위생행정설시계획中國衛生行政設施計畫》이라는 종합적이고 자세한 보고서의 초안을 작성했다.[29] 그리고 여기에서 그는 자신의 실망감을 이렇게 표현했다. "유럽에는 향촌 보건이 존재하지 않는다. 앞으로 나는 이것을 연구해야 한다." (후딩안은 곧 수도 난징의 위생국 국장이 되었다.)

당대의 중국이 향촌민으로 가득한 국가였다는 사실은 자명하다. 그러나 역사학자들은 중국이라는 국가가 이들에게 관심을 기울이기 시작한 시점은 1920년대 후반이라고 콕 집어 이야기한다. 젊은 마오쩌둥과 좌익 지식인, 사회조사 전문가, 문필가, 록펠러 재단 등은 모두 서로 다른 여러 이유에서 향촌으로 눈을 돌렸다. 1920년대의 신문화운동은 농민에게 중국을 쇠약하게 만들었다는 비난을 퍼부었지만, 1920년대 후반이 되자 농민은 사회적·경제적 억압의 희생자로, 더 나아가 중국을 부흥시킬 잠재력이 있는 존재로 묘사되기 시작했다. 민국기 중국 소농에 대한 찰스 헤이퍼드Charles Hayford의 통찰력 있는 연구에 따르면 향촌이 사람들의 관심을 받게 된 것은 중국에 대한 관점이 미묘하게 그러나 중대하게 변화한 결과이다. 이제 중국은 농민의 나라가 아닌, 중세 봉건제 아래에서 살아가고 언젠가 그것을 뒤엎어버릴 소농의 나라로 규정되었다. 헤이퍼드는 "향촌에서 '소농'이 구성되었고, 이것이 마오쩌둥이 주도한 정치와 구조의 혁명에 문화와 이념 차원의 정당성을 부여했다"[30]고 결론 내렸다. 이념적으로는 중요하겠지만, 농민에서 소농으로의 개념 전환을 자세하게 다루지는 않겠다. 이 책에서는 1920년대 후반부터 향촌 문제가 정치의 핵심 쟁점으로 부상했다는 점을 지적하는 것으로 충분하다.[31] 널리 읽히던《동방잡지東方雜誌》가 단적인 예이다. 1920년대에는 향촌과 관련된 글이 1년에 한 편 정도 실렸지만, 1935년에는 전체 글의 80퍼센트가 향촌을 다루었다.[32]

중국 향촌 문제를 해결하려던 여러 인물 중 하나로 예일에서 공부한 옌양추를 꼽을 수 있다. 옌양추가 이끌던 평민교육운동은 베이징을 떠나 딩현으로 거점을 옮기던 1929년까지 향촌의 문제가 아닌 전국의 문맹 문제에 초점을 맞추었다. 게다가 운동에 참여하던 인물 대다수는 그전까지만 해도 향촌에서 살아보지도 않았던 이들이었다. 수년 동안 1년 이상 향촌에서 버틴 인물은 전체의 3분의 1에 지나지 않았다.[33] 그러나 평민교육운동은 딩현으로 거점을 옮기면서 비로소 문맹 운동에 집중하던 전국적인 조직에서 벗어나 향촌건설운동의 행위자로 거듭날 수 있었다.

향촌건설운동은 교육과 경제, 건강, 정치 등 여러 층위의 개혁을 통합할 것을 강조했다. 건강 증진은 1차 목표가 아니었고, 과학적 의학의 대중화는 말할 필요도 없었다. 일반적인 관점에서 보았을 때 향촌 건강의 개선은 사회적·경제적 조건과 구분될 수 없었다. 옌양추와 향촌건설운동에 대한 헤이퍼드의 탁월한 연구를 기반으로, 나는 천즈첸이 딩현에서 내놓은 보건의료 체계의 여러 혁신이 향촌건설운동의 정신이 구현된 결과이자, 그것을 쇄신한 구성 요소였음을 지적하려 한다. 예를 들어 향촌건설운동은 보건과 교육 분야 모두에서 보통 사람들이 널리 이용할 수 있는 위계적이고 비용 효과적인 조직을 개발하는 데 온 힘을 쏟았다.[34] 운동에 투신한 이들은 향촌에서의 삶을 구성하는 여러 층위가 서로 연결된 전체를 구성하며, 따라서 문맹이나 토지 문제, 정치 혁명, 향촌 산업 등의 단일한 차원에 국한되지 않은 통합적인 개혁 정책이 필요하다는 사실을 깨달았다. 향촌건설운동의 다양한 전선戰線을 담당하던 이들이 분야를 넘어선 협업을 보인 이유가 여기에 있었다. 천즈첸은 무엇보다 위대한 의료 개혁가였지만, 그의 업적은 분명 향촌건설운동이 보여준 통합적 접근의 자장 아래에서 만들어진 결과였다.

10. 3. 딩현의 공동체 의료 모형

천즈첸 본인과 그 이후의 연구자들은 천즈첸이 딩현에서 국가의료의 원형을 만들어가는 과정을 자세하게 보여주었다.[35] 특히 국가의료의 발전을 구체적으로 이해하는 데는 입가체의 꼼꼼한 연구서인《민국기 중국의 보건과 국가재건*Health and National Reconstruction in Nationalist China*》만 한 것이 없다. 이 절에서는 이런 학문적 성취를 바탕으로 천즈첸의 딩현 실험에서 상대적으로 조명받지 못했던 측면에 주목하려 한다. 나는 천즈첸의 활동을 국가의료의 발전을 위한 예비 단계로 취급하기보다는 그가 딩현에서 실현 가능한 공동체 의료의 모형을 구축하기 위해 어떠한 노력을 기울였는지 살피려 한다. 또한, 이를 통해 나는 딩현 실험과 국가의료 간의 철학적 차이를 강조하고자 한다. 물론 전자가 후자의 발전을 예비하기는 했지만 말이다.

딩현 실험과 국가의료를 구별해서 보아야 할 이유는 두 가지다. 그간 국가의료의 선구자로 칭송받기는 했지만, 사실 천즈첸의 실험은 지역 조직을 구축하여 그것을 기반으로 자율적인 지역 공동체를 만들고 강화하려는 시도였다. 이와 같은 향촌 공동체의 발전에 대한 믿음과 헌신은 향촌건설운동의 핵심 사상이었다. 이런 면에서 천즈첸이 보여준 국가의료의 전망은 국민당 정부가 받아들인 하향식 국가의료의 전망과 뚜렷하게 대조된다. 또 다른 하나는 역사적 발전의 차원이다. 천즈첸의 실험은 딩현 같은 가난한 지방도 자력으로 보건의료 체계를 갖출 수 있음을 보여주었고, 이는 서양의학 전문가와 국민당 정부가 국가의료를 받아들이는 계기가 되었다. 다시 말해 천즈첸의 상향식 실험은 국민당 정부가 내세운 하향식 국가의료의 자양분이자 경쟁자였다. 이 부분은 대개 간과되곤 한다. 천즈첸의 실험과 상향식 국가의료 사이의 긴장을 강조하기 위해 나는 천즈첸이 쓴 자서전의 부제인 '딩현의 공동체 의료 모형'을 이 절의 제목으로 골랐다.[36]

향촌건설운동이 천즈첸의 딩현 실험에 끼친 영향을 강조했으니, 천즈첸의 성취가 향촌건설운동에 막대한 영향을 끼쳤다는 점도 짚어야겠다. 천즈첸의 회고에 따르면 천즈첸과 그의 동료들은 1932년부터 1934년까지 3년이라는 짧은 시간 동안 향촌 주민 모두가 경제적 부담 없이 이용할 수 있는 보건 체계를 구축하는 데 성공했다. 이 체계는 1934년에 향촌건설운동의 총의總意가 되었다. 1936년 밀뱅크 재단에 제출한 보고서에서, 천즈첸은 1934년 10월 10일에 열린 향촌건설위원회鄕村建設委員會에서 무기명 투표를 통해 딩현 실험이 공중보건의 선도 사례로 선정되었다고 자랑스럽게 이야기했다.[37] 실제로 회의가 끝날 때쯤에는 딩현 실험의 원리와 조직 구성이 모두가 따라야 할 모범으로 지정되었다.

천즈첸은 출판된 회의록을 통해 처음으로 딩현 실험을 대중에게 선보였다. 기존의 역사 연구들이 주목하지 않았던 천즈첸의 〈딩현 사회개혁에서의 보건 기구〉라는 논문은 그가 당시에 딩현 실험을 어떻게 이해하고 있었는지, 그리고 향촌건설운동을 함께 하는 동료들에게 동기를 부여하기 위해 어떠한 전략을 사용했는지 보여주는 귀중한 자료이다.

논문의 첫 문단에서 천즈첸이 지적했듯, 보건 체계의 구축을 가로막는 핵심 요인은 정부가 시민들의 건강을 지켜야 한다는 책임을 받아들이려 하지 않는다는 점이었다.[38] 이후 천즈첸은 도덕적인 수사를 동원하여 정부나 사람들을 계몽하거나 탓하는 일을 그만두었다. 대신 그는 지역에 기초한 보건 운동을 조직함으로써 공중보건을 전체의 일로 촉진하고 실천하는 데 심력을 다했다.

당시 동아시아 최고의 의과대학이었던 베이징협화의학원을 졸업한 천즈첸은 다음과 같은 도발적인 성명을 발표했다. "작금의 향촌 보건 사업은 '전문가'에게 온전히 의존해서는 안 된다."[39] 당시에 의학이란 근대적 전문성을 선도하는 분야로서 다른 전문가 집단의 귀감이 되던 영역이었다.[40] 따라서 당대의 많은 이들에게 의학은 보편적인 규준을 따르도록 엄격하게 훈련받고 지도받은 의사나 간호사와 같은 전문가의 것이었다. 그러나 천즈첸이 보기에 당대의 중국, 특히 향촌 사회에서 이러한 상식은 오히려 문제의 소지가 있었다. 문제를 드러내기 위해 천즈첸은 다음의 세 가지 질문을 던졌다. 첫째, 향촌 건강을 향상하기 위한 조치는 제한적이기도 하고 간단하기도 하다. 과연 여기에 의사와 간호사가 반드시 있어야 할까. 둘째, 향촌 경제의 수준을 고려할 때 의사와 간호사의 봉급을 감당할 수 있을까. 셋째, 의사와 간호사의 교육 과정은 유럽과 미국, 일본의 것을 그대로 베껴 온 것인데, 과연 이것이 오늘날의 중국에서도 유효할까.

천즈첸의 결론은 다음과 같았다. "향촌 보건을 구축하는 과정에서 의사와 간호사 인력은 가능한 한 쓰지 않아야 한다."[41] 그는 자신이 내놓은 결론이 무척 "역설적이고 아이러니하다"[42]고 생각했다. 그 역시 정규 수련을 거친 의사였기 때문이다.

현실성과 경제성, 적합성을 묻는 세 질문은 향촌의 현실을 고려한 것이었고, 따라서 천즈첸의 급진적인 결론 역시 향촌의 상황을 새로이 강조하는 과정에서 도출된 논리적 귀결처럼 보일 수 있다. 그러나 이는 순전한 논리적 추론의 결과가 아니었다. 오히려 이는 향촌이 괴상하고 황폐한 동시에 희망으로 가득하다고 보고했던 일련의 사회 조사와 지역 실험을 바탕으로 도출된 경험적인 결론이었다.

천즈첸에 따르면 딩현 실험은 그가 부임하기 이전, 1930년대에 시행된 딩현의 건강 상태 조사에 근거하여 설계되었다. 천즈첸이 향촌건설운동의 덕을 보았다는 또 다른 증거이다. 향촌건설운동은 사회 현실을 이해하기 위해 과학을 사용해야 한다고 강조했고, 딩현의 건강 상태 조사 역시 이러한 맥락에서 시행되었다. 이를 위해 사회조사부가 조직되어, 컬럼비아 대학교를 나온 사회학자 리징한李景漢, 1895~1986이 수장으로 부임했다.

통 람Tong Lam이 지적하듯, 딩현에 부임하면서 리징한의 이력은 급격하게 변화했다.[43] 컬럼비아 대학교에서 받은 훈련은 도시 조사에 초점이 맞추어져 있었고, 따라서 향촌 조사를 위해서는 새로운 방법론이 필요했다. 리징한의 표현을 빌리자면 이는 "순전히 지식을 위한 조사에서 사회를 개선하기 위한 조사로의 전환"[44]이기도 했다. 1928년에 사회조사부 부장에 취임한 리징한은 5년이 지난 1933년, 800쪽에 달하는 보고서인 〈딩현사회개황조사定縣社會概況調查〉를 제출했다. 후일 "중국 사회 조사 운동의 표준이 되는"[45] 문헌이었다. 천즈첸은 리징한의 보고서에서 다음을 배울 수 있었다.

> 딩현에서 사망한 이의 30퍼센트는 아무런 의료 서비스도 받지 못했다. 딩현의 472개 촌 가운데 220개에는 의료 시설이라고 할 만한 것이 없고, 나머지 252개에도 구식의 독학한 의사 정도가 있을 뿐이다. 이들은 자기가 파는 약을 처방하는 수준이고, 개중에는 문맹도 적지 않다. 의료비 지출도 적었다. 믿을 수 없는 의사와 약일지언정, 한 사람이 연간 지출하는 의료비는 30센트에 지나지 않았다.[46]

이런 통계적 사실은 천즈첸이 딩현 실험의 목적을 설정하는 중요한 근거가 되었다. 리징한의 조사는 먼저 촌 주민이 의료비로 지출할 수 있는 경제적 자원이 비참할 정도로 적을 뿐 아니라, 천즈첸의 관점에서는 이마저도 전통 의학에 낭비되고 있음을 보여주었다. 다른 지면을 통해 천즈첸은 이렇게 말했다. "낡은 의학에 지출되는 의료비 가운데 3분의 1을 끌어다 쓰며 과학적인 위생을 포함한 새로운 의학을 보급해야 하니, 힘들지 아니할 수 없다."[47] 그러나 천즈첸의 목표는 정부 지출의 확대가 아니었다. 딩현의 실험은 공동체 의료를 위한 것이었기 때문이다. 대신 그는 공동체의 제한된 자원이 중국의학이 아닌 서양의학에 쓰이도록 노력했다. 천즈첸은 딩현의 예방접종 보급 성공 사례를 보고하며 "구식의 종두의가 강제 퇴출당했음"[48]에 주목하라고 썼다. 한정된 자원을 달리 배분한다는 목표 아래 1인당 목표 10센트 미만, 즉 '낡은 의학'에 지출되던 비용의 3분의 1 미만의 예산으로 향촌 보건 사업을 시행한다는 계획이 수립되었다.

향촌 보건의 경제성을 따져 묻는 두 번째 질문은 일견 해결될 수 없는 문제처럼 보인다. 전문적인 근대 의료를 감당하기에 주민들은 너무 가난했기 때문이다. 그러나 첫 번째 질문과 이를 연관 짓는다면 잠재적인 해결 방안이 도출된다. 예산의 부족을 감수하면서까지 굳이 전문 인력을 활용할 필요는 없었다. 사망률 증가의 주요 원인이었던 두창을 생각해보자. 두창 예방접종은 의사나 간호사 없이도 충분히 가능한 일이었다.[49]

혹자는 이러한 실용적인 태도를 자위적인 동어반복이라고 생각할지도 모른다. 감당할 수 없는 수준의 의료는 처음부터 필요하지 않았다는 식의 논리 말이다. 그러나 천즈첸은 아무리 적은 예산이라도 한데 모아 전략적으로 사용할 수만 있다면 사망률의 감소를 끌어낼 수 있음을 증명해냈다. 1936년 천즈첸이 밀뱅크 재단에 제출한 보고서에 따르면, 당시 실험에 등록된 지역의 사망률은 1932년 약 31.6퍼센트 수준이다가 1933년 약 27.2퍼센트를 지나 1934년에는 약 22.6퍼센트로 감소했다.[50] '중국 의료의 문제'를 분석하는 그랜트의 틀로 평가한다면, 천즈첸의 실험은 단 3년 만에 중국의 초과 사망률을 절반 수준으로 낮춘 것이다.

천즈첸과 동료들은 의료 전문가의 역할을 세세히 나누어 과학적으로 분석했다. 짧은 시간 또는 길지 않은 시간의 훈련으로도 수행할 수 있는 역할을 파악하고, 이로써 향촌에 유효한 효율적인 보건 체계를 구축하기 위함이었다.

그리고 이러한 재조직화의 결과, 그 유명한 3단계 보건 피라미드가 탄생했다.[51]

현 단위에 해당하는 맨 위층에는 병원이자 행정의 중심인 보건원保健院이 있다. 이는 치료의학과 예방의학 모두를 총괄한다. 구 단위에 해당하는 중간층에는 분배와 감독을 맡는 보건소保健所가 있다. 가장 아래층은 촌이다. 가장 아래층을 촌으로 설정했다는 점에 주목하자. 중국의 구는 수십 개의 촌으로 구성되어 있었는데, 이들은 모두 엄청나게 떨어져 있었던 데다 변변한 도로도 없었다. 의사건 환자건 진료나 치료를 위해 촌 밖을 벗어나지 않았고, 아주 심각한 문제가 아니라면 촌의 경계를 넘는 일은 상상하기 힘들었다.

따라서 문제의 핵심은 촌 단위의 보건의료를 근대 의학의 훈련을 받은 의사 인력에게 맡기는 일이 경제적으로 불가능하다는 데 있었다. 천즈첸이 조사를 통해 밝힌 바처럼 "평균 700명 정도 규모의 촌 단위 지역은 의료비로 150달러 이상을 지출할 수 없고, 따라서 정규 의료 인력을 감당할 수 없다. 하지만 향촌의 상황을 고려한다면 공동체 의료의 기초는 촌 단위여야 한다".[52] 천즈첸은 지리적·금전적 제약을 고려하여 자신이 구상한 보건 체계의 기본 단위를 과감하게 혁신했다. 촌 단위의 의료 사업은 이제 전업 농부의 몫이 되었다. 마을에서 나고 자란, 그리고 앞으로도 고향을 등지지 않을 '보건원保健員'이라는 새로운 의료 인력의 탄생이었다. 이에 대해서는 1930년대의 보건원부터 1960년대 후반의 적각의생赤脚醫生에 이르는 이야기를 다루는 뒷부분에서 다시 살피도록 하겠다.

두창 예방접종은 혁신을 보여주는 살아 있는 예였다. 보건원 인력을 활용하여 1937년까지 7년 동안 전체 인구의 7분의 1, 신생아의 4분의 3에게 두창 예방접종이 시행되었다.[53] 그 결과 주변 지역이 모두 두창의 마수에 희생되는 동안 딩현은 비교적 안전할 수 있었다.[54] 보고서의 말미에서 천즈첸을 비롯한 여러 작성자는 다음과 같은 결론을 제시했다. "보건 요원은 무엇보다도 두창 예방접종을 먼저 시행해야 하며, 그런 다음 이를 표본으로 삼아 다른 예방접종을 진행해야 한다."[55]

이는 두창이나 위장관계 질환과 같이 쉽게 통제 가능한 감염병에 집중해야 한다는 그랜트의 전략을 뒷받침하기도 했지만, 더 나아가 전문성을 갖추지

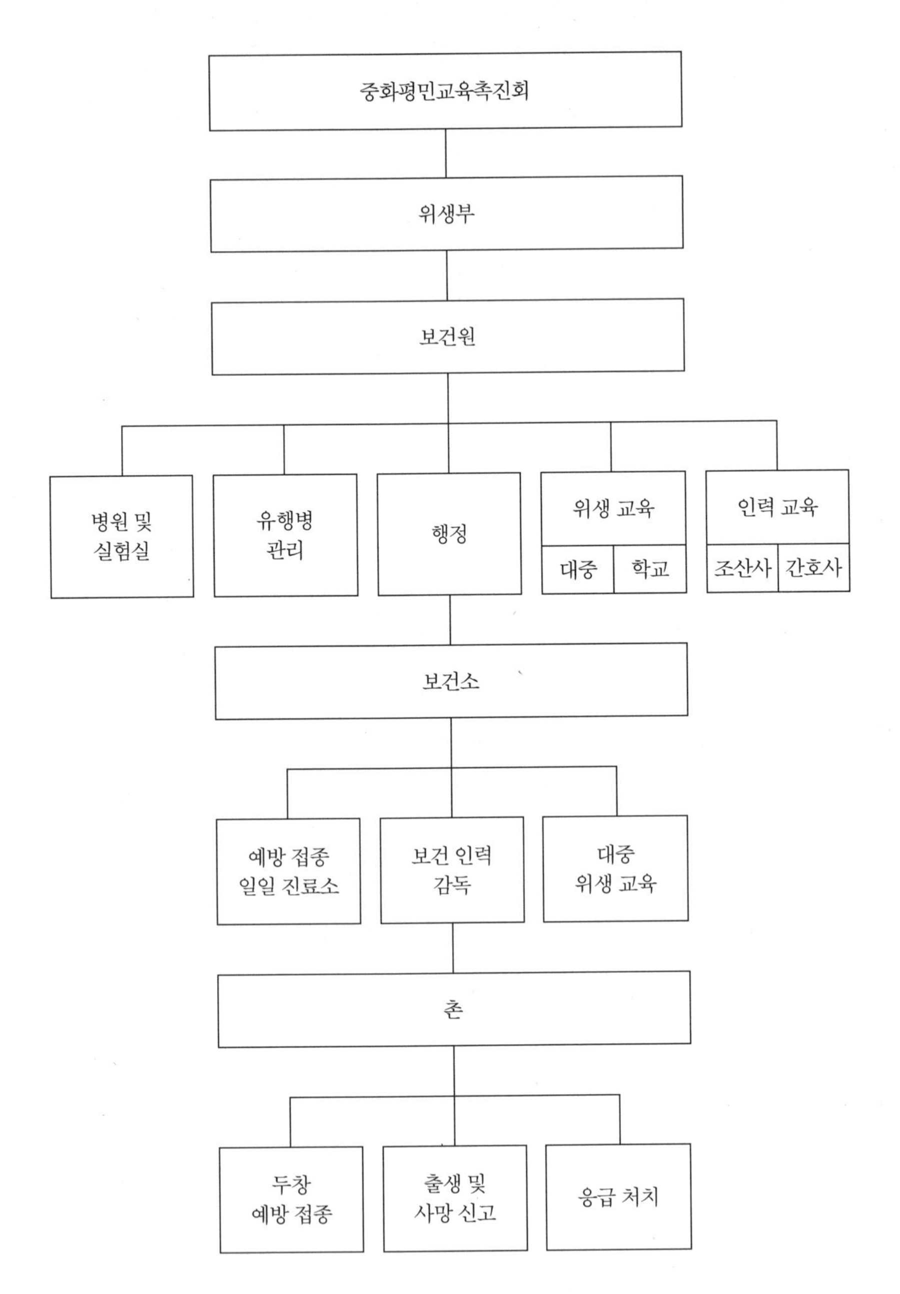

그림 10.1 〈1933년 딩현의 보건의료 조직 체계〉, 천즈첸, 《중국 향촌의 의료: 개인적 회고*Medicine in Rural China: A Personal Account*》(Berkeley and Los Angeles: University of California Press, 1989), 82.

못한 보건원 인력을 활용해야 한다는 천즈첸의 전략을 지지하는 근거이기도 했다. 무엇보다 중요한 점은 1934년의 이 모든 성과가 1인당 9.08센트의 비용으로 성취되었다는 점이다. 이는 천즈첸 본인이 제시한 10센트보다도 낮은 비용이었다.[56] 결과적으로 이 실험은 천즈첸이 설계한 보건 체계가 촌 단위의 경제 규모에서도 능히 실행될 수 있음을 증명했다. 가난하고 척박한 딩현의 촌락에서처럼 말이다.

실험 결과를 바탕으로, 1934년 천즈첸은 다음과 같은 결론을 제시했다.

> 촌 단위의 경험에서 두 가지 결론을 이끌어낼 수 있다. 먼저 향촌에서 필요한 보건 조치는 굉장히 간단한 문제라는 것이다. 따라서 전문 인력을 일반인으로 대체할 수 있다면, 그렇게 해야 한다. 다음은 교육받은 현대적인 의사와 간호사가 향촌의 필요에 부합하지 않는다는 점이다. 사실 이는 의학 교육이라는 더 큰 문제와 연관되어 있으며, 여기에서 다룰 문제는 아니다. 향촌 보건 사업을 진행하던 우리에게는 첫 번째 결론이 더 중요했다.[57]

도시에서 훈련받은 전문가가 향촌 보건에 유효하냐는 세 번째 질문에 대해 천즈첸은 두 가지 의미에서 그렇지 않다는 대답을 내놓았다. 공동체 의료가 발달하는 국면에서 천즈첸은 간단하지만 중요한 보건 조치를 시행하기 위해 먼저 비전문가인 보건원을 모집하는 데 집중했다. 그러나 이는 절반의 해결책에 지나지 않았다. 보건 피라미드를 전국으로 확산하기 위해서는 감독을 맡을 중간층이 중요했다. 보건소에는 최소한의 훈련을 마친 일반인이 아닌, 전업으로 사무를 수행할 전문가가 필요했다. 2년이 지난 1936년, 천즈첸은 난제의 핵심에 의학 교육이 있으며, 이는 지역 수준에서 해결될 수 없다는 결론에 이르렀다. 그는 "이 나라에는 보건소에서 일할 의사를 책임지고 양성하는 의학교가 한 군데도 없으며", "지방의 의학교가 이와 같은 인력을 양성하는 데 투자하지 않는 한, 향촌 의료의 미래는 없다"고 단언했다.[58] 다시 말해 중국의 향촌 보건에는 여전히 의사와 간호사가 필요하지만, 이들은 소위 '국제적 표준'과는 다른 방식으로 양성되어야 한다는 주장이었다. 당시 천즈첸이 국민당 정부에게 원했던 것은 자금이 아니라 특수하게 훈련된 인력이었다. 의학 교육과 의료인을 근본에서 개혁하지 않는 한 불가능한 목표였다. 그러나 공동체 의료는 이를 감당할 수 없었다. 의학 교육의 정비를 위해 국가가 필요한 순간이었다.

10. 4. 국가의료와 중화의학회

국가의료를 향한 중화의학회의 지지는 향촌건설운동에 비해 늦은 감이 없지 않았다. 회원 대다수는 수년 동안 국가의료에 대한 이야기를 들었을 터이지만, 중화의학회는 1937년 4월에 열린 제4차 대회의에서 비로소 이에 대해 논의하기 시작했다. 회의가 개최되던 당시 고위직들은 따로 토론회를 열어 국가의료를 논의했고, 여기서 발표된 글은 이후《중화의학잡지》특별호에 묶여 출간되었다.

토론회에 참석한 이들은 위생서 서장 류루이헝, 해항검역총감海港檢疫總監 우롄더, 광주박제의원廣州博濟醫院의 프랭크 올트Frank Oldt, 베이징협화의학원의 린커성林可勝, 1897~1969, 천즈첸 등 정부와 의학계, 의료선교를 대표하던 이들이었다. 류루이헝은 기조 강연에서 "수년의 세월이 필요"하겠지만 "우리의 궁극적인 목표는 모든 이에게 근대적인 의미의 보건의료를 제공하는 데" 있다고 말했다.[59] 이어 그는 열정을 담아 이렇게 연설했다. "이 나라 곳곳에서 현대의료의 거점이 생겨나기 시작했습니다. 굳건히 뿌리내린 여러 거점은 중국 국가의료의 기반이 될 것입니다. 가장 고무적인 점은 이러한 거점이 성이나 현 단위 지방정부의 노력이라는 점입니다."[60]

류루이헝의 열정은 당대의 동향을 반영했다. 회의 몇 달 전, 국민당 정부는 새로운 규정을 통과시켜 전국의 현 정부가 연 예산의 5퍼센트를 보건원에 지출할 수 있도록 허가했다. 이는 딩현 등에서 진행된 실험의 성공에서 비롯했다. 같은 해인 1937년, 국민당 정부는 국가의료를 위한 인력을 양성하는 중정의학원中正醫學院을 설립했다.[61] 크게 보면 국민당 정부는 국가의료를 '궁극적인 목표'로 수용하고, 지역 단위에서 시행되는 실험적 조치를 지원하는 듯했다. 그러나 이는 어디까지나 먼 미래의 일일 뿐 당장의 정책 지원 등은 부재했다.

우롄더는 '국가의료의 필요성'을 설명하기 위해 딩현의 실험 결과와 함께 천즈첸이 작성한 수많은 통계 자료와 주장을 제시했다.[62] 천즈첸이 드러낸 바와 같이 촌 단위에서 동원할 수 있는 의료비에 한계가 있다면 "국가의료의 구축이라는 계획은 재정적인 이유 하나만으로도 실현 불가능하다고 보일 법하다".[63] 그러나 "향촌 및 군데에서 실험을 통해 알아낸 바에 따르면, 예방의학과 치료의학을 담당하는 기관이 현 단위 전반을 관할한다고 해도 매년 필요한 금액은 인당 10센트에 지나지 않는다. 이는 매년 의료에 지출하는 돈의 3분의 1 수준이다".[64]

이는 중화의학회와 같은 의학계와 국민당 정부 모두가 딩현의 실험 앞에서 국가의료를 향한 지지로 돌아섰음을 보여준다. 천즈첸이 반복해서 강조하듯 "매년 필요한 금액이 인당 10센트에 지나지 않는다"[65]면 그가 제시한 체계를 받아들이지 않을 이유가 없었다. 토론회에 참석한 누군가가 천즈첸의 추산에 반론을 제시했지만,[66] 많은 의료계 지도자와 정부 관료는 천즈첸의 자료를 반론의 여지가 없는 결정적인 것으로 여겼다.

이는 비현실적이라 여겨졌던 국가의료의 실현 가능성을 보여주는 것이기도 했다. 존 그랜트가 국가의료라는 발상을 내걸었던 1920년대부터 재정 확보는 모두를 괴롭히는 핵심 문제였다. 위생서는 설립된 지 10여 년이 지났지만 여전히 전체 국가 예산의 1.2퍼센트를 할당받을 뿐이었다.[67] 마침 국민당 정부는 일본과의 전면전을 앞두고 있었고, 따라서 의료비 지출의 극적인 증가는 꿈만 같은 일이었다. 천즈첸은 재정의 한계에 대한 지적에 이렇게 대응했다. "딩현의 경험으로 보건대, 신규 항목에 대한 지출이나 대중의 추가 부담 없이 1인당 연간 10센트의 비용으로 적절한 수준의 의료기관 설립이 가능하다."[68] 우렌더의 연설에 따르면 딩현의 실험은 국가의료를 향한 역사적 돌파구였다. 극심한 재정적 한계에 시달리는 향촌에서도 잘 조직된 공동체 의료가 자력으로 지속할 수 있음을 입증했기 때문이다.

국가의료에 호의적이었던 우렌더와 달리, 프랭크 올트는 〈국가의료의 제 문제State Medicine Problems〉라는 논문을 통해 비판적인 관점을 제시했다. 의사들의 불만을 소개한 보기 드문 문헌이었다. 서두에서 올트는 국가의료가 "마치 너무나 자명하여 논의가 필요치 않은 공리처럼 다루어진다"[69]고 지적하며, 국가의료가 중국의 유일한 선택지라는 주장에 의문을 제기했다. 그럴 만했다. 실제로 국가의료를 지지하던 어떤 이들은 이토록 중요한 정책의 근거로 논리적 필연성을 들기도 했기 때문이다. 존 그랜트의 〈국가의료: 중국에 알맞은 합리적 정책〉[70]이 대표적이었다. 국가의료가 가져올 근본적인 변화를 고찰한 뒤, 올트는 다음과 같이 지적했다. "의사들은 놀라울 정도로 반응을 보이지 않았다. 국가의료는 중화의학회에서 충분히 논의된 적도 없다. 단체의 이름으로 발표된 성명도 없고, 문제 해결을 위한 조치도 부재했다."[71] 올트는 논리적 연역의 힘으로 주변으로 밀려 나간 국가의료의 문제점을 강조함으로써 집단적 숙의의 공간을 열고자 했다.

올트가 무엇보다 우려했던 지점은 사설 의료와 국가의료 사이의 피할 수 없는 충돌이었다. "국가의료 안에서 사설 의료가 거할 곳은 어디인가. 개인인가, 집단인가, 기관인가. 만약 그 어디에도 거할 수 없다면 기존의 의료 행위는 어떻게 되어야 하는가. 이는 중화의학회가 정부와 함께 분명하게 의견을 모아야 할 사항이자, 무엇보다 오랜 시간 동안 숙고해야 할 사항이다."[72]

질문의 적절성에도 불구하고 학술지 어디에도 '문제'에 대한 응답은 실리지 않았다. 토론회에 참석한 중화의학회의 여러 인사는 국익이나 공익과 구분되는 전문가 집단의 사익을 추구하려 들지 않았다. 기조 강연의 제목을 '공중보건에 대한 우리의 책임'이라고 붙인 것에서도 알 수 있듯, 위생서 서장 류루이헝의 정체성은 전문가 집단을 벗어난 정부 관료가 아닌, 국가에 헌신하는 의료인에 가까웠다. 그를 비롯한 주요 인사 여럿은 국가와 중화의학회가 가까운 동맹 관계에 있다고 생각했다. 그들은 국가의료에서 비롯할 수 있는 문제에 우려를 표하기보다는 의료인과 의학 교육, 그리고 나날의 의료 현실에 중대한 변화를 미칠 국가의료에 헌신하기로 결정했다. 국민당 정부가 의료인을 동원하지 않고 오히려 '국민의 건강에 대한 정부의 책임'을 계속 유보했음을 고려할 때, 나는 20세기 초 중국의 상황을 다음과 같이 진단할 수 있다고 주장한다. 국가와 의료 전문직 모두를 위해 국가와 의료를 연결하고, 끊임없이 국가의료라는 전망을 제시했던 것은 다름 아닌 중진 의사들이었다.

토론회에서 발표된 글 가운데 천즈첸과 린커셩이 발제한 세 번째 글인

〈국가의료〉에는 국가의료에 대한 가장 급진적인 전망이 담겨 있었다. 린커셩은 에든버러 대학교에서 학위를 취득한 중국계 싱가포르인으로, 이후 '중국 생리학의 아버지'라 상찬될 인물이었다. 이들은 국가의료를 다음과 같이 정의했다.

> 위생서와 교육부 정책으로서의 '국가의료'는 개개인의 경제적 능력과 상관없이 공동체의 모든 구성원에게 예방의학과 치료의학을 제공하는 기획이라 정의될 수 있다. 이에 따르면 국가는 예방의학 또는 사회의학뿐만 아니라 치료의학 또는 임상의학까지 포함한 모든 의료 사업, 인적 자원의 배치 및 모든 종류의 시설과 물자에 책임을 진다. 더 나아가 이 모든 것은 인민에게 비용을 부과하지 않는 형태로 제공되며, 따라서 전체 비용은 인민이 세금을 통해 간접적으로 감당할 수 있을 만한 수준이어야 한다.[73]

성긴 정의인 탓에 의료 체계의 상당 부분이 구체적으로 규정되지 않았다는 점에 유의하자. 이를테면 초기만 하더라도 린커셩과 천즈첸은 정부가 보조금이나 높은 임금을 제공하여 향촌 지역에 훈련된 인력을 파견한다는 선택지를 고민하고 있었다.[74] 물론 그들은 "국가의료가 인력을 묶어둘 수 있을 정도의 높은 임금이라는 커다란 문제에 맞닥뜨릴 것"[75]임을 잘 알고 있었다. 이는 일본이 식민지 대만에서 시행했던 또 다른 형태의 국가의료 체계와 유사했다.[76] 이후 린커셩과 천즈첸은 예산 부족을 이유로 고임금의 지급이라는 가능성을 기각했다. 대안은 고도로 훈련된 전문가의 필요성을 최소화하여 저비용 체계를 구축하는 데 있었다. 이처럼 민국기 중국과 식민기 대만의 의료 체계는 모두 '국가의료'라는 같은 이름으로 불렸지만, 각각의 체계에서 국가는 근본적으로 다른 역할을 맡았다.

천즈첸과 린커셩의 글을 읽어보면 국가에 의료 재정의 커다란 증액을 요구하지 않았다는 점이 눈에 들어온다. 그들이 필수적이라 생각했던 것, 그리하여 국가에 지원을 요구했던 것은 다른 데 있었다. 하나는 세 단계로 이루어진 보건의료 체계의 조직이었으며, 또 다른 하나는 국가의료 체계의 다양한 소임에 적합한 의료 인력을 양성하는 의학 교육 체계의 재편이었다. 린커셩과 천즈첸은 주저하지 않고 주장했다. "국가의료(또는 지방의료)는 '군사 조직' 수준의 규율과 '산업체' 수준의 경영을 갖추어야 한다. 따라서 의사, 간호사, 조산사, 약사 등과 병원, 진료소, 보건 부처 등이 지금껏 수행해왔던 기능을 면밀히 조사하고, 새로운 기획에 걸맞지 않은 요소가 있다면 새로운 것으로 대체해야 한다. 필요하다면 낡은 것을 대신하기 위한 새로운 유형을 발전시켜야 한다."[77] 그들이 국가에 요구했던 것은 완전히 새로운 교육 체계를 통해 양성된, 완전히 새로운 의료 인력이었다.

고위직이 참석한 1937년의 토론회는 지금껏 살핀 바와 같이 국가의료에 대한 다양한 입장을 공개적으로 논의하는 장이었으며, 국가의료를 향한 중화의학회의 공식적인 지지 표명으로 마무리되었다. 그러나 같은 해 일본군이 베이징을 점령하면서 천즈첸의 딩현 실험은 종지부를 찍게 되었다. 일본 당국은 천즈첸의 공중보건 기획을 높이 평가했지만, 그는 가족을 뒤로하고 남몰래 베이징을 벗어나 남서 지방으로 향했다. 한 연구자의 말마따나 1937년은 "향촌 주민에게 보건의료를 제공하려는 국민당의 시도"[78]가 막을 내린 해이기도 했다.

10. 5. 국가의료와 지방자치정부

국민당 정부가 조금씩 국가의료 정책으로 기울게 된 이유를 이해하기 위해 민국기에 보건 행정 분야에서 활약했던 독특한 인물인 진바오산金寶善, 1893~1984의 역할을 살펴보자. 이른바 일독파와 영미파의 긴장 속에서 진바오산은 두 파벌 모두에 발을 걸칠 수 있었던 보기 드문 존재였다. 그는 1911년부터 1919년까지 총 아홉 해를 일본에서 보냈다. 일본 지바의학전문학교를 다녔고, 학위를 마친 뒤에는 세계적 수준의 기타사토 전염병연구소에서 일했다. 그러나 진바오산은 영미파와도 좋은 관계를 유지했다. 1920년부터 1921년에 이르는 시기에는 우롄더와 함께 제2차 만주 페스트 방역에 힘썼으며, 1926년부터 1927년까지는 록펠러 재단의 후원으로 존스홉킨스 대학교에서 공중보건학 석사를 취득했다. 그런 다음에는 존 그랜트의 부름을 받고 항저우시 위생국을 만들어 초대 국장을 역임했다.[79] 이후의 회고에 따르면 위생부가 설치되던 1928년, 국민당 정부는 일독파와 영미파의 세력 균형에 공을 들이고 있었다. 국민당 정부가 그를 요직에 앉힌 이유도 바로 이것이었다.[80] 1933년 진바오산은 국가경제위원회 산하 중앙위생실험처中央衛生實驗處의 부처장이 되었다. 류루이헝은 명목상의 처장이었기에, 사실상 중앙위생실험처의 운영을 실질적으로 담당하던 자리였다.

1944년 P. Z. 킹P. Z. King이라는 이름으로 발표한 〈중국 공중보건 사업 30년〉이라는 논문에서 진바오산은 이렇게 말했다. "1934년에 열린 전국위생회의全國衛生會議에서 국가의료 기획에 대한 제언이 작성되었으나, 지난 두 시기 동안 정부는 국가 보건 정책을 채택하지 않았다. 국민당 정부는 1940년에 개최된 국민당 제오계팔중전회第五屆八中全會에서 비로소 국가의료를 채택했고, 그 후 위생서가 정책의 실현에 뛰어들었다."[81] 그가 과거를 이렇게 기억하는 이유는 자신이 위생서장으로서 정부의 국가의료 정책에 깊이 관여했기 때문이었다.[82]

1934년은 중요하다. 향촌건설운동에 딩현 모형이 수용된 해일 뿐 아니라, 위생서가 현 단위의 공중보건 기반 시설 건설을 지시하는 규정을 통과시킨 해이기도 하기 때문이다.[83] 조금 더 넓게 보면 이것이 지방자치를 실현하려던 평민교육운동과 국민당 정부가 협업한 결과라는 점을 다시 한번 짚고 넘어가자. 보건의 영역에서 위생서와 평민교육운동은 모두 현 단위의 공중보건을 실현하고자 했지만, 방향은 반대였다. 천즈첸이 아래로부터 지역사회 의료를 만들어 나가고자 했다면, 진바오산과 동료들은 위에서 아래로 의료 행정을 확대하여 이를 현과 촌 단위까지 적용하려 했다. 현 단위 보건을 향한 정부의 열의를 놀라운 진보라 평가한다는 점에서 천즈첸과 진바오산은 의견을 함께했다. 그러나 천즈첸은 정부가 "진짜 [보건] 문제에 대한 실질적인 해결책의 탐색을 제쳐두고 오로지 기관의 설립에만 집중하는"[84] 경향에 우려를 표했다.

정부가 현 단위의 보건의료에 새로이 관심을 보이게 된 동기는 무엇이었을까. 1933년에 열린 전국향촌공작토론회全國鄉村工作討論會에 참석한 진바오산을 보면 답을 알 수 있다. 당시 진바오산은 위생서 차장으로서 향촌건설운동,

특히 그중에서도 향촌 건강을 향한 정부의 태도를 대표했다. 그는 신고 대상 감염병의 방역 대신, 주혈흡충증과 같은 풍토병에 대한 관심을 촉구했다. 주혈흡충증은 물에서 부화한 유충이 피부를 침투하는 방식으로 감염되는 병이었고, 따라서 논에서 맨발로 일하는 농부에게 빈발하는 농촌의 질병이었다. 추가로 짚고 넘어가자면, 공산당이 중국을 차지한 1949년 직후 마오쩌둥이 농민과 향촌민에 대한 관심을 드러내기 위해 전국 규모의 주혈흡충증 퇴치 운동을 펼친 이유 역시 이와 같았다.[85]

진바오산이 지적했듯, 국민당 정부가 주혈흡충증을 최우선에 둔 이유는 두 가지였다. 하나는 양쯔강 주변에 거주하는 수천만의 사람들이 주혈흡충증을 앓는다는 사실이었다. 주혈흡충증은 농부들의 생계에 직접적인 영향을 미치는 질병이었다. 또 다른 하나는 주혈흡충증의 퇴치가 다른 정부 사업의 성패를 가늠하는 시금석이라는 점이었다. 주혈흡충증 퇴치 운동은 농부의 인정과 지지를 얻어낼 수 있는 한 가지 방법이었다. 진바오산은 이렇게 썼다. "과거에 일본이 조선을 점령했을 때, 일본은 조선인과의 관계에 큰 어려움을 겪었다. 그리하여 일본은 병원을 짓고 공중보건을 개선했다. 그리고 이를 통해 일본은 [조선] 사회에서의 영향력을 성공적으로 확대할 수 있었다. 일본은 대만에서도 유사한 전략을 취했다. 전해 들은 바에 따르면, 의료와 공중보건으로 사람들의 마음을 움직인다는 일본의 전략은 [중국의] 북동부를 점령한 뒤에도 반복되었다고 한다."[86] 이는 그가 작성한 공식 보고서의 일부이다. 다소 뜬금없어 보일 수도 있겠지만, 이로부터 우리는 진바오산이 일본의 식민 통치에서 의학이 수행했던 역할을 염두에 두었다는 점을 알 수 있다.

아마도 진바오산은 기타사토 전염병연구소에서 보낸 시간 동안 의학과 위생의 정치적 기능을 깨달았을 것이다. 기타사토 전염병연구소는 대만과 상하이, 조선으로부터 만주에 이르는 일본 식민지 의학에 의사 연결망을 공급하던 곳이었다.[87] 그는 이곳에서 보고 들은 바에 따라 국민당이 공산당과의 싸움에서 같은 전략을 취해야 한다고 주장했다. 마침 1934년 2월 국민당 정부는 역사적인 '신생활운동新生活運動'을 시작했다. 중국인의 위생 습관을 변화시키고, 이로써 국민당의 영향력을 공산당의 영향권 아래에 있던 지역까지 확대하겠다는 의도였다.[88] 따라서 위생서가 현 단위의 공중보건을 추진했던 1934년이라는 시점은 참으로 적기라 할 수 있었다.[89]

1936년 중앙위생실험처의 부처장이었던 진바오산은 〈공의제도公醫制度〉라는 제목의 글을 발표했다. 여러 잡지와 방송에 반복하여 소개된 이 글에서,[90] 국가의료란 '딱히 좋지는 않지만 중국의 경제 상황에 합당한 실용적인 정책' 정도가 아니었다. 진바오산은 미국에서 발간된 〈의료비 위원회 보고서Report of the Committee on the Cost of Medical Care〉라는 유명한 글을 인용하여 미국을 비롯한 여러 자본주의 사회에서 보건의료 사업이 잘못된 방향으로 성장하고 있음을 강조했다. 그는 이와 같은 폐단을 보이는 근대 의학과 달리, 중국의 혁신적인 정책인 국가의료는 "보건의료 사업에서 중국이 세계를 선도할 수 있는 지름길일 뿐 아니라 중국이 세계 공동체에 크게 이바지할 수 있는 영역"[91]이라고 주장했다. 1920년대 후반의 존 그랜트와 마찬가지로, 국가의료를 옹호하고 밀어붙였던 이들은 자신들의 위치를 정확히 인지했다. 그들은 어떤 특정한 외국의 모형을 답습하지 않았다. 오히려 그들은 중국뿐만 아니라 세계적으로도 유래를 찾을 수 없는 미증유의 체계를 구축하고자 했다.

그러나 진바오산은 국가의료에 대한 높은 기대에도 불구하고 그 구체적인 의미와 내용에 대해서는 여러 견해가 공존한다고 지적했다. 어떤 이들은 국가의료를 공중보건과 동일시했고, 또 어떤 이들은 국가의료를 정부가 운영하는 의료 사업의 일부분이라 생각했다. 진바오산은 이들과 또 다른 방식으로 국가의료를 정의했다. 그의 명료한 정의에 따르면 국가의료란 "모든 이에게 제공되고, 국가가 온전히 지원하며, 합당하게 계획되어 체계적으로 시행되는 보건의료 체계"[92]였다. 요컨대, 자본주의 사회의 근대 보건의료 체계가 보이는 병리적 현상에 대해 진바오산은 국가의료를 대안으로 제시했다. 위에서 언급한 유명한 글에서 그가 제시한 국가의료의 다섯 가지 원칙은 천즈첸의 딩현 모형에도 부합했다. 기실 진바오산은 향촌 건강을 위한 여러 실험적인 시도를 언급하며 다음과 같은 논평을 남겼다. "보건 기관에 관한 실험 가운데 가장 종합적인 것은 두말할 나위 없이 허베이성 딩현의 실험이라 할 수 있다."[93]

진바오산이 지적한 바와 같이 국가의료 기획을 채택한 1934년의 전국위생회의가 국가의료를 향한 첫 번째 발걸음이었다면, 두 번째는 1941년 4월에 있었던 제오계팔중전회였다. 그러나 여기에서 공표된 제언에는 국가의료라는 말이 전면에 드러나는 대신 '국민 체력과 국가 보건의 증진을 위한 공중보건 구축의 촉진'[94]이라는 제목이 붙었다. 의도적으로 추상적이고 무미건조하게 명명한 결과였다. 물론 의도는 금세 탄로 나기 마련이었다. 구체적인 행동 지침을 제안하는 첫 번째 문장에는 여지없이 '국가의료'라는 말이 등장했다. "중앙 정부는 공중보건 기반 시설의 보급과 국가의료 체계의 시행이라는 목표를 채택해야 한다."[95]

국민당이 공표한 1941년의 제언에서 국가의료는 장기적인 목표였다. 당장의 초점은 현과 부현의 수준에서 공중보건을 위한 기구를 설치하고, 지방정부 예산에 공중보건과 관련된 항목을 편성하는 일에 맞추어졌다. 딩현 모형은 언급되지 않았고, 치료의학과 예방의학의 통합이 얼마나 중요한지, 또 중국의 상황에 '합당한 선택지'인 국가의료라는 기획이 얼마나 획기적인지 등에 대한 이야기도 없었다. 제언은 어떤 혁신적인 실험이 아닌, 그저 공중보건 행정망의 설치를 위한 계획일 따름이었다. 이는 아마도 보건 자체보다는, 국민당의 핵심 과제였던 지방자치를 위한 정치 기구 설치가 제언의 주목적이었기 때문일 것이다.[96] 그럼에도 불구하고, 어찌 되었건 국민당 정부가 법적으로 지방정부의 예산안에 공중보건을 포함하기로 한 것만큼은 사실이었으므로, 위생서의 입장에서는 이러한 상황이 반가울 수밖에 없었다. 이들은 기쁜 마음을 담아, 자신들이 이미 수십 년 동안 제언에 언급된 국가의료 정책을 시행하고 있었으며, 바로 다음 해인 1942년부터는 현 수준의 '위생원衛生院'을 매년 100개씩 설치할 수 있도록 전력을 다하겠다고 썼다.[97]

치료의학과 예방의학을 통합한 천즈첸의 보건원과 마찬가지로, 위생원 역시 두 가지 역할을 동시에 수행하도록 설계되었다. 위생원은 정부가 지원하는 병원인 동시에 현 정부가 관리하는 의료 행정의 한 부분이어야 했다.[98] 1934년에 들어서면서 딩현이 편성한 보건 예산의 절반가량은 질병 치료에 사용되었다. 치료의학은 이미 의료 체계의 상당한 부분을 차지했다.[99] 위생원은 두 가지 기능을 수행해야 했고, 따라서 위생원의 책임자는 잘 훈련된 의사인 동시에 경험 많은 행정가여야 했다.

장제스는 1943년에 출간된 《중국의 명운中國之命運》이라는 책에서 중국이 전쟁 이후 밝은 미래를 맞이하리라 전망했다. 그는 경제 건설을 위한 10년 계획을 구체적으로 제시하며 이것이 쑨원의 실업계획實業計劃에 기반한 것임을 강조했다. 1920년대만 하더라도 국민당은 보건의료를 중요하게 여기지 않았다. 쑨원의 실업계획에 나오지 않는다는 이유에서였다. 이번에는 달랐다. 장제스는 대학 졸업생 23만 2,000명을 의학에 쏟아붓겠다는 계획을 세웠다. 두 번째로 많이 투자된 분야인 토목공학에는 9만 명의 학생이 투입될 예정이었으니, 참으로 엄청난 규모였다.[100] 장제스는 이에 더해 향후 10년 동안 100개의 커다란 위생원을 설립하고, 현 단위에는 1,000개의 위생원을, 그리고 부현 단위에는 8만 개의 위생원을 설립한다는 엄청난 계획을 제시했다.[101] 이 숫자는 원래 위생서가 입안한 〈1942~1945년 3개년 계획〉에서 비롯했다. 국가의료를 언급하지는 않았지만, 이렇게 장제스의 국민당 정부는 적어도 계획에서만큼은 거대한 보건의료 체계를 위한 행정 기반 시설과 의료 인력의 준비에 온 힘을 다하고 있었다.

10. 6. 보건원 제도의 폐지 문제

진바오산에 따르면 위생서는 전쟁이 발발하면서부터 지역에 위생 기반 시설을 구축하기 시작하여, 전쟁이 끝날 때까지 이를 지속했다.[102] 그 결과 1945년에는 938개 현에 각각 하나 이상의 위생원이 설치되었다. 이는 당시 국민당 지배 아래 있던 1,361개 현의 70퍼센트에 달하는 규모였다.[103] 놀라운 업적이다. 보건 영역에 대한 투자를 계속해서 늘렸다는 점은 국민당이 일본과의 혈투 속에서도 국민 보건 향상의 뜻을 놓지 않았음을 설득력 있게 보여준다.[104] 그러나 국민당 정부의 주된 목적은 다른 곳에 있었다. 그것은 국가 기구의 영향력을 현 단위로 확장하는 것이었다. 국민당 정부는 공동체의 자립과 지역의 주도를 강조하는 딩현 모형의 재생산에 별다른 관심이 없었다. 1945년, 국민당 정부는 T. V. 쑹으로도 알려진 쑹쯔원宋子文, 1894~1971을 통해 옌양추에게 향촌건설운동은 문맹률 저하라는 과거의 역할에 국한되어야 하며, 향촌 경제와 건강, 정치는 이제 국민당이 책임진다는 의사를 전달했다. 두 가지 목적의 상충을 보여주는 극적인 사례이다.[105]

국민당 내부에서 회람된《국가의료》라는 잡지는 위생원의 놀라운 양적 성장과 상충하는 목적 이면의 상황을 들여다볼 수 있는 귀중한 자료이다. 눈에 띄는 점은 현 단위의 공중보건을 논하는 토론회에 참가한 이들이 현 단위 이하의 보건소와 보건원保健員 제도의 폐지 여부를 진지하게 검토했다는 사실이다. 여기에서는 보건원 폐지의 문제가 특히 중요하다. 천즈첸의 경험에 따르면 보건원이라는 제도는 딩현 공동체 의료 모형의 혁신과 성공을 상징하는 것이었기 때문이다. 보건원 제도의 폐지가 진지하게 검토되었다면 새로운 체계는 딩현 모형과 매우 달라질 것이었다.

회의록에는 이런 말이 등장한다. "보건원의 상태는 어딜 가나 그다지 좋지 않다. 어떤 이들은 감히 중국의학 사업을 벌이려 들기도 한다. 보건원 제도를 유지해서는 안 된다. 이들에게 맡겨졌던 일은 공립학교 교사에게 넘겨주는 편이 좋겠다."[106] 위생서가 주도한 보건의료 체계는 일견 딩현 모형과 3단계 보건 피라미드를 따르는 듯했다. 그러나 보건원에 대한 부정적인 평가에서도 알 수 있듯, 국가의료의 본질과 구현 방안이라는 차원에서 이들의 기획은 딩현 모형과 거리가 있었다.

이와 같은 큰 차이를 자세히 살피기 위해 시간을 5년 전으로 되돌려 천완리陳萬里가 발표한 논문 한 편을 읽어보자. 상기한 토론회의 좌장을 맡기도 했던 그는 〈보건원을 어떻게 훈련할 것인가〉라는 글에서 저장성 보건원의 실태와 천즈첸이 원래 구상했던 바를 하나하나 비교했다. 천즈첸의 구상에서 보건원은 지역 주민 지원자 중에서 선발되어 최소한의 훈련을 거친 다음, 간단한 구급상자를 가지고 다니며 기본적이지만 중요한 의무를 수행하는 인물이었다. 이들은 첫째로 마을의 출생과 사망을 기록하고, 둘째로 두창에 대비하여 주민들에게 예방접종을 시행하며, 셋째로 표준 설계에 따라 우물을 파고, 넷째로 경미한 피부 질환이나 외상 등의 치료와 응급처치 등을 수행할 것이었다.[107] 보건원은 천즈첸이 구상한 체계의 핵심이었고, 그러하기에 천즈첸은 보건원의 선발 과정을 매우 구체적으로 적시했다. 손쉬운 길을 택하다가는 일을 그르치기 마련이었다.

> 이론적으로 가장 바람직한 방법은 촌장에게 선발을 맡기는 것이다. 그러나 현 상황에서 촌장이란 인민의 재산을 탈취하여 전용하려는 정부의 앞잡이일 뿐, 지역 발전에는 조금도 관심이 없는 존재이다. … 그러니 촌장은 연이 닿는 사람 중에서 자신의 이해에 따라 움직이는 사람을 뽑을 것이다. 보건원이라는 직책에서 단물을 다 빨면 소임을 내팽개칠 그런 인물 말이다. 촌장에게 보건원의 선발권을 주어서는 안 된다.[108]

천즈첸은 정부 관료에 대한 불신을 드러낸 다음, 평민교육운동에서와 같이 잘 조직된 지역 민간단체에 보건원 선발을 맡겨야 한다고 주장했다. 지역 공동체, 특히 잘 조직된 민간단체는 보건원을 감시하고 보상하는 효과적인 기제였다.[109] 그가 보기에 공동체 의료 기획의 정수와 활력은 바로 정부와 독립적인 지역 조직에 있었다.

천즈첸은 이후 자서전에서 다음과 같은 절절한 말을 남겼다.

> 딩현의 공동체 의료 모형을 연구하는 이라면 보건원이라는 비전문가 인력의 동원에 집중할 것이 아니라, 그것이 공동체에 기반을 둔 체계라는 점에 주목해야 한다. 보건원에게 이런저런 임무를 맡기는 것이 핵심이 아니다. 공동체에 기초한 체계의 핵심은 보건원이 전체 보건 체계의 밑단을 구성하고, 이들의 역할에 따라 체계의 성패가 좌우되며, 강력한 지역 조직이 보건원의 활동을 관리하여 질을 유지한다는 점이다.[110]

천즈첸의 결론은 이러했다. "따라서 우리의 해결책은 향촌 주민 모두가 스스로 문제를 인식하게 하고, 공동체에 대한 주민의 책임 의식을 고취하여 문제 해결의 동기를 부여하는 데 있었다. 이것이 딩현 공동체 의료 모형 저변에 놓인 철학이었다."[111]

물론 '강력한 지역 조직'의 보조와 참여가 없는 한, 위생서가 보건원이라는 발상을 신뢰할 리는 없었다. 천즈첸도 이미 충분히 인지하고 있던 문제였다. 그러나 위생서는 국가의료의 조직 기반 확충이라는 협소한 목적에 활동을 한정하고 있었고, 강력한 지역 조직을 구축하는 데는 별다른 관심이 없었다. 천완리 역시 마찬가지였다. 그는 국가의료가 국가를 중심에 두어야 한다고 생각했다. 그가 보기에 천즈첸이 말하는 민간 조직이란 존재하지 않는 허상과 같은 것이었으며, 따라서 보건원은 공립학교 교사들 중에서 모집되어야 했다. 당시 국민당은 공동체에 기초하여 법을 집행하고 국민을 통제하던 전통적인 체계인 보갑제保甲制[112]를 시행하고 있었는데, 교사라는 전문가 집단은 여기에서 민정, 감시와 치안 유지, 경제적·문화적 업무 등을 맡고 있었기 때문이다.[113]

내부 회람 문서에서 이러한 수준의 자기비판이 이루어졌다는 것은 공동체의 뒷받침을 결여한 국가의료가 여러 문제에 봉착했음을 의미했다. 전시 경제하에서 위생서는 현 단위 위생원의 관리를 책임질 의료 인력을 구할 수 없었다. 정부가 지급할 수 있는 수준의 임금으로는 가족을 먹여 살리기도 빠듯했다.[114] 운이 좋아 관리자를 구한다고 하더라도 자원의 부족 탓에 신병新兵이나 아편 중독자의 신체검사, 부상병의 치료 외에는 아무런 일도 할 수 없었다.[115] 사실 이는 애초의 딩현 모형에서는 다루어지지 않았던 업무이기도 했다. 그러나 위생원 원장에게 정부 관료의 역할이 기대되면서 이는 위생원의 주요 업무로 부상했다. 어떤 이는 한때 많은 이들에게 영감을 준 '딩현 실험'이 생명력을 잃어 창백해져버렸다고 비탄했다. 몇몇이 위생원의 양적 팽창에 집중하는 전략에 의문을 제기했지만, 중앙정부는 그저 "있는 것이 없는 것보다 낫고, 많은 것이 적은 것보다 낫다"[116]는 말을 되뇔 뿐이었다. 그러나 양적 팽창은 가뜩이나 제한된 자원을 더 많은 이가 나누어 써야 하는 상황을 의미했고, 위생원의 인력은 "정해진 절차에 따라 업무를 대충 처리할 수밖에 없었다. 그 결과 위생원이라는 말에는 경멸의 심상이 담기게 되었다".[117]

국민당 정부가 978개 현에 설치한 위생원은 명목상으로는 '병원'이었지만, 그곳에는 병상이 없었다.[118] 1945년 5월에 개최된 두 번째 모임에서 다시 한 번 좌장을 맡은 천완리는 양적 팽창을 계속 추구하다가는 적합한 인력을 구할 수 없고, 결과적으로 보건 사업이 총체적으로 붕괴할 것이라고 경고했다. 그는 다음과 같이 결론지었다. "앞으로는 위생원이 없는 현이라 하더라도, 그대로 두어야 한다. 이미 900개가 넘는 위생원이 세워진 상황에서 우리는 시설이 원래의 목적을 다할 수 있는 방안을 전력을 다해 연구해야 한다. 그것이 가장 심각하고 긴급하다."[119]

석 달 뒤, 8월 6일과 9일 각각 히로시마와 나가사키에 폭격을 당한 일본이 항복을 선언했다. 그리고 그로부터 두 해가 지난 1947년 1월 1일에는 중화민국 헌법이 공포되었다. '사회 안전'이라는 항목 아래 위치한 제157조는 다음과 같았다. "국가는 국민의 건강을 증진하기 위하여 보편적인 위생·보건 사업 및 국가의료를 실시해야 한다." 보건 사업을 향한 국민당의 노력이 응축된 결과였다.

10. 7. 향촌을 위한 중국의학

정부와 서의 집단이 국가의료의 개념을 점진적으로 받아들인 20여 년 동안 중의 집단은 열과 성을 다해 이에 저항했다. 1934년 1월 후난성 정부가 국가의료 확립 10개년 계획을 발표하자, 후난성 성도 창사시의 창사시국의공회長沙市國醫工會는 개인 의료를 국영화된 의료로 전환하려는 계획에 반대 의사를 표명했다. 이들이 가장 우려했던 점은 후난성 정부가 서양의학을 가르치는 후예의학전문학교湘雅醫學專門學校 졸업생으로 공무직을 모두 채우려 한 것이었다. 이는 국가의료 체계에서 중의가 배제됨을 의미했다.[120] 더 나아가 창사시국의공회는 중의가 향촌 보건의 여덟 가지 과업을 능히 수행할 수 있으며, 중국의학의 종두 기술이 서양의 두창 예방접종보다 더 효과적이라고 주장했다.[121] 강경파가 주도했던 창사시국의공회는 국가의 보건의료 체계에 깊숙이 관여할 기회를 얻지 못했고, 그런 기회를 활용해 자신을 개혁할 필요성도 느끼지 못했다.

그러나 여기에 동의하지 않는 이들도 있었다. 새로이 강조된 향촌 보건이야말로 정치적 영향력을 확대하고 중국의학을 개혁할 절호의 기회라 여기는 이들이었다. 이들이 보기에 향촌 보건과 국가의료는 중국의학을 정당화하는 강력한 논거로 쉽게 전환될 수 있었다. 당시 여러 서의는 서양의학이 중국의 경제 상황에 걸맞지 않으며 "구미歐美의 생활 기준에 맞는 약을 가난하고 약한 중국인에게 판매할 수는 없다"[122]고 주장했는데, 중의의 입장에서 이보다 더 반가운

말은 없었다.

국가의료를 향한 중의의 반응을 가장 체계적이고 종합적으로 보여주는 자료는 주덴朱殿이 1933년에 쓴《건설삼천개농촌의원建設三千個農村醫院》[123]이다. 이 책의 가장 큰 특징은 저자가 근대적인 사회조사운동과 향촌건설운동으로부터 영감을 받았음을 명시하고 있다는 점이다. 주덴은 첫 장부터 리징한과 시드니 D. 갬블Sidney D. Gamble 등 사회조사운동에 관여한 여러 유명인의 이름을 인용했으며, 이로써 보수적이고 퇴행적이며 국정에 무관심한 중의의 전형과 결별하고, 최첨단 사회과학에 정통할 뿐 아니라 국가의 위기를 진지하게 고민하는 진보적 지식인의 외양을 갖추고자 했다.《광화의학잡지光華醫學雜誌》에 실린 책 광고에는 "위대한 의학 정치 저서偉大之醫學政治著書"[124]라는 문구가 삽입되었다. 허풍이 없지는 않았겠지만, 주덴의 책은 분명 공공과 국가를 둘러싼 현안, 즉 향촌 보건과 관련된 정치적 전략의 개요를 보여주는 저작이었다. 서양의학의 정치적 기능이 주권을 수호하는 일에서 향촌 주민의 마음을 얻는 데까지 확장되자, 중국의학을 국가와 연결하려는 노력 역시 신고 대상 감염병의 대처에서 향촌의 보건의료로 확장되었다.

주덴은 여러 사회과학 문헌을 인용하여 향촌 보건 문제의 심각성을 지적한 뒤, 주민의 요구에 부응하지 못한 서양의학과 중국의학 모두가 문제라고 주장했다. 서양의학은 너무 비쌌고, 중국의학은 과학적 토대를 갖추지 못했다.[125] 주덴은 이어서 결정적인 질문을 제기했다. 가용한 중의 자원과 서의 자원 중 어느 쪽이 향촌에 더욱 적합한가. 어느 쪽이 향촌 환경에서 더욱 잘 기능하는가. 어느 쪽이 중국의 국가 상황에 더 부합하는가. "이러한 질문에 답함으로써 의료개혁의 기초를 밝힐 수 있을 것이다."[126]

어떤 면에서 이러한 질문은 천즈첸이 던졌던 세 가지 질문, 즉 딩현 실험의 기초 원리를 끌어낸 바로 그 질문과 유사하다. 천즈첸과 주덴은 향촌의 사회적·경제적 현실에 적합한 보건의료 체계를 개발하기 위해 노력했다. 그러나 주덴은 같은 목표로부터 근본적으로 다른 결론을 도출해냈다. 몇 가지 개혁이 선행되기만 한다면, 향촌의 상황에서 당장 이용 가능할뿐더러 주민의 신뢰도 담보된 중국의학이야말로 향촌의 보건의료에 적합하다는 주장이었다. 주덴과 같은 이들이 보기에 국가의료는 향촌의 보건 문제에 대한 해결책이 아니었다. 답은 충분한 재훈련과 개혁을 거친 중의에 있었다.

재훈련이 필요한 항목을 구체적으로 명기하지는 않았지만, 주덴의 계획에는 몇 가지 두드러진 특징이 있었다. 먼저 그는 새로운 분만법과[127] 전통적인 종두와 구분되는 두창 예방접종,[128] 그리고 전근대 중국에서는 시도된 바 없는 급성 감염병 환자의 입원 치료를 강조했다. 더 나아가 그는 향촌의 각 병원에 안과를 설치해야 한다고 주장하기도 했다.[129] 향촌의 트라코마 유행이 일종의 의료 위기를 초래하는 상황이었지만, 천즈첸이 지적한 바와 같이 근대 의학교에서는 이에 대한 대처를 가르치지 않았다. 선진국에서는 별다른 문제가 아니었던 탓에 교육 과정에서 트라코마가 제외되었기 때문이었다.[130] 이러한 상황에서 주덴과 천즈첸은 향촌의 안질환 문제를 개선하기 위해 노력했다.

주덴의 향촌 병원 건설 기획은 딩현 실험과 유사한 감이 없지 않았지만, 그렇다고 중의를 보건원으로 활용하려 들지는 않았다. 주덴은 비전문가, 특히 여성 인력을 '위생지도원衛生指導員'으로 활용하고자 했다.[131] 물론 천즈첸이 구상한 보건원은 마오쩌둥 집권기에 활동했던 맨발의 의사 '적각의생'의 전신이라 볼 수 있으며, 이들 중 상당수는 중의였다. 그러나 천즈첸의 회고에서처럼[132] 중의 대부분은 보건원에 만족하지 않았다. 대신 이들은 1936년 〈중의조례中醫條例〉를 공포하도록 정부를 압박했으며, 신고 대상 감염병의 진단과 치료에 필요한 지식과 기술을 갖추기 위해 노력했다. 변함없는 신뢰를 보여준 농민을 위해, 법적 차원과 기술적 차원 모두에서 국가가 공인한 능력 있는 전문가로 탈바꿈하고자 했던 것이다.

국가의료가 중국에 가장 적합한 정책으로 부상함에 따라, 중의 역시 국가의료라는 체계 속에서 중국의학이 위치할 곳을 탐색하기 시작했다. 이를테면 8장에서 이미 다룬 바 있는 산시중의개진연구회의 설립자 스이런은 1936년 "국가의료 체계에서 중국의학과 중약을 활용하는 일이 국가의 경제적·사회적 안녕에 도움이 되는가"[133]를 주제로 논문을 모집했다. 스이런 자신의 글을 포함한 몇 편의 길고 자세한 글이 수상작으로 선정되었고, 수상자 대다수는 "치료 차원에서는 중국의학이, 질병 예방 차원에서는 서양의학이 더욱 적합하다"[134]며 향촌 주민을 위한 의료 제공에 찬성의 뜻을 내비쳤다. 그러나 한편으로 이는 중국의학이 향촌의 사회경제적 환경에는 더 적합할지 몰라도, 향촌 인구의 보건 문제 해결에 필수적인 감염병 예방과 제어 능력을 갖추려면 여전히 많은 개선이 필요함을 예리하게 포착한 결과이기도 했다.

중국의학과 국가의료를 연결하려는 구체적인 시도는 1934년 가을, 천궈푸가 후일 자신이 원장을 맡게 될 장쑤성립의정학원江蘇省立醫政學園을 설립하면서 비로소 시작되었다.[135] 설립 과정에서 천궈푸는 독일에서 교육받은 공중보건 전문가이자 앞서 살펴본《중국위생행정설시계획》의 저자 후딩안과 긴밀히 협력했다.[136] 천궈푸는 의도적으로 의학원 대신 의정학원이라는 말을 썼다. "[중국 내] 다른 보통의 의학교처럼 치료의학에 초점을 맞춘 것이 아닌"[137] 매우 특별한 종류의 의학교임을 강조하고 싶었기 때문이다. 의정학원의 목표는 "의료 행정 체계 내에서 여러 기관을 혁신하는 실험을 수행"하며, "중국의학과 서양의학을 통합하여 중국을 위한 새로운 의학을 창조"[138]하는 데 있었다.

우선 첫 번째 목적과 관련하여, 천궈푸는 의정학원의 실험적인 노력이 국가의료 체계의 실현을 목표로 하고 있음을 명시했다.[139] 의정학원은 이러한 목적을 위해 세 단계로 구분된 의료인을 양성할 계획이었다. 서양의학을 잘 훈련받은 의사는 도시에서 근무하며, 가장 적은 훈련을 받은 의사는 향촌에서 근무할 것이었다. 가운데는 면허를 받은 중의 가운데 기초 과학과 생리학, 세균 이론을 학습한 이들의 몫이었다. 이를 위해 천궈푸는 2년 과정의 위생훈련반衛生訓練班을 만들었다. 생경함 탓에 모집에 애를 먹었던 다른 분과와는 다르게 위생훈련반은 중의에게 매우 인기가 좋았다. 힘을 얻은 천궈푸는 서양의학을 가르치는 다른 학교에도 유사한 교육 과정을 권했다.[140] 그러나 교육부 의학위원회 위원 일부는 이를 '비려비마', 즉 나귀도 아니고 말도 아니라고 공개적으로 비판했다.[141] 당시 천궈푸가 장쑤성 정부 주석이라는 영향력 있는 자리에 있었음에도 위생훈련반 과정을 교육부에 등록하지 못했던 이유였다. 의정학원이 설립되고 4년이 지난 뒤 천궈푸는 원장 자리에서 물러났다. 그는 짧은 역사를 회고하며 "이상을 모두 실현하지 못하고 끝나버린 것"[142]에 애달파했다.

많은 연구자가 반복해서 지적했듯, 국민당 정부 당시 국가의료를 지지하던 이들은 의료 인력 부족 문제를 통감했음에도 불구하고 중의 인력을 활용하려 하지 않았다. 프랭크 올트는 1937년에 쓴 〈국가의료의 제 문제〉에서 "중의가 정부 공인과 국가의료 참여를 요구할 가능성이 상존한다"[143]고 경고했다. 여기에서 보이듯, 국가의료를 기획한 이들 사이에는 중의로부터 국가의료를 사수해야 한다는 무언의 공감대가 형성되어 있었다. 딩현의 공동체 의료 실험과 국가의료 체계를 구축하려던 국민당 정부의 노력, 그리고 공산당 집권기에 확실하게 자리 잡은 국가의료 사이에 어떤 명확한 연속성이 있다고 하더라도, 국가의료 내에서 중국의학의 역할이라는 관점에서 앞의 두 시도와 공산당의 국가의료 사이에는 뚜렷한 불연속성이 존재했다.

1940년, 국가의료 내에 중국의학을 포함할지를 두고 교육부 의학위원회가 개최되었다. 여러 제언을 심의하는 과정에서 위원장인 후딩안은 회의의 목적이 국가 의학 교육 체계의 개혁에 있으며, 이로써 국가의료의 소임을 다할 여섯 단계의 의료인을 양성할 수 있어야 한다고 주장했다. 여기에는 위생훈련반과 같은 중의 훈련 과정이 포함되어 있었다. 그러나 위원회는 제언을 보류하고 "과학적 방법으로 중국의학을 탐구하는 기관을 설립하며, 후일 여기에서 유의미한 성과를 거둘 경우 이를 교육 과정에 반영한다"[144]고 결정했다. 아마도 이 순간이 민국기를 통틀어 중국의학이 국가의료에 가장 근접했던 순간이었을 것이다. 과학은 이번에도 통합을 가로막았다. 역사를 돌아보건대, 체계적이고 광범위한 통합은 공산당 시기에 과학에 대한 새롭고 대안적인 전망, 즉 서구 자본주의사회의 과학과 구별되는 '중국의 과학'이라는 전망이 제안된 이후에야 비로소 가능했다.

1947년 국민당 정부는 새로운 헌법을 공포했고, 국가의료는 공식적인 정부 정책으로 선언되었다. 그리고 이와 함께 장젠자이, 딩지완, 루위안레이, 스진모, 런잉추任應秋, 1914~1984 등 중국의학의 많은 유명 인사들이 국민대회와 입법원 초대 위원 선거에 출마했다. 중국의학 신문인 《제세일보濟世日報》는 역사적인 선거를 기념하는 특별호를 발행하며 전국 유권자를 향한 성명서를 공표했다. 성명서에는 다섯 가지 제안이 담겨 있었다. 그중 세 번째는 "국가의료를 수립하고 공적 자금의 지원을 받는 보건의료를 제공"[145]하자는 것이었다.

국민당 정부가 중의들마저도 동의해 마지않았던 국가의료 정책을 헌법으로 명기했지만, 아이러니하게도 천즈첸은 이를 축하할 일이라 생각하지 않았다. 그가 보기에 당시는 오히려 중국 보건의료 정책의 근본적인 개혁이 필요한 시기였다. 천즈첸의 도발적인 글은 그랜트가 정의했던 문제, 즉 앞서 살펴보았던 '중국 의료의 문제'를 떠올리게 한다. 그랜트가 이 문제를 제시한 1920년대 이후, 중국의 초과 사망률 감소는 공중보건 사업의 진척을 가늠하는 기준이자 사업 자체의 핵심 목표였다.[146] 그러나 20여 년간 이를 추구했던 천즈첸의 생각은 달랐다. 중국 국민의 건강을 향한 실질적인 위협은 사망률이 아닌 출생률이었다. 중국의 사망률 감소는 외려 인구 증가가 가져올 심각한 위기를 의미했다. 천즈첸은 이렇게 결론지었다. "사망률의 감소보다 중요하고 시급한 것은 바로 출생률의 감소이다."[147]

2년이 채 지나기도 전에 공산당은 국민당을 물리치고 중국을 장악했다. 공산당 정부는 국민당 정부보다 자신들이 중국, 특히 향촌의 보건의료에 적합한 정부임을 증명하고자 했다. 더 나아가 공산당 정부는 국민당 정부와 달리 중국의학을 밀어주기도 했다. 그러나 공산당이 국가의료의 전망을 실현하고 그랜트의 '중국 의료의 문제'를 해결하면서, 1947년 천즈첸이 경고했던 인구 과잉 문제는 곧 현실이 되었다.

11장 결론: 근대 중국의학을 생각하다

1929년 3월 17일의 시위로 국의운동에 불이 붙은 지 한 달, 《의계춘추》는 특집호를 발행했다. 시위의 주동자이자 《의계춘추》의 편집장이기도 했던 장짠천은 다음과 같이 썼다. "우리는 시위의 경과를 낱낱이 기록하여, 이를 뭇사람에게 알리고 기억으로 전하려 한다. 시간이 흘러 전 세계인이 중국의학을 선택하는 그날, 서의의 착각이 만천하에 드러날 것이다. 이에 미래의 의학사가가 볼 수 있도록, 문건을 모아 남긴다."[1]

중의들은 자신이 '의학혁명'의 수동적 대상이라 생각하지 않았다. 오히려 그들은 스스로 중국의학의 역사를 만들어가고 있음을 뚜렷이 자각하고 있었다. 물론 이들은 가능성에 그저 달뜨지만은 않았다. 반대 진영에 속한 이들이나 다른 근대화론자들이 회의와 분노, 조롱을 드러내고 반계몽주의 내지 사리사욕이라는 비난을 쏟아부을 것이 불을 보듯 뻔했기 때문이다. 그런 탓에 중의 대부분은 자신들의 노력에 담긴 긍정적인 가치를 분명히 내세우지 못했다. 이런 상황에서 장짠천은 먼 미래에는 "전 세계 사람들이" 중국의학의 가치를 깨닫고 이를 "선택"[2]하리라는 희망을 담아 특별호를 발행했다.

천궈푸와 천리푸 형제를 예외로 하면 쑨원, 루쉰, 후스, 위옌, 푸쓰녠, 류루이헝, 우롄더, 천즈첸 등 이 책에 등장한 진보적 지식인과 국민당 정치인, 서양의학의 선구자 대부분은 장짠천의 소망을 그저 계몽과 근대에 대한 총체적인 무지에서 비롯한 미몽쯤으로 치부했을 것이다. 이들이 오늘날의 상황을 본다면 어떠할까. 아마 어안이 벙벙하리라. 장짠천이 꿈꾸었던 '중국의학의 세계화'가 어느 정도 현실이 되었으니 말이다.[3] 이 책은 장짠천과 그의 동료들이 남긴 피땀 어린 자료를 바탕으로 써 내려간, 헌신적인 투쟁의 기록이다. 나는 80년 전 장짠천이 '미래의 의학사가'에게 남긴 숙제를 기꺼이 떠맡으려 한다. 장짠천

등이 만들어갔던 근대 중국의학의 역사, 1929년 봄에 시작된 바로 그 역사를 우리는 어떻게 이해해야 하는가.

이러한 역사의 함의를 살피기 위해 독자 제현에게 기존의 역사 서사를 넘어 '근대 중국의학에 대해 숙고'해보기를 청한다. 많은 이들은 중국의학을 오직 정치사의 틀로만 바라본다. 하지만 이는 중국의학사의 이해를 가로막는 가장 큰 걸림돌이다. 이어지는 절에서는 먼저 이러한 한계를 넘어설 방법을 모색한다. 그런 다음 앞에서 제시한 연구 성과를 바탕으로 의학과 국가의 관계, 중국의학과 서양의학이 생산적인 잡종을 형성할 (불)가능성, '중국의 근대' 개념, 근대와 전근대의 '대분할'과 같은 주제를 다시 고찰할 것이다.

11. 1. 의학과 국가

세계 과학사와 의학사에서 근대 중국의학의 역사는 어디에 위치할까. 이에 답하기 위해서는 기존의 해석, 즉 국가가 중국의학 발전에 미친 영향에 집중하는 정치사적 접근을 넘어서야 한다. 이러한 해석은 장짠천을 비롯한 중의 집단의 적극적인 노력이 근대 중국의학사에 미친 영향을 담아내지 못할 뿐 아니라, 중국의학이란 그저 중국 정부가 정치적 목적을 위해 구성해낸 결과물에 지나지 않는다는 생각을 강화한다. 정말 그러하다면 근대 중국의학사는 중국판 리센코 사건에 불과할 것이다. 또한 이러한 정치적 이해는 근대 중국의학사가 근대 중국의 굴곡진 정치상을 반영할 뿐이며, 따라서 제대로 된 과학사라고 보기 힘들다는 생각으로 이어지기도 한다. 나는 근대 중국의학사를 정치로 환원하여 보는 시각에서 탈피하기 위해, 의학과 과학 그리고 국가의 관계 일반에 대한 고찰을 담아 근대 중국의학사를 새롭게 써보려 했다.

내가 이 책에서 다룬 국가의 개념은 국가를 자율적인 행위자로 보는 지적 전통에서 비켜나 있다. 다시 말해 나는 정부 개입의 역사를 쓰기보다는 "훈육적 실천이 국가를 식민화하고, 구성하며, 변화시킨다"[4]는 푸코의 시선에서 이 책을 집필했다. 국가와 적극적으로 동맹을 맺고 국가를 동원하고자 했던 주체는 다름 아닌 중의와 서의였다. 특히 국가의 의료 행정 체계나 국가의료와 같은 보건 정책은 서의가 구상하여 국가에 제시한 것이지, 그 반대가 아니었다. 피에르 부르디외의 분석틀을 빌려 오면, 이 책에서 다루는 시기에 중의와 서의는 모두 "국가를 설립함으로써 스스로 국가 귀족이 된 국가의 행위자"[5]였다.

이 책에서 국가의 개념을 사용하는 두 번째 방식은 국가에 의해 만들어진 새로운 권력의 원천과 이해관계를 고려하는 것, 즉 부르디외의 언어로 풀면 '국가의 장場'을 보는 것이다. 국민당 정부가 중국의학을 강력하게 탄압했다는 통념과 달리, 민국기 말기에 가면 중의와 서의의 법적 지위는 적어도 형식상으로는 동등했다.[6] 물론 국가의 개입이 중국의학에 크나큰 시련을 가져왔음은 분명한 사실이다. 그러나 국민당 정부가 들어서면서, 중의들은 이전까지만 해도 상상조차 할 수 없었던 온전히 새로운 가능성의 세계에 접근하게 되었다. 이제 중의들은 서양의학 전문가들이 누려오던 전문가의 권리를 국가에 요구하기 시작했다. 중의의 손으로 중국의학의 문제를 관장하는 공식 국가 기관과 국가가 공인하는 면허 체계, 그리고 중국의학의 국가 교육 체계 편입이었다. 중국의학에 전례 없는 시련을 가져온 국가와 서양의학의 동맹은 역설적으로 중국의학의 이론이 국가 공인 지식이 되고, 중의가 특권을 누리는 근대적 전문직으로 재탄생하는 것으로 귀결되었다.

중의들은 자신들의 사회적 지위를 바꿀 수 있는 미증유의 기회를 놓치지 않으려 자기 정치화의 과정에 돌입했다. 중국의학과 국민당 정부 사이에 동맹을 구축하기 위함이었다. 이러한 전망을 가장 잘 보여주는 예는 중의 집단이 스스로 선택한 중국의학 전문직의 공식 명칭, '국의'이다. 여전히 많은 이들이 이를 문화민족주의에 호소하기 위한 이름이라고 생각하지만, 실제로 이는 국민당 정부를 향한 호소에 가까웠다. 더욱이 중의가 스스로 국가에 도움이 되는 존재로 탈바꿈하는 사이, 국민당 정부 역시 자기 탐색과 급격한 변화의 과정을 겪고 있었다. 나는 이러한 실천적인, 그러하기에 중요한 차원에서 중국의학과 서양의학, 그리고 국가가 공진화하는 역사를 다루고자 했다. 특히 근대 이전까지만 해도 중국의학과 서양의학, 국가 모두가 가닿지 못했던 중국 향촌으로 이들을 이끌었던 과정에 집중했다.

이념은 달랐지만 국민당과 공산당 모두 국가를 확장함으로써 주권을 가진 통합된 국민을 만들고자 했다. 그러나 영향력을 확대하는 과정에서 국가 기구는 지방 호족의 강한 저항에 부딪혔다. 이들은 그간 지방정부의 손에 있던 경찰력과 군사력, 징세권 등을 내놓으려 하지 않았다. 중국 제국의 정치적 기반이던 이들 지방 실세를 축출하기 위해 국민당 정부는 1920년대 중반부터 가난하고 글자를 모르던 농민들과 직접 접속하고자 했다. 그 이전까지만 해도 농민에게 직접적으로 영향력을 발휘하는 정부는 존재하지 않았다.[7] 이러한 정치적 발전이 없었더라면, 국민당 정부는 1930년대 후반에 이르러 국가의료라는 혁신적 전망을 받아들이지 못했을 것이다. 결국 국가의료라는 야심 찬 정책은 국가보건의료 정책의 일환으로 1947년의 새 헌법에 포함되었다. 중국의학에 호의적인 이들과 중의 집단은 향촌을 향한 정치적 관심과 서의들의 국가의료 정책 추진에 대응하기 위해 실험적인 연수 강좌를 마련했다. 동료 중의들에게 근대 공중보건의 기초를 교육함으로써 향촌 주민을 위해 일할 수 있도록 하기 위함이었다. 이와 같은 민국기의 혁신적인 노력을 염두에 둔다면, 후일 이름을 날리게 되는 공산당 정부의 1차 의료 체계를 그저 중국에 서양의학이 확산한 결과로 해석할 수는 없을 것이다. 민국기의 중의 역시 보건의료 체계를 혁신하던 선구자였고, 기실 공산당 정부 또한 중국의학을 광범하게 활용했다.

향촌의 공중보건을 개선하기 위한 중국의학의 발전은 근대 중국의학사를 '중국의학의 근대화'라는 틀로만 바라보는 일이 부적절함을 보여주는 또 다른 예이다. 근대화라는 개념에는 지식과 구조의 내용을 개혁하는 보편적인 과정이라는 의미가 함축되어 있다. 그러나 그것이 진행된 구체적인 흐름은 중국의학이 향촌 보건의료 체계의 필수 불가결한 부분으로 자리 잡는 데 공헌했던 지역적·사회적 혁신과 한데 엮여 있다. 중의들은 자신의 노력이 보편적인 근대화 과정의 일부라고 생각하지 않았다. 오히려 그들은 국민당 정부가 향촌으로 국가의 영향력을 확장하는 과정에 적극적으로 참여하고, 중국의학이 그러한 과정의 필수적인 요소로 자리매김할 수 있도록 노력했다.

중의들은 국가에 의해 새롭게 창출된 전문직으로서의 이익을 추구했고, 또한 그러했기에 기꺼이 국가의 행위자로 활동했다. 그러나 그렇다고 해서 그들이 단순히 국가 정책의 수용을 강요당했다고 할 수는 없다. 오히려 그들은 중국의학과 관련된 정책과 규제, 개혁을 선도하고 협상했으며, 더 나아가 직접 설계에 나서기도 했다. 당시 출간된 중국의학 잡지 수십 종에 실렸던 공적인 토론과 논쟁은 중의들이 진심으로 원했던 바와 어쩔 수 없이 수용해야 했던 바를 잘 보여준다. 내 연구의 중요한 발견 중 하나는 중국의학을 개혁하기 위한 학문적 노력을 중국의학을 국가에 동화시키려는 정치적 목적과 분리할 수 없다는 것이다. 8장에서 보았듯, 중국의학의 질병 분류를 통일하려던 시도는 중의학교를 국가 교육 체계에 편입시키기 위함이었다. 나는 이와 같은 불가분의 이중성을 분명히 담아내어 다음과 같은 결론을 내리고자 한다. 중의들은 국가가 강제한 중국의학의 과학화라는 과제를 받아들였고, 이렇게 '나귀도 아니고 말도 아닌' 새로운 종류의 중국의학을 개발한다는 벅찬 과업을 수락했다. 그리고 이는 중국의학을 공식적인 국의로 자리매김함으로써 새로 부상하는 국민당 정부와 함께 번영을 누리기 위함이었다.

11. 2. 가치의 창조

정치적 전략과 학문적 혁신의 '불가분의 이중성'을 강조하기 위해 나는 이 책의 제목을 '비려비마'로 정했다. 서론에서도 언급했듯이, 이 표현은 이 책의 서두에서 제기된 문제의 열쇠를 제공한다. 중국의학은 어떻게 근대성에 대한 안티테제에서 중국 고유의 근대성을 표상하는 유력한 상징으로 거듭나게 되었는가. 나는 이러한 이행이 근대 중국의 정치사에서 비롯했다고 보는 대신, 나름의 흐름을 지닌 중국의학의 역사가 근대성과 국가의 정의를 둘러싸고 벌어진 이념 투쟁에 영향을 미쳤다고 주장한다. 중국의학의 역사에서 가장 중요한 사건은 '비려비마'라는 멸칭이 붙은 새로운 의학의 발흥이었다. 새로운 의학이 어렵게 얻어낸 성취는 중국의학이 근대성의 안티테제가 아닐 수 있음을 구체적으로 보여주었다.

'비려비마'라는 표현은 새로운 의학에 비판적이었던 이들이 그것을 가당치 않고 병적이며 자기 모순적이고 생식이 불가능하며 무가치한 잡종으로 보았음을 드러낸다. 의도된 멸칭은 당시 새로운 의학을 지지하던 이들이 인내해야 했던 모멸과 정서적 폭력을 정확하게 전달한다. 이처럼 지배적인 담론은 근대와 전통 사이의 생산적인 교접을 부정했지만,[8] 새로운 의학은 근대성 담론과 이에 수반한 서양의학 지식을 진지하게 수용했으며, 이 과정에서 발생한 인식론적 폭력을 모두 견뎌냈다. 이러한 면에서 '비려비마' 의학의 역사적 발흥이라는 국소적 사례는 중국 근대성의 일반사를 혁신할 뿐 아니라, 근대 과학의 관점에서 바라본 근대성의 지배적인 이해에 도전장을 던진다.

'비려비마'라는 표현은 여러 개혁가의 분투를 이해하는 데 도움을 준다. 이들이 새로운 의학이 가져온 위험, 즉 과학과 서양의학 그리고 중국의학 모두에 반하는 이중의 배신으로 비칠 가능성을 감수해야 했음을 간결하게 표현하기 때문이다. 개혁가들은 일견 상충하는 듯한 두 가지 목표 모두를 전념으로 추구해야 하는 딜레마에 처해 있었다. 이들은 한편으로는 중국의학의 과학화라는 기치 아래 서양의학의 지식을 중국의학에 흡수시키고 중국의학을 더욱 표준화되고 체계적이며 객관적인 것으로 만들기 위해 노력했으며, 다른 한편으로는 중국의학의 특징과 강점을 보존하고 발전시키며 신뢰성을 수호하기 위해 분투했다. 요컨대 그들은 중국의학 고유의 정체성을 유지하는 동시에 중국의학을 과학의 틀에 맞추어 재조합하고자 했다. 물론 어떤 이들은 이러한 기획에 반대하며 중국의학과 서양의학을 통합하려는 의학적 절충주의는 결국 어느 한 가지 전통 또는 두 가지 전통에 대한 배신으로 이어질 수밖에 없다고 비판했다. 상충하는 두 가지 목표를 동시에 추구할 수는 없다는 이유였다.

중의들이 자신의 눈에도 '비려비마'라 비쳤던 의학을 위해 얼마나 큰 노력을 기울였는지 이해하려면, 중국의학의 '신뢰성을 수호'하는 일과 '중국의학을 과학의 틀에 맞추'는 두 가지 과업이 정확히 양극단에 있다는 점을 염두에 두어야 한다. 서로 겹쳐질 수 없는 두 극단의 사이에는 중국의학과 서양의학의 요소를 선별하여 조합하는 다양한 가능성의 스펙트럼이 존재했다. 중국의학을 개혁하려던 이들이 서양의학 또는 중국의학을 향한 배신이라 생각되던 새로운 중국의학의 가능성을 탐색하는 과정을 살피기 위해, 나는 이들의 노력을 '가치 창조'를 겨냥한 역사적 과정으로 탐구해야 한다고 제안한다.

근대주의자의 비판을 극복하려던 많은 개혁가의 분투는 중국의학의 가치를 되찾으려는 역사적인 노력으로 이해할 수 있다. 중국의학의 여러 논적은 과학적 진실, 특히 표상주의적 실재 개념을 내세워 첫째로 중국의학의 이론은 세계에 대한 잘못된, 따라서 무의미한 표상이며, 둘째로 중약은 그저 원재료에 지나지 않고, 셋째로 중의의 경험은 직관에 대한 유사 다윈주의적 개념이라고 주장했다. 많은 이들은 중국의학을 향한 근대주의자의 평가를 당연하게 받아들였고, 그런 탓에 중국의학의 과학화 기획 역시 중국의학의 가치를 인식하고 개발하는 데 전력을 기울이지 않았다.

중국의학의 가치를 낮게 평가하는 이들에게 중국의학 과학화 기획의 첫 번째 목표란 그리 어려운 일이 아니었다. 9장에서 살펴보았듯 서의들은 두 의학의 이종교배를 경계하는 데 전력을 다했고, 따라서 서로 경쟁하던 민국기의 여러 과학화 기획 가운데 한 가지만을, 즉 '국산 약물의 과학 연구'에서 공식 채택된 표준 연구 절차 '1-2-3-4-5'만을 지지했다. 어떤 의미에서 표준 연구 절차는 두 진영의 투쟁 과정에서 이용될 정치적 전략이었고, 따라서 표준 연구 절차의 채택은 곧 가치와 위험을 가늠하는 새로운 틀의 마련으로 이어졌다. 중약은 자연에서 얻을 수 있는 원재료로 격하되는 한편, 생명을 위협할 가능성이 있어 서양의학의 연구가 필요한 '신약'으로 선언되었다. 이렇게 표준 연구 절차는 상산과 중약 전반을 자연의 원재료로 평가절하했다. 이는 워릭 앤더슨이 묘사한 "식민지 과학의 가장 뚜렷한 식민지적 특징"이다. 식민지 과학의 "역사는 순전히 추출과 전용의 문제처럼 '보일' 수 있다. 그전까지만 해도 별다른 가치가 없던 대상을 지역 사회와 정치의 지저분한 영향을 소거한 과학적 체계에 끼워 넣는 일처럼 말이다".[9] 다행히도 상산이라는 이례적인 사례의 경우에는 항말라리아 효과를 입증하는 과정에서 지식이 연루된 정치가 도드라지게 가시화되었을 뿐만 아니라, '추출과 전용'의 연구 절차가 중약의 잠재성을 실현하기에 비용 효과 면에서 적합하지 않다는 사실이 드러나기도 했다.

많은 이들은 이런 식으로 진행되는 중국의학의 과학화가 파괴적인 결과로 이어질 것이라 우려했다. 급진적인 개혁가였던 루위안레이마저도 그러했다. 자신이 작성한 〈중국의약의 학술적 정리를 위한 요지〉를 둘러싸고 벌어진 열띤 논쟁에 참여했던 그는 이후 애석한 마음을 담아 이런 말을 남겼다. "발전의 한계 탓에 오늘날의 과학으로는 모든 자연 현상을 온전히 이해할 수 없다. 국의의 전통적인 치료 역시 효험을 보이는 것이 많지만, 여전히 과학 이론으로 온전히 파악되지 않고 있다. 따라서 중국의학을 정리한다는 우리의 목표는 중국의학이 과학을 활용하도록 돕는 것이어야 하지, 중국의학을 과학의 희생양으로 삼는 방향이어서는 안 된다."[10]

루위안레이는 과학화라는 미명 아래 중국의학의 많은 부분이 이유 없이 '희생'되는 사태 앞에서 슬픔을 느꼈다. 개혁적 성향의 중의들도 같은 마음이었다. 이들은 중국의학의 과학화 기획을 극복하여 중국의학의 가치 있는 요소를 지켜내기 위해, 그리고 무엇보다 이중의 배신이라는 혐의를 벗기 위해 큰 노력을 기울였다. 이를 위해서는 '과학화'의 개념뿐 아니라 중국의학의 신뢰성 문제와 부딪쳐야 했다.

중국의학의 과학화 기획을 수용할 수밖에 없었던 중의들은 과학의 비통일성과 이질성을 전용하기 위해 노력했다. '과학화'라는 단어에서 드러나듯 근대 과학을 단일한 실체로 보고 핵심이 무엇인지 탐색하는 대신, 이들은 서양의학의 이질성을 적극적으로 탐구했다. 서양의학과 중국의학 간의 생산적인 교배가 가능한 조건을 창조하기 위함이었다. 이들은 근대 의학의 여러 분야 가운데 신경계,[11] 면역학, 질병에 대한 저항성, 림프계,[12] 호르몬[13] 등 '기화'의 개념처럼 비가시적이고 비물질적인 측면에 관심을 기울였다. 내 연구의 주요한 발견 하나는 중의들이 중국의학을 과학 및 근대와 온전히 상반된 것으로 보지 않았으며, 외려 중국의학의 약점과 한계를 자각하고, 새로운 중국의학을 창조한다는 원대한 계획을 위해 과학과 서양의학의 요소를 선택적으로 수용하려고 노력했다는 점이다.

중의들은 근대 과학을 단일한 실체로 상정하지 않았던 것처럼, 중국의학 역시 불변의 동질적인 전통이라 생각하지 않았다. 대신 그들은 경쟁하는 중국의학의 여러 '학파'로부터 가치 있는 하위 전통을 발견하고, 이를 이용하여 근대적인 중국의학을 재조립하고자 했다. 4장과 8장에서 살펴보았듯 이들은 경험 개념을 이용하여 금원 시기의 의학보다는 송대 이전의 '경험적인' 전통을 강조하고, '경험적'인 성격이 짙던《상한론》을《황제내경》보다 중요한 의서로 추어올렸다. 많은 중의는 중국의학의 영속을 위해 재발명과 재조립이 선행되어야 한다는 사실을 익히 알고 있었다. 이를 위해 그들은 부적절하다고 판단되는 오랜 요소를 걷어내고, 근래까지 주변부에 머물렀던 침구 등의 요소를 중국의학에 다시 편입시켰다. 앞에서도 여러 번 이야기했듯 일본 학계의 연구는 근대 중국의학의 재조립 과정에서 귀중한 이론적 자원이 되었다.

과학의 선택적 전용과 중국의학의 재발명이라는 두 가지 역사적 과정은 끝없는 영향을 주고받았다. 중국의학에 세균 이론이 녹아든 과정은 이를 분명하게 보여준다. 8장에서 자세하게 다루었듯이, 존 그랜트의 분석에 따르면 당시 중국에서 전염병으로 사망하는 사람은 한 해에만 600만 명에 달했다. 이는 미국보다 높은 수치였다. 이러한 상황에서 중의들은 전염병을 예방하고 억제하는 능력을 키우기 위해 중국의학의 병인론을 위협하던 세균 이론을 중국의학에 통합하고자 했다. 한편 이들은 중국의학의 '치료적 가치'를 지킨다는 명분 아래, 근대 면역학과 질병에 대한 저항성 개념을 근거로 병증에 기반한 전통적인 질병 분류를 보존해야 한다고 주장했다. 중국의학의 입증된 진단과 치료 기술을 보존하는 동시에 세균 이론이라는 새로운 지식을 중국의학에 녹여낸다는 두 가지 목표를 달성하기 위해, 이들은 향후 중의학의 결정적인 특징이 될 '변증론치'의 맹아를 발전시켰다. 이러한 정식화에서 강조되었듯, 의학 이론의 기능은 '세계에 대한 표상'이 아닌 '세계에 대한 개입'에 있었다. 이렇게 이들은 표상주의 실재론의 구속을 초월하여 중국의학과 근대성을 양립 불가능한 것으로 보는 시선을 토대부터 해체할 수 있었다.

'잡종의학'이 재생산에 난점을 보인다는 점에서 비판자들의 지적은 정확했다. 그 누구도 잡종의학이 새로운 가치를 창출하리라 보장할 수 없었다. 게다가 '중국의학의 어떤 요소가 가치 있는가'와 같은 질문에 대한 답은 사회정치적 상황의 영향을 받을 수밖에 없었고, 따라서 시대에 따라 달라질 수밖에 없었다. 그러나 이러한 한계에도 불구하고, 잡종의학을 향한 노력은 끝내 새로운 이종교배의 가능성을 열어젖혔다. 새로운 이종교배는 19세기부터 여러 개혁가를 논리적 교착에 빠지게 했던 신뢰성과 과학화라는 상호 배타적인 목적이 아닌 전용과 번역, 희생, 그리고 무엇보다 인식적·임상적·사회경제적 가치라는 관점으로 상상될 것이었다. 근대주의 담론의 극복과 중국의학의 재조립이라는 두 가지 성취에 고무된 개혁가들은 '비려비마' 의학의 발전이라는 역사적 도전에

임했다. 그리고 많은 이들이 인정하듯 승리를 거두었다. 시대에 뒤진 보수주의자라는 반대 측의 묘사와 달리, 개혁 성향의 중의들은 중국의학의 근대성을 실현하고, 더 나아가 중국의 근대성 전반을 탐색하는 데 몰두했던 능동적인 행위자였다.

11. 3. 의학과 중국의 근대성: 국민당과 공산당

공산당 집권기에 펼쳐졌던 중국의학의 역사를 잘 아는 독자라면 이쯤에서 이 책이 다루는 역사가 어떤 면에서 중요한지, 또 어떤 의미를 지니는지 궁금할 것이다. 공산당이 중국을 장악했던 1949년 이후는 물론이거니와 1949년 이전이라고 해도 공산당이 통치했던 지역의 의료 행위나 정책은 다루지 않기 때문이다. 기실 이는 비단 중국의학사에 국한된 문제가 아니다. 중국 근대에 대한 역사 서술에서, 이는 국민당 집권기와 공산당 집권기의 연속성과 불연속성이라는 일반적인 문제에 해당한다. 윌리엄 C. 커비William C. Kirby가 지적했듯, 중화인민공화국을 연구하는 학자들은 "대개 국민당 시기를 계승자가 부재한 궐위闕位 시기로 가정하고 건너뛰곤 했다".[14] 그리고 이러한 접근법은 근대 중국의 일반사에는 적절하지 않다고 하더라도, 중국의학의 역사를 쓰는 데에는 여전히 유효한 것처럼 보인다.[15] 국민당 정부의 지원을 받기 위해 중의들이 집단행동에 나서기는 했지만, 1950년대 중반부터 공산당 정부가 지원하기 시작한 거대한 규모의 중국의학 제도화와 비교한다면 사소해 보이기까지 하니 말이다. 여러 연구자가 보여주었듯 공산당 시기에 진행된 과감한 의료 정책과 제도의 정비, 교과서의 표준화 등은 분명 중국의학의 모습을 완전히 바꾸어놓았다. 이러한 점에서 어딘가 아이러니하기도 하고 또 한편으로는 오해를 의도한 듯한 이름이지만, 1950년대부터 조형된 중국의학에 '중의학'이라는 새로운 이름을 붙여 청조와 국민당 시기 중국의학과의 차이를 강조하는 일은 정당하다고 할 수 있다. 그러나 국민당 시기와 공산당 시기의 중국의학사가 보이는 날카로운 단절과 대조적으로, 이 책에서 서술하는 역사는 조금 다른 지점에 천착한다. 두 시기 저변의 연속성, 그리고 더 중요하게는 국민당 체제와 공산당 체제가 과학으로 정의되는 근대성의 개념과 자신을 연관시키는 방식의 차이이다.

공산당 체제에 대한 일반적인 이해에 따라 중국의학의 역사를 연구하는 이들은 공산당 시기의 국가가 이전보다 훨씬 더 강력했으며, 따라서 중국의학에 힘을 실어주는 포괄적인 정책을 펼 수 있었다고 쓰곤 한다. 그러하기에 이들은 '중국의학과 국가가 조우했을 때' 일어났던 여러 가지 일의 중요성을 알고 있음에도 불구하고 내가 이 책에서 다룬 사건, 즉 공산당에 비해 약한 국가였던 국민당과 중국의학의 만남을 과소평가한다. 더 나아가 이들은 때로 공산당 정부의 정책 변화를 마오쩌둥 개인의 결단으로 묘사하여, 중의와 중국의학을 옹호하는 이들의 행위자성을 대수롭지 않게 다루기도 한다. 의학사가 킴 테일러 Kim Taylor는 어떤 의미에서 대단한 저작을 내놓으며 자신의 연구 목적을 다음과 같이 썼다. "중화인민공화국에서 중국의학이 '제힘으로' 발전하기보다는 언제나 국가 정책에 끌려다녔음을 보이고자 한다."[16]

테일러의 요지는 대단히 명확하다. "중국 공산당 혁명에서 중국의학은 수동적인 역할을 수행했다."[17] 나는 그가 국가를 자율적인 행위자로 보는 지적 전통의 자장 아래에서 국가와 중국의학의 관계를 권력을 둘러싼 제로섬 게임이라 여겼기 때문에 이러한 결론을 내렸다고 생각한다. 이러한 관점에서 보면 중국의학을 지원하기 위한 공산당 국가의 전례 없는 개입은 곧 중의 집단이 행위자성을 결여했다는 생각으로 이어지기 마련이다. 국가에 관한 이러한 관점을 부숴버리기 위해 나는 이 장의 첫 번째 절에서 '국가의 장'이라는 개념을 강조한 바 있다.

이 책이 서술하는 역사는 다소 직관에 반하는 현상을 설명해낸다. 공산당에 비해 약했음에도 불구하고 어떻게 국민당은 중국의학의 발전에 그토록 큰 영향을 남길 수 있었을까? 무엇보다도 이는 중의가 '중국의학의 과학화' 기획을 수용하기 시작했음을, 그리하여 비려비마, 즉 '나귀도 아니고 말도 아니'라는 낙인이 찍힌 의학의 발전에 뛰어들었음을 국민당 정부가 알아차렸기 때문이다. 국민당 정부는 중의 집단에 이런저런 의료 정책을 강권하지 않았다. 이들은 대신 국가의 장을 이용함으로써, 다시 말해 국가에 의해 시행될 근대적 의학 교육 체계와 보건의료 체계라는 직업적 이익과 편의를 약속함으로써 중국의학에 영향력을 발휘했다. 약간 과장해서 말하자면 국민당 정부의 상대적 유약함

이야말로 중의가 '국의'의 전망에 매료된 핵심적인 요인이었다. 중의는 자신의 정치력을 드러내 보이고 위옌의 제안서를 저지하는 데 성공한 이후에야 비로소 국가에 대한 영향력을 확대하는 한편 국가의 영향력 아래 들어갔기 때문이다. 이솝 우화 〈북풍과 태양〉에서와 같이 때로는 부드러움이 더 강한 힘을 발휘한다.

더 중요한 지점은 국가가 새로운 이익의 창출로 영향력을 발휘하기 시작한 이후, 중의와 서의 모두 놀라운 행위자성을 드러내며 이익의 추구와 중국의학의 개혁에 나섰다는 사실이다. 당시 중의들은 별다른 이득을 기대할 수 없었음에도, 집단적 사회 이동을 위한 운동에 투신했다. 이와 같은 새로이 형성된 국가 자본, 그리고 여기에 관련된 집단적 사회 이동의 가능성은 중국의학의 근대사를 이해하는 열쇠이다. 국민당 시기만 하더라도 중의는 국가에 수동적으로 대응하지 않았다. 그들은 능동적이고 집단적으로 국가를 매개로 한 지위 상승을 추구했다. 공산당 시기에 접어들면서 국가는 더 강하고 더 부유하며 중국의학에도 더 우호적인 존재가 되었지만, 그렇다고 중국의학의 행위자성이 줄어들지는 않았다. 오히려 국가와 중의 집단의 상호 협력은 더 늘어났다.

이와 같은 종류의 상호 협력을 증명하기란 여간 어려운 일이 아니다. 특히나 중의가 수행한 능동적인 역할은 더 그러하다. 국민당 시기의 가시적인 역할과 대조적으로 1950년대에 중의 집단의 조직을 이끌었던 이들은 대개 익명으로 활동했기 때문이다.[18] 그러나 맹하학파의 역사를 다룬 폴커 샤이트의 연구에서 이와 같은 생산적인 상호작용의 근거를 일부 발견할 수 있다. 샤이트에 따르면 이 책에서도 다룬 루위안레이나 스진모 등의 중국의학 개혁가 대다수는 국민당 시기에는 중국의학 개혁의 꿈을 다 이루지 못했지만, 이후 공산당 정부가 들어서면서 비로소 고위직에 오를 수 있었다. 더 나아가 이들은 평생 바라 마지않던 중국의학을 향한 지원에 대하여 공산당 정부에 진심 어린 감사를 표하기도 했다.[19] 중국의학을 향한 국가의 태도는 일견 불연속적이었으나, 우리는 중의의 지도자들과 그들이 표명한 중국의학 개혁의 기획으로부터 국민당 시기와 공산당 시기의 정치적 분열을 가로지르는 상당한 연속성을 찾을 수 있다. 다시 말해 중국의학의 근대사에서 연속성을 발견하기 위해서는 중의의 입장에 설 필요가 있다.

여기서 중요한 부분은 중국의학의 개혁 과정에서 드러난 중의의 행위자성에 집중해야 한다는 점이다. 그러지 않으면 중의의 근대사는 유럽 중심의 과학사에 도전할 잠재력이 무색하게, 정치사의 아류쯤으로 쪼그라들고 만다. 불행하게도 이러한 우려는 테일러의 서술에서 현실이 되고 말았다. 그는 1950년대에 탄생한 현대 중국의학의 바탕이 "[중국의학의] 실제 치료적 가치보다는 중화인민공화국 초기의 특정한 정치적·사회적·경제적 맥락에서 '문화적 유산'으로서의 가치를 섬세히 가다듬은 데" 있다고 결론 내렸다.[20] 물론 중의가 중국의학을 국민당 시기에는 '국수'로, 공산당 시기에는 '인민의 문화적 유산'으로 포장하려 애썼던 것만큼은 사실이다. 그러나 이 책의 앞부분에서도 밝혔듯, 이들의 정치 활동은 정통 중국의학을 '보존'하기보다는 국가의 인가를 얻고 국제 의료에 이바지할 수 있는 새로운 중국의학을 만들기 위함이었다. '근대화' 기획을 실현하려는 중의의 지속적인 노력에 주목함으로써 그들의 행위자성을 강조한다면, 우리는 국민당 시기와 공산당 시기의 연속성을 보다 명확하게 바라볼 수 있을 뿐만 아니라, 국민당과 공산당의 정책 모두가 '불변의 전통'이 아닌 새롭게 떠오른 중국의학을 향했다는 중요한 사실을 발견할 수 있다.

새로운 중국의학을 개발하는 과정에서 국민당과 공산당이 드러냈던 차이는 무엇일까. 지원의 정도는 아니다. 차이는 외려 질적이었다. 국민당과 공산당은 '나귀도 아니고 말도 아닌' 새로운 중국의학을 창조하는 과정에서 서로 다른 근대성 개념을 차용했다. 국민당 정부는 중국의 근대성이 근대 과학의 보편성과 근본적으로 다를 수 있다고 생각하지 않았다. 동시대 인도인들은 '힌두 과학'이라는 아이디어를 만들어내고 이를 국가의 상징으로 삼았지만,[21] 국민당 간부층의 생각은 달랐다. 이들은 전통 과학이나 중국의학을 민족주의의 기반으로도, 근대 과학의 대안으로도 삼으려 하지 않았다. 대신 1931년에 국의관 설립을 지원했던 천궈푸와 천리푸 형제처럼 중국의학에 동조적이었던 이들은 중의에게 '중국의학의 과학화'를 요구했다. 이 기획은 국민당 정부와 중국의학의 동맹을 향한 중대한 발전이자 결정적인 국면이었다. 국민당은 중국의학이 중국의 문화적 특수주의의 상징도, 근대 과학에 대한 완전한 대안도 될 수 없다고 생각했지만, 그럼에도 중국의학과 근대 과학이 반드시 안티테제일 필요는 없다는 다소 논쟁적인 가능성을 받아들였다. 국민당 정부가 받아들인 이론적 가능성을 실천으로 옮기는 일은 중의의 몫이었다. 중의는 중국을 근대화하는 한 가지 방법으로서의 중국의학 과학화를 구체적인 언어로 풀어내야 했다.

국민당 정부는 '반근대'나 다름없었던 전통 의학에 대해서는 아무런 지원을 하지 않았지만 국가의료에는 지지를 표명했고, 이는 서구 사회의 보건의료 체계와 근본적으로 다른 중국만의 '근대 의학'을 상상하는 밑거름이 되었다. 국가의료는 중국의 고유한 사회경제적 상황에 맞추어 의료 문제를 해결하려는 기획이었기에 처음부터 국지적 차원의 혁신이었고, 따라서 소위 근대 의학의 복사판일 수 없었다. 딩현 실험에서 천즈첸이 확립한 여러 원칙 중 하나 역시 "의사와 간호사 인력은 가능한 한 쓰지 않아야 한다"[22]는 것이었다. 천즈첸은 중국 향촌에 의료 전문가를 동원하는 일이 현실적으로 불가능하다는 사실을 누구보다 잘 알고 있었고, 그러하기에 딩현 실험은 보건의료를 가능한 한 '비전문화'하는 방향으로 나아갔다. 딩현 모델은 근대 의학의 전문가주의에 대한 배신일까. 멘토 존 그랜트의 발자취를 따르던 천즈첸이 보기에는 아니었다. 그는 오히려 세계의 의료 발전을 선도할 국가의료의 기획에 자부심을 느끼곤 했다.[23]

이와 같은 방식의 국가의료를 시행하기 위해 공산당 정부는 1949년 패권을 장악한 직후 '단결중서의團結中西醫' 정책을 공표했다.[24] 이 시기만 하더라도 공산당 정부는 중국의학의 효험이나 이데올로기적인 함의를 강조하지 않았다. 오히려 그들은 중의 인력을 활용하여 국가의 시급한 의료 수요에 임시로 대처하고자 할 뿐이었다. 1950년대 중반부터 진행된 공산당 정부의 전폭적인 지원과 비교했을 때, 이는 한참 모자란 목표처럼 보인다. 그러나 이는 국민당 시기와 현격한 대조를 이루는 중국의학사의 결절에 해당한다. 10장에서 살펴보았듯 국가의료의 기획을 실현하려 했던 1940년대의 국민당 정부 역시 인력 부족이라는 문제에 맞닥뜨렸지만, 이들은 중의 인력의 활용을 거부했기 때문이다. 중의들은 향촌 보건의료 체계에 적극적으로 참여하려 했음에도 말이다. 따라서 '단결중서의'라는 공산당 정부의 정책은 중국의학을 사적 의료에서 국가 보건의료 체계의 적법한 구성원으로 격상했다고 할 수 있다. 이렇게 서양의학으로 무장한 중국의학과 향촌의 의료 수요를 연결하려던 중의의 정치적 기획은 현실이 되었다. 이는 내가 서론에서 강조했던 방법론, 즉 '중국의학의 생존'과 '근대 의학의 발전'이라는 이원화된 역사관을 넘어서야 한다는 주장이 정당함을 보여준다. 중국의 근대 의학은 결코 유럽 의학의 단순한 국지적 복제가 아니었으며, 바로 그런 이유에서 중국의학은 중국 근대 보건의료 체계의 구성원이 될 수 있었다.

공산당은 국민당과 달리 1949년부터 중의 인력을 활용했지만, 초기만 하더라도 중국의학의 발전을 지속적으로 지원한다거나 세계 의료의 일원으로서 당당히 기능할 새로운 중국의학을 만든다는 생각은 하지 못했다. 테일러가 설득력 있게 보여주었듯, 1954년에서 1956년 사이의 어느 시점 전까지 새로운 중국의학이라는 급진적인 정책은 공산당의 고려 대상이 아니었다. 테일러의 연구는 공산당이 옌안 시기부터 확고한 원칙을 가지고 중국의학을 발전시키려 했다는 통념을 반박한다. 다시 말하지만 중국의학을 향한 공산당의 태도는 1956년 마오쩌둥의 이름으로 '중서의결합中西醫結合'이라는 정책을 공표하며 '잡종의학'이라는 얼룩진 기획을 끌어안은 후에야 비로소 다른 모습을 띠게 되었다. 테일러의 저작이 분명하게 드러내듯이, 1950년대 중반까지 마오쩌둥을 비롯한 공산당의 그 누구도 새로운 중국의학을 염두에 두지 않았다. 1930년대부터 여러 중의 지도자가 '비려비마'라 부를 수 있는 새롭고 통합적인 의학의 아이디어를 제시했지만 말이다.

이제 이러한 질문이 따라붙는다. 공산당은 어떠한 이유에서 국민당이 선뜻 수용하려 들지 않았던 '잡종의학'이라는 얼룩진 기획을 지지하게 되었을까. 서론에서 강조했던 핵심적인 구분으로 되돌아가자. 서로 다르면서도 연결된 두 가지 분투, 즉 국가 보건의료 체계에서 중국의학의 역할을 둘러싼 정책적 분투와 근대성으로서의 과학을 둘러싼 이데올로기적 분투 사이의 구분이다. 국민당과 공산당은 중국의학, 특히 '나귀도 아니고 말도 아닌' 새로운 중국의학에 대하여 서로 다른 정책을 내놓았다. 보건의료 정책의 차이 때문은 아니다. 그들이 근대성으로서의 과학 개념에 서로 다른 태도를 보였기 때문이다.

공산당이 '근대성으로서의 과학'에 대하여 국민당과 그토록 다른 견해를 드러낸 배경에는 최소한 두 가지의 역사적 궤적이 존재한다. 먼저 하나는 1950년대에 공산당이 마주한 중의 공동체가 이미 20년 이상의 '과학화'를 거친 후였다는 점이다. 국민당 정부가 중국의학의 과학화 기획을 밀어붙일 때만 하더라도, 이는 의료 정책의 문제를 해결하기 위함이 아니라 오히려 문화민족주의와 근대성으로서의 과학 사이에 이데올로기적 완충 지대를 설정하기 위함이었다. 그러나 지독히도 모호하고 이론의 여지가 많았던 기획은 중의가 서양의학과 중국의학을 통합하고, 중국의학의 효험을 과학적 연구 절차로 입증하며, 중국의학을 국가 보건의료 체계와 교육 체계에 알맞은 형태로 표준화하는 가능성을 실제로 탐색하는 계기가 되었다. 그리고 중국의학의 개혁을 향한 노력과 성과는 다시 천궈푸, 천리푸 형제와 같은 국민당 지도부가 추진했던 일, 즉 중국의학의 과학화를 통해 이데올로기적 완충 지대를 설정한다는 기획의 근거로 기능했다.

두 번째는 공산당이 국민당으로부터 이어받은 '중국의학의 과학화'의 의미를 온전히 바꾸어버렸다는 점이다.[25] 이들은 마르크스주의에 기대어 과학의 개념 그리고 서구 자본주의에 대해 사뭇 다른 태도를 견지할 수 있었다. 연구자 대부분은 여전히 중국 공산당이 과학이라는 개념에 보였던 양면적인 태도를 제대로 파악하지 못하고 있다. 한편으로 과학적 사회주의의 선봉을 자처했던 중국의 공산주의자들은 자신을 5·4운동의 적자라 내세우며 '과학 씨'를 향한 강한 믿음을 굳게 다짐하곤 했다. 그러나 또 한편으로 그들은 별다른 어려움 없이 자본주의 사회의 '토대'에서 비롯한 것과 구분되는 다른 종류의 과학을 상상하기도 했다. 마르크스주의가 과학을 포함한 사회의 '상부구조'는 생산관계의 총체인 '토대'에 의해 결정된다고 강조했기 때문이다. 국민당 정부가 중국의학과 과학이 공존할 가능성을 열어젖히고 이로써 중의가 과학의 혼종성을 추구하도록 했다면, 마르크스주의의 과학관, 특히 변증법적 유물론[26]은 중국의학이 '소박한 변증법적 유물론'에 발맞추어 서구 자본주의사회에서 통용되는 부르주아 과학의 대안이 될 가능성을 제시했다.

공산당 집권이 가져온 이데올로기의 변화에 따라 '나귀도 아니고 말도 아니'라고 비난받곤 했던 중국의학은 괴상한 '잡종의학'에서 벗어나 '신중국新中國'의 부상을 상징하는 빛나는 '새로운 의학'으로 다시금 변모할 수 있었다. 8장에서 다루었던 '변증론치'는 이를 보여주는 단적인 예이다. 변증론치는 변증법적 유물론과 결합하여 "중국의학의 결정적인 특징이자 현대적 발전을 뒷받침하는 지주"[27]가 되었다. 새로운 의학은 근대 과학과 중국의학에 대한 배신이 아닌, 중국 정부의 반反서방적 태도를 정당화하는 근거인 동시에 사회주의 중국이 상상을 넘어선 무언가를 이룩해냈음을 온 세계에 펼쳐 보이는 구체적인 예가 되었다. 다시 말해 중국은 자신만의 과학을, 더 나아가 자신만의 근대성을 발전시키는 데 성공했다. 새로이 구상된 중국의학 덕분에 공산주의 중국은 '근대성으로서의 유럽 과학'이라는 개념을 초월하게 되었다. 그러나 중국의학을 '중국식 근대성'의 상징으로 추어올리는 과정에서 공산주의자들은 국민당 시기에 진행되었던 중국의학의 '과학화'를 위한 지난한 노력과 일본의 영향력을 과소평가하곤 했다.

11. 4. 중국의학과 과학기술학

이 책은 과학기술학science and technology studies 또는 과학, 기술 그리고 사회science, technology, and society, STS의 학문적 성취에 큰 빚을 지고 있다. 그런 의미에서 과학기술학 전통의 이론적 문제의 견지에서 여기에서 다룬 중국의학의 지난날을 다시 돌아보는 것으로, 특히 이 책의 구조적 뼈대를 이루는 브뤼노 라투르의 '근대 헌법' 분석에 근대 중국의학사가 어떠한 함의를 가지는지 돌아보는 것으로 결론을 갈음하고자 한다. 도발적인 저서 《우리는 결코 근대인이었던 적이 없다*We Have Never been Modern*》에서 라투르는 근대성이라는 규범적인 개념을 '근대 헌법'이라는 용어로 이해하려 했다. 여기서 말하는 근대 헌법이란 오늘날 여러 근대국가의 정치적 헌법이 그러하듯, 성문화되어 있지 않더라도 문서화가 가능한 근대 세계의 헌법을 의미한다. 라투르가 보기에 근대 헌법의 결정적인 특징은 그것을 떠받치는 두 기둥, 이를테면 자연 대 문화와 같은 개념이 논리적 대립으로 상호 정의된다는 데 있다. 좀 더 분명히 이야기하면 근대적 개인인 우리는 문화를 자연의 특질이라 생각되는 것과 대비하여 정의하며, 그 반대의 경우에도 마찬가지다. 그리고 이렇게 대립하는 개념을 짝지은 결과, 우리는 그 중간을 생각하거나 인식하지 못하게 되었다. 모든 실체는 자연 대 문화, 객체 대 주체, 과학 대 정치라는 대립쌍의 한 범주에 깔끔하게 들어맞아야 한다는 생각이다.

아직은 라투르의 근대 헌법이 근대성에 대한 기존의 이해와 유사하게 들릴 것이다. 그러나 라투르는 여기에서 더 나아가 근대 헌법이 상호 배타적으로 정의된 일련의 범주를 설정하고 이를 이분법적 대립 구도로 분리하기 때문에, 결국 한쪽에서 다른 한쪽으로의 번역이 이루어지고 이 과정에서 대립하는 범주들 사이에 다양한 혼종이 생겨난다고 주장한다. 다시 말해 우리 근대인이 대립하는 범주로 실체를 바라보면 바라볼수록 범주의 양극을 뒤섞어 혼종을 만들어낼 공산이 커진다는 것이다. 라투르는 근대성을 일종의 헌법으로 이해함으로써 특정한 일부의 실체나 행위만을 체제에 적합하다고 인정하는 근대성의 규범적 기능을 분명하게 드러낸다. 양극을 한데 섞어버리는 일이 매일 우리 눈앞에서 벌어지는 와중에도 근대 헌법은 "혼종을 그에 대한 인식과 사유, 표상이 불가능하도록 정리하는 중재 작업을 수행한다".[28]

더 나아가 라투르에 따르면 이러한 일련의 '대분할'은 서구인이 다른 인종으로부터 자신을 분리하는 일을 정당화하는 결정적인 근거가 된다. 라투르의 언어를 빌리면 자연과 문화의 '내적 분할'이 근대인과 전근대인의 '외적 분할'을 정당화하는 것이다.[29] 이를 이 책에서 다룬 여러 역사적 행위자에 대입하면, 근대 헌법은 근대 의학을 지지하던 이들이 전근대의 중국의학을 계속해서 신뢰하는 사람들과 자신을 분리하여 생각하도록 강제했다고 할 수 있다. 다시 말해 근대 의학의 지지자들은 양립 불가능한 구분을 인식하도록 강제되었다. 다른 의학 전통과 달리 근대 의학은 유일하게 자연과 문화를 구분하고, 순전한 자연적 사실을 기초로 원칙을 확립하는 데 성공했기 때문이다. 여러 행위자가 내적으로 분할된 양극 사이에서 혼종의 실체와 중재의 실천을 인식하지 못한다면, 외적으로 분할된 근대 의학과 전근대 중국의학 사이에서 잡종의학을 인식하는 일 역시 불가능했다.

라투르의 주장처럼 서구인은 20세기 후반까지 근대 헌법의 영향 아래에 있었을지도 모른다. 그러나 비서구인은 근대 헌법과 자신들이 서로 맞지 않는다는 사실을 이미 오래전부터 알고 있었다. 이 책에 기술된 역사가 보여주듯, 중의들은 중국의학의 치명적인 약점이 국가와의 연결이 부재한 데 있음을 정확하게 꿰뚫어 보았다. 아이러니하게도 중의들은 서양의학과 대면하는 과정에서 라투르의 '근대 헌법'에 명시된 과학과 정치의 분리가 아니라, 중국의학이 근대 서양의학처럼 변하기 위해서는 국가와의 동맹이 긴요하다는 사실을 학습했다.[30] "정치적 관점을 발전"시키라는 국의관 관장의 말을 허투루 듣지 않았던 국의운동의 지지자들은 결국 중국의학의 정치화를 끌어내었고, 그 영향은 오늘날까지도 지속되고 있다. 역설적이게도 중국의학을 정치와 연결하려는 근대주의적인 노력은 중국의학이 그저 중국 정부가 뒷받침하는 정치적 프로파간다에 지나지 않는다는 의심으로 이어지기도 했다.

전혀 다른 이유이기는 하지만, 중국의학의 지지자들은 이른바 근대 헌법이 자신들의 의제와 합치되지 않는다는 점을 분명히 깨달았다. 중국의학을 향해 쏟아진 '비려비마'와 같은 비난을 목도하며, 개혁을 바라던 중의들은 자신들이 추구하던 혼종의학이 기실 근대 헌법의 기준에서는 이율배반에 지나지 않는다는 사실을 뼈저리게 절감했다. 중의들은 라투르가 '비근대'라 규정한 입장을 취할 수밖에 없었다. 다시 말해 이들은 "근대 헌법 그리고 근대 헌법이 증식을 거부하는 혼종의 대중화를 동시에 고려하는 존재"[31]가 되었다. 사실 중국의학의 개혁가는 근대 헌법과 혼종의 대중화를 그저 '고려'하는 수준에 그치지 않았다. 1930년대를 기점으로 이들은 근대 헌법을 인정하면서 '잡종의학'을 발전시키는 일견 불가능해 보이는 과업을 위해 노력했다.

라투르에 따르면 서구인은 근대 헌법이 더는 '작동'하지 않음을 깨달은 20세기 말이 되어서야 근대 헌법의 '내적 분할'이 부정했던 번역과 혼종을 인식하기 시작했다. 여러 과학기술학 연구자는 자연과 함께 근대 헌법의 이론적 기초로 기능했던 과학의 개념을 비판적으로 사유하는 지적 자원을 내놓았고, 실천적인 차원에서 이는 현대 사회에 넘쳐나는 수많은 혼종의 적절한 인식과 규제를 위해 새로운 헌법을 정초하는 밑바탕이 되었다. 이렇게 놓고 보면 비근대인 일부가 이미 오래전부터 근대 헌법의 한계, 즉 그것이 빠르게 근대화하는 사회적인 삶을 규율하는 데 적합하지 않음을 인식하고 있었다는 말은 전적으로 옳다. 중의들은 '중국의학의 과학화'라는 이름으로 근대 헌법을 나름대로 수용했으며, 근대 헌법과의 협상을 통해 중국의학의 잠재적 가치를 실현하고 개발한다는 목적에 더욱 알맞은 새로운 헌법을 개발해야 할 필요성을 빠르게 알아차렸다. 따라서 중의들은 근대 헌법과의 협상 과정에서 오늘날의 과학기술학 연구자와 동일한 문제를 다룰 수밖에 없었다. 이 책에서 다룬 것만 해도 표상주의적 실재 개념, 지식의 실천 이론, 과학의 비통일성과 이질성, 객관성에 대한 역사적 인식론 등이 있다. 다만 현대의 과학기술학 연구자와 달리, 그들은 고려할 가치도 갱생의 여지도 없는 반근대인으로 취급받고 말았다.

천궈푸는 씁쓸한 마음으로 자신의 상산 연구를 향한 공격, 즉 이것이 표준 연구 절차의 역순인 '5-4-3-2-1'에 해당한다는 비난을 수용했다. 탄츠중이 임상시험으로 시작되는 중국 약재의 효능 검증을 정당화하는 변론을 내놓기는 했지만 "원칙적으로는 논리에 맞지 않으나 실제로는 효과가 있다" 정도의 수준에 지나지 않았다.[32] 여기서 알아둘 만한 사실은 1920년대 말의 젊은 의학자인 두충밍杜聰明, 1893~1986 역시 식민지 대만에서 역순 연구 절차에 따른 전통 약재 연구를 제안했다는 점이다. 대만 최초로 그 유명한 교토제국대학을 졸업했던 그였지만, 그가 보기에 역순 연구 절차는 반동적이지도 비논리적이지도 않았다. 오히려 그것은 1910년대부터 록펠러 의학연구소 등의 세계적인 연구 기관에서 주목받던 실험적 치료법의 원칙에 부합하는 것이었다.[33] 결국 두충밍은 흠잡을 데 없는 자격에도 불구하고 천궈푸나 탄츠중과 마찬가지로 반근대적이라는 비난을 감내해야 했다.

이러한 불명예에도 불구하고 상산 연구는 성공을 거두었고, 중국 약재로부터 항말라리아제를 탐색하는 연구의 디딤돌이 되어 1960년대의 아르테미시닌 발견으로 이어졌다. 2011년 래스커-드베이키 임상의학 연구상을 가져다주었던 바로 그 연구이다. 래스커상은 중국 과학자가 근대적인 의학 연구로 수상한 가장 권위 있는 상이었으며, 중국의학의 근대사를 근대 중국의 보건의료와 의과학 발전의 핵심으로 보아야 하는 이유를 증명하는 예시이기도 했다. 더 나아가 천궈푸의 역순 연구 절차는 현대의 과학자들이 식물성 항말라리아제를 개발하는 과정에서 '역순 약리학'을 체계화하는 데 영감이 되기도 했다.[34] 상산 연구와 마찬가지로, 이와 같은 혁신적인 연구는 근대 과학과 중국의학의 생산적인 이종교배의 가능성을 입증해 보였다.

쑨원의 임종을 둘러싸고 대대적인 논란이 벌어졌던 1925년 봄과는 달리, 몇십 년이 지난 후에는 중국의학과 근대 서양의학이 정반대가 아닐 수도 있으며, 어쩌면 생산적인 교배가 가능할 수도 있다는 생각이 널리 퍼지게 되었다. 천천히 둘러 돌아온 과정이었지만 말이다. 제한적인 상상의 공간이 열리는 데에는 여러 사회정치적 압력이 나름의 역할을 했다. 하지만 결정적인 공은 다른 데 있었다. 의학의 발전과 그에 연관된 인식론적 갈등이었다. 서양의학과 중국의학을 교배하려는 기획은 먼저 내부로부터의 개혁에 의해 가능성을 획득했다. 중의들은 유행병에 대한 세균 이론을 중국의학에 녹여냈고, 이로써 맹아적 형태의 변증론치를 발전시켰다. 더 나아가 이들은 '경험'의 개념을 이용하여 중국의학을 이해하고 개혁할 수 있는 특수한 국지적 판본의 근대주의적 인식론을 만들어냈다. 물론 과학자들이 외부에서 수행했던 혁신적인 연구 역시 마찬가지로 중요하다. 이는 근대와 전근대의 대분할을 넘어 다양한 스펙트럼의 연구 설계와 임상적 실천을 상상하는 기반이 되었다.

근대 헌법의 '내적 분할'과 '외적 분할'을 향한 라투르의 비판은 서로 긴밀하게 연결되어 있지만, 사실 그의 저서가 출간된 1993년 이후에도 외적 분할보다는 내적 분할이 금지하던 종류의 혼종을 발견하는 편이 더 쉬운 일이었다. 이를테면 라투르가 다루었던 오존층의 구멍은 이전과 달리 이제는 중요한 정치적 의제가 되어 전 세계 초등학교에서 교육하고 있다. 반대로 외적 분할을 재검토함으로써 "우리 근대인이 다른 자연-문화와 유지해온 배배 꼬인 관계"[35]를 바꾸겠다는 전망은 여전히 실현될 기미가 보이지 않는다. 보편주의와 문화상대주의 모두를 거부하는 라투르는 전대와 근전대를 추상적인 언어가 아닌, 둘 사이의 "관계를 구축하는 구체적인 과정"의 언어로 비교하는 비근대주의적인 관점을 제안한다.[36] 구체적인 역사적 관계에 대한 라투르의 강조는 비유럽 국가의 탈식민적 근대성 이해와 공명한다. 둘 다 유럽의 근대성이라는 보편적 이상과 비서구 사회의 역사적 현실 간의 괴리를 단순히 비서구권 사회의 지연과 실패, 왜곡으로 돌리지 않기 때문이다.[37] 그러나 라투르는 자신의 저서에서 '관계주의'를 뒷받침하는 경험 연구를 제시하지 않았다. 내가 알기로도 비서구인이 근대 헌법을 인식하고 외적으로 분할된 근대성의 양극 사이에 더욱 평등하고 호혜적인 관계를 수립하기 위해 기울였던 오랜 노력에 대한 분석은 굉장히 드문 편이다. 중국의학은 근대성의 '생존자'라는 독특한 지위를 가지고 있고, 또 80년에 걸친 노력을 통해 전통적인 이론과 실천을 근대 과학과 서양의학에 접속하고자 했다. 그러하기에 근대 중국의학사는 상대적으로 등한시되어온 근대성이라는 문제, 특히 근대 과학과 비서구의 지적 전통 간의 관계를 다시 생각해볼 수 있는 구체적 사례의 보고에 가깝다. 나는 근대 중국의학사를 통해 지금껏 보이지 않았던 '잡종'의 실천을 발견하기를 바라 마지않는다. '우리'가 '우리는 결코 근대인이었던 적이 없음'을 깨닫는다면, 다양한 근대성을 만들어가려던 '타자'의 노력을 향한 이해 역시 더욱 깊어질 테니 말이다.

감사의 글

이 책을 쓰는 몇 년 동안 나는 참으로 많은 이들에게 격려와 충고를 받았다. 캐럴 베네딕트, 프란체스카 브레이, 카린 셰믈라, 벤저민 엘먼, 주디스 파쿠어, 샬럿 퍼스, 김영식, 아서 클라인만, 브뤼노 라투르, 랴오위친, 사카이 시주, 네이선 시빈, 파울 운슐트, 그리고 특히 구리야마 시게히사와 시카고 대학교에서 나를 지도했던 로버트 J. 리처즈와 프라센지트 두아라에게 감사의 말을 올린다.

이 책에 관심을 쏟아준 천윙파, 앤절라 렁기체, 푸다이위, 추핑이, 우츠아링 덕분에 나는 중화민국 신주에 위치한 정든 국립칭화대학을 뒤로하고, 2008년 타이페이의 중앙연구원 근대사연구소로 자리를 옮길 수 있었다. 동료들과 나눈 나날의 대화로 그 어디에도 비할 수 없는 학문적 자극을 받을 수 있었다. 책을 쓰기에 그보다 좋은 환경은 없을 것이다. 특히 케빈 창쿠밍, 추핑이, 진정원, 폴 카츠, 리전더, 리젠민, 리항전, 린푸스, 류스윙, 루먀펀, 선쑹츠아오, 왕다황, 윙츠이화, 피터 재로와의 대화는 너무나도 소중한 경험이었다. 그리고 '의학, 기술과학과 사회' 연구회를 함께 기획한 창처츠아와 연구회의 자리를 빛내 준 황코우, 제니퍼 창닝, 왕청화, 렌링링, 라이위츠흐에게도 감사를 전한다. 그들이 없었다면 학제의 벽을 뛰어넘은 활기찬 연구회를 꾸리지 못했을 것이다. 국립양밍대학 왕원지에게도 감사드린다. 중화민국 최초의 과학기술학 연구소에 초청해준 덕분에 수많은 동료와 학생으로부터 넘치는 지적 자극을 받았다. 천자슨, 판메이팡, 쿼원화, 린이핑, 요융훙전, 그리고 특히 푸다이위에게 고마움을 표한다.

중국의학은 내게 흥미로운 연구 주제뿐 아니라 뛰어난 연구자들과 훌륭한 친구들을 선사해주었다. 세계 이곳저곳의 여러 선생님과 동학은 중국의학

사라는 영역으로 새롭게 들어선 내게 더없이 따뜻한 환대와 격려를 보내주었다. 중앙연구원의 동료와 린다 L. 반스, 제라드 보데커, 미란다 브라운, 창츠아펑, 차오위안링, 천흐쓰펀, 판카와이, 아사프 골트슈미트, 마타 핸슨, T. J. 힌리히, 엘리자베스 스, 에릭 카르히머, 루스 로가스키, 휴 셔피로, 비비언 로, 피궈리, 킴 테일러, 미셸 톰프슨, 우이리, 양녠췬, 위신중, 장다칭, 그리고 누구보다도 브리디 앤드루스와 폴커 샤이트에게 감사의 인사를 올리고 싶다. 브리디는 아직 출간되지 않은 박사 논문을 기꺼이 보여주었을 뿐 아니라, 뛰어난 학문적 성취와 특유의 너그러움으로 진정한 학자의 모습을 보여주었다. 만주 페스트에 대한 연구를 바탕으로 저술의 범위와 성격을 수정할 수 있었던 것도 모두 브리디의 조언 덕분이다. 중국의학과 과학기술학에 대하여 폴커와 나누었던 대화도 잊을 수 없다. 그와 함께한 우정과 깊이 있는 토론, 날카로운 지적, 그리고 협업했던 몇 년의 세월은 나를 성장시킨 자양분이었다.

중국의학의 역사를 연구하는 이들은 다른 과학사가에게 허락되지 않은 행운을 누린다. 중국의학을 실천하는 의료인과 과학자 상당수가 중국의학의 지난날은 물론이거니와 그에 연관된 이론적 쟁점에까지 관심을 보이기 때문이다. 나 역시 그들로부터 많은 도움을 받았다. 특히 테드 J. 캅축, 창헌훙, 창영셴, 황이차우에게 감사드린다. 오래도록 연구를 지원해주었을 뿐 아니라, 연구를 발표할 수 있도록 연구소와 병원에 자리를 마련해주기도 했다. 베이징 중국중의연구원(현 중국중의과학원)의 정징선 교수와 여러 연구진에게도 감사를 표한다. 청말과 민국기 초에 출간된 수많은 의학 잡지를 보여주신 덕에 연구의 첫 삽을 뜰 수 있었다. 먼지가 켜켜이 쌓인 책자 더미를 받았던 그때가 떠오른다.

운이 좋게도 동아시아 연구자, 과학사 및 의학사 연구자, 과학기술학 연구자로부터 이런저런 논평과 충고를 받아 책을 완성할 수 있었다. 이런 유의 연구는 어쩔 수 없이 중국의학의 기술적인 면을 다룰 수밖에 없는데, 그들의 관심과 제언이 큰 도움이 되었다. 재닛 브라운, 수전 번스, 재닛 천, 천메이스아, 천루에이린, 추완원, 줄리엣 청, 로버트 컬프, 크리스토퍼 컬런, 스티븐 엡스타인, 판파티, 이언 해킹, 크리스토퍼 햄린, 라리사 하인리히, 후천, 황콴충, 이이지마 와타루, 조앤 저지, 카츤밍, 통 람, 유지니아 린, 임종태, 린청쓰, 레베카 네도스텁, 다크마어 셰퍼, 오리 셀라, 게오르게 슈타인메츠, 숭원칭, 존 워너, 왕판썬, 예원슨, 예앙천팡, 그리고 입가체에게 감사의 말을 올린다.

지난 몇 년간 동아시아 바깥에서 책에서 다룬 내용을 이야기할 기회가 적지 않았다. 발표회에 참석해준 많은 분의 논평과 제언에도 감사를 드린다. 그분들의 성함은 앞에서 이미 말씀드렸다. 또한 행운이 따라주어 2000년 이후로 생겨난 동아시아의 과학기술학 및 의학사 연구 모임에 참여할 수 있었다. 2002년에는 아주의학사학회가, 2000년에는 동아시아 과학기술학 네트워크가 결성되었고, 2006년에는 중화민국을 중심으로 학술지 《동아시아과학기술학》이 창간되었다(지금은 듀크 대학교에서 발간된다). 근대 중국사 전공자로서 중국 곳곳에서 중국사 일반을 연구하는 여러 연구자를 모시고 발표할 수 있어 정말 감사했다. 발표회 자리를 마련해주고 논평을 해준 메리 불럭과 브리디 앤드루스(베이징, 미국중화의학기금회), 천판(선양, 둥베이대학), 그레고리 클랜시(싱가포르 국립대학), 가오시(상하이, 푸단대학), 홍성욱(국립서울대학교), 앤절라 렁(홍콩대학), 린원위안(신주, 국립칭화대학), 나카지마 히데토(도쿄공업대학), 루쑹슈에(타이난, 국립쳉공대학), 신동원, 박범순(한국과학기술원), 송상용(서울, 한양대학교), 스즈키 아키히토(게이오기주쿠대학), 츠카하라 토고(고베대학), 츠타니 키이치로(도쿄대학), 그리고 왕원지(타이베이, 국립양밍대학)에게 감사드린다.

더없이 훌륭한 편집자 서빈 윌름스 박사께도 감사의 말씀을 올린다. 역사가로서, 교육자로서, 그리고 중국의학 전문 번역가로서 편집자 이상의 일을 해주셨다. 학술서에 어울리면서도 유려하게 문장을 가다듬는 동시에 저자만의 생각과 표현을 그대로 담아내는 일은 불가능에 가깝다. 그러나 그에게는 아니었다. 더 나아가 중국의학을 이어가는 이들을 예상 독자층에 포함하면 좋겠다고 격려해준 이 역시 그였다. 덕분에 고생하기는 했지만, 그 이상으로 의미 있는 작업을 남길 수 있었다.

마타 핸슨과 헨리에타 해리슨, 지그리트 슈말처는 시카고 대학교 출판부에 보낼 원고 전체를 톺아보고, 넓고 깊은 논평과 제언을 해주었다. 워릭 앤더슨과 크리스토퍼 햄린, 폴커 샤이트는 원고 일부를 읽고 귀중한 논평을 해주었다. 논의 구조를 단단하게 만들어준 모두에게 감사를 드리며, 특히 날카로운 의견을 제시해준 워릭 앤더슨에게 깊은 감사의 말을 올린다. 컬럼비아 대학교 웨더헤드 동아시아 연구소에 책을 소개해준 유지니아 린의 따듯한 우정에 감사를 표한다. 또한 2007년 미국의사학회 연례학회에서 내 작업에 관심을 보여준 시카고 대학교 출판부의 캐런 달링 박사에게도 감사드린다. 5년이 넘는 시간 동안 특유의 인내와 전문적 식견, 끝없는 독려를 보여준 그가 아니었다면 책을 펴낼 수 없었을 것이다. 최고의 전문성으로 멋진 책을 만들어주신 시카고 대학교 출판부의 닉 머리, 줄리 쇼번, 세라 매버스, 미카 페렌바허, 그리고 메리 겔에게도 감사의 마음을 올린다.

하버드-옌칭 연구소에서의 1년과 프린스턴 대학교 고등연구소에서 보낸 1년을 제외하면, 저술 작업은 모두 중화민국에서 이루어졌다. 1987년 계엄령이 해제되면서 이상을 품은 재능 있는 젊은이들이 인문학과 사회과학이라는 소명을 선택했다. 의사학, 과학기술학, 동아시아 근대사, 젠더학을 비롯한 여러 분야의 선생님과 동료, 학생과 함께할 수 있어 더없는 영광이었다. 특히 젠더학의 여성 연구자에게서는 삶과 학문 모두에서 크나큰 영향을 받았다. 무어라 분명히 말할 수는 없지만, 더 나은 세상을 만들기 위한 학문이라는 그들의 열정이 없었더라면 연구를 시작할 수도, 진행할 수도 없었으리라.

원고를 준비하는 과정에서 국가과학위원회(현 과기부)의 인문학 및 사회과학 저술 출간 지원 사업의 수혜(99-2410-H-001-037-MY2)를 입었다. 관대한 지원에 감사드리며, 아울러 인문 및 사회과학 연구발전사人文及社會科學研究發展司를 맡고 지원 사업의 개시를 결정한 천둥성에게도 감사의 말씀을 올린다. 방대한 자료를 갖춘 록펠러 아카이브 센터 역시 연구 경비를 지원해주었다. 점심을 함께하며 일상과 연구에 관하여 이야기를 나누었던 기록연구사 톰 로젠바움에게도 큰 빚을 졌다. 2004년과 2005년에는 하버드-옌칭 연구소의 지원을 받았다. 물론 그때만 해도 아직 저술 작업이 한창이었지만 말이다. 당시 나는 연구의 성격과 범위를 완전히 다시 설정했고, 그런 탓에 작업을 언제 마칠지 가늠할 수 없었다. 중화민국으로 돌아온 후에는 츠앙수링 등으로부터 전문적인 행정 지원을 받았고, 이에 보답하기 위해 작업에 더욱 박차를 가했다. 도해를 그려준 차이증주와 각주 작업을 도와준 연구 조교 찬무옌에게도 감사를 전한다.

이미 발표된 글을 다시 쓸 수 있게 허가해준 여러 학술지와 출판사에도 감사를 드린다. 이 책에 쓰인 글은 다음과 같다. "From *Changshan* to a New Anti-Malarial Drug: Re-Networking Chinese Drugs and Excluding Traditional Doctors," *Social Studies of Science* 29, no. 3 (1999) ; "How Did Chinese Medicine Become Experiential? The Political Epistemology of *Jingyan*," *Positions: East Asian Cultures Critique* 10, no. 2 (2002) ; "Sovereignty and the Microscope: Constituting Notifiable Infectious Disease and Containing the Manchurian Plague," in Angela Ki Che Leung and Charlotte Furth, eds., *Health and Hygiene in Chinese East Asia* (Durham, NC: Duke University Press, 2010) ; "*Qi*-Transformation and the Steam Engine: The Incorporation of Western Anatomy and the Re-Conceptualization of the Body in Nineteenth Century Chinese Medicine," *Asian Medicine: Tradition and Modernity* 7, no. 2 (2013).

책을 다듬는 동안 프린스턴 대학교 고등연구소의 니콜라 디 코스모가 이끄는 동아시아 연구부에 있으면서 하인리히 폰 슈타덴과 크로스토퍼 햄린 등 여러 연구자와 귀중한 대화를 나누었다. 메리언 젤라즈니와 테리 브램리를 비롯한 고등연구소의 여러분 덕에 더없이 훌륭한 환경에서 연구에 오롯이 전념할 수 있었다. 책의 출간을 도와주신 장경국 국제학술교류기금회, 특히 기금회의 매기 린에게 감사드린다.

동료 연구자 하나는 내게 농담 반 진담 반으로 이런 이야기를 건넸다. "자네 언젠가 이렇게 말하지 않았나. 학문적인 글을 쓸 때는 늘 부인을 독자로 상정해야 한다고 말이야. 부인이 관심을 보이지 않는다면 연구 주제를 바꾸어야 한다고도 했었지." 내 아내 진은 깨어 있는 시간 대부분을 클라우드 컴퓨팅이나 사물인터넷 같은 최첨단 기술을 고민하는 데 쓰는 사람이다. 그럼에도 아내는 내 연구에 크나큰 관심을 보여주었다. 믿음직한 '동학'인 아내에게 마지막 감사의 말을 보낸다.

주

1장

1 魯迅,《集外集》(北京: 人民文学出版社, 1973), 152. 루쉰,《집외집, 집외집습유》, 루쉰전집번역위원회 옮김 (파주: 그린비, 2016), 397.

2 실제 상황은 그리 간단치 않다. 아마 루쉰은 쑨원이 생의 마지막을 앞두고 중약中藥을 복용했다는 사실을 알고 있었을 것이다. 이 모든 과정이 주요 일간지에 보도되었으니 말이다. 심지어 쑨원의 중의 주치의 루중안陸仲安이 내린 처방은 신문 지면에 실려 수없는 논평과 비판의 대상이 되기도 했다. 루중안은 쑨원이 결국 중약을 복용했다는 사실을 언급하는 대신, 여러 친구와 친척의 설득에도 불구하고 끝까지 중약을 거부했다는 사실을 강조했다. 이러한 서사를 통하여 루중안은 쑨원이 중약을 택했을 즈음에는 이미 판단력이 흐려져 치료법을 선택할 만한 상황이 아니었음을 보이려 했다. 루중안이 내린 맥진과 처방은 다음을 참고하라.《晨報》, 1925.2.21, 3面.

3 같은 글.

4 William L. Prensky, "Reston Helped Open a Door to Acupuncture," *New York Times*, December 14, 1995.

5 Frank Ninkovich, "The Rockefeller Foundation, China, and Cultural Change," *Journal of American History* 70, no. 4 (1984): 799–820 [803].

6 James Reston, "Now, About My Operation in Peking," *New York Times*, July 26, 1971.

7 Margaret Chan, "Keynote Speech at the International Seminar on Primary Health Care in Rural China," in *International Seminar on Primary Health Care in Rural China* (Beijing: World Health Organization, 2007).

8 송대에 시행되었던 의료에 대한 여러 규정은 다음을 참고하라. Asaf Goldschmidt, *The Evolution of Chinese Medicine: Song Dynasty, 960–1200* (London and New York: Routledge, 2009).

9 C. C. Chen, *Medicine in Rural China: A Personal Account* (Berkeley and Los Angeles: University of California Press, 1989), 3–4.

10 Joseph S. Alter, ed., *Asian Medicine and Globalization* (Philadelphia: University of Pennsylvania Press, 2005); Elisabeth Hsu, "Introduction for the Special Issue on the Globalization of Chinese Medicine and Mediation Practices," special issue, *East Asian Science, Technology and Society: An International Journal* 2, no. 4 (2009), 461–464.

11 Charlotte Furth, "Becoming Alternative? Modern Transformations of Chinese Medicine in China and the United States," *Canadian Bulletin of Modern History* 28, no. 1 (2011): 5–41;

Volker Scheid and Hugh MacPherson, eds., *Integrating East Asian Medicine Into Contemporary Healthcare: Authenticity, Best Practice and the Evidence Mosaic* (Oxford: Elsevier, 2011).

12 중의학의 출현을 다룬 자세한 서술로는 다음이 있다. Judith Farquhar, *Knowing Practice: The Clinical Encounter of Chinese Medicine* (San Franciso: Westview Press, 1994); Kim Taylor, *Chinese Medicine in Early Communist China, 1945–63* (London: Routledge Curzon, 2005); Volker Scheid, *Chinese Medicine in Contemporary China: Plurality and Synthesis* (Durham, NC: Duke University Press, 2002).

13 나의 학위 논문을 차치한다면, 이러한 경향에서 벗어난 탁월한 예외로 브리디 앤드루스의 학위 논문인 "The Making of Modern Chinese Medicine, 1895–1937"을 들 수 있다. 그는 "서양의학의 중국화와 중국의학의 근대적 전문직의 탄생"이라는 두 가지 과정에 초점을 맞췄으며, 그러하기에 (1차 과정으로) 공중보건과 건국 간의 연관성, 그리고 (2차 과정으로) 서양식 의료 기관, 이론, 의료의 선택적 수용을 통한 중국의학의 재구성 과정을 적확하게 강조할 수 있었다. 그러나 그는 이 둘을 구분되는 과정으로 다루고 논문에서도 별개로 서술하는데, 이러한 구성은 1920년대 후반에 중의가 국가의 인정과 지원을 얻기 위해 서의와 분투하면서 두 과정이 얽혀 들어가는 과정을 드러내는 데에 알맞지 않다. 앤드루스의 학위 논문은 다음과 같다. Bridie Andrews, "The Making of Modern Chinese Medicine, 1895–1937" (PhD diss., Cambridge University, 1996).
다른 중요한 예외로는 다음을 들 수 있다. 鄧鐵濤, 程之范,《中國醫學通史: 近代卷》(北京: 人民文學出版社, 2000); 楊念群,《再造病人: 中西醫衝突下的空間政治(1832-1985)》(北京: 中國人民大學出版社, 2006). 덩톄타오의 종합적이고 근본적인 연구 역시 중국의학의 역사와 서양의학의 역사를 권수를 나누어 별도로 서술한다.

14 중국에서 펼쳐진 서양의학의 역사에 대해서는 다음을 참고하라. An Elissa Lucas, *Chinese Medical Modernization: Comparative Policy Continuities, 1930s–1980s* (New York: Praeger, 1982); Ka-che Yip, *Health and National Reconstruction in Nationalist China: Development of Modern Health Service, 1928–1937* (Ann Arbor, MI: Association for Asian Studies, 1996); Mary Brown Bullock, *An American Transplant: The Rockefeller Foundation and Peking Union Medical College* (Berkeley and Los Angeles: University of California Press, 1980); Iris Borowy, ed., *Uneasy Encounters: The Politics of Medicine and Health in China, 1900–1937* (Frankfurt am Main: Peter Lang, 2009); 張大慶,《中國近代疾病社會史 (1912-1937)》(濟南: 山東教育出版社, 2006). 중국 전통 의학의 역사에 대해서는 다음을 참고하라. Ralph Croizier, *Traditional Medicine in Modern China: Science, Nationalism, and the Tensions of Cultural Change* (Cambridge, MA: Harvard University Press, 1968); 趙洪鈞,《近代中西醫論爭史》(合肥: 安徽科技出版社,1989); 鄧鐵濤 編,《中醫近代史》(廣州: 廣東高等教育出版社, 1999).

15 Benjamin A. Elman, *On Their Own Terms: Science in China, 1550–1900* (Cambridge, MA: Harvard University Press, 2005), 420.

16 법적으로 볼 때 중국의학은 1936년 국민당 정부에 의해 〈중의조례中醫條例〉가 반포된 이후 중국 근대 보건의료 체계의 일부로 인정받았다.

17 Elman, *On Their Own Terms*, 420.

18 Warwick Anderson, "Postcolonial Histories of Medicine," in *Medical History: The Stories*

and Their Meanings, eds. John Harley Warner and Frank Huisman (Baltimore, MD: Johns Hopkins University Press, 2004), 285–307 [299].

19 Dipesh Chakrabarty, *Provincializing Europe: Postcolonial Thought and Historical Difference* (Princeton, NJ: Princeton University Press, 2000), 27. 디페시 차크라바르티,《유럽을 지방화하기: 포스트식민 사상과 역사적 차이》, 김택현, 안준범 옮김 (파주: 그린비, 2014), 86-87.

20 근대화라는 틀이 근대 중국의 과학사를 읽고 쓰는 데 미친 악영향에 대해서는 다음을 참고하라. Grace Shen, "Murky Waters: Thoughts on Desire, Utility, and the 'Sea of Modern Science,'" *Isis* 98, no. 3 (2007), 584–596 [586].

21 John Grant, "State Medicine: A Logical Policy for China," *National Medical Journal of China* 14, no. 2 (1928), 65–80 [65].

22 Croizier, *Traditional Medicine in Modern China*.

23 D. W. Y. Kwok, *Scientism in Chinese Thought, 1900–1950* (New Haven, CT: Yale University Press, 1965), 135–160.

24 Hui Wang, "The Fate Of 'Mr. Science' In China: The Concept of Science and Its Application in Modern Chinese Thought," *Positions: East Asian Culture Critiques* 3, no. 1 (1995), 1–68 [33, 37].

25 불과 몇 년 전까지만 하더라도 별다른 용례가 없던 '신앙'이라는 말이 정치와 사랑, 보건의료를 포함한 문화의 다양한 측면에서 사용되었다는 점은 특기할 만하다. 몇 가지 예를 들어보자. 먼저 쑨원이 삼민주의三民主義에서 '신앙'의 중요성을 강조한 것은 주지의 사실이며, 저명한 문인 선충원沈從文 역시 연서에서 상대를 향한 '신앙'을 고백한 바 있다. 환자와 의사의 관계에서도 마찬가지의 일이 벌어졌다. 서의들은 중국인 환자들을 서양의학과 서의에게 '신앙'을 가진 '훌륭한 환자'로 바꾸어놓으려 무진 애를 썼다. 신앙의 여러 용례는 다양한 영역이 서양의 일신교적 체계로 변화되고 있었음을 보여준다. 민국기 중국의 환자-의사 관계에서 신앙이 부상하는 과정에 대해서는 다음을 참고하라. 雷祥麟,〈負責任的醫生與有信仰的病人: 中西醫論爭與醫病關係在民國時期的轉變〉,《新史學》14-1 (2003), 45-96 [92-95].

26 David Arnold, *The New Cambridge History of India, Volume 3, Part 5: Science, Technology and Medicine in Colonial India* (Cambridge: Cambridge University Press, 2000), 15.

27 傅斯年,〈所謂國醫〉,《獨立評論》115 (1934), 17–20 [17].

28 Arnold, *New Cambridge History of India*, 16.

29 과학과 자연 및 실재의 융합은 이 책에서 다루는 역사에만 한정되지 않는다는 점을 지적하는 편이 좋겠다. 1990년대 미국에서 벌어진 '과학 전쟁' 역시 본질적으로 과학과 실재의 관계가 어떠한지를 둘러싼 논쟁이었다. 해킹이 지적하듯, 이 논쟁에서 여러 자연과학자는 "과학의 권위를 뒷받침하는 형이상학의 정체를 폭로하려는 구성주의 [과학기술학]자"의 의도에 우려를 표했다. 민국기 중국에서와 같이 형이상학을 둘러싼 공적 논쟁에서 도마 위에 올랐던 것은 과학의 문화적 권위였다. 다음을 참고하라. Ian Hacking, *The Social Construction of What?* (Cambridge, MA: Harvard University Press, 1999), 95.

30 같은 시기에 국민당은 '미신'으로 분류되는 유사 종교적 의료 행위를 일소하고자 했다. 다음을 참고하라. Rebecca Nedostup, *Superstitious Regimes: Religion and the Politics of Chinese*

Modernity (Cambridge, MA: Harvard University Asia Center, 2009).

31 중국의학은 문화민족주의라는 새로운 조류와 함께하기 시작했다. 그러나 이는 반대편이 보기에도 문제를 악화하는 일이었다. 진보적인 지식인들이 보기에, 문화민족주의자들은 '국수'라는 이름으로 중국 전통 의학의 여러 기관을 보존하려고 함으로써 가뜩이나 험난한 중국의 근대화 과정을 막아서고 있었다. 진보적인 지식인들은 과학과 서양의학의 보편성을 믿었고, 그러하기에 중국의학을 중국의 문화적 정수로 추어올리며 의학을 감히 민족의 바탕 위에 올리려는 국의운동에 진저리를 쳤다.

32 이는 타니 바로우가 식민지 근대성을 다룬 영향력 있는 저작에서 강조하는 첫 번째 지점이다. 다음을 참고하라. Tani E. Barlow, "Introduction: On 'Colonial Modernity,'" in *Formations of Colonial Modernity in East Asia*, ed. Tani E. Barlow (Durham, NC: Duke University Press, 1997), 1–20 [1].

33 Sheila Jasanoff, "Ordering Knowledge, Ordering Society," in *States of Knowledge: The Co-Production of Science and Social Order*, ed. Shelia Jasanoff (London: Routledge, 2004), 13–45.

34 Ian Hacking, *Representing and Intervening* (Cambridge: Cambridge University Press, 1983), 130–146. 이언 해킹, 《표상하기와 개입하기》, 이상원 옮김 (파주: 한울, 2020), 232-257.

35 영어에서 가장 비슷한 표현으로는 '이도 저도 아닌'이라는 뜻의 'neither fish nor fowl'을 들 수 있겠다. 그러나 이는 비려비마, 즉 '나귀도 아니고 말도 아니'라는 말이 담지하는 혼종성의 문제를 담아내지 못한다.

36 班固, 《新校本漢書》, 楊家駱 編 (臺北: 鼎文出版社, 1986), 3616–3617.

37 '비려비마' 의학과 탈식민주의적 혼종의학 개념의 중요한 차이점에 대해서는 7장의 결론부에서 상술한다.

38 Liang Qichao, *Intellectual Trends in the Ch'ing Period*, trans. Immanuel C. Y. Hsu (Cambridge, MA: Harvard University Press, 1959), 113.

39 陸淵雷, 〈擬國醫藥學術整理大綱草案〉, 《神州國醫學報》 1-1 (1932), 1–9 [3].

40 예를 들어 자신이 '잡종의'를 지지한다는 비난에 대해, 탄츠중은 중국의학과 과학은 종種이 다르다는 이유를 들며 잡종의의 가능성을 명시적으로 부인했다. 譚次仲, 〈質問上海中西醫藥雜種醫之剖視一篇〉, 《中西醫藥》 3-2 (1937), 102–4 [102].

41 Volker Scheid and Sean Hsiang-lin Lei, "Institutionalization of Chinese Medicine," in *Medical Transitions in Twentieth-Century China*, eds. Bridie Andrews, Mary Brown Bullock (Bloomington: Indiana University Press, 2014), 244-266.

42 K. Chimin Wong and Lien-teh Wu, *History of Chinese Medicine* (Taipei: Southern Materials Center, 1985 [1932]), 770.

43 Nathan Sivin, *Traditional Medicine in Contemporary China* (Ann Arbor: University of Michigan Press, 1987), 21.

2장

1 C. C. Chen, *Medicine in Rural China: A Personal Account* (Berkeley and Los Angeles: University of California Press, 1989), 20; Ralph Croizier, *Traditional Medicine in Modern Chi-*

na: Science, Nationalism, and the Tensions of Cultural Change (Cambridge, MA: Harvard University Press, 1968), 45-46; Carl F. Nathan, *Plague Prevention and Politics in Manchuria, 1910-1931* (Cambridge, MA: East Asian Research Center, Harvard University, 1967), 6; John Z. Bowers, "The History of Public Health in China to 1937," in *Public Health in the People's Republic of China*, eds. Myron E. Wegman, Tsung-yi Lin, and Elizabeth F. Purcell (New York: Josiah Macy Jr. Foundation, 1973), 26-46 [32].

2 Editorial, *National Medical Journal of China* 2, no. 1 (1916), 2.

3 錫良, 〈緒言〉, 《東三省疫事報告書》 一卷, 張元奇 編 (奉天: 奉天全省防疫總局, 1911), 4.

4 Charles Rosenberg, "Introduction. Framing Disease: Illness, Society, and History," in *Framing Disease: Studies in Cultural History*, eds. Charles Rosenberg and Janet Golden (New Brunswick: Rutgers University Press, 1992), xiii-xxvi [xviii].

5 L. Fabian Hirst, *The Conquest of Plague* (Oxford: Clarendon Press, 1953), 220.

6 다음을 참고하라. Andrew Cunningham and Perry Williams, eds., *The Laboratory Revolution in Medicine* (Cambridge: Cambridge University Press, 1992).

7 Andrew Cunningham, "Transforming Plague: The Laboratory and the Identity of Infectious Disease," in Cunningham and Williams, *Laboratory Revolution in Medicine*, 209-244 [234]. 이 미생물은 이후 *Yersinia pestis*로 개칭되었다.

8 Liande Wu, *Plague Fighter: Autobiography of a Chinese Physician* (Cambridge: W. Heffer & Sons, 1959), 18.

9 Nathan, *Plague Prevention and Politics*. 또한 Carsten Flohr, "The *Plague Fighter*: Wu Lien-Teh and the Beginning of the Chinese Public Health System," *Annals of Science* 53, no. 4 (1996), 360-381을 참고하라.

10 Ramon H. Myers, "Japanese Imperialism in Manchuria: The South Manchuria Railway Company, 1906-1933," in *The Japanese Informal Empire in China, 1895-1937*, eds. Peter Duus, Ramon H. Myers, and Mark R. Peattie (Princeton, NJ: Princeton University Press, 1989), 101-132.

11 William C. Summers, *The Great Manchurian Plague of 1910-1911: The Geopolitics of an Epidemic Disease* (New Haven, CT: Yale University Press), 17.

12 Nathan, *Plague Prevention and Politics*, 50.

13 Ruth Rogaski, *Hygienic Modernity: Meanings of Health and Disease in Treaty-Port China* (Berkeley and Los Angeles: University of California Press, 2004), 187.

14 Wu, *Plague Fighter*, 1.

15 중국인은 오래도록 쥐가 페스트를 옮긴다고 생각했다. 홍콩 페스트를 겪은 뒤, 전 세계의 과학자들은 쥐벼룩이 선페스트 확산의 주범이라는 데 중지를 모았다.

16 Wu, *Plague Fighter*, 12.

17 Hirst, *Conquest of Plague*, 221.

18 Wu, *Plague Fighter*, 22.

19 같은 글, 12.

20 인도의 페스트 유행을 겪고 난 1903년, 세계위생협약이 통과되었다. "화물선의 쥐잡이 작업을 페스트 확산을 막기 위한 예방적 조치"로 공식 선언한 최초의 문서였다. Norman

Howard-Jones, *The Scientific Background of the International Sanitary Conferences 1851–1938* (Geneva: World Health Organization, 1975), 85.

21 未詳, 〈論防疫行政宜極注意捕鼠〉, 《盛京時報》, 1911.1.21.

22 Summers, *The Great Manchurian Plague of 1910–1911*, 74.

23 未詳, 〈北里博士演說詞〉, 《盛京時報》, 1911.2.24.

24 Summers, *The Great Manchurian Plague of 1910–1911*, 74.

25 Nathan, *Plague Prevention and Politics*, 32.

26 Wu, *Plague Fighter*, 19.

27 Benedict, *Bubonic Plague*, 63–64.

28 우렌더의 회고와 당시 정부 문서에 따르면, 페스트 유행 이전에 만들어진 위생경찰 제도는 방역에 별다른 도움이 되지 않았다. 우렌더는 이러한 점을 지적하며 이렇게 썼다. "더 나은 방역을 위해서는 훈련의 부족으로 검사나 보고 작업에 익숙하지 않은 경찰 인력을 의료인으로 최대한 교체할 필요가 있다. 경찰은 본연의 업무로 복귀해야 한다." (Wu, *Plague Fighter*, 23). 페스트 유행이 지난 후, 우렌더는 근대 위생법이라고는 치도治道, 즉 도로 청결밖에 모르는 위생경찰을 공개적으로 비판했다. 위생경찰이 치도에 열중한 이유에 대해서는 분뇨에 대한 유신중의 빼어난 연구를 참고하라. Yu Xinzhong, "The Treatment of Night Soil and Waste in Modern China," in *Health and Hygiene in Chinese East Asia*, ed. Angela Ki Che Leung and Charlotte Furth (Durham, NC: Duke University Press, 2010), 51–72.

29 Wu, *Plague Fighter*, 12.

30 張元奇 編, 《東三省疫事報告書》 一卷, 二章, 112. 이 보고서는 장마다 쪽수를 새로 매긴다. 따라서 여기에서는 권수와 장수, 쪽수를 나란히 표기했다.

31 제1차 페스트 유행으로부터 10년 후 발생한 1921년의 제2차 유행 당시에도, 현미경은 페스트 진단의 필수 요소가 아니었다. 현미경은 페스트 진단의 표준 절차라기보다는 '의심 사례'를 확진하는 도구에 가까웠다. J. W. H. Chen, "Pneumonic Plague in Harbin (Manchurian Epidemic, 1921)," *China Medical Journal*, 37-1 (1923), 7–17 [13].

32 Wu, *Plague Fighter*, 27.

33 錫良, 〈緒言〉, 8.

34 Benedict, *Bubonic Plague*, 130.

35 Elizabeth Sinn, *Power and Charity: The Early History of Tung Wah Hospital* (Hong Kong: Oxford University Press, 1989), 164.

36 Mary P. Sutphen, "Not What, but Where: Bubonic Plague and the Reception of Germ Theories in Hong Kong and Calcutta, 1894–1897," *Journal of the History of Medicine* 52, no. 1 (1997), 81–113 [93].

37 吳連德, 《東三省防疫事務總處大全書》 4 (東三省防疫事務總處, 1924), 116.

38 홍콩 페스트 당시 수석 보건관이었던 존 M. 앳킨슨John. M. Atkinson에 따르면, 이와 대조적으로 중국인들은 병자와 사망자의 시신을 길거리에 내던졌다. 전체 페스트 사망자 가운데 길거리에 시신이 투기된 비율은 1898년의 25.1퍼센트에서 1903년 32.7퍼센트로 늘어났다. 1903년, 페스트에 감염된 쥐가 발견될 경우 가옥의 소독을 강제하는 법이 통과되었기 때문이다. 이에 대해서는 다음을 참고하라. J. M. Atkinson, *A Historical Survey of Plague*

in Hong Kong since Its Outbreak in 1894 (Hong Kong: n.p., 1907), 23.

39 이는 일본의 의학을 두고 만주에서 떠돌 여러 소문을 예고하는 것이었다. 다음을 참고하라. Ruth Rogaski, "Vampires in Plagueland: The Multiple Meanings of Weisheng in Manchuria," in Leung and Furth, *Health and Hygiene in Chinese East Asia*, 132-159.

40 未詳, 〈誰謂疫病果不可治耶?〉, 《盛京時報》, 1911.2.19.; 未詳, 〈竟有如是之中醫乎?〉, 《盛京時報》, 1911.2.23.

41 Wu, *Plague Fighter*, 25.

42 Sinn, *Power and Charity*, 170.

43 張元奇 編, 《東三省疫事報告書》一卷, 33.

44 梁培基, 〈上方便醫院論治疫防疫書〉, 《中西醫學報》16 (1911), 1-7. 사실 1894년의 페스트 유행 당시 실제로 이러했을 가능성은 적다. 당시 페스트 유행은 5월에 시작해 8월에 끝났고, 기타사토 박사는 같은 해 6월 14일에 페스트균을 동정同定했다. 그러하다면 영국 보건 당국이 새로운 지식을 한 달 만에 적용했다는 이야기가 된다. 본문에서 인용한 일이 사실이라면, 아마 1894년 이후의 일일 것이다. 1894년의 첫 유행 이후에도 페스트는 10년간 계속해서 유행했기 때문이다.

45 張元奇 編, 《東三省疫事報告書》二卷, 二章, 1.

46 Sutphen, "Not What, but Where," 81-113 [100-101].

47 Sinn, *Power and Charity*, 180.

48 Henry Blake, *Bubonic Plague in Hong Kong. Memorandum: On the Result of the Treatment of Patients in Their Own Houses and in Local Hospitals, During the Epidemic of 1903* (Hong Kong: Noronha, 1903), 6.

49 같은 글, 8.

50 Dugald Christie, *Thirty Years in Moukden, 1883-1913* (London: Constable, 1914), 250.

51 John Bowers, *Western Medicine in a Chinese Palace: Peking Union Medical College, 1917-1951* (Philadelphia, PA: Josiah Macy Jr. Foundation, 1972), 25.

52 Christie, *Thirty Years in Moukden*, 250.

53 2003년 광둥에서는 사스가 유행했다. 광둥의 의사들처럼 만주의 의사들이 마스크를 착용하고 근대적인 감염 및 격리 수칙을 엄수했다면 그토록 뼈아픈 교훈을 얻는 일도 없었을 것이다. 광둥 사스와 만주 페스트는 비교해볼 만하다. 병원성이 강한 감염병이 유행했다는 공통점이 있지만 중국의학에 대한 평가는 온전히 달랐기 때문이다. 여기에 대해서는 다음을 참고하라. Martha E. Hanson, "Conceptual Blind Spots, Media Blindfolds: The Case of Sars and Traditional Chinese Medicine," in Leung and Furth, *Health and Hygiene in Chinese East Asia*, 228-254.

54 謝永光, 《香港中醫史話》(香港: 三聯書店, 1998), 297.

55 Hirst, *Conquest of Plague*, 220. 또한 Wu, *Plague Fighter*, 48을 참고하라.

56 吳有性, 《溫疫論補正》[溫疫論] (台北: 新文豐, 1985 [1642]), 11.

57 Marta E. Hanson, *Speaking of Epidemics in Chinese Medicine: Disease and Geographic Imagination in Late Imperial China* (London: Routledge, 2011), 92-103 [101].

58 이를테면 다음을 참고할 수 있다. Nathan, *Plague Prevention and Politics*, 6.

59 시량, "우리 중국인은 전승되어 내려오는 의학 체계를 신뢰해왔다. 많은 병에 대한 효험을

수 세기에 걸쳐 경험했기 때문이다. 그러나 불과 서너 달 전까지만 해도 알지 못했던 새로운 역병의 경험으로 말미암아, 우리는 가치 있는 지식에 담긴 오랜 생각을 바로잡아야 함을 깨닫게 되었다." (Wu, *Plague Fighter*, 49에서 재인용).

60 다음을 예로 들 수 있다. 李玉尚, 〈近代中國鼠疫對應機制〉, 《歷史研究》 1 (2002), 114–127.

61 Hirst, *Conquest of Plague*, 220–253.

62 이러한 양면적인 주장에 대해 고견을 들려주신 앤절라 렁 교수께 감사드린다. 앤절라 렁에 따르면, 중국의 추안란 개념은 페스트가 아니라 한센병이나 두창 등의 비유행성 질병에 대처하며 발전했다. 많은 서양 연구자는 이를 이해하지 못했는데, 유럽에서는 전염의 개념이 등장하고 발전하는 데 페스트가 결정적인 역할을 했기 때문이다. 앤절라 렁의 통찰력 가득한 지적 덕분에 이러한 지점에 대해 생각해볼 수 있었다. 물론 분석의 유효성은 모두 내 책임이다. 바르바라 폴크마어와 T. J. 힌리히는 유행병의 대처를 둘러싼 감염론자와 반감염론자 간의 의학적이고 도덕적인 논란을 조망한 바 있다. 12세기의 전염론자는 인간 간의 직접적인 접촉으로 유행병이 옮을 수 있다고 주장했다. 이는 분명 중요한 주제이나, 이번 장에서는 다루지 않았다. 중국의 경우에는 전염과 감염을 구분하는 용어의 부재가 문제였기 때문이다.

63 張元奇 編, 《東三省疫事報告書》 一卷, 五章, 1–7.

64 Margaret Pelling, "The Meaning of Contagion: Reproduction, Medicine and Metaphor," in *Contagion: Historical and Cultural Studies*, eds. Alison Bashford and Claire Hooker (London: Routledge, 2001), 15–38 [15].

65 錫良, 〈緖言〉, 5.

66 范行准, 《中國預防醫學思想史》 (上海:華東醫務生活社, 1953), 81–84.

67 余伯陶, 《鼠疫抉微》 (上海: 上海科學技術出版社, 1997 [1910]), 422.

68 같은 글, 423.

69 같은 글.

70 같은 글, 418.

71 Carney T. Fisher, 〈中國歷史上的鼠疫〉, 《積漸所至: 中國環境史論文集》, Cuirong Liu and Mark Elvin 編 (台北: 中央研究院經濟研究所, 1995), 673–747 [706]에서 재인용.

72 같은 글, 724.

73 직례총독直隸総督의 전보, 1911.1.28. 彭偉皓, 《清代宣統年間東三省鼠疫防治研究》 (東海大學 碩士 學位論文, 2007), 69에서 재인용.

74 張元奇 編, 《東三省疫事報告書》 一卷, 五章, 4.

75 이와 같은 흥미로운 사례는 브리디 앤드루스가 다음에서 이미 지적한 바 있다. Bridie Andrews in "Tuberculosis and the Assimilation of Germ Theory in China, 1895–1937," *Journal of the History of Medicine and Allied Sciences* 52, no. 1 (1997), 114–157 [131].

76 W. J. Simpson, *Report on the Causes and Continuance of Plague in Hong Kong and Suggestions as to Remedial Measures* (London: Waterlow and Sons, 1903).

77 張元奇 編, 《東三省疫事報告書》 一卷, 一章, 12–17.

78 Summers, *The Great Manchurian Plague of 1910–1911*, 74.

79 같은 글, 89–90.

80 같은 글, 91.

81 *International Plague Conference*, *Report of the International Plague Conference Held at Mukden, April 1911* (Manila: Bureau of Printing, 1912), 363.

82 David P. Fidler, *International Law and Infectious Diseases* (Oxford: Oxford University Press, 1999), 12. 신고 대상 감염병의 국제적 기원에 대해 의문을 제기해준 익명의 심사자와 샬롯 퍼스에게 감사를 표한다. 또한 참고할 문헌을 알려준 루스 로가스키에게도 감사의 말을 전한다.

83 같은 글, 30.

84 *International Plague Conference*, 362.

85 같은 글, 397.

86 Erwin H. Ackerknecht, *A Short History of Medicine* (Baltimore, MD: John Hopkins University Press, 1982), 211에서 재인용.

87 飯島涉,《ペストと現代中國》(東京: 研文出版, 2000), 188.

88 未詳,〈北里博士演說詞〉에서 재인용.

89 Wu, *Plague Fighter*, 51. 이에 대해 질문을 던져준 이언 해킹에게 감사드린다. 덕분에 이러한 사건이 벌어지는 가운데 창조된 (그리고 도전받은) 새로운 과학 지식과 그 역할에 대해 생각해볼 수 있었다.

90 Summers, *The Great Manchurian Plague of 1910-1911*, 74.

91 Wu Yu-lin, *Memories of Dr. Wu Lien-Teh: Plague Fighter* (Singapore: World Scientific Publishing, 1995), 96-97에서 재인용.

92 錫良,〈緒言〉, 517.

93 내 이야기를 듣고 시랑을 향한 존경을 표해준 나의 동료 천융파에게 감사의 말을 전한다. 덕분에 이 사건의 역사적 함의에 대해 다시 돌아보게 되었다.

94 유교의 가치관에서는 병자를 홀로 내버려두는 일을 허용하지 않기 때문에, 당시 청 조정에서는 유행병을 빌미로 친지를 버린 집안을 비난하곤 했다. Angela Ki Che Leung, "Organized Medicine in Ming-Qing China: State and Private Medical Institutions in the Lower Yangzi Region," *Late Imperial China* 8, no. 1 (1987), 134-166 [144]; 范行准,《中國預防醫學思想史》, 91-100.

95 錫良,〈緒言〉, 3.

96 같은 글.

97 같은 글.

98 같은 글.

99 Mark Gamsa, "The Epidemics of Pneumonic Plague in Manchuria 1900-1911," *Past and Present* 190, no. 1 (2006), 147-183 [166].

3장

1 余巖,〈如何能使中國科學醫之普及〉,《申報醫學週刊》109-111 (1935).

2 같은 글.

3 여기서 나는 '전략'이라는 말을 푸코의 방식으로 사용한다. "[전략의] 논리는 정말이지 분명하며 목표 역시 해독 가능하나, 전략을 구상한 이는 없고 구성한 이도 없는 상황 말이다."

Michael Foucault, *The History of Sexuality* (New York: Vintage Books, 1990), 95. 미셸 푸코, 《성의 역사 1: 앎의 의지》, 이규현 옮김 (파주: 나남, 1990), 115.

4 K. Chimin Wong and Lien-teh Wu, *History of Chinese Medicine* (Taipei: Southern Materials Center, 1985 [1932]), 589.

5 馬堪溫, 〈清道光帝禁針灸於太醫院考〉, 《上海中醫藥雜誌》36-4 (2002), 38-40.

6 George Macartney, *An Embassy to China: Being the Journal Kept by Lord Macartney During His Embassy to the Emperor Chien-Lung, 1793-1794* (London: Longmans; and St. Clair Shores, MI: Scholarly Press, 1972), 284.

7 Anon., *China Centenary Missionary Conference Records Held at Shanghai, April 25 to May 8, 1907* (New York: American Tract Society, 1907), 109.

8 Lien-teh Wu, "*Past and Present* Trends in the Medical History of China," *Chinese Medical Journal* 53, no. 4 (1938): 313-322 [318].

9 W. G. Lennox, "A Self-Survey by Mission Hospital in China," *Chinese Medical Journal* 46 (1932): 484-534.

10 James L. Maxwell, "A Century of Medical Mission in China," *China Medical Journal* 34 (1925): 636-650.

11 Anon., *China Centenary Missionary Conference*, 110.

12 통 람이 지적하듯, 중국 인구에 대한 정확한 통계의 부재는 19세기 이래로 중국인이 '사실'에 대해 별다른 관심을 기울이지 않았다는 강력한 증거로 이용된 바 있다. Tong Lam, *A Passion for Facts: Techno-Scientific Reasoning, Social Surveys, and the Chinese Nation in the Early Twentieth Century* (Berkeley and Los Angeles: University of California Press, 2011).

13 The China Medical Commission of the Rockefeller Foundation, *Medicine in China* (Chicago: University of Chiacgo Press, 1914), 1. 중국에서의 공중보건 촉진 운동에 대해서는 다음을 참고할 수도 있다. Harold Balme, *China and Modern Medicine: A Study in Medical Missionary Development* (London: United Council for Missionary Education Publication, 1921), 170-171.

14 Paul A. Varg, *Missionaries, Chinese, and Diplomats: The American Protestant Missionary Movement in China, 1890-1952* (Princeton, NJ: Princeton University Press, 1958), 92.

15 G. H. Choa, *"Heal the Sick" Was Their Motto: The Protestant Medical Missionaries in China* (Hong Kong: Chinese University Press, 1990), 112.

16 Anon., *China Centenary Missionary Conference Addresses* (Shanghai: Methodist Publishing House, 1907), 28.

17 박의회는 1905년부터 중국인의 입회를 허용할지 여부를 논의했지만, 청조 멸망까지 이렇다 할 결론을 내놓지 못했다. 이후 1910년, 예일대학교에서 의학을 전공한 뒤 중국 예일협회雅禮協會의 샹야의학원湘雅醫學院에서 일했던 옌푸칭이 중국인으로는 처음으로 입회했고, 같은 해 기독교와 별다른 연이 없던 우렌더가 명예 회원으로 추대되기도 했다. Wong and Wu, *History of Chinese Medicine*, 562-563.

18 李經緯, 《西學東漸與中國近代醫學思潮》(湖北: 科技出版社, 1990), 59.

19 張哲嘉, 〈清末百科全書中的醫學論述〉, 《台灣文學研究集刊》2 (2006), 59-78.

20 Shigehisa Kuriyama, "Between Mind and Eye: Japanese Anatomy in the Eighteenth Centu-

ry," in *Paths to Asian Medical Knowledge*, eds. Charles Leslie and Allan Young (Berkeley and Los Angeles: University of California Press, 1992), 21–43.

21 Ruth Rogaski, *Hygienic Modernity: Meanings of Health and Disease in Treaty-Port China* (Berkeley and Los Angeles: University of California Press, 2004), 141.

22 대만의 일본 제국주의 의료에 대해서는 다음을 참고하라. Mike Shiyong Liu, *Prescribing Colonization: The Role of Medical Practices and Policies in Japan-Ruled Taiwan, 1895–1945* (Ann Arbor, MI: Association for Asian Studies, 2009); and 范燕秋,《疫病, 醫學與殖民現代性—日治台灣醫學史》(台北: 稻鄉, 2005). 또한 다음을 참고할 수도 있다. 李尚仁 編,《帝國與現代醫學》(台北: 聯經出版事, 2008). 만주의 사례는 다음을 보라. Robert John Perrins, "Doctors, Disease, and Development: Engineering Colonial Public Health in Southern Manchuria, 1905–1926," in *Building a Modern Nation: Science, Technology, and Medicine in the Meiji Era and Beyond*, ed. Morris Low (New York: Palgrave Macmillan, 2005), 103–132; Ruth Rogaski, "Vampires in Plagueland: The Multiple Meanings of Weisheng in Manchuria," in *Health and Hygiene in Chinese East Asia*, eds. Angela Ki Che Leung and Charlotte Furth (Durham, NC: Duke University Press, 2010), 132–159; Mariam Kingsberg, "Legitimating Empire, Legitimating Nation: The Scientific Study of Opium Addiction in Japanese Manchuria," *Journal of Japanese Studies* 38, no. 2 (2012), 325–351.

23 王儀, 〈與國人言醫事書〉,《醫藥學報》2 (1907), 1–10 [3].

24 Morris Low "Colonial Modernity and Networks in the Japanese Empire: The Role of Goto Shinpei," *Historia Scientiarum* 19, no. 3 (2010), 197–208.

25 王儀, 〈與國人言醫事書〉, 6.

26 Yu Xinzhong, "Treatment of Night Soil and Waste in Modern China and Remarks on the Development of Modern Concepts of Public Health," in Leung and Furth, *Health and Hygiene in Chinese East Asia*, 51–72.

27 Lien-teh Wu, *Plague Fighter: Autobiography of a Chinese Physician* (Cambridge: W. Heffer & Sons, 1959), 49.

28 Benjamin A. Elman, *On Their Own Terms: Science in China, 1550–1900* (Cambridge, MA: Harvard University Press, 2005). 특히 10장을 보라.

29 Warwick Anderson and Hans Pols, "Scientific Patriotism: Medical Science and National Self-Fashioning in Southeast Asia," *Comparative Studies in Society and History* 54, no. 1 (2012), 93–113 [96].

30 Wu, *Plague Fighter*, 279.

31 吳連德,《東三省防疫事務總處大全書》4 (東三省防疫事務總處, 1924), 113.

32 같은 글.

33 實藤惠秀,《中國人留學日本史》, 譚汝謙, 林啟彥 譯 (香港: 中文大學出版社, 1982), 68–71.

34 1920년대까지 중국의 부유한 가정에서는 자녀들에게 자연과학보다는 법학 공부를 권했다. 정부 요직을 차지하는 데 더 유리했기 때문이다. 이에 대해서는 다음을 보라. Nathan Sivin, "Preface," in *Science and Medicine in Twentieth-Century China: Research and Education*, eds. John Z. Bowers, J. William Hess, and Nathan Sivin (Ann Arbor: Center for Chinese Studies, University of Michigan, 1988), xi–xxxvi.

35 Scheid, *Currents of Tradition in Chinese Medicine 1626–2006*, 특히 2장; Yuanling Chao, *Medicine and Society in Late Imperial China: A Study of Physicians in Suzhou, 1600–1850* (New York: Peter Lang, 2009).

36 Balme, *China and Modern Medicine*, 62.

37 John Z. Bowers, *Western Medicine in a Chinese Palace: Peking Union Medical College, 1917–1951* (Philadelphia, PA: Josiah Macy Jr. Foundation, 1972), 17.

38 Balme, *China and Modern Medicine*, 109.

39 未詳,〈勸習醫小引〉,《中華醫報》1-1 (1912), 1.

40 舒新城,《近代中國留學史》(上海: 中華書局, 1989 [1933]), 28–33.

41 같은 글, 76.

42 일본의 근대화에서 의학이 차지하는 중요성에도, 청조와 일본의 중국 유학생이 여기에 별다른 관심을 기울이지 않았던 이유에 대해서는 더 많은 연구가 필요하다. 그러나 이러한 상황은 1908년을 기점으로 변화했다. 청조와 일본 문부성의 협의로, 중국 학생을 매해 열 명씩 일본의 대학원 과정 다섯 군데에 보내기로 결정한 시점이다. 이에 대해서는 다음을 참고하라. 實藤惠秀,《中國人留學日本史》, 50.

43 일본인 의사와 의과학자는 1893년에 메이지의회明治醫會와 대일본의사회大日本醫師會를 조직했다. James R. Bartholomew, *The Formation of Science in Japan* (New Haven, CT: Yale University Press, 1989), 87–88.

44 Wong and Wu, *History of Chinese Medicine*, 604.

45 민국기의 저명한 의료계 인사 여럿이 영국 국적이었음을 짚고 넘어가자. 우롄더는 말레이시아 출신이었고, 린커셩은 싱가포르, 리수펀李樹芬, 1887~1966은 홍콩 출신이었다.

46 Larissa N. Heinrich, "Handmaids to the Gospel: Lam Qua's Medical Portraiture," in *Tokens of Exchange: The Problem of Translation in Global Circulation*, ed. Lydia H. Liu (Durham, NC: Duke University Press, 1999), 239–275.

47 Wong and Wu, *History of Chinese Medicine*, 605.

48 Mary Brown Bullock, *An American Transplant: The Rockefeller Foundation and Peking Union Medical College* (Berkeley and Los Angeles: University of California Press, 1980), 142; Ka-che Yip, *Health and National Reconstruction in Nationalist China: Development of Modern Health Service, 1928–1937* (Ann Arbor, MI: Association for Asian Studies), 19; and Arthur M. Kleinman, "The Background and Development of Public Health in China: An Exploratory Essay," in *Public Health in the People's Republic of China: A Report of Conference*, eds. Myron E. Wegman, Tsung-yi Lin, and Elizabeth F. Purcell (New York: Josiah Macy Jr. Foundation, 1973), 5–25 [12].

49 Liping Bu, "Public Health and Modernization: The First Campaigns in China, 1915–16," *Social History of Medicine* 22, no. 2 (2009), 305–319.

50 E. S. Tyan, "A Plea for a Campaign of Public Health Education in China," *China Medical Journal* 29 (1915), 230–234.

51 Anon., "Proceedings of China Medical Missionary Association Conference," *China Medical Journal* 37 (1923), 301.

52 Anon., "Preventive Medicine," *China Medical Journal* 38, no. 1 (1924), 44–47 [45].

53 Maxwell, "Medical Missions in China: A Time for Re-Statement of Principle," 584-585.

54 Yip, *Health and National Reconstruction*, 101.

55 Lien-teh Wu, "Some Problems before the Medical Profession of China," *National Medical Journal of China* 3 (1917), 5-9.

56 공의가 새로운 역할을 맡게 되면서, 몇십 년 동안 의료선교사를 괴롭히던 의학의 낮은 사회적 지위 문제가 상당히 해결되었다. 다시 말해 공중보건이라는 분야가 부상함으로써, 우렌더와 같은 의료 전문가는 비로소 정부 요직을 차지할 수 있었다. 중국 공중보건의 아버지 존 그랜트는 회고록에서 "북경협화의학원 졸업생의 상당수가 공중보건을 선택"한 이유에 대하여, 중국인의 "심리"를 지목한 바 있다. 중국인은 돈이나 다른 무엇보다도 정부 요직에 앉는 것을 성공이라고 생각한다는 것이다. 그랜트의 회고록은 114번 주를 참고할 수 있다. 이러한 제반 상황에 대해서는 다음을 보라. Lien-teh Wu, "Some Problems before the Medical Profession of China," *National Medical Journal of China* 3 (1917), 5-9.

57 요즘이야 우렌더를 중국 공중보건의 선구자로 기억하지만, 사실 그는 공중보건 전문가라기보다는 임상의사, 의과학자에 가까운 인물이었다. 록펠러 재단의 미국중화의학기금회를 대표하여 1921년 만주의 보건 상황을 조사하게 된 존 그랜트는 북만방역처와 그 수장에 대해 몹시 비판적이었다. 그랜트의 결론은 다음과 같았다. "위생 조치 일반을 도입한다는 목표를 설정했으나, 실상은 온전한 실패에 가깝다." 그가 보기에 실패의 원인은 우렌더 개인의 지나친 활동이었다. "우렌더는 공중보건에 관한 훈련을 받은 적이 없다. 오래도록 중국 공중보건의 선도자처럼 추앙받고 있지만, 공중보건 행정에 대한 우렌더의 지식은 얕기 이를 데 없다." 실제로 우렌더의 자서전을 읽어보면, 그가 공중보건 체계의 설계자나 설립자가 아닌 다른 역할을 원했다는 것을 알 수 있다. John Grant, "North Manchurian Plague Prevention Service," RF folder 347, box 55, series 2, RG 5, 1921, Rockefeller Foundation Archive Center, Sleepy Willow, NY.

58 위원회 대표로 선출된 옌푸칭의 아버지는 성공회 신부였다. 옌푸칭의 형제는 의학을 공부했고 의학, 공학, 외교와 같은 분야에서 중국의 근대화를 이끌었다. 1909년 예일대학교에서 의학을 전공하고 졸업한 옌푸칭은 이듬해 중국인으로는 처음으로 중국 예일협회에 입회했고, 이를 바탕으로 박의회에도 입회했다. 옌푸칭의 입회는 중국 예일협회의 정책 방향을 보여주는 이례적인 예였다. 에드워드 H. 흄Edward H. Hume, 1876~1957과 함께 일하며 옌푸칭은 상야의학전문학교湘雅醫學專門學校의 초대 교장이 되었고, 이렇게 지도자와 교육자로서의 경력을 시작했다. 다음을 참고하라. Nancy E. Chapman and Jessica C. Plumb, *The Yale-China Association: A Centennial History* (香港: 中文大學出版社, 2002), 20; 錢益民, 顏志淵,《顏福慶傳》(上海: 復旦大學出版社, 2007).

59 F. C. Yen, "Presidential Address," *National Medical Journal of China* 2 (1916), 4-9 [8].

60 이와 같은 이중의 변화는 우렌더가 쓴 장의 제목인 "중국인 의사가 주도한 공중보건과 의료 활동의 중대한 진보"에도 그대로 담겨 있다. Wong and Wu, *History of Chinese Medicine*, 656.

61 James C. Thomson Jr., *While China Faced West: American Reformers in Nationalist China, 1928-1937* (Cambridge, MA: Harvard University Press, 1969), 39.

62 웰치와 에이브러햄 플렉스너Abraham Flexner, 1866~1959가 미국중화의학기금회에 초청된 1915년, 이들이 맡은 역할은 "중국의 공중보건과 의학 교육을 촉진하기 위한 방안을 제시"

하는 데 있었다. Bowers, *Western Medicine in a Chinese Palace*, 49. 또한 다음을 참고하라. Mary E. Ferguson, *China Medical Board and Peking Union Medical College: A Chronicle of Fruitful Collaboration, 1914–51* (New York: China Medical Board of New York, 1970), 16.

63 Ferguson, *China Medical Board*, 20.

64 China Medical Commission of the Rockefeller Foundation, *Medicine in China*, 91.

65 존 그랜트의 배경과 민국기 시기의 활동에 대해서는 다음을 참고하라. Bullock, *An American Transplant*, 134–161.

66 John B. Grant, "A Proposal for a Department of Hygiene," RF folder 531, box 75, series 2, RG 2, 1923, Rockefeller Foundation Archive Center, Sleepy Willow, NY.

67 같은 글, 6.

68 같은 글.

69 Thomson, *While China Faced West*, 1–18, 43–75.

70 Yip, *Health and National Reconstruction*, 28.

71 Y. F. Chang, "Medicine and Public Health Service under the Nationalist Government," *National Medical Journal* 15 (1929), 114–116.

72 Lien-teh Wu, "A Survey of Public Health Activities in China since the Republic," *National Medical Journal of China* 15, no. 1 (1917), 1–6 [4].

73 Wu, *Plague Fighter*, 23.

74 청말민초 시기에 치도가 위생의 상징으로 자리잡은 이유에 대해서는 다음을 참고하라. Yu Xinzhong, "The Treatment of Night Soil and Waste in Modern China," in Leung and Furth, *Health and Hygiene in Chinese East Asia*, 51–72.

75 Wong and Wu, *History of Chinese Medicine*, 664.

76 Frank Ninkovich, "The Rockefeller Foundation, China, and Cultural Change," *Journal of American History* 70, no. 4 (1984), 799–820 [803].

77 같은 글, 804.

78 Roger Greene, "Memorandum on Grant's Plan for a Hygiene Program for the P.U.M.C. Submitted by Him on October 8th," RF folder 531, box 75, RG2, 1924, Rockefeller Foundation Archive Center, Sleepy Willow, NY.

79 록펠러 재단의 중국 사업에 관여했던 20여 년 동안, 그린의 우선 순위는 공중보건 사업이 아닌 중국에서의 '과학 정신' 보급에 있었다.

80 Greene, "Memorandum on Grant's Plan," 1–2.

81 같은 글, 2.

82 같은 글, 2–3.

83 3년이 지난 1927년 12월, 그린은 공중보건을 향한 의구심을 거두고 베이징에 근대적인 공중보건 체계를 구축한다는 그랜트의 제언에 지지를 표했다. "유능한 인력을 찾아보려야 찾아볼 수가 없"다던 과거와 달리, 그랜트가 능력 있는 인적 자원을 구축해놓는 데 성공했다고 판단했기 때문이다. 더 나아가 그는 "다른 건 몰라도 국민당 정부가 지근한 미래에 베이징을 차지하리라는 사실만큼은 분명하다"고 예견했다. 중국의 공중보건 인력 대다수가 "남방인이며 국민당 정부에 동조적"인 상황에서, 이는 인력 문제의 변화를 예고하는 것이었다. Roger Greene, "Letter to George E. Vincent," RF series 601 J, 1927, Rockefeller

Foundation Archive Center, Sleepy Willow, NY.

84 존 그랜트를 비롯한 여러 인물은 베이징에서 혁신적인 실험을 진행하면서, 오래지 않아 "중국에 공중보건이 부재한 것은 여러 고관대작에게 근대적인 공중보건 지식이 결여되었기 때문"임을 알게 되었다. John Grant, "Annual Report, 1924–25," 3을 참고하라.

85 메리 브라운 불록에 따르면, 그랜트가 제언의 초안을 작성하는 과정에 류루이헝이 함께했다고 한다. 그러나 이는 1927년을 1928년이라 착각한 결과일 가능성이 크다. Bullock, *An American Transplant*, 152.

86 류루이헝은 1913년부터 하버드 대학교에서 J. 헝 류라는 이름으로 의학을 공부했다. 이후 1926년부터 1934년까지 베이징협화의학원의 교장을 지냈고, 1926년부터 1928년까지 중화의학회의 회장을 맡았다. 외과의사였지만 1929년부터 1930년까지 위생부 차장을, 그리고 1930년부터 1935년까지 부장을 역임했다. 류루이헝의 활동과 저술, 그리고 그를 기억하는 이들의 회상을 보려면 다음을 참고하라. 劉似錦, 《劉瑞恆博士與中國醫藥及衛生事業》(臺北: 臺灣商務印書館, 1989).

87 Michael H. Hunt, "The American Remission of the Boxer Indemnity: A Reappraisal," *Journal of Asian Studies* 31, no. 3 (1972), 539–560 [556].

88 이들의 논의는 중화의학회의 초대 회장 옌푸칭이 쓴 〈중국 공중보건 사업을 위한 영국 배상금의 분배The Use of Portion of the British Indemnity Fund for Public Health Work in China〉를 중심으로 진행되었다.

89 Wong and Wu, *History of Chinese Medicine*, 668–669.

90 The Association for the Advancement of Public Health in China, *On the Need of a Public Health Organization in China* (Beijing: Association for the Advancement of Public Health in China, 1926), 19.

91 같은 글, 20.

92 같은 글, 22.

93 Robert E. Bedeski, *State-Building in Modern China: The Kuomintang in the Prewar Period* (Berkeley and Los Angeles: Institute of East Asian Studies, University of California, 1981); Joshua A. Fogel, ed., *The Teleology of the Modern Nation-State: Japan and China* (Philadelphia: University of Pennsylvania Press, 2005).

94 John B. Grant, "Public Health and Medical Events During 1927 and 1928," in *The China Year Book, 1929–30*, ed. H. G. W. Woodhead (Shanghai: Christian Literature Society, 1928), 111–133 [128].

95 같은 글, 111.

96 Marianne Bastid, "Servitude or Liberation? The Introduction of Foreign Educational Practices and Systems to China," in *China's Education and the Industrialized World*, eds. Ruth Hayhoe and Marianne Bastid (New York: M. E. Sharpe, 1987), 3–20 [14].

97 錢益民, 顏志淵, 《顏福慶傳》, 68.

98 중국의 국가 건설을 다룬 두아라의 연구에 따르면, 1900년을 기점으로 중국은 "합법화의 근대화"라는 논리에 잠식되어갔다. Prasenjit Duara, *Culture, Power, and the State: Rural North China, 1900–1942* (Stanford, CA: Stanford University Press, 1988).

99 John B. Grant, "Provisional National Health Council." RF folder 529, box 75, China Medical Board, 1927, Rockefeller Foundation Archive Center, Sleepy Willow, NY.

100 郭廷以,《中華民國史事日誌》2 (臺北: 中央研究院近代史研究所, 1984), 157.

101 Yip, *Health and National Reconstruction*, 45.

102 그랜트와 위옌이 주고받은 서한에 따르면, 그랜트가 먼저 위생부 설립을 위옌에게 제안한 것으로 보인다. 이들은 힘을 합쳐 우한의 국민당 지도부를 설득했고, 잠시였지만 위옌이 초대 위생부장을 맡을 수 있다는 이야기도 오고 갔다. 錢益民, 顏志淵,《顏福慶傳》, 92–93.

103 Grant, "Provisional National Health Council," 1.

104 같은 글.

105 같은 글, 2.

106 "정부를 통해서라면 상대적으로 저렴한 가격으로 일정 수준의 치료의학을 보급할 수 있을 것이다. 그러나 이를 민간 전문가에게 일임한다면 몇십 년이 필요할지도 모른다." 같은 글, 6.

107 같은 글.

108 같은 글, 4.

109 두 제언의 또 다른 공통점은 날카로운 역사 인식이다. 두 글 모두 역사적 발전의 도상에 스스로 자리매김하기 때문이다. 류루이헝은 당시 중국의 상황이 1842년의 구빈법 개혁을 앞둔 영국의 상황과 유사하다고 보았다. 그는 중국의 공중보건이 시 단위에서 성 단위로, 그리고 최종적으로 "효과적인 국가 보건 행정" 순서의 "정상 경로"을 통해 발전해나가리라 전망했다. 이와 달리 그랜트는 제언을 통해 모든 단계를 건너뛸 수 있다고 주장했다. 제1차 세계대전 이후 영국이 시행했던 최신의 보건 정책, 특히 1919년의 독립적인 보건부 설치 등을 바로 차용해야 한다는 주장이었다. 그는 발전된 국가의료 행정의 도입이 중국의 전근대적인 사회와 의료를 변화시키는 동인이 되리라 보았다. 더 나아가 그는 의료 정책 변화와 보건부처 설치라는 수준을 넘어, 국민당 지도부에게 자신의 혁신적인 국가상을 심고자 했다. 다음을 참고하라. Association for the Advancement of Public Health in China, *On the Need of a Public Health Organization in China*, 15.

110 George Rosen, *A History of Public Health* (Baltimore, MD: Johns Hopkins University, 1993 [1958]), 439–453.

111 Grant, "Provisional National Health Council," 5.

112 John Grant, "State Medicine: A Logical Policy for China," *National Medical Journal of China* 14, no. 2 (1928), 65–80.

113 1927년에 출간된 제언의 중국어 번역본은 다음과 같다. 顏福慶, 〈國民政府應設中央衛生部之建議〉,《中華醫學雜誌》13-4 (1927), 229–240.

114 같은 글, 233.

115 쉐두비는 1924년 당시 베이징 시장이었고, 덕분에 존 그랜트와 안면이 있었다. John B. Grant, *The Reminiscences of Doctor John B. Grant*, Columbia University Oral History Collection (Glen Rock, NJ: Microfilming Corp. of America, 1977), 262를 참고하라.

116 1890년 미국인 선교사의 아들로 태어난 존 그랜트는 중국인은 아니었으나, 중국인의 손으로 공중보건 체계를 건설해야 한다고 굳게 믿었다. 그는 중국인의 힘이 "외국인의 십분지 육에 지나지 않다고 하더라도", 외국인은 사업을 주도하기보다는 중국인의 노력을 뒷받침하는 역할을 맡아야 한다고 생각했다. 중국에 체류했던 여느 서양인 의사와 달리 중국 사

회에서 의료 전문직이 단단히 자리 잡고, 중국인이 주도하는 공중보건 사업이 성장하는 데에 온 힘을 기울였던 이유이다. 위생부의 설립을 건의했던 연유 역시 여기에 있었다. 그런데도 그랜트가 작성한 제언의 중국어 번역은 옌푸칭의 글로 발표되고 말았다. 그랜트의 공헌을 생각한다면, 그를 이른바 서의 1세대와 함께 묶는다고 해도 무리라 할 수 없다. 나는 일본이 중국을 침공했을 당시 그랜트가 중국인 제자들과 주고받았던 편지를 읽고 큰 감명을 받은 바 있다. 중국어로 쓴 그랜트의 전기가 출간될 필요가 있다.

117 Elizabeth Fee and Dorothy Porter, "Public Health, Preventive Medicine and Professionalization: England and America in the Nineteenth Century," in *Medicine in Society: Historical Essays*, ed. Andrew Wear (Cambridge: Cambridge University Press, 1992), 249–276 [249].

118 伍連德, 〈海港檢疫管理處略史〉, 《醫事匯刊》 11 (1932), 3–7.

119 龐京周, 《上海市近十年來醫藥鳥瞰》 (上海: 中國科學公司, 1933), 69.

120 Pierre Bourdieu, "Rethinking the State: Genesis and Structure of the Bureaucratic Field," *Sociological Theory* 12, no. 1 (1994), 1–18 [16].

121 이와 같은 지도부의 교체는 외국인 혐오에 힘입은 결과이다. 민족주의와 결합한 서의 1세대는 수회이권운동收回利權運動의 일환으로 교육의 권리를 중국인에게 되돌려달라고 요구했다. 그리고 1928년 1월, 다양한 국가에서 의학을 학습한 서의 집단은 처음으로 전원이 참석했던 중화의학회에서 다음을 결의했다. 하나, 외국 의료기관이 중국인의 지도적 역할 참여 없이 의학 발전에 힘을 보태던 시절은 가고 있다. 둘, 전원 외국인으로 구성된 의료기관의 설립은 이제 옛일이다. 현존하는 외국인 의료기관을 유지하기 위해서는 이를 공동체 내부로 포섭하는 정책이 시행되어야 한다. John Grant, "Public Health and Medical Events During 1932," *China Year Book* (1933), 172를 참고하라.
이와 함께 국민당의 교육부 역시 서양인이 소유한 교육 기관에 대하여, 중국인 이사의 임명과 중국인이 다수 포함된 경영진의 구성을 강제하는 법령을 반포했다. 이러한 분위기 속에서 1926년에는 류루이헝이 중국인 최초로 베이징협화의학원의 교장을 맡았다. Bullock, *An American Transplant*, 59를 참고하라.

4장

1 鄧鐵濤 編, 《中醫近代史》 (廣州: 廣東高等教育出版社, 1999), 127.

2 Sean Hsiang-lin Lei, "Yu Yan," in *Dictionary of Medical Biography*, ed. W. F. Bynum and Helen Bynum (Westport, CT: Greenwood Press, 2006), 1341–42. 위옌에 관하여 더 자세히 알고 싶다면 다음을 참고하라. 祖述憲, 《余云岫中醫硏究與批判》 (合肥: 安徽大學出版社, 2006), 1–5.

3 당종해의 생애와 그의 업적에 관한 자세한 연구는 다음을 참고하라. 皮國立, 《醫通中西: 唐宗海與近代中醫危機》 (臺北: 東大圖書股彬有限公司, 2006), 21–36.

4 唐宗海, 《中西匯通醫經精義》 (臺北: 力行書局, 1987 [1892]).

5 Sean Hsiang-lin Lei, "Qi-Transformation and the Steam Engine: The Incorporation of Western Anatomy and the Re-Conceptualization of the Body in Nineteenth Century Chinese Medicine," *Asian Medicine: Tradition and Modernity* 7, no. 2 (2013), 1–39.

6 Catherine Despeux, "Visual Representations of the Body in Chinese Medical and Daoist

Texts from the Song to the Qing Period," *Asian Medicine-Tradition and Modernity* 1, no. 1 (2005), 10–53 [47].

7 唐宗海,《中西匯通醫經精義》, 1.

8 Benjamin A. Elman, *On Their Own Terms: Science in China, 1550–1900* (Cambridge, MA: Harvard University Press, 2005), 295.

9 Benjamin Hobson,《全體新論》(廣州: 惠愛醫館, 1851), 27.

10 唐宗海,《中西匯通醫經精義》, 27.

11 삼초가 대략 복막에 해당한다는 당종해의 주장을 자세하게 알고 싶다면 다음을 참조하라. Lei, "*Qi*-transformation and the Steam Engine."

12 Manfred Porkert and Christian Ullmann, *Chinese Medicine*, trans. Mark Howson (New York: Henry Holt, 1982), 123.

13 Bridie J. Andrews, "Wang Qingren and the History of Chinese Anatomy," *Journal of Chinese Medicine* 35 (January 1991), 30–36 [33].

14 Nathan Sivin, *Traditional Medicine in Contemporary China* (Ann Arbor: University of Michigan Press, 1987), 137.

15 같은 글, 134.

16 唐宗海,《中西匯通醫經精義》, 111.

17 같은 글.

18 같은 글, 32.

19 張寧〈腦爲一身之主: 從〈艾羅補腦汁〉看近代中國身體觀的變化〉,《中央研究院近代史研究所集刊》74 (2011.12), 1–40.

20 唐宗海,《中西匯通醫經精義》, 91.

21 Dauphin William Osgood,《全體闡微》(福州: 美華書館, 1881), 1.

22 唐宗海,《中西匯通醫經精義》, 111.

23 같은 글.

24 Charlotte Furth, "The Sage as Rebel: The Inner World of Chang Ping-Lin," in *The Limits of Change: Essays on Conservative Alternatives in Republican China*, ed. Charlotte Furth (Cambridge, MA: Harvard University Press, 1976). 중국의학의 재조립에 대한 장빙린의 견해 그리고 장빙린과 위옌의 관계를 다룬 간결한 논의로는 다음을 참고할 수 있다. Volker Scheid, *Currents of Tradition in Chinese Medicine, 1626–2006* (Seattle: Eastland Press, 2007), 209–213.

25 錢信忠,《中國傳統醫藥學發展與現狀》(臺北: 青春出版社), 43.

26 余巖,〈靈素商兌〉,《醫學革命論文選》(臺北: 藝文印書館, 1976 [1917]), 89–130.

27 같은 글, 89.

28 중국의학에서 오장五臟은 폐장, 간장, 심장, 비장, 신장을 가리킨다. 육부六腑는 담낭, 위장, 대장, 소장, 삼초, 방광을 가리킨다.

29 余巖,〈醫學革命過去工作現在情勢和未來的策略〉,《中華醫學雜誌》20-1 (1933), 11–23.

30 余巖,〈科學的國産藥物研究之第一步〉,《學藝》2-4 (1920), 1–8 [3].

31 딩푸바오丁福保는 위옌보다 몇 년 앞서 중국의학에 대해 유사한 비판을 시작했다. 이에 대해서는 다음을 참고하라. 劉玄,〈通俗知識與現代性: 丁福保與近代上海醫學知識〉(博士論文,

香港中文大學, 2013).

32 같은 글, 3-5. 위옌은 이 글에 더하여, 다음의 글에서도 동일한 문제를 지적했다. 〈我國醫學革命之破壞與建設(續)〉,《醫藥評論》9 (1929), 17-21.

33 余巖, 〈科學的國産藥物研究第一部〉, 5.

34 余巖, 〈我國醫學革命之破壞與建設〉,《醫藥評論》, 8 (1929), 1-17 [13].

35 余巖, 〈科學的國産藥物研究第一部〉, 6.

36 같은 글, 6-7.

37 Asaf Goldschmidt, *The Evolution of Chinese Medicine: Song Dynasty, 960-1200* (London: Routledge, 2009).

38 같은 글, 56.

39 다음 책을 참고하라. Robert Hymes, "Not Quite Gentlemen? Doctors in Song and Yuan," *Chinese Science* 8 (1987), 9-76; 陳元朋, 〈宋代的儒醫—兼評 Robert P. Hymes 有關宋元醫者地位的論點〉,《新史學》6-1 (1995), 179-201.

40 위옌이 탄츠중에게 보낸 편지. 譚次仲,《醫學革命論戰》(香港: 求實出版社, 1952 [1931]), 59.

41 Lorraine Daston, "Baconian Facts, Academic Civility, and the Prehistory of Objectivity," in *Rethinking Objectivity*, ed. A. Megill (Durham, NC: Duke University Press, 1994), 37-63.

42 余巖, 〈駁俞鑑泉經脈血管不同說〉,《同德醫藥學》7-4 (1924), 15-20 [15].

43 余巖, 〈靈素商兌〉, 110.

44 俞鑑泉, 〈經脈血管不同說二〉,《三三醫報》1-29 (1924), 1.

45 唐宗海,《本草問答》(臺北: 力行書局, 1987 [1880]), 2

46 俞鑑泉, 〈經脈血管不同說二〉 2, 1.

47 俞鑑泉, 〈經脈血管不同說〉,《三三醫報》1-12 (1923), 1.

48 俞鑑泉, 〈經脈血管不同說〉 2, 2.

49 俞鑑泉, 〈經脈血管不同說〉, 2.

50 마지막으로 위젠취안의 주장에 대한 나의 독해를 뒷받침하기 위해, 그의 관점에서 혈액은 '경맥經脈'을 타고 순환하지 않는다는 점을 지적하고 싶다. 위젠취안은 다른 많은 이들과 달리 '기氣'와 혈액을 뚜렷이 구분되는 두 개의 체계로 보았다. 하지만 이로 인하여 그는 《황제내경》에서 자주 언급되는 현상, 즉 '기'가 혈액에 영향을 미치는 방식을 설명해야만 했다. 위젠취안의 해석에 따르면, '경맥'은 '혈맥血脈'을 포함하지 않는다. '혈맥'은 서양의 혈관에 필적하는, 또는 동일한 것이었다. 그러나 혈액은 혈관 속뿐만 아니라 체내의 모든 곳에 존재하기 때문에 '경맥'과 '경기'를 순환하는 것은 여전히 혈액에 영향을 미칠 수 있다. 위젠취안은 일상적인 현상을 들어 이러한 주장을 뒷받침하려 했다. 피부에 상처가 나면, 상처가 난 곳이 혈관과 연결되지 않았다고 하더라도 혈액이 흘러내린다는 예였다. '기'와 혈액이 각기 따로 분포되어 있는지에 대한 결정적인 논의에 관해서는 조지프 니덤이 한때 지지했던 다음의 생각을 참고하라. Sivin, *Traditional Medicine in Contemporary China*, 119, 437-438.

51 Carl F. Schmidt, "Pharmacology in a Changing World," *Annual Review of Physiology* 23 (March 1961), 3.

52 John Parascandola, *The Development of American Pharmacology: John J. Abel and the Shap-*

ing of a Discipline (Baltimore, MD: Johns Hopkins University Press, 1992), 8.

53 飯沼信子,《長井長義とテレーゼ: 日本薬學の開祖》(東京: 日本薬学会, 2003).

54 John Black Grant, *The Reminiscences of Doctor John B. Grant*, Columbia University Oral History Collection (Glen Rock: Microfilming Corp. of America, 1977), 503.

55 버나드 리드는 약리실에 대해 쓴 글에서, 모든 연구가 중국 약물학에만 초점을 맞추고 있었다고 썼다. 다음을 참고하라. Bernard E. Read, "Peking Union Medical College Department of Pharmacology," in *Problem of Medical Education* (New York: Rockefeller Foundation, 1925), 5–8.

56 Henry S. Houghton's letter to Edwin R. Embree, May 31, 1920, folder 868, box 120, China Medical Board, Rockefeller Foundation Archive Center, Sleepy Willow, NY.

57 Mary Brown Bullock, *An American Transplant: The Rockefeller Foundation and Peking Union Medical College* (Berkeley and Los Angeles: University of California Press, 1980), 8.

58 Carl F. Schmidt, "The Old and the New in Therapeutics," *Circulation Research: An Official Journal of the American Heart Association* 13, no. 4 (1960), 690.

59 未詳,《晨報》, 1925.2.19.

60 Schmidt, "Pharmacology in a Changing World," 7–8.

61 K. K. Chen and C. F. Schmidt, "The Action of Ephedrine, the Active Principle of the Chinese Drug, *Ma Huang*," *Journal of Pharmacology and Experimental Therapeutics* 24, no. 5 (1924), 339–357.

62 K. K. Chen, "Researches on Chinese Materia Medica," *Journal of the American Pharmaceutical Association* 20, no. 2 (1931), 110–113 [112].

63 A letter from C. F. Schmidt to H. S. Houghton, October 22, 1924, folder 873, box 120, IV 2 B9, *China Medical Board*, Rockefeller Foundation Archive Center, Sleepy Willow, NY.

64 M. R. Lee, "The History of *Ephedra* (*ma-huang*)," *Journal of Royal College of Physicians of Edinburgh* 41, no. 1 (2011), 78–84 [81].

65 K. K. Chen and C. F. Schmidt, "Ephedrine and Related Substances," *Medicine: Analytical Reviews of General Medicine, Neurology and Pediatrics* 9, no. 1 (1930), 1–131.

66 Schmidt, "Pharmacology in a Changing World," 5.

67 K. K. Chen, "Two Pharmacological Traditions: Notes from Experience." *Annual Review of Pharmacology and Toxicology* 21 (1981), 1–6 [3]. 이 문헌을 권해준 데이비드 천에게 감사드린다.

68 천커후이의 삶에 대한 정보는 자신이 남긴 설명을 참고했다. K. K. Chen, ed., *The American Society for Pharmacology and Experimental Therapeutics, Incorporated: The First Sixty Years* (Washington: Judd & Detweiler, 1969), 67–68. 천커후이에 대한 더 알고 싶다면 다음을 참고하라. 丁光生, 〈陳克恢—國際著名藥理學家〉,《生理科學進展》40-4 (2009), 289–291.

69 내가 2002년에 발표한 '경험'에 관한 글을 읽고, 중약의 '경험 전통' 문제에 대한 생각과 비판을 나누어준 엘리자베스 스에게 감사를 표한다. 그의 지적 덕분에 이 문제에 대해 깊이 생각해보고, '경험 전통'을 행위자의 범주와 관계적 개념으로 이해할 수 있게 되었다.

70 Charlotte Furth, "The Sage as Rebel: The Inner World of Chang Ping-Lin," in *The Limits of Change: Essays on Conservative Alternatives in Republican China*, ed. Charlotte Furth (Cambridge, MA: Harvard University Press, 1976), 113–115.

71 章太炎, 〈論中醫剝復案與吳檢齋書〉, 《華國月刊》 3-3 (1926), 3.

72 Benjamin Elman, *From Philosophy to Philology: Social and Intellectual Aspects of Change in Late Imperial China* (Cambridge, MA: Council on East Asian Studies, Harvard University, 1984).

73 賈春華, 〈古方派對中國近代傷寒論研究的影響〉, 《北京中醫藥大學學報》 17-4 (1994), 5–9.

74 Benjamin Elman, "Sinophiles and Sinophobes in Tokugawa Japan: Politics, Classicism, and Medicine During the Eighteenth Century," *East Asian Science, Technology and Medicine: An International Journal* 2, no. 1 (2008), 93–121 [116].

75 章太炎, 〈序〉, 《傷寒論今釋》, 陸淵雷 編 (臺北: 文光出版社, 1961 [1931]), 1.

76 湯本求真, 《皇漢醫學》, 周子敍 譯 (臺北: 東方書局, 1958 [1929]), 3.

77 湯士彦, 〈中國人與中國醫學〉, 《醫界春秋》 39 (1929), 3.

78 余巖, 〈皇漢醫學批評〉 (上海: 社會醫報館, 1931).

79 Sean Hsiang-lin Lei, "How Did Chinese Medicine Become Experiential? The Political Epistemology of *Jingyan*," *Positions: East Asia Cultures Critique* 10, no. 2 (2002), 333–364.

80 서양의학이 전 세계에 확산하면서 일본의 전통 의학, 인도의 아유르베다 의학, 터키 의학과 같은 많은 토착의료는 경험 중심적이라는 특징을 내세우기 시작했다. 이와 같은 역사적 발전의 관점에서, 중국의학이 경험을 중심에 둔다고 정체화한 과정은 서구의 과학적 의학과 비서구의 경험적 의학이라는 근대적 분할이 전 세계로 퍼져나가는 현상의 일부였다고 할 수 있다. 아유르베다 의학과 터키 의학에 관해서는 다음을 참고하라. "Unequal Contenders, Uneven Ground: Medical Encounters in British India, 1820–1920," in Andrew Cunningham and Bridie Andrews, eds. *Western Medicine as Contested Knowledge* (New York: Manchester University Press, 1997), 172–190; and Feza Gunergun, "The Turkish Response to Western Medicine and the Turkish Medical Historiography," paper presented at the International Symposium on the Comparative History of Medicine—East and West, Division of Medical History, The Taniguchi Foundation, Seoul, Korea, July, 1998.

81 일본에서 전통 약재에 대한 과학적 연구가 성행한 데에 대하여, 존 그랜트는 1977년 이렇게 썼다. "그것은 아시아의 모든 국가에서 엄청난 매력, 특히 정치적 매력을 지녔다."(*Reminiscences of Doctor John B. Grant*, 503). 이와 더불어 다음을 참고하라. E. Leong Way, "Pharmacology," in *Sciences in Communist China*, ed. Sidney H. Gould (Washington, DC: American Association for the Advancement of Science, 1961), 364.

5장

1 C. C. Chen, *Medicine in Rural China: A Personal Account* (Berkeley and Los Angeles: University of California Press, 1989), 3–4.

2 范守淵, 《范氏醫論集》 (上海: 九九醫學社, 1947), 597.

3 余巖, 〈我國醫學革命之破壞與建設〉, 《醫藥評論》 8 (1929), 1-17; 〈我國醫學革命之破壞與建設(續)〉, 《醫藥評論》 9 (1929), 17–21.

4 〈我國醫學革命之破壞與建設〉 외에도, 위옌은 최소 세 편의 글에 '의학혁명'이 들어간 제목

을 붙였다. 〈今後醫學革命之方策〉,《醫事匯刊》10 (1931), 33-34; 〈醫學革命過去工作現在情勢和未來的策略〉,《中華醫學雜誌》20-1 (1933), 11-23; 〈醫學革命之真僞〉,《中西醫藥》2-3 (1936), 30-31.

5 후스의 제자 장샤오위안江紹原은 의학혁명이 신문화운동과 무관하게 시작되었음을 지적했다.

6 余雲岫, 〈雙十節之新醫與社會〉,《新醫與社會彙刊》1 (1928), 30-31 [31].

7 같은 글.

8 Warwick Anderson and Hans Pols, "Scientific Patriotism: Medical Science and National Self-fashioning in Southeast Asia," *Comparative Studies in Society and History* 54, no. 1 (2012), 93-113 [98-99].

9 장제스는 1926년 7월에 원정을 떠났고, 국민당은 1927년 3월에 상하이에 진입했다. 따라서 의학혁명이라는 말을 처음 썼던 〈우리나라 의학혁명의 건설과 파괴〉를 저술하던 당시, 위옌은 이미 국민당 혁명군이 통제하던 지역에서 살고 있었다.

10 余巖, 〈序一〉,《新醫與社會彙刊》1 (1928), 1-2.

11 Ruth Rogaski, *Hygienic Modernity: Meanings of Health and Disease in Treaty-Port China* (Berkeley: University of California Press, 2004), 9.

12 余巖, 〈如何能使中國科學醫之普及〉,《申報醫學週刊》109-111 (1935).

13 이들 학교에 관한 더 많은 내용은 다음을 참조하라. 鄧鐵濤 編,《中醫近代史》(廣州: 廣東高等教育出版社, 1999), 133-136. 상하이중의전문학교와 그곳의 교사, 동문, 그리고 창립자인 유력자 딩간런丁甘仁에 대해서는 다음을 참고하라. 裘沛然,《名醫搖籃上海中醫學院 (上海中醫專門學校) 校史》(上海: 上海中藥大學出版社, 1998). Volker Scheid, *Currents of Tradition in Chinese Medicine, 1626-2006* (Seattle, WA: Eastland Press), 223-277 [235-239].

14 K. Chimin Wong and Lien-teh Wu, *History of Chinese Medicine* (Taipei: Southern Materials Center, 1985 [1932]), 160-161.

15 Marianne Bastid, *Educational Reform in Early Twentieth-Century China* (Ann Arbor: Center for Chinese Studies, University of Michigan, 1988), 85-86.

16 Asaf Goldschmidt, *The Evolution of Chinese Medicine: Song Dynasty, 960-1200* (London: Routledge, 2009).

17 包伯寅, 〈改進中醫意見書〉,《醫學雜誌》3 (1919), 65-75.

18 劉農伯, 〈中西醫平議〉,《醫界春秋》4 (1926), 2-3.

19 팡징저우의 삶에 대해서는 다음을 참고하라. 龐曾涵, 高憶陵, 池子華, 〈慈善人生—龐京周醫師的生平與事業〉,《紅十字運動中心電子期刊》6 (2007). 다음 링크에서 열람 가능하다. http://www.hszyj.net/article.asp?articleid=731.

20 余巖, 〈舊醫學校系統案駁議〉,《中華醫學雜誌》12-1 (1926), 5-12.

21 Wong and Wu, *History of Chinese Medicine*, 159-168.

22 같은 글, 163-164.

23 余巖, 〈廢止舊醫以掃除醫事衛生之障礙案〉,《醫界春秋》34 (1929), 9-10.

24 왕지민王吉民과 우롄더는 위옌의 제안서 전체를 영어로 번역했다. 내 번역은 이것을 참고한 재번역이다. 왕지민과 우롄더의 번역은 다음을 보라. Wong and Wu, *History of Chinese*

Medicine, 161–165.

25 余巖,〈廢止舊醫以掃除醫事衛生之障礙案〉, 9.

26 같은 글.

27 余巖,〈科學的國産藥物研究之第一步〉,《學藝》2-4 (1920), 1–8 [3–5].

28 다음 둘을 참고하라. 余巖,〈雙十節之新醫與社會〉,《新醫與社會彙刊》(1936), 5–6; 范守淵,《范氏醫論集》, 406–410.

29 중국의학을 비판하던 이들은 '개별 의학'을 낡은 것으로 몰아가려 했다. 개별의 환자와 전통적인 의사-환자 관계가 의학혁명의 주요한 대상이었기 때문이다. 근대 의학을 학습한 여러 의사는 자신에게 필요한 문화적 권위를 세우기 위하여, 동료 시민을 "자격 있는 환자"로 변모해야만 했다. 자격 있는 환자란 "순종적이고, 수동적이며, 조용하고, 고통을 견뎌내며, 근대 의학에 종교적인 믿음을 지닌" 환자를 의미했다. 이처럼 중국인 환자는 의학혁명의 또 다른 대상이었고, 그러하기에 혁명의 경로에 아무런 영향을 미칠 수 없어야만 했다. 이에 대해서는 다음을 참고하라. 雷祥麟,〈負責任的醫生與有信仰的病人: 中西醫論爭與醫病關係在民國時期的轉變〉,《新史學》14-1 (2003), 45–96.

30 余巖,〈廢止舊醫以掃除醫事衛生之障礙案〉, 9.

31 같은 글.

32 Pierre Bourdieu, *The Logic of Practice*, trans. Richard Nice (Stanford, CA: Stanford University Press, 1990), 123–139 [136].

33 張在同, 咸日金 編,《民國醫藥衛生法規選編(1912–1948)》(濟南: 山東大學出版社, 1990).

34 余巖,〈廢止舊醫以掃除醫事衛生之障礙案〉, 9.

35 焦易堂,〈國醫當有政治眼光〉,《國醫公報》1-4 (1933), 1–3 [1].

36 陳存仁,《銀元時代生活史》(桂林: 廣西師範大學出版社, 2007), 132.

37 汪企張,《二十年來中國醫事芻議》(上海: 診療醫報社, 1935), 198–200.

38 James C. Thomson Jr., *While China Faced West: American Reformers in Nationalist China, 1928–1937* (Cambridge, MA: Harvard University Press, 1969), 1–41; Prasenjit Duara, "Knowledge and Power in the Discourse of Modernity: The Campaigns against Popular Religion in Early Twentieth-Century China" *Journal of Asian Studies* 50, no. 1 (1991), 67–83.

39 Mary Brown Bullock, *An American Transplant: The Rockefeller Foundation and Peking Union Medical College* (Berkeley and Los Angeles: University of California Press, 1980), 150–161.

40 潘桂娟, 樊正倫,《日本漢方醫學》(北京: 中國中醫藥出版社, 1994), 193–207; 趙洪鈞,《近代中西醫論爭史》(合肥: 安徽科技出版社,1989), 289–310; Bridie Andrews, "The Making of Modern *Chinese Medicine*, 1895–1937" (PhD diss., Cambridge University, 1996), 149–176.

41 未詳,〈教衛部墳坑國醫國藥之痛史錄〉,《現代國醫》1-6 (1931), 5–16.

42 葉瑞陽,〈敬告全國醫學會(預防仿日本消滅漢醫之執照)〉,《三三醫報》2-15 (1924), 1–2.

43 其誰,〈中醫之自貶〉,《醫界春秋》5 (1926), 5–6.

44 陳存仁,《銀元時代生活史》, 110–111.

45 龐京周,《上海市近十年來醫藥鳥瞰》(上海: 中國科學公司, 1933), 79.

46 全國醫藥團體總會,《全國醫藥團體總聯合會會務彙編》(上海: 全國醫藥總會, 1931), 37.

47 《晨報》, 1929.3.18.

48 같은 글.

49 Ralph Croizier, *Traditional Medicine in Modern China: Science, Nationalism, and the Tensions of Cultural Change* (Cambridge, MA: Harvard University Press, 1968).

50 Karl Gerth, *China Made: Consumer Culture and Creation of the Nation* (Cambridge, MA: Harvard University Asia Center, 2003).

51 潘均祥 編, 《中國近代國貨運動》(北京: 中國文史出版社, 1995).

52 《晨報》, 1929.3.17.

53 未詳, 〈大會情形〉, 《醫界春秋》34 (1929), 18-45 [43].

54 같은 글.

55 全國醫藥總會, 《全國醫藥團體代表大會提案會錄》(上海: 全國醫藥總會, 1929).

56 같은 글, 6, 21.

57 같은 글. 특히 6, 8, 21, 91, 98, 100번 제안서를 참고하라.

58 李劍, 〈全國醫藥團體聯合會的創立′活動及其9史地位〉, 《中國科技史料》3 (1993), 67-75 [68].

59 같은 글, 69-70.

60 Croizier, *Traditional Medicine in Modern China*, 4.

61 이후 실제로 많은 단체와 학회지가 '중의'라는 명칭을 '국의'로 교체했다. 가장 눈에 띄는 사례는 1928년 12월 세 단체의 합병으로 만들어진 상하이중의협회上海中醫協會였다. 상하이중의협회는 중의들이 시위를 통해 위옌의 저항에 항의했던 직후인 1929년 3월, 상하이국의공회上海國醫公會로 이름을 변경했다. 이에 대해서는 다음을 참고하라. 裘沛然, 《醫搖籃—上海中醫學院 (上海中醫專門學校) 校史》(上海: 上海中醫藥大學出版社, 1998), 119-120.

62 나는 중국어 '국의'에 대한 영어 번역으로 'national medicine'보다는 'state medicine'이 적합하다고 생각하지만, 이 책에서는 두 가지 이유로 그렇게 하지 않았다. 먼저, '국의'를 지지하던 이들이 그것을 문화적 민족주의와 엮으려 했기 때문이다. 그들의 목적은 어디까지나 중국의학을 부상하는 국가의 일부로 만드는 것이었음에도 말이다. 더 중요한 이유는 내가 근대 보건의료 체계에 대한 중요한 전망인 국가의료 또는 공의公醫, state medicine의 발흥을 분석하는 데 이 책의 나머지 절반을 할애했다는 점이다. 국가의료를 옹호하던 이들은 공식 문서에서 'state medicine'이라는 단어를 사용했으며, 따라서 나 역시 이러한 맥락에 맞추려 한다. 'state medicine'이라는 말은 두 가지 역사적 기획을 모두 가리킬 수 있기 때문에, 혼선을 피하고자 '국의'에 대응하는 단어로는 'national medicine'을 쓸 것이다. 그러나 국의운동이 문화민족주의 운동으로 축소되거나 동일시되어서는 안 된다는 점을 기회가 될 때마다 환기할 것이다.

63 Prasenjit Duara, *Culture, Power, and the State: Rural North China, 1900-1942* (Stanford, CA: Stanford University Press, 1988), 4.

64 Henrietta Harrison, *The Making of Republican Citizen: Political Ceremonies and Symbols in China, 1911-29* (Oxford: Oxford University Press, 2000), 1.

65 未詳, 〈中華醫學會大會紀要〉, 《中華醫學雜誌》18-6 (1932), 1140-1147 [1146].

66 程迪仁, 〈值得注目的一封信〉, 《神州國醫學報》1-1 (1932), 13-17 [13].

67 다음을 참고하라. 全國醫藥總會,《全國醫藥團體代表大會提案會錄》(上海: 全國醫藥總會, 1929), 65. 이에 더해 54, 62, 69, 76, 81, 91번의 제안서가 모두 같은 주장을 담고 있다.
68 《晨報》, 1929.3.25; 李劍, 〈全國醫藥團體聯合會的創立, 活動及其9史地位〉, 70.
69 陳存仁,《銀元時代生活史》, 122.
70 같은 글, 127-137.
71 《晨報》, 1929.3.26; 陳存仁,《銀元時代生活史》, 125.
72 《晨報》, 1929.3.26.
73 陳存仁,《銀元時代生活史》, 124.
74 譚延闓,《譚延闓日記》, 1929.3.22. 中國研究院近代史研究所數位資料庫의 다음 링크를 참고하라. http://www.mh.sinica.edu.tw/PGDigitalDB_Detail.aspx?htmContentID=22.
75 譚延闓,《譚延闓日記》, 1921.9.26.
76 譚延闓,《譚延闓日記》, 1925.3.23.
77 개인의 경험을 바탕으로 중국의학을 지원했던 천궈푸도 비슷한 태도를 공유하고 있었다. 천권푸는 탄옌카이보다 더 나아가, 환자로서 겪었던 여러 경험을 내세워 중국의학과 서양의학의 투쟁과 같은 공적인 일에 관여했다. 다음을 참고하라. 雷祥麟, 〈負責任的醫生與有信仰的病人〉, 84-92.
78 未詳, 〈薛部長對於中醫藥存廢問題之談話〉,《醫界春秋》34 (1929), 50-51 [50].
79 같은 글, 51.
80 陳存仁,《銀元時代生活史》, 134.
81 같은 글.
82 未詳, 〈中央衛生委員會議議決〈廢止中醫案〉原文〉,《醫界春秋》34 (1929), 9-11 [10-11].
83 衛生部, 〈電〉,《衛生公報》4 (1929), 1-4.
84 未詳, 〈中央衛生委員會議議決〈廢止中醫案〉原文〉, 10.
85 未詳, 〈附褚民誼對新舊醫藥紛爭之意見〉,《醫界春秋》34 (1929), 32-34.
86 未詳, 〈中央衛生委員會議議決〈廢止中醫案〉原文〉, 10.
87 鄧鐵濤 編,《中醫近代史》(廣州: 廣東高等教育出版社, 1999), 133-136, 271-274.
88 全國醫藥總會,《全國醫藥團體代表大會提案會錄》, 56-57.
89 張贊臣, 〈緒言〉,《醫界春秋》34 (1929), 封面.
90 鄧鐵濤 編,《中醫近代史》, 287.
91 上海衛生局, 〈訓令〉,《神州國醫學報》5-5 (1937), 40-41 [41].
92 〈全國醫藥團體臨時代表大會紀要〉,《醫界春秋》42 (1931), 26.
93 같은 글, 28.
94 未詳, 〈醫事消息〉,《醫界春秋》43 (1930), 23.
95 全國醫藥總會, 〈國醫館問題〉,《全國醫藥團體總聯合會會務彙編》, 86.
95 같은 글.
97 全國醫藥總會, 〈國醫館問題〉,《全國醫藥團體總聯合會會務彙編》, 88.
98 같은 글.
99 衛生部,《衛生公報》2-6 (1930), 69.
100 全國醫藥總會, 〈國醫館問題〉,《全國醫藥團體總聯合會會務彙編》, 102.
101 중국의학을 정치적으로 강력하게 지지했던 동시에, 국의관의 초대 관장을 맡기도 했던 자

오이탕焦易堂. 1880~1950은 "'국의'는 중국에서 단 한 번도 존재하지 않았던 말"이라고 강조했다. 이에 대해서는 다음을 참고하라. 焦易堂, 〈爲擬訂國醫條例敬告國人書〉, 《國醫公報》1-3 (1934), 1.

6장

1 龐京周, 《上海市近十年來醫藥鳥瞰》(上海: 中國科學公司, 1933), 11.
2 팡징저우의 삶에 대해서는 다음을 참고하라. 池子華, 《中國紅十字運動史散論》(合肥: 安徽人民出版社, 2009).
3 같은 글, 3.
4 도해에 대한 독자들의 이해를 높이기 위해, 도해와 본문에 나오는 여러 명칭 옆에 대괄호로 번호를 붙였다.
5 龐京周, 《上海市近十年來醫藥鳥瞰》, 9.
6 같은 글, 50-51.
7 Lien-teh Wu, "The Problem of Veneral Diseases in China," *China Medical Journal* 15, no. 1 (1926), 28-36 [29, 34].
8 龐京周, 《上海市近十年來醫藥鳥瞰》, 64.
9 上海衛生局, 〈上海衛生局訓令〉, 《神州國醫學報》5-5 (1937), 40-41 [41].
10 Harold Balme, *China and Modern Medicine: A Study in Medical Missionary Development* (London: United Council for Missionary Education, 1921), 109.
11 程瀚章, 《西醫淺說》(上海: 商務印書館, 1933), 70-71.
12 未詳, 〈中華西醫公會宣言〉, 《申報》, 1929.4.10.
13 K. Chimin Wong and Lien-teh Wu, *History of Chinese Medicine* (Taipei: Southern Materials Center, 1985 [1932]), 781.
14 龐京周, 《上海市近十年來醫藥鳥瞰》, 12.
15 未詳, 〈中華醫學會概括報告〉, 《中華醫學雜誌》18-1 (1931), 181-183.
16 China Medical Commission of the Rockefeller Foundation, *Medicine in China* (New York: China Medical Commission of the Rockefeller Foundation, 1914), 8.
17 朱季清, 〈我國歷年來公共衛生行政的失策〉, 《中國衛生雜誌》, 1933, 31-34; 張大慶, 《中國近代疾病社會史》(濟南: 山東教育出版社, 2006), 85-88.
18 Marianne Bastid, "Servitude or Liberation? The Introduction of Foreign Educational Practices and Systems to China," in *China's Education and the Industrialized World*, eds. Ruth Hayhoe and Marianne Bastid (New York: M. E. Sharpe, 1987), 3-20 [11].
19 金寶善, 〈舊中國的西醫派別與衛生事業的演變〉, 《中華文史資料文庫: 第十六卷》(北京: 中國文史出版, 1996), 844-850 [848].
20 龐京周, 《上海市近十年來醫藥鳥瞰》, 12.
21 胡定安, 〈中國醫事前途亟待解決之幾個根本問題〉, 《醫事匯刊》18 (1934), 18-24.
22 朱席儒, 賴斗岩, 〈吾國新醫人才分佈概況〉, 《中華醫學雜誌》21-2 (1935), 145-153 [153].
23 龐京周, 《上海市近十年來醫藥鳥瞰》, 94.
24 A. Stewart Allen, "Modern Medicine in China: Its Development and Its Difficulties," *Cana-*

dian Medical Association Journal 56 (1947), 11–13.

25 Yuanling Chao, *Medicine and Society in Late Imperial China: A Study of Physicians in Suzhou, 1600–1850* (New York: Peter Lang, 2009). 유의들이 의학의 역사를 서술함으로써, 집단의 정체성을 빚어낸 과정에 대해서는 다음을 참고하라. 祝平一, 〈宋明之際的醫史與〈儒醫〉, 《中央研究院歷史語言研究所集刊》 77-3 (2006), 401–449.

26 Nathan Sivin, *Traditional Medicine in Contemporary China* (Ann Arbor: University of Michigan Press, 1987), 21.

27 Balme, *China and Modern Medicine*, 20.

28 Lo Vivienne, "But Is It [History of] Medicine? Twenty Years in the History of the Healing Arts of China," *Social History of Medicine* 22, no. 2 (2009), 283–303.

29 余新忠, 〈清代江南民俗醫療的行爲探析〉, 《清以來的疾病醫療與衛生》, 余新忠 編 (北京: 三聯書店, 2009), 91–108 [100].

30 위옌은 다음과 같이 중국의학의 지지자들을 조롱했다. 무巫와 의醫는 역사적으로 밀접한 관계였으니 중국의학이 전통과 역사를 근거로 국수로 자리매김한다면 정부는 점술과 점성술 또한 국수로 인정해야 한다는 주장이었다. 이에 대해서는 다음을 참고하라. 余巖, 〈舊醫學校系統案駁議〉, 《中華醫學雜誌》 12-1 (1926), 5–12.

31 Prasenjit Duara, "Knowledge and Power in the Discourse of Modernity: The Campaigns against Popular Religion in Early Twentieth-Century China," *Journal of Asian Studies* 50, no. 1 (1991), 67–83 [78]; Rebecca Nedostup, *Superstitious Regimes: Religion and the Politics of Chinese Modernity* (Cambridge, MA: Harvard University Asia Center, 2009).

32 Philip S. Cho, "Ritual and the Occult in Chinese Medicine and Religious Healing: The Development of Zhuyou Exorcism" (PhD diss., University of Pennsylvania, 2006).

33 龐京周, 《上海市近十年來醫藥鳥瞰》, 17.

34 楊則民, 〈中醫變遷之史的鳥瞰(續)〉, 《國醫公報》 1-9 (1933), 31–40 [32].

35 龐京周, 《上海市近十年來醫藥鳥瞰》, 20.

36 같은 글, 73.

37 熊月之, 〈論李平書〉, 《史林》 85-3 (2005), 1–7.

38 같은 글, 3

39 李平書, 《李平書七十自述》 (上海: 上海古籍出版社, 1989), 51.

40 같은 글, 52.

41 같은 글, 54.

42 鄧鐵濤 編, 《中醫近代史》 (廣州: 廣東高等教育出版社, 1999), 133–136, 271–274.

43 Volker Scheid, *Currents of Tradition in Chinese Medicine, 1626–2006* (Seattle: Eastland Press, 2007), 223–242. 1929년의 시위 후, 여러 단체와 학술지는 '국의'가 들어가도록 이름을 바꾸었다.

44 같은 글, 9장과 10장.

45 같은 글, 281.

46 같은 글, 208.

47 같은 글.

48 龐京周, 《上海市近十年來醫藥鳥瞰》, 63.

49 같은 글, 13.

50 鄭金生, 李建, 〈現代中國醫學史研究的源流〉, 《大陸雜誌》 95-6 (1997), 26-35 [27].

51 Sean Hsiang-lin Lei, "Writing Medical History for a Living Tradition; or, Rescuing Medical History from Both the Nation and Nature," paper presented at the workshop Retrospect of a Century of Republican Scholarship, Institute of Modern History, Academia Sinica, Taiwan, January 11-13, 2012.

52 隴西布衣, 〈上海七個醫學校的教程與興亡〉, 《醫界春秋》 20 (1928), 1-3 [2].

53 隴西布衣, 〈上海七個醫學校的教程與興亡續〉, 《醫界春秋》 21 (1928), 1-4 [2].

54 龐京周, 《上海市近十年來醫藥鳥瞰》, 13.

55 隴西布衣, 〈上海七個醫學校的教程與興亡續〉, 4.

56 둘 사이에는 다른 차이도 있다. 상하이중국의학원은 침구를 교육 과정에 포함했으나, 딩간런의 학교는 그렇지 않았다는 점이다.

57 張子恆, 〈上海兩中醫校之比較觀〉, 《醫界春秋》 27 (1928), 4.

58 鄧鐵濤 編, 《中醫近代史》, 153-161.

59 實藤惠秀, 《中國人留學日本史》, 譚汝謙, 林啟彥 譯 (香港: 中文大學出版社, 1982), 236.

60 龐京周, 《上海市近十年來醫藥鳥瞰》, 100.

61 Bridie Andrews, "The Making of Modern Chinese Medicine, 1895-1937" (PhD diss., University of Cambridge, UK, 1996), 197.

62 葉勁秋, 〈關於中醫教育〉, 《中西醫藥》 3-7 (1939), 461-464 [462].

63 龐京周, 《上海市近十年來醫藥鳥瞰》, 13.

64 上海衛生局, 〈上海衛生局訓令〉, 40-41.

65 龐京周, 《上海市近十年來醫藥鳥瞰》, 6.

66 같은 글, 125-126.

7장

1 錢信忠, 《中國傳統醫藥學發展與現狀》 (臺北: 青春出版社, 1995), 44.

2 Judith Farquhar, *Knowing Practice: The Clinical Encounter of Chinese Medicine* (San Francisco: Westview Press, 1994), 17-19.

3 《申報》, 1929.3.21.

4 衛生部, 〈電〉, 《衛生公報》 4 (1929), 1-4.

5 顧惕生, 〈中醫科學化之商兌〉, 《醫界春秋》 44 (1930), 1-3 [1].

6 이 제안서는 탄옌카이, 후한민, 주페이더, 샤오원충, 천리푸, 자오이탕이 제출했다. 이에 관해서는 다음을 참고하라. 陳郁, 〈中醫藥文獻之鱗爪〉, 《中醫藥》 1-5 (1960), 9-22 [9].

7 全國醫藥團體總聯合會, 《全國醫藥團體總聯合會會務彙編》 (上海: 全國醫藥總會, 1931), 178.

8 같은 글, 179-180.

9 같은 글, 181.

10 未詳, 〈中央國醫館籌備大會開會紀錄〉, 《國醫公報》 2-2 (1934), 6-14 [8].

11 全國醫藥團體總聯合會, 《全國醫藥團體總聯合會會務彙編》, 102.

12 未詳,〈中央國醫館宣言〉,《國醫公報》1 (1932), 1–7 [7].

13 未詳,〈國醫館問題〉,《全國醫藥團體總聯合會會務彙編》, 86.

14 John Fitzgerald, *Awakening China: Politics, Culture and Class in the Nationalist Revolution* (Stanford, CA: Stanford University Press, 1996), 55.

15 중화의사학회中華醫史學會는 1936년에 설립되었으며, 중국의사박물관中國醫史博物館은 1938년에 개관했다.

16 다음을 참고하라. D. W. Y. Kwok, *Scientism in Chinese Thought, 1900–1950* (New Haven, CT: Yale University Press, 1965).

17 余巖,〈今後醫學革命之方策〉,《醫事匯刊》10 (1931), 33–34.

18 余巖,〈讀國醫館整理學術草案之我見〉,《中西醫藥》2-2 (1936), 178–192 [178].

19 余巖,〈第二版自序〉,《余氏醫述》二集 (上海: 社會醫保社, 1932 [1928]), 2. 이 작업은 의학혁명논문선醫學革命論文選으로도 알려져 있다.

20 한 가지 예로 1924년 위안푸추가 중국의학의 과학화를 지지했던 사례를 들 수 있다. 그러나 이는 "음양오행설을 과학적 경로에" 넣으려 했다는 점에서 1929년 이후의 과학화와 극명하게 다르다. 이에 관해서는 다음을 참고하라. 袁復初,〈改進中醫之我見〉,《三三醫報》2-12 (1924), 1–4; 2-13 (1924), 1–2.

21 陳培之,〈中國醫學科學整理之我見〉,《中西醫藥》2-2 (1936), 146–148 [147].

22 洪冠之,〈關於〈中醫科學化問題〉的商榷〉,《中西醫藥》2-2 (1936), 148–154 [148].

23 연구자들은 계몽이라는 기획의 궁극적 가치에 의문을 제기한 이들을 주변화하는 경향이 있다. 이러한 면에서 우리의 관점은 중국 지식인과 근대 국민국가의 근대화를 이끌었던 이들과 같은 입장을 취한다. 이에 관해서는 다음을 참고하라. Prasenjit Duara, "Knowledge and Power in the Discourse of Modernity: The Campaigns against Popular Religion in Early Twentieth-Century China," *Journal of Asian Studies* 50, no. 1 (1991), 67–83 [74].

24 같은 글.

25 彭光華,〈中國科學化運動協會的創建´活動及其歷史地位, 中國科技史料〉 13-1 (1992), 61–72.

26 Ralph Croizier, *Traditional Medicine in Modern China: Science, Nationalism, and the Tensions of Cultural Change* (Cambridge, MA: Harvard University Press, 1968), 92–99.

27 陳首,〈中國科學化運動研究〉(博士論文, 北京大學, 2007) 논문의 사본을 공유해준 천페이잉陳珮瑩에게 감사를 표한다.

28 천리푸와 구위슈는 함께 중국 과학화 운동을 시작했을 뿐 아니라, 1938년부터는 국민당 정부의 교육부 부장과 정무차장으로 임명되어 일본의 침략으로 운동이 종식될 때까지 함께했다. 이에 관해서는 다음을 참고하라. 顧毓琇,〈〈中國科學化〉的意義〉,《中山文化教育館季》2-2 (1935), 415–422; 陳首,〈科學與科學化: 顧毓琇的理念分析〉,《科學技術與辯證法》24-4 (2007), 84–88.

29 陳首,〈中國科學化運動研究〉, 99.

30 陳果夫,〈醫學的幼稚及中醫科學化的必要〉,《國醫公報》10 (1933), 12–15.

31 未詳,〈中國科學化運動協會第二期工作計畫大綱〉,《科學的中國》5-5 (1935), 181–184. 다음도 함께 참고하라. 顧毓琇,〈〈中國科學化〉的意義〉, 418, 422.

32 未詳,〈中國科學化運動協會第二期工作計畫大綱〉, 182.

33 '과학화'라는 용어는 이전부터 존재했지만, 1932년 중국 과학화 운동이 시작되기 전까지는 거의 사용되지 않았다.

34 〈中醫科學化論戰〉,《中西醫藥》2-2 (1936); 2-3 (1936).

35 余巖, 〈我國醫學革命之破壞與建設〉,《醫藥評論》8 (1929), 1-17; 〈我國醫學革命之破壞與建設(續)〉,《醫藥評論》9 (1929), 17-21.

36 스물세 편의 글 가운데, 여기에 처음 실린 글은 열 편뿐이다. 나머지 열세 편의 글은 편집자가 다른 의학잡지에서 가져온 것이다. 짐작해보자면, 1929년 이전에 발표된 글 가운데 편집자가 특별호에 걸맞은 글을 선별했을 것이다.

37 未詳, 〈揭幕〉,《中西醫藥》2-2 (1936), 91-92 [91].

38 未詳, 〈徵文: 中醫科學化論戰〉,《中西醫藥》1-4 (1935), 300.

39 루위안레이의 의학관에 대한 간략한 설명으로는 다음을 참고하라. 陳健民, 〈陸淵雷先生的學術思想〉,《中華醫史雜誌》20-2 (1990), 91-95.

40 陸淵雷, 〈擬國醫藥學術整理大綱草案〉,《神州國醫學報》1-1 (1932), 1-9.

41 같은 글, 2.

42 陸淵雷, 〈從根本上推翻氣化〉,《中醫新生命》3 (1934), 38-50. 루위안레이의 중국의학 개혁안을 요약하자면, 위옌을 열렬히 따르던 이가 중의에게 과학과 기화라는 상호 배타적인 선택지를 들이밀었다고 할 수 있겠다. 다음을 참고하라. 謝頌穆, 〈中醫往何處去〉,《中醫新生命》3 (1934), 1-7 [1].

43 謝頌穆, 〈中醫往何處去〉, 1.

44 陸淵雷, 〈擬國醫藥學術整理大綱草案〉, 2.

45 Charles E. Rosenberg, "The Tyranny of Diagnosis: Specific Entities and Individual Experience," in *Our Present Complaint: American Medicine, Then and Now* (Baltimore, MD: Johns Hopkins University Press, 2007), 13.

46 탄츠중은 자신이 "중국의학의 개혁에 가장 헌신적"이라고 주장했다. 다음을 참고하라. 趙洪鈞,《近代中西醫論爭史》(合肥: 安徽科學技術出版社, 1989), 249.

47 두 편의 책은 1931년에 처음으로 출간되었는데, 이후 한 권으로 합쳐져《의학혁명에 관한 논쟁》이라는 이름으로 재출간되었다. 譚次仲,《醫學革命論戰》(香港: 求實出版社, 1952 [1931]).

48 다음을 참고하라. 譚次仲, 〈爲科學化忠告全體中醫界〉,《醫學革命論戰》, 94-111; 譚次仲, 〈與全體民眾論中醫科學化之必要〉,《醫學革命論戰》, 115-118.

49 같은 글, 526.

50 譚次仲,《醫學革命論戰》, 63.

51 范行准, 〈雜種醫之剖視〉,《中西醫藥》2-11 (1936), 703-712 [708].

52 譚次仲,《醫學革命論戰》, 28.

53 曾覺叟, 〈聞余巖對焦館長爲擬定國醫條例告國人商榷書之矯正〉,《光華雜誌》2-2 (1935), 1-10 [1-2].

54 曾覺叟, 〈致陸淵雷書〉,《醫學雜誌》72 (1933), 74-79 [75].

55 다음을 참고하라. 趙洪鈞,《近代中西醫論爭史》, 232-233.

56 范行准, 〈國醫的徘徊世代〉,《國醫評論》1-3 (1933), 1-9 [4].

57 范行准, 〈給董志仁先生〉,《中西醫藥》2-5 (1936), 308-312 [311].

58 더 자세한 정보는 다음을 참고하라. Volker Scheid, *Currents of Tradition in Chinese Medicine, 1626–2006* (Seattle, WA: Eastland Press, 2007), 377–383.

59 未詳, 〈國醫藥學術整理大綱草案〉, 《國醫公報》 2-2 (1934), 1–6.

60 余巖, 〈讀國醫館整理學術草案之我見〉, 189.

61 Bridie J. Andrews, "Acupuncture and the Reinvention of Chinese Medicine," *American Pain Society Bulletin* 9, no. 3 (1999), n.p.

62 Hiromichi Yasui, "History of Japanese Acupuncture and Moxibustion," *Journal of Kampo, Acupuncture and Integrative Medicine* 1 (February 2010), 2–9 [7].

63 孫晏如, 〈振興國醫尤需提倡針灸說〉, 《醫界春秋》 54 (1930), 2.

64 未詳, 〈爲設立國醫館案中央政治會議致國民政府原函〉, 《國醫公報》 1-10 (1933), 3.

65 未詳, 〈中央國醫館整理國醫藥學術標準大綱草案〉, 《國醫公報》 2-2 (1934), 1–6 [5].

66 陳碧川, 〈針灸療病法在醫藥上的價之與其弊害〉, 《國醫公報》 2-3 (1934), 53–54.

67 梁春煦, 〈中央國醫館整理國醫藥學術標準大綱草案僭評〉, 《國醫公報》 2-2 (1934), 87–96 [95].

68 未詳, 〈中央國醫館整理國醫藥學術標準大綱草案〉, 5.

69 黃竹齋, 《針灸經穴圖考》 (臺北: 新文豐出版公司, 1970 [1934]), 56.

70 청단안의 이력과 침구 분야에 남긴 업적에 관해서는 다음을 참고하라. Andrews, "Acupuncture and the Reinvention of Chinese Medicine," 2–3. 청단안의 포스터 광고는 다음을 참고하라. 〈新式十二經穴掛圖出版〉, 《醫界春秋》 69 (1932), 封底.

71 Bridie Andrews, "The Making of Modern Chinese Medicine, 1895–1937," PhD diss., Department of History and Philosophy of Science, University of Cambridge, Cambridge, 1996, 279.

72 같은 글, 280.

73 林富士, 〈〈祝由〉釋義: 以《黃帝內經素問》爲核心文本的討論〉, 《中央研究院歷史語言研究所集刊》 83-4 (2012), 671–738.

74 Philip Cho, "Ritual and the Occult in Chinese Medicine and Religious Healing: The Development of Zhuyou Exorcism," PhD diss., University of Pennsylvania, 2006; 陳秀芬, "〈當病人見到鬼: 試論明淸醫者對於〈邪祟〉的態度〉, 《國立政治大學歷史學報》 30 (2008), 43–86 [71–76].

75 張榮明, 〈略論中醫祝由術的歷史發展〉, 《醫古文知識》, 3 (1995), 11–13 [13].

76 馮薇馨, 〈巫術對於心理療病之必要〉, 《中醫新論彙編》, 王愼軒 編 (蘇州: 蘇州國醫出社, 1932), 45.

77 陳果夫, 〈江蘇醫政學院的過去與未來〉, 《苦口談醫藥》, 陳果夫 編 (臺北: 正中書局, 1949), 47–66 [62].

78 陳果夫, 〈對於醫學院的期望〉, 《苦口談醫藥》, 66–75 [73].

79 대조적인 상황을 언급하는 편이 유용할 것 같다. 서구인들이 정신질환 치료에 중국의학을 이용하기 시작했을 때, 이들은 침구가 도움이 될 수 있다는 사실과 함께 이것이 '미신'으로 간주되어 1950년대에 출간된 중국의학 교과서에 실리지 못했음을 알게 되었다. Linda L. Barnes, "The Psychologizing of Chinese Healing Practices in the United States," *Culture, Medicine and Psychiatry* 22-4 (1998), 413–443 [421–425].

80 未詳, 〈揭幕〉, 《中西醫藥》 2-2 (1936), 91-92 [91].

81 余巖, 《余氏醫述》, 1.

82 黃克武, 〈從申報醫藥廣告看民初上海的醫療文化與社會生活〉, 《中央研究院近代史研究所集刊》 7-2 (1988), 141-194.

83 첫 번째 집단의 공격에 관해서는 다음을 참고하라. 秦伯未, 〈中醫與科學〉 5-2 (1933), 1-5 [2]. 세 번째 집단의 공격과 관련하여, 저명한 중국의학사가인 판싱준은 중국의학의 열 가지 핵심 개념에 대한 탄츠중의 해석을 혹평한 바 있다. 다음을 참고하라. 范行准, 〈雜種醫之剖視〉.

84 Bill Ashcroft, Gareth Griffiths, and Helen Tiffin, *The Post-Colonial Reader*, 2nd ed. (London: Routledge, 2006), 137.

85 陸淵雷, 〈擬國醫藥學術整理大綱草案〉, 3.

86 같은 글.

87 나는 이것이 중국의학의 보존을 위한 방어 전략을 넘어서려는 중의의 일반적인 태도라고 생각한다. 물론 쟁점이 되는 부분을 명확하게 다루면서, 국수로서의 중국의학 보존이라는 개념을 깎아내린 구체적인 사례를 살펴보는 것도 유용할 것이다. 1930년 야오자오페이는 '중국의학과 그 미래'라는 제목의 글에서 이렇게 썼다. "중국의학과 서양의학의 투쟁이 나날이 격화됨에 따라, 이에 부응하여 국수로서의 중국의학 보존이라는 생각이 점점 인기를 얻고 있다. 나는 두 가지 이유에서 이를 세심하게 살펴보아야 한다고 생각한다. 첫째, 중국의학은 더 발전될 수 있으나, [있는 그대로] 보존될 수는 없다. 국수의 보존이라는 개념은 중국의학이 [정부에 의해] 폐지되지 않게 할 뿐이다. 세계의 의료 발전을 고려할 때, 보존을 위한 노력은 중국의학을 살리는 일이라 하기 힘들다. 최선의 경우에도, 중국의학의 수명을 그저 몇 년 더 연장할 수 있을 뿐이고, 머잖아 중국의학은 멸종하고 말 것이다. [이러한 운명을 피하기 위해서], 중국의학은 앞으로 전진하는 것 이외에 다른 길이 없다. … 만약 중국의학이 질병 치료에 효과적이지 않다면, 혹은 효과적이라고 해도 서양의학보다 못하다면, 그것을 보존하기보다는 차라리 버리는 편이 낫지 않을까? 만약 중국의학이 질병 치료의 효과와 효험이라는 측면에서 서양의학보다 우수하다면, 중국의학을 단지 보존하는 데 국한할 필요가 어디에 있는가? [중국의학의] 효과적인 치료를 모두 수집해 책으로 써서 전 세계에 보내자! 그러면 중국의학이 세계 의료 시장에서 서양의학과 대등한 위치를 누릴 수 있을 것이다." 姚兆培, 〈中醫與前途〉, 《醫界春秋》 45 (1930), 3.

88 范行准, 〈雜種醫之剖視〉, 703.

89 판싱준의 잡종의학 비판은 명확한 도식을 드러낸다. "만약 우리가 '중국의학의 과학화'를 분석한다고 하자. 그렇다면 논리적으로 잡종의학의 주창자들이 옹호하는 것처럼 중국의학이 비과학적인 실체라 상정해야만 한다. 왜냐하면 이 외에는 중국의학에 과학화가 필요하다는 결론에 다다를 수 없기 때문이다." 같은 글, 706.

90 다음의 예를 참고하라. 傅斯年, 〈再論所謂〈國醫〉〉, 《傅斯年全集》 (臺北: 聯經出版公司, 1980 [1934]), 309-314 [311]

91 未詳, 〈揭幕〉, 92.

92 范行准, 〈雜種醫之剖視〉, 706.

93 특별호의 편집자가 그랬듯, 서의들은 제 생각을 자유롭게 드러내기 시작하면서 "중국의학이 과학화될 수 없음은 이미 오래전에 밝혀진 결론"이며, 그러므로 "오늘의 문제는 중국

의학이 과학화될 수 있는지가 아닌, 중의의 수를 줄일 수 있는지에 있다"고 주장했다. 이러한 관점에서 서의들은 중국의학의 과학화가 생각해볼 가치도 없는 문제라고 생각했다. 그들이 우려한 것은 정부가 과학이라는 이름으로 중국의학을 불법으로 규정할 것인지, 아니면 적어도 규제라도 가할 것인가 하는 문제였다. 특별호의 편집자가 중국의학의 과학화라는 인식론적인 주제를 정부의 중국의학 폐지 여부를 둘러싼 논란과 연관 지은 이유가 여기에 있다. 다음을 참고하라. 宋大仁, 〈覆〈再論中醫科學化問題〉〉, 《中西醫藥》 2-8 (1936), 544-549 [544-545].

8장

1 葉古紅, 〈傳染病之國醫療法〉, 《國醫公報》 2-10 (1935), 67-71 [67].

2 다음 두 논문이 그 예이다. 葉古紅, 〈中華醫藥革命論〉, 《醫界春秋》 49 (1930), 1-3; 〈中華醫藥革命論〉, 《醫藥評論》 6-1(1934), 28-31.

3 實藤惠秀, 《中國人留學日本史》, 譚汝謙, 林啟彥 譯 (香港: 香港中文大學出版社, 1982), 235.

4 張在同, 咸日金 編, 《民國醫藥衛生法規選編, 1912-1948》 (濟南: 山東大學出版社, 1990), 10.

5 劉士永, 〈〈清潔〉, 〈衛生〉與〈保健〉—日治時期臺灣社會公共衛生觀念之轉變〉, 《臺灣史研究》 8-1 (2001), 41-88 [57].

6 余巖, 〈廢止舊醫以掃除醫事衛生之障礙案〉, 《醫界春秋》 34 (1929), 9-10 [9].

7 未詳, 〈中央衛生委員會議議決〈廢止中醫案〉原文〉, 《醫界春秋》 34 (1929), 9-11 [10].

8 '감염병'이라는 말은 원문의 일부이다. 중국어 원문에서는 '역병'과 대중적인 용어인 '추안란빙'이 동일하게 사용된다.

9 全國醫藥總會, 《全國醫藥團體代表大會提案會錄》, (上海: 全國醫藥總會, 1929), 17-18.

10 未詳, 〈江蘇省中醫檢定規則〉, 《醫界春秋》 89 (1934), 29-30 [30].

11 같은 글, 29.

12 문자 그대로는 '상한傷寒'이다. 이는 다양한 질병을 통칭하던 전통적인 질병 범주이지만, 이 문서에서 정부는 상한을 장티푸스와 동일한 의미로 사용했다.

13 문자 그대로는 '풍사風邪'이다. 정부는 이를 인플루엔자를 지칭하는 데 사용했다.

14 未詳, 〈吳縣中醫公會議決反對江蘇省中醫檢定規則〉, 《醫界春秋》 91 (1934), 39-40.

15 Volker Scheid, "Foreword," in *Warm Diseases: A Clinical Guide*, ed. Guohui Liu (Seattle, WA: Eastland Press, 2001), vii-x.

16 스진모는 베이징의 4대 중의 중 한 명으로 많은 존경을 받았다. 그는 청 왕조를 전복하는 데 젊음을 바쳤고, 그러하기에 국민당 지도자들과 안면이 있었다. 정치적 인연 덕에 그는 국의관 관장이자 국민당의 높은 정치인이었던 자오이탕으로부터 국의관의 부관장으로 와 달라는 요청을 받았다. 이 자리를 수락하면서 스진모는 중국의학 개혁의 주요 설계자 중 한 사람이 되었다. 1932년, 스진모는 베이징에 화북국의학원華北國醫學院을 설립했는데, 근대 의학의 원칙과 도구를 교육 과정에 적극적으로 도입한 학교였다.

17 施今墨, 〈中央國醫館學術整理會統一病名建議書〉, 《醫界春秋》 81 (1933), 7-12 [8].

18 같은 글, 7.

19 같은 글.

20 같은 글.
21 같은 글, 8.
22 Marta E. Hanson, *Speaking of Epidemics in Chinese Medicine: Disease and the Geographic Imagination in Late Imperial China* (London: Routledge, 2011), 2.
23 같은 글, 102.
24 같은 글, 10.
25 같은 글.
26 Sean Hsiang-lin Lei, "Sovereignty and the Microscope: Constituting Notifiable Infectious Disease and Containing the Manchurian Plague(1910-1911)," in *Health and Hygiene in Chinese East Asia*, eds. Angela Leung and Charlotte Furth (Durham, NC: Duke University Press, 2010), 73-108 [93].
27 이를테면 근대 중국의학사를 서술한 어떤 탁월한 저서에서 저자는 1949년 이전의 중요한 발전은 감염병의 영역에서 이루어졌다고 결론 내렸다. 그러나 그는 감염병이라는 범주 자체가 중국의학의 혁명적 발전에 해당한다는 점은 이야기하지 않았다. 鄧鐵濤 編,《中醫近代史》, (廣州: 廣東高等教育出版社, 1999), 407-412.
28 施今墨,〈中央國醫館學術整理會統一病名建議書〉, 11.
29 같은 글.
30 세균 이론에 대한 위옌의 입장을 상세하고 종합적으로 다룬 연구로는 다음을 참고하라. 皮國立,《〈氣〉與〈細菌〉的近代中國醫療史》(臺北: 國立中國醫藥研究所, 2012), 6章.
31 惲鐵樵,〈對於統一病名建議書之商榷〉,《醫界春秋》81 (1933), 20-24 [22].
32 같은 글.
33 세균 이론과 중국의학의 관계에 대해서는 다음을 참고하라. Bridie Andrews, "Tuberculosis and the Assimilation of Germ Theory in China, 1895-1937," *Journal of the History of Medicine and Allied Sciences* 52, no. 1 (1997), 114-157.
34 鄧鐵濤 編,《中醫近代史》, 88-89.
35 時逸人,《中國時令病學》(香港: 千頃堂書局, 1951[1930]), 7.
36 田爾康,〈中醫對於急性傳染病症試列舉其長並糾正其短〉,《醫學雜誌》69 (1933), 5-6.
37 같은 글.
38 時逸人,《中醫傳染病學》(臺北: 力行書局, 1959), 97.
39 같은 글.
40 《醫學雜誌》69 (1933)의 표지.
41 파스퇴르의 동시대인들은 세균이 질병의 필요조건이라는 주장을 세균이 질병의 충분조건이라는 뜻으로 오해했고, 그리하여 파스퇴르의 주장을 말도 안 되는 소리라 생각했다. 병의 증상을 나타내지 않는 보균자도 있기 때문이다. 그런 점에서 중의들이 반세기 전 유럽의 논쟁을 반복하며, 육기야말로 질병의 진정한 원인이고 세균은 그 과정의 부산물이라고 주장했다는 점은 이해할 여지가 없지 않다. 카터가 정확히 강조했듯이, 비서구의 의학 전통과 19세기 중반 이전의 서구 의학 전통 모두에서 "(질병의) 원인이라는 단어가 충분조건이기는 하나, 필요조건은 아니라는 의미로 사용되는 경우가 발견된다". K. Codell Carter, "The Development of Pasteur's Concept of Disease Causation and the Emergence of Specific Causes in Nineteenth-Century Medicine," *Bulletin for the History of Medicine* 65, no. 4

(1991), 528–548 [528] 참고.

42 鄧鐵濤 編,《中醫近代史》, 301.

43 張贊臣,〈關於統一病名之所見〉,《醫界春秋》81 (1933), 2. 이 문단의 서술과 이어지는 장빙린과 와타나베에 대한 논의는 "오늘날과 같은 증상, 병증, 질병의 구분은 1950년대 이전까지만 해도 분명하지 않았다"는 샤이트의 주장을 뒷받침하는 동시에 혼란스럽게 만든다. Volker Scheid, *Chinese Medicine in Contemporary China: Plurality and Synthesis* (Durham, NC: Duke University Press, 2002), 205를 참고하라.

44 이는 증상症과 병증證에 해당한다.

45 Scheid, *Chinese Medicine in Contemporary China*, 205–206.

46 같은 글, 206.

47 渡邊熙,《和漢醫學之真髓》, 沈松年 譯 (上海: 昌明醫藥學社, 1931 [1928]), 7.

48 渡邊熙,〈日本醫學博士渡邊熙提議各大學添設漢醫講座書〉,《醫學雜誌》72 (1933), 70–72 [71].

49 와타나베에 의해 널리 알려진 이 말은 이후 많은 중의가 두 종류의 의학을 대조하는 데 쓰이기도 했다. 그러나 와타나베는 인용 과정에서 적지 않은 실수를 저질렀다. 이는 아마도 그가 요제프 슈코다와 청진기의 발명자인 르네 라에네크René-Théophile-Hyacinthe Laennec, 1781~1826를 혼동하여 합쳐버렸기 때문일 것이다.'오류로 점철된 슈코다의 의견'이라는 제목의 글은 이렇게 시작된다. "1805년경, 현대 청진기의 발명자 슈코다는 이렇게 말했다." 슈코다는 1805년에 태어난 인물이니, 같은 해에 무슨 말을 남기지는 못했을 것이다. 또한 그는 청진기를 발명한 사람도 아니었다. 이처럼 와타나베가 슈코다를 잘못 인용했기 때문에, 중국인 사상가의 글에서 비슷한 표현을 발견한다면 출처는 와타나베일 가능성이 높다. 渡邊熙,《和漢醫學之真髓》, 26를 참고하라.

50 Barry G. Firkin and J. A. Whitworth, *Dictionary of Medical Eponyms* (New York: Parthenon, 2002), 374.

51 渡邊熙,《和漢醫學之真髓》, 2.

52 章太炎,〈序〉,《傷寒論今釋》, 陸淵雷 編 (臺北: 文光出版社, 1961 [1931]).

53 時逸人,〈壬申之夏醫學專校第四班畢業錄序〉,《醫學雜誌》65 (1932), 1–3 [2].

54 吳漢遷,〈按〉,《醫學雜誌》72 (1933), 72.

55 陸淵雷 編,《傷寒論今釋》, 2. 장빙린의 말은 슈코다의 주장과 온전히 똑같지만, 그는 와타나베도 슈코다도 언급하지 않았다. 그러나 다른 이들은 서문을 읽고, 장빙린이 슈코다의 말을 변형했다고 생각했다. 曾覺叟,〈致章太炎書〉,《醫學雜誌》72 (1933), 72–74 [72]을 참고하라.

56 Roy Porter, *The Cambridge History of Medicine* (Cambridge: Cambridge University Press, 2006), 121–126.

57 章太炎,〈序〉, 1.

58 같은 글.

59 賈春華,〈古方派對中國近代傷寒論研究的影響〉,《北京中醫藥大學學報》17–4 (1994), 5–9.

60 Michael Worboys, *Spreading Germs: Disease Theories and Medical Practice in Britain, 1865–1900* (Cambridge: Cambridge University Press, 2000), 4.

61 Charles E. Rosenberg, "The Tyranny of Diagnosis: Specific Entities and Individual Expe-

rience," in *Our Present Complaint: American Medicine, Then and Now* (Baltimore, MD: Johns Hopkins University Press, 2007), 13.

62 같은 글, 13–14.

63 이는 정확하게 강경 보수파였던 쩡쥐써우가 제안했던 생각이다. 그는 중국의학이 질병의 원인을 인지하지 못한다고 인정했던 장빙린에게, 공개서한을 보내어 반대 의사를 표명했다. 물론 쩡쥐써우의 비판과 대안에 비추어 볼 때, 장빙린의 주장은 훨씬 더 전략적인 것이었다. 曾覺叟, 〈致章太炎書〉, 72를 참고하라.

64 병증과 질병의 대립은 장빙린이 와타나베에게서 원용했을 가능성이 높다. 1928년 일본에서 출판된 와타나베의 책에는 '화한의학의 진수: 주요 병증의 치료'라는 제목이 붙었다. 이처럼 장빙린이 사용했던 두 가지 핵심 개념인 치료와 병증은 장빙린이 일본 전통 의학의 특징이라 강조한 요소였다.

65 스진모는 이후 1950년대에 변증론치 이론을 발전시킨 주요 이론가로 상찬받았다. 베이징중의약대학 최초의 교수로 발령받던 시기에 입장을 전환한 것으로 보인다.

66 다음을 참고하라. 宋愛人, 〈科學不足存廢國醫論〉, 《醫界春秋》 85 (1933), 17–19 [17]; 葉古紅, 〈傳染病之國醫療法〉, 67.

67 Erwin H. Ackerknecht, *A Short History of Medicine* (Baltimore, MD: Johns Hopkins University Press, 1982), 232.

68 葉古紅, 〈傳染病之國醫療法〉, 68.

69 같은 글.

70 Paul Weindling, "The Immunological Tradition," in *Companion Encyclopedia of the History of Medicine*, eds. W. F. Bynum and Roy Porter (London: Cambridge University Press, 1995), 192–204 [195].

71 葉古紅, 〈傳染病之國醫療法〉, 68.

72 Scheid, *Chinese Medicine in Contemporary China*, 203–204.

73 渡邊熙, 《和漢醫學之真髓》, 80–82.

74 Scheid, *Chinese Medicine in Contemporary China*, 200–237. Volker Scheid, "Convergent Lines of Descent: Symptoms, Patterns, Constellations and the Emergent Interface of System Biology and Chinese Medicine," *East Asian Science, Technology and Society: An International Journal* 8-1 (2014), 107–139도 참고하라.

75 Eric I. Karchmer, "Chinese Medicine in Action: On the Postcoloniality of Medical Practice in China," *Medical Anthropology: Cross-Cultural Studies in Health and Illness*, 29, no. 3 (2010), 226–252 [246].

76 渡邊熙, 〈日本醫學博士渡邊熙提議各大學添設漢醫講座書〉, 79.

77 Ian Hacking, *Representing and Intervening* (Cambridge: Cambridge University Press, 1983), 23, 262–275. 이언 해킹, 《표상하기와 개입하기》, 이상원 옮김 (파주: 한울, 2020), 427–447.

78 1950년대 변증론치의 부상과 표준화에 대해서는 다음의 탁월한 분석을 참고하라. Volker Scheid, *Chinese Medicine in Contemporary China*, 200–237.

79 특히 와타나베는 일본 전통 의학이 "토대가 없는 학문"이라고 말하기도 했다.

9장

1 E. Leong Way, "Pharmacology," in *Sciences in Communist China*, ed. S. H. Gould (Washington, DC: American Association for the Advancement of Science, 1961), 363-382 [364].

2 范行准, 〈雜種醫之剖視〉, 《中西醫藥》 2-11 (1936), 703-712 [706].

3 饒毅, 黎潤紅, 張大慶, 〈中藥的研究豐碑〉, 《科學文化評論》 4 (2011), 29-46.

4 상산의 사례가 국산 약물의 과학 연구를 대표하는 사례와 거리가 멀다는 점을 강조하라고 이야기해준 웬칭 쏭에게 감사의 인사를 남긴다.

5 행위자 연결망 이론에 대한 비판적 입문과 검토는 다음을 참고하라. John Law and John Hassard, *Actor-Network Theory and After* (Oxford: Blackwell, 1999).

6 Bruno Latour, *The Pasteurization of France* (Cambridge, MA: Harvard University Press, 1988), 21.

7 《申報》, 1929.3.18.

8 Karl Gerth, *China Made: Consumer Culture and Creation of the Nation* (Cambridge, MA: Harvard University Asia Center, 2003).

9 강경한 중국의학 비판자였던 서의 왕치장조차, 환자들에게 외국산 약을 처방할 수밖에 없는 상황이 심히 괴롭다고 고백할 정도였다. 汪企張, 《二十年來中國醫事芻議》 (上海: 診療醫報社, 1935), 127을 참고하라.

10 초기 중국의학사가로서 맹렬하게 중국의학을 비판했던 판싱준은 일련의 연구를 통해, 중국의학의 몇 가지 요소가 서양에서 기원한다는 것을 파헤쳤다. 판싱준은 역사 연구를 통해, 중국의학을 '국수'로 고양하려던 문화민족주의자를 공격하려 했다. 范行准, 〈胡方考〉, 《中華醫學雜誌》 22-12 (1936), 1235-1266.

11 汪企張, 《二十年來中國醫事芻議》, 164, 278.

12 서의들은 '장사꾼'이라는 비난을 분명 심각하게 받아들였고, 적지 않은 이들은 해관 통계를 인용하여 중약이 누리는 국산품의 지위를 흔들고자 했다. 다음의 글을 예로 들 수 있다. 范守淵, 〈〈國藥〉與國貨〉, 《范氏醫論集》 2 (上海: 九九醫學社, 1947), 171-175; 陳方之, 〈西藥的漏溢問題〉, 《醫事匯刊》 8 (1931), 3-4; 龐京周, 〈答舊醫及告政府諸公文〉, 《中醫教育討論集》 (上海: 中西医药研究社, 1939), 416-419.

13 言者, 〈從麻黃精聯想到我國的醫藥界〉, 《醫學週刊》 36 (1930).

14 K. K. Chen, "Researches on Chinese Materia Medica," *Journal of the American Pharmaceutical Association* 20, no. 2 (1931), 110-113 [111].

15 張昌紹, 〈三十年來中藥之科學研究〉, 《科學》 31-4 (1949), 99-116. 상산 연구에 대한 다른 2차 문헌으로 다음을 참고하라. 張鳴皋 編, 《藥學發展簡史》 (北京: 中國醫藥科技出版社, 1993), 148; 陳新謙, 張天祿, 《中國近代藥學史》 (北京: 人民文學出版社, 1992), 128-131; 薛愚, 《中國藥學史料》 (北京: 人民文學出版社, 1984), 414-419.

16 陳果夫, 〈常山治瘧〉, 《陳果夫先生全集第八集》 10 (香港: 近代中國出版社, 1952), 8, 263-268.

17 같은 글, 264.

18 사실 서양의학을 전공한 약리학자들 역시 같은 논변을 사용하여, 국민당 정부에 근대 의약 산업과 연구 기관의 설립을 촉구했다. 陳新謙, 張天祿, 《中國近代藥學史》, 114-116.

19 Francis G. Henderson, Charles L. Rose, Paul N. Harris, and K. K. Chen, "g-Dichroine, the

Antimalaria Alkaloid of Chang Shan," *Journal of Pharmacology and Experimental Therapeutics* 95 (1948), 191–200.

20 1939년, 류사오광과 그의 중앙약물연구소中央藥物硏究所 동료들은 중국의 항말라리아 약재에 대한 선구적인 연구를 시작했다. 劉紹光, 〈西南抗瘧藥材之硏究〉, 《中華醫學雜誌》 27–6 (1940), 327–342. 이후 류사오광의 주장을 반박한 장창사오의 실험에 관해서는 다음을 참고하라. 張昌紹, 周廷沖, 〈國産抗瘧藥材之硏究〉, 《中華醫學雜誌》 29–2 (1943), 137–142.

21 丁福保, 《中藥淺說》 (上海: 商務印書館, 1930), 2. 딩푸바오와 그의 의학 서적 번역에 대한 간략한 소개로는 다음을 참고하라. 馬伯英, 高晞, 洪中立, 《中外醫學文化交流史》 (上海: 文匯出版社, 1993), 450–455.

22 F. 포터 스미스는 상산의 치료 효과에 대해 본초학에 기록된 내용을 고쳐 말하는 정도에 그쳤다. "어떤 형태건 상산은 열병, 특히 말라리아 열병에 사용되었다. 모든 열병에 이 약이 추천된다." 스미스는 전통적으로 내려오던 상산의 효험을 말했을 뿐, 자신의 평가를 더하지는 않았다. F. Porter Smith, *Chinese Materia Medica: Vegetable Kingdom* (臺北: 古亭書屋, 1969 [1911]), 293을 참고하라.

23 李濤, 〈我國瘧疾考〉, 《中華醫學雜誌》 18–3 (1932), 415–419 [419].

24 許植方, 〈國産截瘧藥之硏究〉, 《醫藥學》 1–9 (1948), 31–34 [34].

25 陳果夫, 〈常山治瘧〉, 264.

26 張錫純, 《醫學衷中參西錄》 (石家莊: 河北科學技術出版社, 1995), 中冊, 125.

27 K. K. Chen, "Half a Century of Ephedrine," in *Chinese Medicine*: New Medicine, ed. Frederick F. Kao and John J. Kao (New York: Institute for Advanced Research in Asian Science and Medicine, 1977), 21–27 [22].

28 Carl F. Schmidt, "Pharmacology in a Changing World," *Annual Review of Physiology* 23 (1961), 1–15 [7–8].

29 과학의 내부적 요소와 외부적 요소라는 문제적 이분법에 대한 비판적 검토로는 다음을 참고하라. Steven Shapin, "Discipline and Bounding: The History and Sociology of Science as Seen Through the Externalism-Internalism Debate," *History of Science* 30 (1992), 333–369.

30 陳果夫, 〈常山治瘧〉, 264.

31 처방전 원본은 다음의 재료로 이루어져 있었다. 상산常山, 빈랑檳榔, 별갑鱉甲, 별초甘草, 오매烏梅, 홍조紅棗, 생강生薑. 未詳, 《常山治瘧初步硏究報告》 (重慶: 國藥硏究室, 1944), 1.

32 陳果夫, 〈常山治瘧〉, 265.

33 未詳, 《常山治瘧初步硏究報告》, 4.

34 같은 글, 9.

35 같은 글, 11.

36 같은 글, 9.

37 B. E. Read and J. C. Liu, "A Review of Scientific Work Done on Chinese Material Medica," *National Medical Journal of China* 14, no. 5 (1928), 326–327.

38 1954년, 다른 생약학자 역시 본초학에 나오는 계골상산이 한 가지 종류 이상이라고 결론지었다. 전국에서 판매되는 '상산'이란 사실 같은 약초가 아니었다. 樓之岑, 〈常山的生藥鑑〉, 《中華醫學雜誌》 60 (1954), 869–870.

39 당시 과학계의 합의에 따르면, 근래의 중국 약재와 전해 내려오는 약재의 특성이 일치하지 않는 경우 다음과 같이 처리해야 한다. "전해지는 특성과 일치하는 약초가 없다면 기존의 이름을 폐지해야 한다. 반면 현재의 약초가 전통 약초와 정확히 일치하는지 분명치 않다면, 전자의 특성을 기록하면 된다." 言者, 〈研究國産藥意見匯錄〉, 《大公報醫學週刊》 46 (1930)을 참고하라.

40 未詳, 《常山治瘧初步研究報告》, 11–14.

41 같은 글, 9.

42 예를 들어 다음을 참고하라. Smith, *Chinese Materia Medica: Vegetable Kingdom*, 292–293; and Bernard E. Read, *Chinese Medical Plants from the Pen Ts'ao Kang Mu (A. D. 1596) of a Botanical, Chemical and Pharmacological Reference List* (Taipei: Southern Material Center, 1982 [1923]), 106.

43 未詳, 《常山治瘧初步研究報告》, 12.

44 Saburo Miyashita, "Malaria in Chinese Medicine during the Chin and Yüan Periods," *Acta Asiatica*, no. 36 (1979), 10.

45 예를 들어 천춘런이 쓴 《중국약학대사전》(1935)에서, *Orixa japonica*는 상산의 '외국 이름'이라 소개되어 있다. 陳存仁, 《中國藥學大辭典》 (上海: 世界書局, 1935), 1143.

46 Henderson et al., "g-Dichroine, the Antimalaria Alkaloid of *Chang Shan*"; Isabel M. Tonkin and T. S. Work, "A New Antimalarial Drug," *Nature* 156 (November 1945), 630.

47 J. W. Fairbairn and T. C. Lou, "A Pharmacognostical Study of *Dichroa febrifuga* Lour: A Chinese Antimalarial Plant," *Journal of Pharmacy Pharmacol* 2, no. 1 (1950), 162–177 [164].

48 張昌紹, 周廷沖, 〈國産抗瘧藥材之研究〉, 137–142.

49 최근의 한 연구는 식물에서 추출된 페브리퓨진이 합성 페브리퓨진보다 부작용이 약한 이유를 설득력 있게 설명한다. Anthony Butler and John Moffett, "The Anti-Malarial Action of *Changshan* (Febrifugine): A Review," *Asian Medicine: Tradition and Modernity* 1, no. 2 (2005), 423–431 [427].

50 陳果夫, 〈常山治瘧〉, 267.

51 陳果夫, 〈一二三四五還是五四三二一〉, 《醫政漫談續編》, 71–72.

52 이어지는 두 연구 절차에 대한 설명은 위옌이 1952년에 쓴 글에 기초한다. 천궈푸나 그를 비판하던 이들이 위옌의 서술을 염두에 두었다는 직접적인 증거는 없다. 그러나 위옌은 중국 약재를 연구하는 대안의 절차에 대하여 '도행역시倒行逆施'라는 말을 썼고, 이는 천궈푸가 사용한 표현인 '5–4–3–2–1'과 매우 유사하다. 물론 나는 이것이 시대착오일 수 있음을 잘 알고 있다. 특히나 중국의학에 대한 위옌의 태도가 1949년의 공산당 집권 이후로 크게 바뀌었으니 말이다. 다만 여기에서 위옌의 입장을 장황하게 논의하기보다 경쟁하는 두 가지 연구 절차가 설정한 과제를 설명하는 데 주안점이 있다는 사실을 짚어두자. 또한 나는 위옌의 견해를 뒷받침하는 2차 문헌을 제시하기도 했다. 내가 1952년의 글을 고른 것은 위옌이 누구보다 두 가지 연구 절차를 체계적으로 정리했기 때문이다. 무엇보다 그는 천궈푸의 상산 연구를 '역순 연구 절차'의 예라고 짚어 말하기도 했다. 余巖, 〈現在該研究中藥了〉, 《中國藥物的科學研究》, 黃蘭孫 編 (上海: 千頃堂書局, 1952), 6–11을 참고하라.

53 더 나아가, 어떤 의과학자들은 생약학적 식별을 화학 분석에 선행하는 단계로 설정하기

도 했다. 이를테면 중요한 중국 생약학자 중 한 명인 자오위황은 생약학적 식별이 시행되기 전의 화학 분석은 무의미하다고 주장했다. 趙燏黃, 〈中藥硏究的步驟〉, 《新醫藥》 2-4 (1934), 331-334을 참고하라.

54 다음을 참고하라. 張鳴皋 編, 《藥學發展簡史》(北京: 中國醫藥科技出版社, 1993), 151.

55 K. K. Chen and Carl F. Schmidt, "Ephedrine and Related Substances," *Medicine: Analytical Reviews of General Medicine, Neurology and Pediatrics* 9, no. 1 (1930), 1-131 [1-7]. 마황 연구의 역사에 대한 간략한 개요로는 다음을 들 수 있다. James Reardon-Anderson, *The Study of Change: Chemistry in China, 1840-1949* (Cambridge: Cambridge University Press, 1991), 149-151.

56 Chen and Schmidt, "Ephedrine and Related Substances," 4.

57 譚次仲, 〈再呈硏究院論藥物實驗不宜忽視經驗〉, 《醫學革命論戰》(香港: 求實出版社, 1952 [1931]), 50.

58 K. K. Chen, "Research on Chinese Materia Medica," 112.

59 M. K. 이글스턴에 따르면 "몇 차례 실험이 실패한 이후, [슈미트] 연구팀 전체가 중약을 향한 관심을 잃고 있었다. 이때 마황에 대한 연구를 시작할 수 있었던 것은 전적으로 천커후이의 결단 덕분이었다." "Letter from M. K. Eggleston to Roger S. Greene, 12 December 1930," RF folder 873, box 120, IV 2 B9, 1930. Rockefeller Foundation Archive Center, Sleepy Willow, NY.

60 K. K. Chen, "Research on Chinese Materia Medica," 112.

61 같은 글.

62 Chen and Schmidt, "Ephedrine and Related Substances," 6.

63 汪企張, 《二十年來中國醫事芻議》, 61-62.

64 다음을 참고하라. 余巖, 〈皇漢醫學批評〉, 《大公報醫學週刊》 70-85 (1931), 특히 75卷; 余巖, 〈我國醫學革命之建設與破壞〉, 《中西醫藥》 2-3 (1936), 164-178 [169].

65 未詳, 《常山治瘧初步硏究報告》, 47.

66 같은 글.

67 같은 글.

68 사실, 이후 연구 출판물에서 과학자들은 상산을 지속적으로 '새로운 항말라리아 약물'이라고 칭했다. 예로는 다음을 참고하라. Tonkin and Work, "A New Antimalarial Drug," 630; and David Hooper, "A New Anti-Malarial Drug," *Nature* 157 (January 1946): 106.

69 陳果夫, 〈老病人談中醫西醫〉, 《陳果夫先生全集第八集》 6:10.

70 譚次仲, 〈再呈硏究院論藥物實驗不宜忽視經驗〉, 50-55.

71 未詳, 《常山治瘧初步硏究報告》, 4.

72 張昌紹, 《現代的中藥硏究》(上海: 中國科學圖書儀器公司, 1954), 141.

73 도쿄제국대학을 나온 자오위황은 1907년에 만들어진 중국약학회中國藥學會의 설립자 가운데 한 명이다. 그는 근대적 생약학 연구의 방법론으로 중국 본초학에 가장 많이 기여한 인물이다. 자오위황의 배경과 업적에 대한 간략한 정리로는 다음을 참고하라. 傅維康, 《中藥學史》(成都: 巴蜀書社, 1993), 304-306; 趙燏黃, 〈說中藥〉, 《醫藥評論》 39 (1930), 5-7; 趙燏黃, 〈中藥硏究的步驟〉.

74 趙燏黃, 〈中央硏究院擬設中藥硏究所計畫書〉, 《醫藥評論》 1 (1929), 44-47.

75 李濤, 〈我國瘧疾考〉, 419.

76 未詳, 〈舊醫尚可改造耶〉, 《中華醫學雜誌》 19 (1933), 41.

77 Sean Hsiang-lin Lei and Gerard Bodeker, "*Changshan*—Ancient Febrifuge and Modern Antimalarial: Lessons for Research from a Forgotten Tale," in *Traditional Medicinal Plants and Malaria*, eds. Merlin Willcox, Gerard Bodeker, and Philippe Rasonanivo (London: CRC Press, 2004), 61–82 [71]. 다음도 참고하라. Merlin Willcox et al., "Guideline for the Preclinical Evaluation of the Safety of Traditional Herbal Antimalarials" in *Traditional Medicinal Plants and Malaria*, 279–296.

78 이는 라투르가 제기한 근대성 비판의 핵심 주제 가운데 하나이다. 그가 '근대 헌법'이라 부른 것, 즉 영원성 및 이와 연관된 여러 문화를 대체하기 위하여, 라투르는 '자연-문화'라는 개념을 내놓았다. 이는 각각의 문화가 사회기술 연결망과 실천에 의해 동원된 '자연'과 불가분의 관계에 있다는 생각이다. Bruno Latour, *We Have Never Been Modern* (Cambridge, MA: Harvard University Press, 1993), 91–130. 브뤼노 라투르, 《우리는 결코 근대인이었던 적이 없다》, 홍철기 옮김 (서울: 갈무리, 2009), 231-320.

79 물질적으로 보았을 때, 상산은 어떤 처방에 담긴 일곱 가지 약재 가운데 하나에서(1940년 이전의 천귀푸), 추출물이 되었다가(1940년의 청페이전), 이름 없는 알칼로이드 추출물이 되었으며(1940년 화학자 장쥐황의 보고서, 이에 대해서는 30번 각주를 보라), 그러고는 g-디크로인(1948년 엘리릴리앤드컴퍼니의 천커후이)으로 바뀌었다. 개념적으로는 독성 식물(《본초강목》)에서 살균제(1935년)가 되었다가, 말라리아 치료에 "효험을 보이는 중약"(1940년의 청페이전)이 되었다.
앤드루 피커링Andrew Pickering은 실천과 과학적 문화 사이의 상호 안정화 과정을 드러낼 수 있는 체계적인 방법론을 제시했다. Andrew Pickering, *The Mangle of Practice: Time, Agency, and Science* (Chicago: University of Chicago Press, 1995), 68–112; Joan H. Fujimura, "Crafting Science: Standardized Package, Boundary Objects, and 'Translation,'" in *Science as Practice and Culture*, ed. Andrew Pickering (Chicago: University of Chicago Press, 1992), 139–167을 참고하라.

80 여기서 강조해둘 것이 있다. 언어를 번역하는 것과는 다르게 여기서 논의하는 '재연결망화'는 사회기술 연결망 간의 번역을 동반한다. 그러므로 이러한 번역의 중심에는 '의미'에 더하여 물적 사물이 놓여 있다. 중국어, 일본어, 서양 언어 사이를 번역할 때 마주하게 되는 본질적인 문제에 대한 체계적 연구로는 다음을 참고하라. Lydia H. Liu, *Translingual Practice: Literature, National Culture, and Translated Modernity—China, 1900–1937* (Stanford, CA: Stanford University Press, 1995). 더 나아가 '언어의 불평등'을 동반하는 번역 실천에 대해 더 알고 싶다면 다음을 참고하라. Talal Asad, "The Concept of Cultural Translation in British Social Anthropology," in *Genealogies of Religion* (Baltimore, MD: Johns Hopkins University Press, 1993), 171–199.

81 이와 같은 중요한 현상 및 그것이 현대 중약 연구에서 갖는 함의에 대한 논의로는 다음을 참고하라. Lei and Bodeker, "*Changshan*—Ancient Febrifuge and Modern Antimalarial," 61–82 [72–77].

82 상산 연구와 아르테미시닌 추출로 귀결된 1960년대의 개똥쑥 연구는 말라리아가 풍토병으로 유행하는 지역에서 전쟁을 수행하기 위해 진행된 것이다. 아르테미시닌에 대한 자세

한 논의는 다음을 참고하라. Elisabeth Hsu, "Reflections on the Discovery of the Antimalarial *Qinghao*," *British Journal of Clinical Pharmacology* 61, no. 6 (2006): 666–670.

83 余巖, 〈現在該研究中藥了〉, 6.

84 譚次仲, 〈再呈研究院論藥物實驗不宜忽視經驗〉, 50–55.

10장

1 Margaret Chan, "Keynote Speech at the International Seminar on Primary Health Care in Rural China," in *International Seminar on Primary Health Care in Rural China* (Beijing: World Health Organization, 2007), online at http://www.who.int/dg/speeches/2007/20071101_beijing/en/index.html (accessed July 17, 2013).

2 최근의 연구에서 샤오핑팡은 적각의생 계획의 성공이 침구과 전통 약재 덕분이었다는 기존의 통념에 도전했다. 대신 그는 "적각의생 계획이 가져온 핵심적인 결과는 이전까지 중국의학이 지배하고 있던 마을에 서양의학이 도입될 수 있게 했다는 점"이라고 주장했다. Xiaoping Fang, *Barefoot Doctors and Western Medicine in China* (Rochester, NY: University of Rochester Press, 2012), 3.

3 중화의학회 사무총장 스쓰밍施思明, 1908~1998은 다음과 같이 간결하게 요약했다. "향촌 지역에 사는 인구의 84퍼센트가 사설 의료의 비용을 감당할 수 없다. 국가의료가 이 문제의 유일한 해결책이라는 데에 많은 사람이 동의한다." *China's Health Problems* (Washington, DC: Chinese Medical Association, 1944), 13.

4 같은 글.

5 메리 불록에 따르면 국가의료는 1928년 그랜트와 베이징협화의학원의 동료들 사이에서 벌어진 논쟁의 산물이었다. 이와 관련해서는 다음을 참고하라. Mary Brown Bullock, *An American Transplant: The Rockefeller Foundation and Peking Union Medical College* (Berkeley and Los Angeles: University of California Press, 1980), 151.

6 蘭安生(John B. Grant), 〈中國建設現代醫學之方針〉,《醫學週刊集》(北京: 天津北洋廣告公司圖書部, 1928), 296–302 [302].

7 John B. Grant, "Provisional National Health Council," China Medical Board, folio 529, box 75, 1927. Rockefeller Foundation Archive Center, Sleepy Willow, NY.

8 영국의 국가의료에 관해서는 다음을 참고하라. Steve Sturdy, "Hippocrates and State Medicine: George Newman Outlines the Founding Policy of the Ministries of Health," in *Greater Than the Parts: Holism in Biomedicine 1920–1950*, eds. Christopher Lawrence and George Weisz (Oxford: Oxford University Press, 1998), 112–134.

9 John B. Grant, "State Medicine: A Logical Policy for China," *National Medical Journal of China* 14, no. 2 (1928), 65–80 [65].

10 이는 중영경관고문위원회에 제출된 제안서와 그랜트가 제시한 국가의료 제안서의 또 다른 큰 차이점이다. 전자는 중국의 공중보건이 대체로 서구 국가의 경로를 따라 발전할 것이라 전제했다. 다시 말해 큰 도시에서 (대개 민간의 노력으로) 시작하여, 성 단위의 보건 부처로 발전하고, 최종적으로 국가 단위의 부처 설치로 나아가리라 본 것이다. 더 나아가 향촌 보건은 가장 마지막에 확립될 것이었다. 그러한 이유로 중영경관고문위원회 제

안서에는 이런 결론이 담겨 있다. "국가의 보건의료를 기획하는 과정에서 이런 요소를 고려하지 않는다면, 실패를 피할 수 없다." Association for the Advancement of Public Health in China, *Memorandum on the Need of a Public Health Organization in China: Presented to the British Boxer Indemnity Commission by the Association for the Advancement of Public Health in China* (Beijing: Association for the Advancement of Public Health in China, 1926), 15.

11 "베이징에 첫 번째 위생사무소가 설치되면서, 중국의 공중보건은 미국과 유럽의 의과대학에서 가르치는 공중보건과 달라지기 시작했다. 물론 베이징의 위생사무소는 중국 전체에서도 유일무이한 것이었다." Mary E. Ferguson, *China Medical Board and Peking Union Medical College: A Chronicle of Fruitful Collaboration 1914–1915* (New York: China Medical Board of New York, 1970), 58

12 Anon., *The Rockefeller Foundation China Medical Board Twelfth Annual Report* (New York: Rockefeller Foundation China Medical Board, 1927), 12.

13 Grant, "State Medicine," 69.

14 이러한 분석과 "600만 명의 초과 사망"이라는 수치는 다음의 문건에서 발견된다. Association for the Advancement of Public Health in China, *Memorandum*, 5; 陳志潛, 〈吾國全醫建設問題〉, 《醫學週刊》, 89–92 (1928); 黃子方, 〈中國衛生芻議〉, 《中華醫學雜誌》 13–5 (1927), 338–354 [338–339].

15 중영경관고문위원회에 제출된 제안서는 예방의학과 치료의학의 균형 잡힌 이용을 강조하기보다 치료의학을 평가절하했다. 제안서는 600만 명에 달하는 중국의 초과 사망을 줄여야 한다면서도 다음과 같은 급진적인 결론을 내놓았다. "사실 **중국 초과사망자 총수의 대부분은 치료의학의 전문가 없이도 줄일 수 있다**(강조는 원문)." Association for the Rockefeller Foundation Archive Center, Sleepy Willow, NY. of Public Health in China, *Memorandum*, 5.

16 Grant, "State Medicine," 69.

17 같은 글. 중영경관고문위원회에 제출된 제안서에도 비슷한 입장이 나타나 있다. "[중국에는] 부수어야 할 전통이 없고, 따라서 중국의 여러 의학교는 처음부터 진화의 지름길을 걸어갈 수 있었다. 서양의 의학교가 거쳐야만 했던 과정을 생략한 채, 현대 예방의학의 면모를 갖출 수 있는 것이다." Association for the Advancement of Public Health in China, *Memorandum*, 32.

18 Grant, "Provisional National Health Council," 5.

19 黃子方, 〈中國衛生芻議〉, 353–354.

20 "애석하게도, 세계의 의료 사업은 민간의 힘으로 통제된다. 많은 이들이 여기에 너무나 익숙해진 나머지, 지식인조차도 의료가 국가가 운영하는 공공사업이 되어야 한다고 생각지 않는다. 외려 이런 생각을 이상하게 여긴다." 陳志潛, 〈吾國全醫建設問題〉, 90–91.

21 같은 글, 92.

22 蘭安生, 〈中國建設現代醫學之方針〉, 296.

23 Ruiheng Liu, "Chinese Ministry of Health," *National Medical Journal of China* 15 (1929), 135–148 [147].

24 K. Chimin Wong and Lien-teh Wu, *History of Chinese Medicine* (Taipei: Southern Materials Center, 1985 [1932]), 724.

25 陳志潛, 〈吾國全醫建設問題〉, 10.

26 俞焕文, 〈協和醫院與定縣平教會〉, 《劉瑞恆博士與中國醫藥及衛生事業》, 劉似錦 編 (臺北: 台灣商務, 1989), 28.

27 Elizabeth Fee and Dorothy Porter, "Public Health, Preventive Medicine and Professionalization: England and America in the Nineteenth Century," *Medicine in Society: Historical Essays*, ed. Andrew Wear (Cambridge: Cambridge University Press, 1992), 249–276.

28 알프레트 그로탄과 그의 사회 위생 개념에 관해 더 알고 싶다면, 다음을 참고하라. George Rosen, *From Medical Police to Social Medicine: Essays on the History of Health Care* (New York: Science History Publications, 1974), 60–119.

29 胡定安, 《中國衛生行政設施計畫》 (上海: 商務印書館, 1928), 39–40.

30 Charles Hayford, "The Storm over the Peasant: Orientalism and Rhetoric in Constructing China," in *Contesting the Master Narrative: Essays in Social History,* eds. Shelton Stromquist and Jeffrey Cox (Iowa City: University of Iowa Press, 1998), 150–172 [151].

31 정치적 구성물로서 소농이 부상하는 과정에 대하여 유익한 논평을 해준 통 람과 피터 재로우에게 감사의 인사를 남긴다.

32 Charles W. Hayford, *To the People: James Yen and Village China* (New York: Columbia University Press, 1990), 112.

33 같은 글, 103.

34 같은 글, 126–127.

35 예를 들어 다음을 참고하라. C. C. Chen, *Medicine in Rural China: A Personal Account* (Berkeley and Los Angeles: University of California Press, 1989); Ka-che Yip, *Health and National Reconstruction in Nationalist China: Development of Modern Health Service, 1928–1937* (Ann Arbor, MI: Association for Asian Studies, 1996); AnElissa Lucas, *Chinese Medical Modernization: Comparative Policy Continuities, 1930s–1980s* (New York: Praeger, 1982); 楊念群, 《再造病人》 (北京: 中國人民大學出版社, 2006).

36 Chen, *Medicine in Rural China*, 72.

37 C. C. Chen, "The Rural Public Health Experiment in Tsinghsien," *Milbank Memorial Fund Quarterly* 14, no. 1 (1936), 66–80 [66–67].

38 "우리나라에서 이른바 '사람들의 건강을 지키는 정부의 책임'이란 개념은 새로 수입된 것이다. 사람들뿐만 아니라 정부 당국 역시 이를 제대로 이해하지 못한다. 그러니 정부가 사람들의 건강에 별다른 주의를 기울이지 않는 것도, 사람들이 정부가 애써 건설하려는 보건의료 사업을 지지하지 않는 것도 놀라운 일이 아니다." 다음을 참고하라. 陳志潛, 〈定縣社會改造事業中的保健制度〉, 《鄉村建設實驗第二集》, 章元善, 許仲廉 編 (上海: 中華書局, 1935), 459–473 [459].

39 같은 글, 463.

40 Paul Starr, *The Social Transformation of American Medicine* (New York: Basic Books, 1982).

41 陳志潛, 〈定縣社會改造事業中的保健制度〉, 463.

42 같은 글.

43 Tong Lam, *A Passion for Facts: Social Surveys and the Construction of the Chinese Nation-State, 1900–1949* (Berkeley and Los Angeles: University of California Press, 2011),

154–155.

44 같은 글.

45 Theodore Porter and Dorothy Ross, *The Cambridge History of Science*, vol. 7, *The Modern Social Sciences* (Cambridge: Cambridge University Press, 2003), 505.

46 C. C. Chen, "Public Health in Rural Reconstruction at Tsinghsien," *Milbank Memorial Fund Quarterly* 12, no. 4 (1934), 370–378 [370].

47 천즈첸은 국가 의학 교육 체계에 중국의학을 포함하려는 정치적 운동을 향한 대응으로, 향촌건설운동의 기관지인《민간民間》에 이를 힐난하는 글을 게재했다.

48 C. C. Chen, H. W. Yu, and F. J. Li, "Seven Years of Jennerian Vaccination in Tinghsien," *Chinese Medical Journal* 51 (1937), 953–962 [961].

49 陳志潛,〈定縣社會改造事業中的保健制度〉, 463. 흥미로운 사실은 19세기 광둥의 중의들이 공동체를 위해 거리낌 없이 예방접종을 수용했다는 것이다. 다음을 참고하라. Angela Ki-che Leung, "The Business of Vaccination in Nineteenth-Century Canton," *Late Imperial China* 29, no. 1 (2008), 7–39.

50 Chen, "The Rural Public Health Experiment in Tsinghsien," 70.

51 Chen, *Medicine in Rural China*, 82.

52 Chen, "Public Health in Rural Reconstruction at Tsinghsien," 371.

53 Chen, Yu, and Li, "Seven Years of Jennerian Vaccination in Tinghsien," 961.

54 같은 글, 952.

55 같은 글, 961.

56 Chen, "The Rural Public Health Experiment in Tsinghsien," 77.

57 陳志潛,〈定縣社會改造事業中的保健制度〉, 464.

58 Chen, "The Rural Public Health Experiment in Tsinghsien," 79.

59 Liu Ruiheng, "Our Responsibilities in Public Health," *Chinese Medical Journal* 51 (1937), 1039–1042 [1040].

60 같은 글.

61 같은 글.

62 우롄더는 천즈첸의 이름을 직접 언급하지 않은 채, "최신의 통계에 따르면 농부가 의료에 지출할 수 있는 금액은 한 해에 30센트 정도가 전부라고 한다"고 썼다. 우롄더는 이러한 값을 기초로 국가가 의사 한 명에게 매해 최소한 600달러를 지급해야 하며 장비를 갖추는 데에도 400에서 500달러가 필요하므로, 간단히 계산해보면 "한 명의 의사를 고용하는 데에 1만 명이 필요하다. 그러나 한 사람이 1만 명의 환자를 감당할 수는 없다"고 썼다. 다음을 참고하라. Wu Liande, "Fundamentals of State Medicine," *Chinese Medical Journal* 51 (1937), 777–778.

63 같은 글, 779.

64 같은 글.

65 Anon., "Chinese Medical Conference Proceedings: The Public Health Section," *Chinese Medical Journal* 51 (1937), 1065–1071 [1067].

66 토론회에 참석한 어떤 이는 "천즈첸 선생이 제안하신 인당 10센트의 비용으로 국민에게 치료의학과 예방의학을 제공하는 '국가의료' 지출을 감당할 수 있는지" 의문이라며 문제

를 제기했다. 같은 글.

67 C. C. Chen, "Some Problems of Medical Organization in Rural China," *Chinese Medical Journal* 51, no. 6 (1937), 803–814 [813].

68 같은 글, 814.

69 F. Oldt, "State Medicine Problems," *Chinese Medical Journal* 51 (1937), 797–802 [797].

70 Grant, "State Medicine," 65.

71 Oldt, "State Medicine Problems," 797.

72 같은 글, 798.

73 R. K. S. Lim and C. C. Chen, "State Medicine," *Chinese Medical Journal* 51 (1937), 781–795 [784].

74 같은 글, 782.

75 같은 글, 793.

76 Michael Shiyung Liu, *Prescribing Colonization: The Role of Medical Practices and Policies in Japan-Ruled Taiwan, 1895–1945* (Ann Arbor, MI: Association of Asian Studies, 2009), chap. 3.

77 Lim and Chen, "State Medicine," 785.

78 Yip, *Health and National Reconstruction in Nationalist China*, 95.

79 杜孝賢, 〈憶公共衛生專家金寶善〉, 《中華文史資料文庫: 第十六卷》 (北京: 中國文史出版社, 1996), 779–783 [780].

80 金寶善, 〈舊中國的西醫派別與衛生事業的演變〉, 《中華文史資料文庫: 第十六卷》 (北京: 中國文史出版社, 1996), 844–850 [848].

81 P. Z. King (Jin Baoshan), "Thirty Years of Public Health Work in China," *Chinese Medical Journal* 64 (1946), 3–16 [11].

82 천즈첸은 이렇게 썼다. "1928년부터 1937년까지 중화의학회가 공중보건에 미치는 영향력을 크게 확대한 것은 두 종류의 사람들 덕분이었다. 하나는 영국에서 교육받은 린커셩을 비롯한 다양한 배경의 의과학자였고, 또 다른 하나는 P. Z. 킹, 그러니까 진바오산처럼 공중보건 훈련을 받은 의사였다." Chen, "The Rural Public Health Experiment in Tsinghsien," 62.

83 金寶善, 〈我國衛生行政的回顧與前瞻〉, 《社會衛生》 1–3 (1944), 1–7 [4].

84 陳志潛, 〈內政部行政衛生技術會議〉, 《民間》 1–3 (1934), 11–15 [12].

85 Li Yushang, "The elimination of schistosomiasis in Jiangxi and Haining counties, 1948–58: Public health as political movement," in *Health and Hygiene in Chinese East Asia*, eds. Angela Ki Che Leung and Charlotte Furth (Durham, NC: Duke University Press, 2010), 204–221.

86 金寶善, 〈內政部衛生署鄉村衛生工作報告〉, 《鄉村建設實驗: 第一集》, 章元善, 許仕廉 編 (上海: 中華書局出版, 1933), 117–125 [123].

87 류스융의 중요한 연구에 따르면 기타사토 시바사부로의 여러 제자는 1899년부터 1914년까지 도쿄제국대학의 교원과 적대적인 관계에 있었고, 따라서 기타사토 전염병연구소를 거친 이들은 대개 일본 본국을 떠나 식민지를 향해야만 했다. 그러나 이는 의도치 않은 결과로 이어졌다. 덕분에 기타사토 전염병연구소가 대만, 상하이, 조선, 만주에 이르는 일

본 식민지 의학에 의사 연결망을 공급하게 된 것이다. 다음을 참고하라. Shiyong Liu, "The Ripples of Rivalry: The Spread of Modern Medicine from Japan to Its Colonies," *East Asian Science, Technology and Society: An International Journal* 2, no. 1 (2008), 47–72.

88 신생활운동에서 위생 습관이 어떠한 의미였는지, 특히나 네 가지 기본 덕목을 되살리는 과정에서 어떠한 역할을 수행했는지 확인하려면 다음을 참고하라. 雷祥麟, 〈習慣成四維: 新生活運動與肺結核防治中的倫理, 家庭與身體〉, 《中央研究院近代史研究所集刊》 74 (2011), 133–177.

89 입가체가 지적한 바, 장제스가 딩현 실험이나 그와 유사한 향촌 지역에서의 활동에 관심을 가지게 된 것은 "[공산당] 도적을 소탕하는 방법"을 찾기 위함이었다. Yip, *Health and National Reconstruction in Nationalist China*, 181.

90 金寶善, 〈公醫制度〉, 《公共衛生月刊》 2–6 (1936), 255–259.

91 같은 글, 258.

92 같은 글.

93 같은 글, 259.

94 《中國國民黨歷次會議及重要決議案彙編》 (未詳: 中國國民黨中央執行委員會訓練委員會, 1941), 1187.

95 같은 글, 1189.

96 제오계팔중전회 이후에 작성된 3개년 계획에서 공중보건은 "지역 단위의 정치 기구를 설치하고 지역 공동체의 자치를 실현하는" 정치적 노력의 일환이라 기록되었다. 같은 글, 1145.

97 未詳, 《第五屆八中全會決議案行政院辦理情形報告表》 (1941), 附錄 7. Library of the Institute of Modern History, Academia Sinica.

98 위생원은 치료의학과 예방의학, (그리고 공중보건)의 구분을 넘어서기 위해 고안된 것이며, 따라서 자연스럽게 번역하기가 쉽지 않다. 천즈첸이 3단계 보건 피라미드에서 사용한 중문과 영문 용어는 다음과 같다. 현 단위의 Health Center와 保健院, 구 단위의 Health Station과 保健所, 촌 단위의 Health Worker와 保健員. 위생서에서는 위생원을 현과 구 단위 모두에서 활용했다.

99 Chen, "The Rural Public Health Experiment in Tsinghsien," 74.

100 蔣中正, 《中國之命運》 (重慶: 中央訓練團, 1951 [1943]), 158.

101 같은 글, 154.

102 입가체는 전쟁이 발발한 1937년부터 연구를 진행하지 못했고, 그러한 탓에 국가의료에 대한 연구 역시 전쟁 이후에 해당하는 시기부터는 정밀함이 떨어진다. 그러나 "공산당 시기의 보건의료는 국민당 시기의 국가의료 위에 세워졌다"는 사실만큼은 정확하게 짚고 있다. Yip, *Health and National Reconstruction in Nationalist China*, 191. 전쟁 당시의 의료 발전에 대해서는 다음을 참고하라. Nicole Barnes, "Protecting the National Body: Medicine and Public Health in Wartime Chongqing, 1937–1945" (PhD diss., University of California, Irvine, 2012).

103 金寶善, 〈《公醫》之使命〉, 《公醫》 1-1 (1945), 1–2 [1].

104 1937년 중일전쟁이 발발한 이후, 보건의료에 대한 투자는 꾸준히 증가했다. 중앙정부의 공중보건 예산은 1936년의 150만 달러에서 1939년의 550만 달러로 늘어났다. 3년 만에

세 배가 넘게 증액된 셈이다. 그럼에도 진바오산은 "여전히 전체 예산의 0.5퍼센트에 지나지 않아 선진국의 수준에는 한참 미치지 못한다"고 썼다. 다음을 참고하라. 金寶善, 許世謹, 〈我國戰時衛 生設施之概況〉,《中華醫學雜誌》27-3 (1940), 133-146 [143].

105 Hayford, *To the People*, 201.

106 未詳, 〈縣衛生建設座談會〉,《公醫》1-1 (1945), 53-60 [59].

107 Chen, "Public Health in Rural Reconstruction at Tsinghsien," 371.

108 陳萬里, 〈如何訓練保衛生員〉,《浙江政治》3 (1940), 30-37 [31].

109 "보건원은 보잘것없는 훈련을 받았을 뿐만 아니라 뚜렷한 소속이나 학력도 없었고, 그러하기에 마을의 평판이나 압력에 취약했고 무능하거나 분수를 모른다는 이유로 언제건 해임당할 수 있었다. 보건원과 그들 주변의 사람들은 모두 이를 잘 알고 있었다." Chen, "Public Health in Rural Reconstruction at Tsinghsien," 372.

110 Yip, *Health and National Reconstruction* in Nationalist China, 80.

111 Chen, Medicine in Rural China, 80.

112 陳萬里, 〈如何訓練保衛生員〉, 31.

113 Federica Ferlanti, "The New Life Movement in Jiangxi Province, 1934-38," Modern Asian Studies 44, no. 5 (2010), 961-1000 [968]; Hans. J. van de Ven, "New States of War: Communist and Nationalist Warfare and State Building, 1928-34," in *Warfare in Chinese History*, ed. Hans. J. vande Ven (Leiden: Brill, 2000), 321-396 [355-364].

114 陳萬里, 〈打破衛生院困難的局面〉,《公醫》1-2 (1945), 3-5 [4].

115 阮步蟾, 〈辦理縣衛生幾個實際問題之商榷〉,《公醫》1-4 (1945), 40-42 [42].

116 같은 글, 40.

117 같은 글, 41.

118 鄧宗禹, 〈如何實施六代全會關於醫藥衛生方面的指示〉,《公醫》1-6 (1945), 1-4 [3].

119 未詳, 〈縣衛生建設第二次座談會紀錄〉,《公醫》1-6, 7 (1945), 37-39 [38].

120 未詳, 〈長沙市國醫工會等快郵代電〉,《醫界春秋》87 (1934), 40-41 [40].

121 같은 글, 40-41.

122 祝敬銘, 〈關於五全大會〈政府對於中西醫應平等待遇以宏學術而利民生案〉之感想與希望〉,《醫界春秋》107 (1935), 1-4.

123 朱殿,《建設三千個農村醫院》(上海: 農村醫藥改進社, 1933).

124 《光華醫學雜誌》1-2 (1933)에 실린 광고.

125 朱殿,《建設三千個農村醫院》, 72-73.

126 같은 글, 107.

127 같은 글, 133.

128 같은 글, 138.

129 朱殿,《建設三千個農村醫院》, 132.

130 陳志潛, 〈內政部行政衛生技術會議〉, 14.

131 朱殿,《建設三千個農村醫院》, 134.

132 천즈첸의 회고에 따르면 이들 중의는 딩현에서 모집된 보통의 사람들보다 출세를 향한 야망이 컸던지, 적각의생임에도 불구하고 보건원의 역할에 만족하지 않고 자신을 '의사'라 칭했다. 그러나 천즈첸이 단호하게 말한 바, "우리 체계의 기본 원리는 보건원이 의사처럼 행

동하지 않는 것 그리고 보건원에게 의사 역할을 기대하지 않는 데 있다". 그럼에도 적각의생은 제한된 훈련에도 불구하고 중국의학과 서양의학을 활용하여 환자를 치료했고, 이와 같이 보건원의 개념을 변화시키는 일은 천즈첸의 관점에서 크나큰 불행이었다. 다음을 참고하라. Chen, *Medicine in Rural China*, 130.

133 未詳, 〈本會第一百五十四次徵文題〉, 《醫學雜誌》 87 (1936), 83.

134 范國義, 〈醫藥公有制之實施計畫案〉, 《醫學》 87 (1936), 37–54 [41]; 時逸人, 〈醫藥公有制之實施計畫案〉, 《醫學雜誌》 91 (1936), 1–11 [2].

135 적지 않은 수의 중의가 향촌 단위에 중의로 구성된 진료소를 설치한다는 천궈푸의 생각을 지지했다. 다음을 참고하라. 葉勁秋, 〈創設鄉村醫院之建議〉, 《醫界春秋》 105 (1935), 2–3 [3].

136 후딩안은 베를린 대학교에서 공중보건으로 학위를 받았다. 그의 스승은 사회 위생과 우생학의 선구자인 알프레트 그로탄이었다. 다음을 참고하라. 胡定安, 《中國衛生行政設施計畫》 (上海: 商務印書館, 1928).

137 陳果夫, 〈江蘇醫政學院的過去與未來〉, 《苦口談醫藥》, 陳果夫 編 (臺北: 正中書局, 1949), 47–66 [48].

138 같은 글.

139 같은 글, 51.

140 陳果夫, 〈對於醫學院的期望〉, 《苦口談醫藥》, 陳果夫 編 (臺北: 正中書局, 1949), 66–75 [71].

141 陳果夫, 〈江蘇醫政學院的過去與未來〉, 65.

142 같은 글, 66.

143 Oldt, "State Medicine Problems," 800.

144 未詳, 〈教育部醫學委員會〉, *Quanzonghao* 606, *Juananhao* 88, The Second Historical Archive of China, Nanjing.

145 未詳, 〈敬告全國中醫師同仁書〉, 《濟世日報》, 1947.10.31, 2.

146 1946년에 초안이 마련된 〈위생건설오년계획〉의 제언에 담긴 첫 번째 목표는 "전국 사망률을 인구 1,000명당 30명에서 15명으로 줄이는 것"이었다.

147 陳志潛, 〈中國公共衛生應該走一條新路〉, 《醫潮》 1–5 (1947), 3–7 [6].

11장

1 張贊臣, 〈緒言〉, 《醫界春秋》 34 (1929), 書標.

2 같은 글.

3 Elisabeth Hsu, "Introduction for the Special Issue on the Globalization of Chinese Medicine and Meditation Practices," *East Asian Science, Technology and Society: An International Journal* 2, no. 4, (2009), 461–464; Joseph S. Alter, ed. *Asian Medicine and Globalization* (Philadelphia: University of Pennsylvania Press, 2005).

4 Michel Foucault, "Governmentality," in *The Foucault Effect: Studies in Governmentality*, eds. G. Burchell, C. Gordon, and P. Miller (Chicago: University of Chicago Press, 1991), 87–104. 미셸 푸코, 〈통치성〉, 콜린 고든 외 엮음, 《푸코 효과》, 심성보 외 옮김 (서울: 난장,

2014), 133–156.

5 Pierre Bourdieu, "Rethinking the State: Genesis and Structure of the Bureaucratic Field," *Sociological Theory* 12, no. 1 (1994), 1–18 [16].

6 1935년 중화민국 입법원은 중국의학과 서양의학을 동등하게 대우하는 〈정부대중서의응평등대우이굉학출이리민생안政府對中西醫應平等待遇以宏學術而利民生案〉을 통과시켰다. 정부는 이듬해 〈중의조례〉를 공포했고, 1939년 교육부는 중의학교 교육 과정에 대한 임시안인 〈중의전과학교잠행과목표中醫專科學校暫行課目表〉를 공포했다. 그러나 1937년 중일전쟁이 벌어지면서, 이는 모두 시행되지 못했다.

7 John Fitzgerald, "The Misconceived Revolution: State and Society in China's Nationalist Revolution, 1923–26," *Journal of Asian Studies* 49, no. 2 (1990), 323–343 [334–337].

8 이를테면 19세기 중반 인도의 경우에는 "토착의료와 서양의학을 통합할 가능성이 … 기각되었다." 다음을 보라. Gyan Prakash, *Another Reason: Science and the Imagination of Modern India* (Princeton, NJ: Princeton University Press, 1999), 129.

9 Warwick Anderson, "The Possession of Kuru: Medical Science and Biological Exchange," *Comparative Studies in Society and History* 42, no. 4 (2000), 713–744 [715].

10 陸淵雷, 〈擬國醫藥學術整理大綱草案〉, 《神州國醫學報》 1–1 (1932), 1–9 [4].

11 王慎軒, 〈奇經八脈之新義〉, 《中醫新論彙編》 1, 王慎軒 編 (上海: 上海書店, 1931), 39. 杜亞泉, 〈氣血新解〉, 《中醫新論彙編》, 44–45도 참고하라.

12 傅嶢承, 〈營衛新釋〉, 《中醫新論彙編》, 40–42 [41] 11번 주를 참고하라.

13 楊志一, 〈〈天奎〉與〈內分泌〉〉, 《中醫新論彙編》, 56–59 11번 주를 참고하라.

14 William C. Kirby, "Continuity and Change in Modern China: Economic Planning on the Mainland and on Taiwan, 1943–1958," *Australian Journal of Chinese Affairs*, no. 24 (1990), 121–141 [121].

15 이를테면 1965년부터 1973년까지 중화인민공화국 위생부장을 지낸 첸신중錢信忠, 1911~2009은 아편전쟁1839~1842 이후 중국의학의 발전을 써 내려가며, 국민당 정부의 정책은 중국의학을 폐지하려 했던 위옌의 제안과 같다며 민국기를 소략하게만 다룬다. 錢信忠, 《中國傳統醫藥學發展與現狀》 (臺北: 青春出版社, 1995), 42–43을 참고하라.

16 Kim Taylor, *Chinese Medicine in Early Communist China, 1945–63* (London: Routledge Curzon, 2005), 8.

17 같은 글.

18 Judith Farquhar, "Re-Writing Traditional Medicine in Post-Maoist China," in *Knowledge and the Scholarly Medical Traditions*, ed. D. Bates (Cambridge: Cambridge University Press, 1995), 251.

19 내가 중국의학 개혁가라 생각하는 인물은 루위안레이나 스진모, 친보웨이秦伯未, 청먼쉐程門雪 등이다. 샤이트 역시 "당대의 많은 이들과 마찬가지로, 청먼쉐는 국가가 중국의학 전통을 보전하고 학습과 연구를 촉진할 제도적 기반을 조성해준다면, 기꺼이 자율성을 포기할 준비가 되어 있었다"고 지적했다. 다음을 참고하라. Volker Scheid, *Currents of Tradition in Chinese Medicine*, 1626–2006 (Seattle, WA: Eastland Press, 2007), 326.

20 Taylor, *Chinese Medicine*, 151.

21 Prakash, *Another Reason*, 9.

22 陳志潛, 〈定縣社會改造事業中的保健制度〉, 《鄉村建設實驗第二集》, 章元善, 許仲廉 編, (上海: 中華書局, 1935), 459–473 [463].

23 다음을 참고하라. John Grant, "State Medicine: A Logical Policy for China," *National Medical Journal of China* 14, no. 2 (1928), 65–80 [75].

24 Taylor, *Chinese Medicine*, 33.

25 마오쩌둥이 '중국의학의 과학화와 서양의학의 대중화'와 같은 말을 사용하지는 않았으나, 전통 의학의 문제를 다룬 공개 연설인 1944년의 〈문화사업에 있어서의 통일전선〉은 그와 쌍을 이루는 것으로 해석되고 널리 알려졌다. 같은 글, 17.

26 Farquhar, "Re-Writing Traditional Medicine," 261.

27 Volker Scheid, *Chinese Medicine in Contemporary China: Plurality and Synthesis* (Durham, NC: Duke University Press, 2002), 214.

28 Bruno Latour, *We Have Never Been Modern* (Cambridge, MA: Harvard University Press, 1993), 34. 《우리는 결코 근대인이었던 적이 없다》, 99.

29 같은 글, 99. 《우리는 결코 근대인이었던 적이 없다》, 252.

30 이는 근대 중국 과학사와 과학기술학의 접근이 형성하는, 흥미로우면서도 아마도 생산적일 긴장 관계를 보여주는 여러 사례의 하나일 뿐이다. 과학기술학계가 과학기술과 정치사회적 맥락의 숨겨진 관계를 가시화하는 데 집중했다면, 근대 중국의 역사적 행위자는 과학과 정치의 관계를 촉진하고 안정화하려 했다. 사회주의 중국의 과학을 재평가하는 과정에서 불거진 이와 같은 긴장을 주목한 연구로는 다음을 참고할 수 있다. Sigrid Schmalzer, "On the Appropriate Use of Rose-Colored Glasses: Reflection on Science in Socialist China," *Isis* 98, no. 3 (2007), 571–583 [581–582].

31 Latour, *We Have Never Been Modern*, 47. 《우리는 결코 근대인이었던 적이 없다》, 128–129.

32 譚次仲, 〈再呈研究院論藥物實驗不宜忽視經驗〉, 《醫學革命論爭》 (香港: 求實出版社, 1952 [1931]), 50–55.

33 실험적 치료법의 부상에 관해 더 알고 싶다면 다음을 참고하라. Harry M. Marks, *The Progress of Experiment: Science and Therapeutic Reform in the United States, 1900–1990* (Cambridge: Cambridge University Press, 1997), 50; Miles Weatherall, "Drug Therapies," in *Companion Encyclopedia of the History of Medicine*, eds. W. F. Bynum and Roy Porter (London: Routledge, 1993), 915–938; K. K. Chen, ed. *The American Society for Pharmacology and Experimental Therapeutics, Incorporated: The First Sixty Years* (Washington, DC: Printed by Judd and Detweiler, 1969). 탁월한, 그러나 논란이 없지 않았던 두충밍의 전통 약재 연구 제안서에 대해서는 다음을 참고하라. 雷祥麟, 〈杜聰明的漢醫藥研究之謎: 兼論創造價值的整合醫學研究〉, 《科技、醫療與社會》 11 (2010. 10), 199–283.

34 Merlin L. Wilcox, Bertrand Graz, Jacques Falquet, Chiaka Diakite, Sergio Giani, and Drissa Diallo, "A 'Reverse Pharmacology' Approach for Developing an Anti-malarial Phytomedicine," *Malaria Journal* 10 (supp. 1), S 8 (2011), 1–10 [1].

35 Latour, *We Have Never Been Modern*, 11. 《우리는 결코 근대인이었던 적이 없다》, 44.

36 같은 글, 113. 《우리는 결코 근대인이었던 적이 없다》, 282–283.

37 Dipesh Chakrabarty, *Provincializing Europe: Postcolonial Thought and Historical Difference*

(Princeton, NJ: Princeton University Press, 2000)《유럽을 지방화하기》; Prakash, *Another Reason*을 참고하라.

옮긴이의 말

레이샹린의《비려비마: 중국의 근대성과 의학》은 20세기 초반에 진행된 중국의학의 변화를 돌아봄으로써 좁게는 중국의학 고유의 근대성, 넓게는 중국 고유의 근대성이 주조되는 과정을 탐구한 결과이다. 서양의학을 포함한 서구 문물이 유입되면서 중의, 즉 중국의 전통 의사는 위기에 봉착했다. 서의와 중의, 서양의학과 중국의학이라는 구도는 손쉽게 근대와 전근대, 선진과 후진의 구도로 치환되었으며, 오래도록 의학을 독점하던 중의의 권위는 갈수록 떨어져만 갔다. 상황을 타개하기 위해 중의는 서의에 대한 대자적 정체성을 새로이 탐색했고, 이 과정에서 중국의학은 서양의학은 물론이거니와 그때까지의 전통과도 구분되는 새로운 모습을 갖게 되었다.

이 과정은 세 겹의 싸움이었다. 먼저 이들은 국가와 의학이라는 관계 속에서 서의와 겨루어야 했다(2, 3, 5, 6, 10장). 전근대 중국에서 의학은 국가가 나서서 관리하는 영역이 아니었으나, 근대에 들어서면서 상황이 달라졌다. 서구 열강은 청조淸朝가 유행병에 제대로 대처하지 못한다는 이유를 들어 방역반의 이름을 단 군대를 파견하고, 이로써 중국 침략의 교두보를 마련하려 들었다. 이는 의학의 문제가 곧 주권의 문제임을, 그리하여 국가가 보건 문제를 적극적으로 관할할 수밖에 없음을 의미했다. 그렇다면 국가의 보건 행정은 누가 주도할 것인가. 새로이 등장한 국가와 의학의 접합 속에서 서의와 중의는 주도권을 둘러싸고 경쟁했다.

한편으로 중의는 서양의학의 질병 개념에도 대응해야 했다(2, 4, 7, 8장). 청조가 방역에 무능하다는 서구 열강의 비난은 손쉽게 중국의학으로 전이되었다. 중국의학에는 세균 이론이 존재하지 않으며, 병인病因을 파악하지 못하기에 질병의 치료는 꿈도 꿀 수 없다는 식의 비난이었다. 세균 이론을 수용할 것인가, 아니면 기존의 모습을 고수할 것인가. 세균 이론을 수용한다면 중국의학은 서양의학의 아류가 될 것이었고, 세균 이론을 수용하지 않는다면 중국의학은 시대에 뒤처진 낡은 이론이 될 것이었다. 중국의학의 존폐가 걸린 거대한 도전에 직면하여, 중의는 '변증론치'라는 새로운 대안을 제시했다. 병인과 무관한 새로운 질병 체계를 개발함으로써 세균 이론의 수용 여부를 무화無化하려는 전략이었다.

마지막으로 중의는 서의의 공격에 맞서 중약, 즉 전통 약물의 유효성을 지켜내야 했다(4, 7, 9장). 서의는 중약을 '초근목피'라 비난하기 일쑤였다. 중국의학은 정제되지 않은 풀뿌리나 나무껍질을 달여 먹을 뿐이니, 유효한 성분만을 분리하여 정밀하게 투여하는 서양의학을 따라올 수 없다는 논리였다. 어떤 이들은 이러한 공격에 대항하여 중약의 성분을 화학적으로 분석하자고 주장했지만, 이는 자칫 중약을 서양의학에 종속시키는 결과를 가져올 수 있었다. 변증론치라는 새로운 질병 체계를 개발했던 것과 마찬가지로, 중의는 약물을 연구하는 새로운 방식인 '역순 연구 절차'를 제시함으로써 딜레마를 벗어나려 했다.

제도와 인식론, 약물의 영역에서 벌어진 세 겹의 다툼은 중국의학의 모습을 크게 변화시켰다. 그리고 이렇게 벼려진 중국의학은 예전의 모습도, 서양의학의 모습도 아닌 새로운 것이었다. 어떤 이들은 낯선 모습을 한 중국의학을 향해 '비려비마', 다시 말해 나귀도 아니고 말도 아닌 노새의 모습을 한 '잡종의학'이라는 조롱조의 비난을 쏟아냈지만, 중의는 개의치 않았다. 오히려 이런 모습이야말로 전근대적이라는 비난을 피하면서도 서양의학에 종속되지 않는 방법이기 때문이었다.

달라진 중국의학의 모습을 통해 레이샹린은 근대성이라는 개념 자체에 의문을 던진다. 근대성이란 과연 단일한 경로를 통해 획득되는 것인가. 어쩌면 이는 유럽이라는 특수한 사례를 보편으로 추어올리고, 비서구 세계를 여기에 맞추어 재단하려는 성마르고 거친 시도가 아닌가. 레이샹린은 전통의 고수도, 서양의학의 수용도 아닌 제3의 모습으로 자신만의 근대성을 주조해낸 중국의학의 예를 살펴봄으로써 또 다른 '혼종적 근대'의 일례를 제시하며, 이렇게 "유럽의 근대성이라는 보편적 이상과 비서구 사회의 역사적 현실 간의 괴리를 단순히 비서구권 사회의 지연과 실패, 왜곡으로 돌리"는 기존의 서술을 극복하려 한다.

한국의 사례는 어떠한가. 대개 한의학은 과거의 전통을 충실하게 보존하고 있다고 이야기하지만, 이는 한의사와 서양 의사 양측이 만들어낸 신화에 가깝다. 한의사는 한의학과 중국의학의 차이를 강조하기 위해 한국 전통의 계승자를 자임했고, 서양의사는 한의학을 전근대에 묶어놓기 위해 전통성을 강조했던 탓이다. 현실은 그렇지 않다. 중국의학과 마찬가지로 한의학은 서양의학 일변도의 정책을 시행한 일제강점기 이래로 오랜 세월을 견디며 자신의 정체성을 다시금 가다듬어야 했다. 그리고 100년에 걸친 분투의 결과, 한의학은 서양의학과 동등한 수준의 면허와 교육, 연구 제도 등을 갖추게 되었다.

그러한 점에서 20세기 초반의 중국을 다룬 레이샹린의 탐구는 현대 한국에서도 여전히 유효하다. 한의학은 구체적으로 어떠한 경로를 통해 어떻게 변화했는가. 한의학을 서양의학이 이미 지나고 극복한 과거 또는 '전근대'로 규정하는 시선은 정당한가. 오늘날의 서양의학이 근대성의 유일한 모습이 아니라면, 한의학은 어떠한 형태의 근대성을 보여주는가. 레이샹린의 《비려비마: 중국의 근대성과 의학》은 이러한 질문에 대한 실마리를 제공한다. 한의사와 서양 의사, 과학사 및 의학사 연구자, 넓게는 근대성을 탐구하는 모든 이들이 이 책에 관심을 기울여야 하는 까닭이다.

역자를 대표하여 박승만 씀

찾아보기

ㄴ

ㅇ

ㅊ

ㅋ

ㅌ

ㅍ

ㅎ

1-9

비려비마 **중국의 근대성과 의학**

발행일 2021년 2월 5일 초판 1쇄
지은이 레이샹린
옮긴이 박승만·김찬현·오윤근
기획 박승만·안승훈
편집 박나래
디자인 남수빈

펴낸곳 읻다
등록 제300-2015-43호 2015년 3월 11일
주소 (04035) 서울시 마포구 양화로11길 64 401호
전화 02-6494-2001
팩스 0303-3442-0305
홈페이지 itta.co.kr
이메일 itta@itta.co.kr

ISBN 979-11-89433-22-2 94400
ISBN 979-11-89433-21-5 (세트)

책값은 뒤표지에 있습니다.
잘못된 책은 구입하신 서점에서 바꿔 드립니다.